中国石油科技进展丛书（2006—2015年）

石油地球物理测井

主　编：汤天知
副主编：李　宁　陈文辉

石油工业出版社

内 容 提 要

本书着重反映中国石油"十一五""十二五"期间测井领域取得的新进展。内容包括测井新方法新技术、测井成套装备及配套工具工艺、测井处理解释软件、射孔新技术、测井数据处理及解释评价技术等。

本书适合石油测井技术人员及大专院校相关专业师生参考使用。

图书在版编目（CIP）数据

石油地球物理测井／汤天知主编．— 北京：石油工业出版社，2019.1

（中国石油科技进展丛书．2006—2015年）

ISBN 978-7-5183-3002-7

Ⅰ．①石… Ⅱ．①汤… Ⅲ．①油气测井 Ⅳ．①P631.8

中国版本图书馆 CIP 数据核字（2018）第 299509 号

出版发行：石油工业出版社
　　　　　（北京安定门外安华里2区1号　100011）
　　　　　网　址：www.petropub.com
　　　　　编辑部：（010）64523736　图书营销中心：（010）64523633
经　　销：全国新华书店
印　　刷：北京中石油彩色印刷有限责任公司

2019年1月第1版　2019年1月第1次印刷
787×1092毫米　开本：1/16　印张：20.5
字数：500千字

定价：160.00元
（如发现印装质量问题，我社图书营销中心负责调换）
版权所有，翻印必究

《中国石油科技进展丛书（2006—2015年）》编委会

主　任： 王宜林

副主任： 焦方正　喻宝才　孙龙德

主　编： 孙龙德

副主编： 匡立春　袁士义　隋　军　何盛宝　张卫国

编　委：（按姓氏笔画排序）

于建宁　马德胜　王　峰　王卫国　王立昕　王红庄
王雪松　王渝明　石　林　伍贤柱　刘　合　闫伦江
汤　林　汤天知　李　峰　李忠兴　李建忠　李雪辉
吴向红　邹才能　闵希华　宋少光　宋新民　张　玮
张　研　张　镇　张子鹏　张光亚　张志伟　陈和平
陈健峰　范子菲　范向红　罗　凯　金　鼎　周灿灿
周英操　周家尧　郑俊章　赵文智　钟太贤　姚根顺
贾爱林　钱锦华　徐英俊　凌心强　黄维和　章卫兵
程杰成　傅国友　温声明　谢正凯　雷　群　蔺爱国
撒利明　潘校华　穆龙新

专家组

成　员： 刘振武　童晓光　高瑞祺　沈平平　苏义脑　孙　宁
高德利　王贤清　傅诚德　徐春明　黄新生　陆大卫
钱荣钧　邱中建　胡见义　吴　奇　顾家裕　孟纯绪
罗治斌　钟树德　接铭训

《石油地球物理测井》编写组

主　　编：汤天知
副主编：李　宁　陈文辉
编写人员：(按姓氏笔画排序)

于　江	万　磊	万金彬	马修刚	王　炜	王才志
王生战	王克文	王宏建	王树声	王贵清	王晓冬
王爱新	王朝晖	左兴龙	白　彦	白庆杰	白松涛
冯　周	成志刚	朱　军	朱万里	朱涵斌	朱新楷
任国辉	刘　杰	刘　越	刘　鹏	刘付火	刘兴斌
刘英明	刘国权	刘忠华	刘昱晟	刘湘政	衣贵涛
江松元	杜瑞芳	李　留	李　新	李　霞	李戈理
李长喜	李文博	李玉霞	李伟忠	李传伟	李安宗
李妍僖	李奔驰	李国军	李梦春	李潮流	杨登波
肖　宏	何羽飞	何绪新	余卫东	余春昊	宋　森
宋青山	张　娟	张加举	张年英	张伟民	张维山
陈　涛	陈　斌	陈　鹏	陈江浩	陈建波	陈思嘉
陈章龙	武宏亮	林德强	罗　翔	罗少成	罗宏伟
岳爱忠	周　军	周灿灿	郑长建	赵建斌	胡金海
柯式镇	段先斐	侯学理	俞　军	施俊成	姜黎明
贺　飞	贺秋利	秦民君	耿尊博	贾占军	原　野
柴细元	党　峰	倪路桥	徐志国	徐晓伟	郭　鹏
席　辉	唐　凯	黄　金	黄　科	黄玉华	曹景致
康利伟	梁小兵	隋朝明	董拥军	程　刚	曾花秀
蔡　山	蔡志明	熊焱春	樊　琦	樊云峰	潘良根

序

习近平总书记指出，创新是引领发展的第一动力，是建设现代化经济体系的战略支撑，要瞄准世界科技前沿，拓展实施国家重大科技项目，突出关键共性技术、前沿引领技术、现代工程技术、颠覆性技术创新，建立以企业为主体、市场为导向、产学研深度融合的技术创新体系，加快建设创新型国家。

中国石油认真学习贯彻习近平总书记关于科技创新的一系列重要论述，把创新作为高质量发展的第一驱动力，围绕建设世界一流综合性国际能源公司的战略目标，坚持国家"自主创新、重点跨越、支撑发展、引领未来"的科技工作指导方针，贯彻公司"业务主导、自主创新、强化激励、开放共享"的科技发展理念，全力实施"优势领域持续保持领先、赶超领域跨越式提升、储备领域占领技术制高点"的科技创新三大工程。

"十一五"以来，尤其是"十二五"期间，中国石油坚持"主营业务战略驱动、发展目标导向、顶层设计"的科技工作思路，以国家科技重大专项为龙头、公司重大科技专项为抓手，取得一大批标志性成果，一批新技术实现规模化应用，一批超前储备技术获重要进展，创新能力大幅提升。为了全面系统总结这一时期中国石油在国家和公司层面形成的重大科研创新成果，强化成果的传承、宣传和推广，我们组织编写了《中国石油科技进展丛书（2006—2015年）》（以下简称《丛书》）。

《丛书》是中国石油重大科技成果的集中展示。近些年来，世界能源市场特别是油气市场供需格局发生了深刻变革，企业间围绕资源、市场、技术的竞争日趋激烈。油气资源勘探开发领域不断向低渗透、深层、海洋、非常规扩展，炼油加工资源劣质化、多元化趋势明显，化工新材料、新产品需求持续增长。国际社会更加关注气候变化，各国对生态环境保护、节能减排等方面的监管日益严格，对能源生产和消费的绿色清洁要求不断提高。面对新形势新挑战，能源企业必须将科技创新作为发展战略支点，持续提升自主创新能力，加快构筑竞争新优势。"十一五"以来，中国石油突破了一批制约主营业务发展的关键技术，多项重要技术与产品填补空白，多项重大装备与软件满足国内外生产急需。截至2015年底，共获得国家科技奖励30项、获得授权专利17813项。《丛书》全面系统地梳理了中国石油"十一五""十二五"期间各专业领域基础研究、技术开发、技术应用中取得的主要创新性成果，总结了中国石油科技创新的成功经验。

  《丛书》是中国石油科技发展辉煌历史的高度凝练。中国石油的发展史，就是一部创业创新的历史。建国初期，我国石油工业基础十分薄弱，20世纪50年代以来，随着陆相生油理论和勘探技术的突破，成功发现和开发建设了大庆油田，使我国一举甩掉贫油的帽子；此后随着海相碳酸盐岩、岩性地层理论的创新发展和开发技术的进步，又陆续发现和建成了一批大中型油气田。在炼油化工方面，"五朵金花"炼化技术的开发成功打破了国外技术封锁，相继建成了一个又一个炼化企业，实现了炼化业务的不断发展壮大。重组改制后特别是"十二五"以来，我们将"创新"纳入公司总体发展战略，着力强化创新引领，这是中国石油在深入贯彻落实中央精神、系统总结"十二五"发展经验基础上、根据形势变化和公司发展需要作出的重要战略决策，意义重大而深远。《丛书》从石油地质、物探、测井、钻完井、采油、油气藏工程、提高采收率、地面工程、井下作业、油气储运、石油炼制、石油化工、安全环保、海外油气勘探开发和非常规油气勘探开发等15个方面，记述了中国石油艰难曲折的理论创新、科技进步、推广应用的历史。它的出版真实反映了一个时期中国石油科技工作者百折不挠、顽强拼搏、敢于创新的科学精神，弘扬了中国石油科技人员秉承"我为祖国献石油"的核心价值观和"三老四严"的工作作风。

  《丛书》是广大科技工作者的交流平台。创新驱动的实质是人才驱动，人才是创新的第一资源。中国石油拥有21名院士、3万多名科研人员和1.6万名信息技术人员，星光璀璨，人文荟萃、成果斐然。这是我们宝贵的人才资源。我们始终致力于抓好人才培养、引进、使用三个关键环节，打造一支数量充足、结构合理、素质优良的创新型人才队伍。《丛书》的出版搭建了一个展示交流的有形化平台，丰富了中国石油科技知识共享体系，对于科技管理人员系统掌握科技发展情况，做出科学规划和决策具有重要参考价值。同时，便于科研工作者全面把握本领域技术进展现状，准确了解学科前沿技术，明确学科发展方向，更好地指导生产与科研工作，对于提高中国石油科技创新的整体水平，加强科技成果宣传和推广，也具有十分重要的意义。

掩卷沉思，深感创新艰难、良作难得。《丛书》的编写出版是一项规模宏大的科技创新历史编纂工程，参与编写的单位有60多家，参加编写的科技人员有1000多人，参加审稿的专家学者有200多人次。自编写工作启动以来，中国石油党组对这项浩大的出版工程始终非常重视和关注。我高兴地看到，两年来，在各编写单位的精心组织下，在广大科研人员的辛勤付出下，《丛书》得以高质量出版。在此，我真诚地感谢所有参与《丛书》组织、研究、编写、出版工作的广大科技工作者和参编人员，真切地希望这套《丛书》能成为广大科技管理人员和科研工作者的案头必备图书，为中国石油整体科技创新水平的提升发挥应有的作用。我们要以习近平新时代中国特色社会主义思想为指引，认真贯彻落实党中央、国务院的决策部署，坚定信心、改革攻坚，以奋发有为的精神状态、卓有成效的创新成果，不断开创中国石油稳健发展新局面，高质量建设世界一流综合性国际能源公司，为国家推动能源革命和全面建成小康社会作出新贡献。

2018年12月

丛书前言

石油工业的发展史，就是一部科技创新史。"十一五"以来尤其是"十二五"期间，中国石油进一步加大理论创新和各类新技术、新材料的研发与应用，科技贡献率进一步提高，引领和推动了可持续跨越发展。

十余年来，中国石油以国家科技发展规划为统领，坚持国家"自主创新、重点跨越、支撑发展、引领未来"的科技工作指导方针，贯彻公司"主营业务战略驱动、发展目标导向、顶层设计"的科技工作思路，实施"优势领域持续保持领先、赶超领域跨越式提升、储备领域占领技术制高点"科技创新三大工程；以国家重大专项为龙头，以公司重大科技专项为核心，以重大现场试验为抓手，按照"超前储备、技术攻关、试验配套与推广"三个层次，紧紧围绕建设世界一流综合性国际能源公司目标，组织开展了50个重大科技项目，取得一批重大成果和重要突破。

形成40项标志性成果。（1）勘探开发领域：创新发展了深层古老碳酸盐岩、冲断带深层天然气、高原咸化湖盆等地质理论与勘探配套技术，特高含水油田提高采收率技术，低渗透/特低渗透油气田勘探开发理论与配套技术，稠油/超稠油蒸汽驱开采等核心技术，全球资源评价、被动裂谷盆地石油地质理论及勘探、大型碳酸盐岩油气田开发等核心技术。（2）炼油化工领域：创新发展了清洁汽柴油生产、劣质重油加工和环烷基稠油深加工、炼化主体系列催化剂、高附加值聚烯烃和橡胶新产品等技术，千万吨级炼厂、百万吨级乙烯、大氮肥等成套技术。（3）油气储运领域：研发了高钢级大口径天然气管道建设和管网集中调控运行技术、大功率电驱和燃驱压缩机组等16大类国产化管道装备，大型天然气液化工艺和20万立方米低温储罐建设技术。（4）工程技术与装备领域：研发了G3i大型地震仪等核心装备，"两宽一高"地震勘探技术，快速与成像测井装备、大型复杂储层测井处理解释一体化软件等，8000米超深井钻机及9000米四单根立柱钻机等重大装备。（5）安全环保与节能节水领域：

研发了CO_2驱油与埋存、钻井液不落地、炼化能量系统优化、烟气脱硫脱硝、挥发性有机物综合管控等核心技术。（6）非常规油气与新能源领域：创新发展了致密油气成藏地质理论，致密气田规模效益开发模式，中低煤阶煤层气勘探理论和开采技术，页岩气勘探开发关键工艺与工具等。

取得15项重要进展。（1）上游领域：连续型油气聚集理论和含油气盆地全过程模拟技术创新发展，非常规资源评价与有效动用配套技术初步成型，纳米智能驱油二氧化硅载体制备方法研发形成，稠油火驱技术攻关和试验获得重大突破，井下油水分离同井注采技术系统可靠性、稳定性进一步提高；（2）下游领域：自主研发的新一代炼化催化材料及绿色制备技术、苯甲醇烷基化和甲醇制烯烃芳烃等碳一化工新技术等。

这些创新成果，有力支撑了中国石油的生产经营和各项业务快速发展。为了全面系统反映中国石油2006—2015年科技发展和创新成果，总结成功经验，提高整体水平，加强科技成果宣传推广、传承和传播，中国石油决定组织编写《中国石油科技进展丛书（2006—2015年）》（以下简称《丛书》）。

《丛书》编写工作在编委会统一组织下实施。中国石油集团董事长王宜林担任编委会主任。参与编写的单位有60多家，参加编写的科技人员1000多人，参加审稿的专家学者200多人次。《丛书》各分册编写由相关行政单位牵头，集合学术带头人、知名专家和有学术影响的技术人员组成编写团队。《丛书》编写始终坚持：一是突出站位高度，从石油工业战略发展出发，体现中国石油的最新成果；二是突出组织领导，各单位高度重视，每个分册成立编写组，确保组织架构落实有效；三是突出编写水平，集中一大批高水平专家，基本代表各个专业领域的最高水平；四是突出《丛书》质量，各分册完成初稿后，由编写单位和科技管理部共同推荐审稿专家对稿件审查把关，确保书稿质量。

《丛书》全面系统反映中国石油2006—2015年取得的标志性重大科技创新成果，重点突出"十二五"，兼顾"十一五"，以科技计划为基础，以重大研究项目和攻关项目为重点内容。丛书各分册既有重点成果，又形成相对完整的知识体系，具有以下显著特点：一是继承性。《丛书》是《中国石油"十五"科技进展丛书》的延续和发展，凸显中国石油一以贯之的科技发展脉络。二是完整性。《丛书》涵盖中国石油所有科技领域进展，全面反映科技创新成果。三是标志性。《丛书》在综合记述各领域科技发展成果基础上，突出中国石油领先、高端、前沿的标志性重大科技成果，是核心竞争力的集中展示。四是创新性。《丛书》全面梳理中国石油自主创新科技成果，总结成功经验，有助于提高科技创新整体水平。五是前瞻性。《丛书》设置专门章节对世界石油科技中长期发展做出基本预测，有助于石油工业管理者和科技工作者全面了解产业前沿、把握发展机遇。

《丛书》将中国石油技术体系按15个领域进行成果梳理、凝练提升、系统总结，以领域进展和重点专著两个层次的组合模式组织出版，形成专有技术集成和知识共享体系。其中，领域进展图书，综述各领域的科技进展与展望，对技术领域进行全覆盖，包括石油地质、物探、测井、钻完井、采油、油气藏工程、提高采收率、地面工程、井下作业、油气储运、石油炼制、石油化工、安全环保节能、海外油气勘探开发和非常规油气勘探开发等15个领域。31部重点专著图书反映了各领域的重大标志性成果，突出专业深度和学术水平。

《丛书》的组织编写和出版工作任务量浩大，自2016年启动以来，得到了中国石油天然气集团公司党组的高度重视。王宜林董事长对《丛书》出版做了重要批示。在两年多的时间里，编委会组织各分册编写人员，在科研和生产任务十分紧张的情况下，高质量高标准完成了《丛书》的编写工作。在集团公司科技管理部的统一安排下，各分册编写组在完成分册稿件的编写后，进行了多轮次的内部和外部专家审稿，最终达到出版要求。石油工业出版社组织一流的编辑出版力量，将《丛书》打造成精品图书。值此《丛书》出版之际，对所有参与这项工作的院士、专家、科研人员、科技管理人员及出版工作者的辛勤工作表示衷心感谢。

人类总是在不断地创新、总结和进步。这套丛书是对中国石油2006—2015年主要科技创新活动的集中总结和凝练。也由于时间、人力和能力等方面原因，还有许多进展和成果不可能充分全面地吸收到《丛书》中来。我们期盼有更多的科技创新成果不断地出版发行，期望《丛书》对石油行业的同行们起到借鉴学习作用，希望广大科技工作者多提宝贵意见，使中国石油今后的科技创新工作得到更好的总结提升。

孙龙德

2018年12月

前 言

为全面总结中国石油测井"十一五""十二五"期间技术与装备取得的新进展，反映中国石油测井行业十年的技术研发进展及工作所取得的主要成果，以便更好地推动石油测井技术持续进步，为勘探开发提供优质服务，特组织编写本书。近年来，"深、低、海、非"勘探开发及老区挖潜需求日益迫切，随着油气勘探开发领域的不断深入，对测井技术与装备提出了新的更高的要求。面对日益复杂的地质工程难题，2006—2015年，中国石油测井在国家重大专项和中国石油科技专项的大力支持下，以测井成套装备与软件研发为重点，重大现场试验为抓手，在新技术新方法、核心装备与软件、现场试验与集成配套三个方面，突破了一批关键瓶颈技术，形成以EILog快速与成像测井成套装备和CIFLog一体化测井软件为代表的一批具有自主知识产权的测井技术与装备，结束了先进测井装备主要依赖进口的历史，实现了测井产业升级。

本书系统反映了中国石油在2006—2015年十年间测井技术与装备取得的标志性重大科技创新成果。全书共分绪论、技术成果介绍和技术展望三大部分。第一章为绪论，主要介绍了我国测井技术与装备的总体进展概况；第二章至第六章为本书正文部分，分别从测井新方法新技术、测井成套装备及配套工艺、测井处理解释软件、射孔新技术、测井数据处理与解释评价技术等方面，系统介绍了我国测井技术与装备最新进展情况，各技术成果主要从技术原理（装备构成）、技术特点（装备功能）、创新点、应用情况等四方面进行了主要描述；第七章为技术展望，介绍了未来测井技术发展与展望。本书可帮助石油测井工作者了解测井技术与装备新的技术进展，也可作为石油测井培训教材，以及相关院校的教学参考用书。

本书由汤天知、李宁、陈文辉等组织编著，第一章由汤天知、金鼎、陈文辉、林茂山等撰写；第二章由余春昊、岳爱忠、李新等撰写；第三章由陈文辉、陈涛、白庆杰、王宏建、柴细元、朱军、胡金海、蔡志明等撰写；第四章由李宁、周军、刘英明、李伟忠、李国军、林德强等撰写；第五章由任国辉、唐凯、罗宏伟、黄金、陈建波、郭鹏、杨登波等撰写；第六章由周灿灿、万金彬、周军、李戈理、李长喜、武宏亮、成志刚等撰写；第七章由汤天知、金鼎、陈文辉、万磊等撰写。陆大卫、王敬农、鞠晓东、撒利明、金鼎等专家对全书进行了审核和修订，并提出了宝贵的修改意见，万磊对书稿进行了格式编排和校对。在此，对审稿人所付出的辛勤劳动表示衷心的感谢，同时对为本书编写提供帮助的人员表示诚挚的谢意。

  尽管目标是将本书打造成精品，但由于笔者水平有限，书中存在的不足和问题，敬请广大读者批评指正。

目 录

第一章	绪论	1
第二章	测井新方法新技术	5
第一节	测井新方法及探测器	5
第二节	岩石物理实验技术	26
参考文献		39
第三章	测井成套装备及配套工艺	41
第一节	EILog 快速与成像测井系统	41
第二节	LEAP800 测井系统	87
第三节	特色电缆测井仪器	101
第四节	三维成像测井系列	111
第五节	随钻测井系统	122
第六节	生产测井装备	139
第七节	水平井测井工具与工艺	163
参考文献		170
第四章	测井处理解释软件	173
第一节	一体化网络测井处理解释平台 CIFLog	173
第二节	LEAD 测井数据资源应用平台	189
第三节	测井远程控制与实时传输系统	198
参考文献		201
第五章	射孔新技术	203
第一节	深穿透射孔弹	203
第二节	电缆分簇射孔技术	208
第三节	多级脉冲射孔技术	221

  第四节 定面与定向射孔技术 …………………………………………………… 226

  第五节 8000m 超深井射孔技术 …………………………………………………… 231

  参考文献 ……………………………………………………………………………… 235

第六章 测井数据处理及解释评价技术 …………………………………………… 237

  第一节 成像测井精细处理技术 …………………………………………………… 237

  第二节 基于均质化地层电磁场论的含水饱和度和油气含量计算方法 ………… 257

  第三节 低孔低渗储层测井评价技术 …………………………………………… 262

  第四节 非均质复杂缝洞储层测井评价技术 …………………………………… 271

  第五节 致密油气储层测井评价技术 …………………………………………… 285

  第六节 煤层气储层测井评价技术 ……………………………………………… 296

  参考文献 ……………………………………………………………………………… 306

第七章 测井技术发展与展望 ………………………………………………………… 310

第一章 绪 论

通过"十一五""十二五"的持续攻关,中国石油测井技术与装备水平得到了质的飞跃,以 EILog 快速与成像测井成套装备和 CIFLog 一体化测井软件为代表的一批具有自主知识产权的测井技术与装备规模应用,推动了测井产业转型升级,从根本上改变了我国测井先进装备长期依赖进口的局面,大大缩短了与国外先进技术的差距并形成特色。在长庆、塔里木、大庆、西南等油气田的增储和稳产上产中发挥了重要作用,有效支撑了油气勘探开发,同时走向海外,增强了国际竞争力。

"十一五"以来,中国石油测井坚持主营业务驱动,重点开展了测井装备、应用软件和解释评价等关键技术攻关,首次实现了单项测井技术向测井成套装备产业化的跨越,成像测井技术向国产化的跨越,解释技术和软件向综合化、一体化和网络化的跨越,以 EILog 快速与成像测井系统为代表的国产测井装备研制取得重大进展,开始产业化规模应用。

截至"十二五"末,中国石油测井开发出裸眼井电缆测井、随钻测井、套管井电缆测井、射孔技术、解释评价技术和一体化软件等系列产品,形成了 4 套重大工程技术与装备、2 套一体化核心软件和 4 项重大核心配套技术(表1-1)。同时,2 项技术荣获国家战略性创新产品和重点新产品称号(表1-2),20 项技术成为中国石油自主创新产品(表1-3)。

表1-1 "十二五"测井业务取得的主要科技成果表

类别	名称	主要成效
重大工程技术与装备(4套)	快速测井系列	以 15m 一串测、LEAP800 为主的快速测井装备使国产装备替代率达 80%以上
	成像测井系列	"三电二声一核磁"成像测井全面国产化,达到国际先进水平,节约引进成本
	随钻测井系列	形成伽马、电阻率、孔隙度三参数随钻测井系统和随钻电阻率成像测井,实现从无到有突破
	高含水低产液动态监测系列	动态监测、剩余油评价、套损检测系列配套和性能提升,基本解决高含水测量精度低、低产液测量下限不够等问题
一体化核心软件(2套)	以多井资料处理解释为核心的 CIFLog2.0	属地化应用效果显著,达到国际先进水平,节约引进成本
	基于数据库的 LEAD4.0	实现与 EILog 快速与成像测井成套装备无缝配套,支持测井全过程,已录入 11 万井次测井资料,助力提速提效
重大核心配套技术(4项)	复杂碎屑岩测井综合评价技术	形成的低孔渗油藏测井快速识别与定量解释技术、薄互层测井评价等技术,为长庆、大庆、新疆、青海等油田重点探井的发现和落实储量发挥了重要作用
	缝洞型碳酸盐岩测井评价技术	形成的碳酸盐岩缝洞定量雕刻、电成像孔隙分布比储层识别、有效性评价等技术,在西南、塔里木等油田重点探区识别率由 50%提高到 78%。
	复杂油气藏射孔器及工艺技术	形成的 1500mm 超深穿透射孔器、分簇射孔等技术达到国际先进水平,服务增储上产
	复杂井况测井工艺技术	形成的过钻具测井系统、复杂井况施工工具等配套工艺技术使单井平均作业时效缩短近 20 个小时

表1-2　2项技术荣获国家战略性新产品和重点新产品称号

荣誉称号	技术名称
国家战略性创新产品	阵列侧向成像测井仪 HAL6505
国家重点新产品	多极子阵列声波测井仪 MPAL6620

表1-3　20项技术成为中国石油自主创新产品

序号	技术名称	序号	技术名称
1	多极子阵列声波测井仪	11	NetLog 测井协同工作平台
2	阵列侧向测井仪	12	中国石油新一代测井软件 CIFLog
3	钻进式井壁取心器	13	水淹层测井解释系统
4	LEAP800 测井系统	14	核磁共振测井资料处理系统
5	猎鹰（KCLOG）套管井成像测井系统	15	碳酸盐岩储层测井资料综合处理评价系统
6	生产测井组合仪	16	电缆地层测试器测井资料处理系统
7	XCRL 过套管电阻率测井仪	17	连续管测井机
8	脉冲中子氧活化测井仪	18	"先锋"超深穿透射孔器
9	小直径碳氧比能谱测井仪	19	200℃/175MPa 超深穿透射孔器
10	油井套管应力检测仪	20	全自动校深数控射孔仪

"十一五""十二五"形成的测井技术与装备在我国石油勘探开发中应用效果显著。在测井装备方面，EILog 快速与成像测井成套装备成为中国石油主力测井装备，成像测井仪器全面国产化，结束了先进测井装备主要依赖进口的历史，实现了测井产业升级；随钻测井关键技术与装备研制取得重大进展，实现从无到有的突破，使我国成为全球极少数掌握岩性、饱和度和孔隙度地层评价随钻测井技术的国家；围绕油田需求，开发出多种特色测井仪器，应用效果显著。具体而言，测井装备取得了以下方面的成效。

（1）快速与成像测井装备：EILog 快速与成像测井成套装备推广应用 223 套，下井仪器 10000 余支，节约引进投资 40 多亿元。完成测井 42230 口，解释油气层 40 万多层，油气层综合解释符合率由 87.01% 提高到 93.87%，节约引进费用 50 亿元，实现仪器制造产值 50 亿元，有力支撑了油气田增储上产。国产成像测井仪器进一步完善配套，性能功能显著提升，综合应用成像测井技术，保障了油气增储上产。如针对长庆特低渗—致密油气，形成综合应用成像测井精确计算孔隙度、饱和度和渗透率的特色技术，将探井解释符合率从 78.3% 提高到 85.2%，为长庆油田上产 $5000×10^4$t 提供了强有力的技术保障。针对塔里木油田深层碳酸盐岩油气，成功实现了从井壁到径向 30m 成像测井，准确识别构造特征和流体性质，该技术处于国际领先水平，极大提升了测井在油气勘探中的地位与作用。针对青海油田复杂碎屑岩油气，综合应用成像测井精细评价储层孔隙结构和流体性质，准确划分有效储层，增加了油层厚度，游园沟地区 N_1 油层厚度由原先 10 余米提高到 50 余米，为青海油田产能建设部署提供技术支撑。15m "一串测"快速测井技术现场应用效果显著，一次下井可取全常规测井资料，助力提速提效。"一串测"快速测井仪器系列突破了电路单元和探测器集成、承压结构设计等关键技术，组合长度由 24m 缩短到 12.8m，一次下井取全取准常规测井资料，提高了时效，降低了作业风险。采用阵列感应测井仪器替代常规双感应测井仪器，提高了电阻率测量精度。在长庆、吐哈和华北等油田投产应用 87 串，测井 7800 余口，作业时效提高 40%以上，为油田快速建产和水平井提速提效发挥了重要作用。

（2）随钻测井装备：研制成功的随钻方位侧向电阻率成像测井仪器，能准确获取地层真电阻率、详细描述地层径向剖面，为提高水平井储层钻遇率提供更有效测量手段；自主研发的伽马成像随钻测井仪器能够扫描测量地层岩性，给地层拍 CT；国内首套常规三参数随钻测井系统具有自然伽马、电阻率、中子孔隙度等测量能力，在长庆、塔里木、吉林等 6 个油田推广 30 余套，在长水平井、复杂井、无导眼水平井实时导向和关键层位卡层方面效果明显。

（3）特色测井装备：形成包括 0.2m 高分辨率薄层测井系列、薄差水淹层测井解释等的老区剩余油测井技术系列，在大庆油田应用 6000 口井，为 0.2m 单砂体剩余油精细描述与措施增油提供有力的技术支撑；针对复杂工程井需求，研制出过钻具存储式测井仪器，形成了包括地面系统、悬挂释放系统、井下测井仪器及测井施工工艺，水平井平均作业时间比常规传输测井缩短近 20 个小时，测井资料满足地质评价需要；形成了高含水低产液产出剖面、三元复合驱注产剖面等特色动态监测测井技术系列（包括高分辨率电导含水率、分离式低产液产出剖面、微波持水率仪等）基本满足了大庆油田二次、三次开发生产需要。

在软件方面，测井一体化软件全面推广，数据库建设成效显著。以多井评价为特点的 CIFLog2.0 能够完成包括高端成像处理在内的全部处理解释，有力提升了测井资料对区块的综合评价能力，已在国内外安装 3000 余套，成为测井解释评价的主力软件，达到国际先进水平，获 2014 年国家科技进步奖二等奖。测井数据库建设在分布式存储、异地备份、海量数据存储等技术上取得突破，收录国内外 16 个油田资料近 11 万井次。

在射孔工艺技术方面，复杂油气藏射孔器及工艺技术不断配套，助推单井产量提高。分簇射孔技术采用电缆输送一次下井完成复合桥塞坐封和多簇射孔联作，创造了国内"分簇射孔水平井段最长、射孔层数和单井簇数最多、作业井深最深"等多项纪录，为页岩气井高产提供了技术支撑。深穿透射孔弹穿深达到 1500mm，达到国际先进水平，成为焦石坝页岩气国家示范区唯一指定产品。全过程数字化可控气体复合射孔技术、多级脉冲深穿透聚能射孔配套技术等，在塔里木、冀东、西南、大港等油田成功应用；自反应自清洁射孔器、大孔径深穿透射孔器、三射流射孔器及配套技术在大庆、西南等油田应用，提高了孔道扩容能力和效果。

在解释评价方面，特色测井解释评价技术为中国石油油气增储上产提供了有力支撑。低阻评价技术体系在黏土导电机理和钻井液滤液侵入机制等方面取得了创新理论成果，在老区增储上产以及在快速识别、准确评价新的低阻油气藏方面作用十分明显，使大港油田歧口凹陷解释符合率由初期的 50%提高到 85%。酸性火山岩储层的测井解释理论与方法在大庆油田深层 159 口井的测井评价效果显著，测井解释符合率达到了 92.3%，比国外的解释符合率 79%有较大幅度的提高，打破了国外公司的技术垄断，为大庆油田天然气探明地质储量和新增控制天然气地质储量做出了重要贡献。非均质缝洞型碳酸盐岩有效储层识别技术在西南、塔里木和长庆等油田应用，探井产层识别率由 50%提高到平均 78%。超低渗透油藏测井快速识别与定量解释技术规模应用长庆油田，解释符合率提高到 80%以上，测井资料应用周期从3天缩短到7小时。缝洞型碳酸盐岩储层测井评价、超深超高压裂缝性低孔砂岩气藏测井评价等深井测井配套技术，有效支撑了塔里木油田勘探开发。在先进装备综合应用基础上，发展了三低和薄互层评价等综合配套技术，为青海油田昆北、英东2个亿吨级储量发现和落实发挥支撑作用。

在基础研究方面，测井基础研究取得了多项重要成果，为持续发展提供技术储备。形成了基于数字孔隙网络的数值模拟、复杂储层高精度实验测试分析、二维核磁共振响应特征模拟等核心技术。测井数字岩心技术将实验室精细实验、现场快速实验和测井资料处理解释评价融为一体，提高了解释时效和精度。研制出可控源脉冲伽马全谱、远探测方位反射波等新型探测器，为新型测井仪器研制提供技术基础。开发的具有声电和电声激励—测量的动电测井探测器为国内首创，为渗透率测量提供了一种新的手段。

同时，中国石油测井走向海外，集成应用先进适用的测井技术，为海外油气业务提供重要技术支持：EILog在乌兹别克斯坦、伊拉克等丝绸之路经济带6个国家开展技术服务，并销售到俄罗斯、伊朗等4个国家，实现了从进口到出口的转变；面向国际市场开发的LEAP800新一代测井系统推广11套，其中包括哈萨克斯坦、乍得、厄瓜多尔等国家；适合海内外测井资料一体化处理解释的CIFLog-GeoMatrix版应用软件全线投产，强力支撑中国石油海内外项目实施；针对苏丹低阻油层、哈萨克斯坦、中东大型碳酸盐油藏等形成了测井综合评价技术，建立了海外测井数据库，为海外油气勘探开发提供了精细评价和有效方案部署支持。

第二章 测井新方法新技术

测井方法研究是进行测井仪器设计制造、处理解释软件开发、解释评价技术研究的基础。随着以"深、低、海、非"为代表的复杂油气藏逐渐成为勘探开发主体,通过发展高精度采集和校正技术精细测量油气含量,延伸测量空间范围和物理性质精确评价油气储量,与地质、钻井、射孔、压裂、采油等专业深度结合精准预测油气产量,不断拓展和提升测井在油气勘探开发全生命周期的支持能力,已经成为测井技术服务发展的主要方向。

测井装备是测井技术自主创新能力和市场竞争水平的集中体现,而作为装备研发重要前置环节的探测器研究在其中起着不可替代的重要作用,随着机械、电子、信息、材料等技术的发展,开展以高精度、大容量、深探测、低成本、绿色环保等为特点,能够适应不同井型、不同岩性测量要求的新型测井探测器研究,对于实现测井技术高质量发展具有十分重大的现实意义。

第一节 测井新方法及探测器

测井新方法与探测器研究包括测井理论、数值模拟、测井传感器、数据处理方法研究内容,是实现测井技术创新和科技进步的原动力,也是取得原创性成果的关键所在。测井新方法研究可为我国油气测井重大技术装备的研发和复杂地层评价提供支撑和储备技术,增强我国测井技术在国际上的竞争能力。

测井面临的问题仍然是以"三低两复杂"(低渗、低压、低产,复杂孔隙结构、复杂油水关系),储层和"新能源"储层的地质特性(岩性、孔隙结构、渗流特性、含油性)认识问题,如何精确采集储层物理性质,如何处理、表征信息,并转化为地质参数始终是测井需要解决的核心问题。复杂油气藏导致测井信息采集对象发生改变,从井周、井旁到井间,要求测井采集更远地层信息,低孔低渗和致密油气储层要求测井采集更精细的地层信息,火山岩、碳酸盐岩、岩屑砂岩等复杂岩性,裂缝、缝洞、多重孔隙结构,多系统流体特征,要求测井采集更全面的地层信息;复杂油气藏和非常规油气藏[1-3]要求测井信息采集方式发生变革,全方位、多种类的信息需求要求测井采集应由单频率向宽频谱、由二维向多维过渡,并不断扩展采集信息的种类;大范围、深探测的信息需求要求测井采集向深探测、远探测过渡;高精度、高分辨的信息需求要求测井采集准确定位探测空间区域、大力提高采集信号信噪比。同时,各油田普遍面临高含水和提高采收率等难题,需要了解储层内部的精细地质模型及流体分布规律,为制定详细的开采方案提供必要测井信息。

"十二五"期间,为了增强技术积累,实现原始创新,中国石油通过"测井前沿技术与应用基础研究"项目,开展了电频谱、可控源放射性、井间电磁、光纤探测、声波远探测、动电、多维核磁共振、随钻前视等测井新方法与探测器研究,取得了一系列研究成果。有些关键技术全面突破，应用于勘探开发，效果显著，例如：声波远探测和光纤流量测量；有些理论创新和探测器攻关，为"十三五"仪器和软件开发奠定了基础。

一、低频电频散测井新方法及探测器

面对日益复杂的油气藏，目前的电阻率测井面临着众多的困难和挑战，例如当地层水矿化度低或变化大时，不易识别油气层、水层；对于岩性变化大的储层，会造成油层漏解释或误解释等。为了克服这种困难和挑战，提出了电频谱测井方法，该方法将传统的多种不同频率的电测井方法融合成一种频谱电测井新方法，在国内外未见商业应用，因此本研究具有开拓性。电频谱测井采用多点频率测量矢量响应，通过模型拟合得到包括频散特性参数在内的多种电学参数，从而更有效地识别复杂油气藏。其特点是可以获得深探测的频散特性参数和介电信息，具有更高的油气饱和度评价可靠性，易于探测低阻油气藏以及评价渗透率。

1. 方法原理

岩石的电学特性参数（如电阻率、介电常数）随着测量频率的变化而变化的现象称为电频散现象[4]。描述这种频散现象的典型模型为Cole-Cole复电阻率频散模型，表达式如下：

$$\rho(\omega) = \rho_0 \left\{ 1 - \eta \left[1 - \frac{1}{1+(i\omega\tau)^c} \right] \right\} \quad (2-1)$$

式中　ρ——介质的复电阻率；

　　　ρ_0——零频率时的复电阻率幅度；

　　　ω——电场的角频率；

　　　τ——弛豫时间常数；

　　　i——虚数单位；

　　　η——极化率，其值在0与1之间；

　　　c——频率相关系数，其值在0与1之间。

利用该模型评价地层的含油气饱和度比用单一标量电导率（电阻率）具有更高的可靠性，尤其在低阻油气藏的评价上更为突出。在使用该模型进行油气评价前一般要用当前油田区块的岩心进行实验测量，并通过非线性拟合确定模型中的系数。这些系数中大部分与含水饱和度、孔隙度、饱和盐水矿化度和温度有关，尤其是ρ和ω为重。

2. 低频电频谱测井探测器

采用离散频率进行测量，然后利用重构算法重构频谱曲线。当用一阶的Cole-Cole复电阻率频散模型重构测量结果时，需要确定模型中的四个系数，至少需要有四个不同频率的测量值才能唯一确定频散关系，因此设计仪器采用多于四个频率点的复电阻率测量[6]，然后通过模拟退火等全局最优算法进行频散模型拟合，进而计算出界面极化频率f_c及其他电学参数，从而达到评价地层含水饱和度的目的；考虑到在界面极化频率附近电阻率的变化比较剧烈，因而适当增加频率测量点，取七个点。对这七个频率点的测量数据利用Cole-Cole模型进行拟合重构，得到如图2-1所示的频散结果，其中Freq为频率，RR为复电阻率实部，RX为复电阻率虚部，Res为电阻率。

依据岩石物理实验结果得出，界面极化频率随含水饱和度、孔隙度、地层水矿化度和

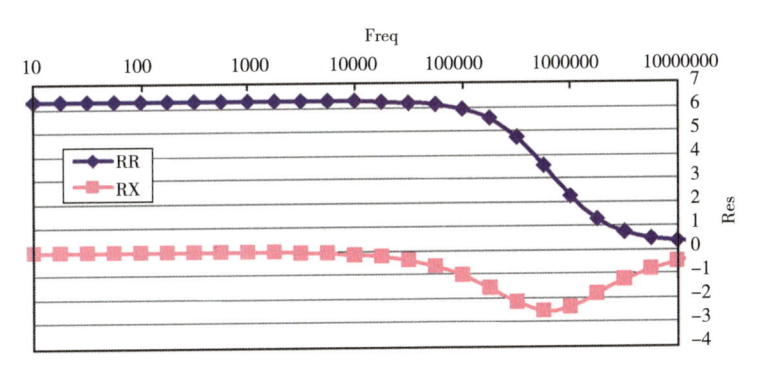

图 2-1 经重构后的七点频率法模拟测量得到的频谱曲线

地层温度等变化而变化，其范围大部分在 1k~3MHz，因而其探测需要采用电极和线圈两种方式才能覆盖如此宽的频率范围，其中低频段采用电极式发射与接收，频率范围 1~500kHz，测量七个不同频率点的复电阻率，电极系结构和尺寸为：

$$\frac{1.0}{A_3}0.4\frac{0.5}{A_2}0.4\frac{0.1}{A_1}0.2\frac{0.02}{M_2}0.2\frac{0.02}{M_1}0.2\frac{0.04}{A_0}0.2\frac{0.02}{M'_1}0.2\frac{0.02}{M'_2}0.2\frac{0.1}{A'_1}0.4\frac{0.5}{A'_2}0.4\frac{1.0}{A'_3}$$

其中，A_0、A_1、A_2、A'_1、A'_2、A'_3、M_1、M_2、M'_1、M'_2，为电极名称，电极名称上边的数值为电极宽度，单位为 m，电极之间的数值为相邻电极间的距离，单位为 m。

电极系全长 6.12m，具有 3 种不同探测深度（不同探测深度的工作模式见表 2-1）。另外探测器在两个监督电极（M_1 和 M_2）之间还放置了一个用来探测电磁效应的接收线圈 R（图 2-2）。

图 2-2 电频谱测井电极系示意图

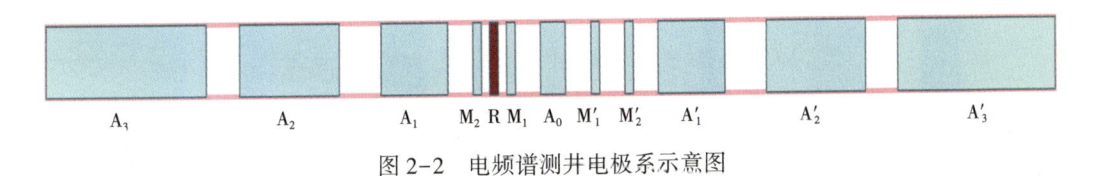

表 2-1 电频谱测井电极系工作模式

工作模式	电极工作情况	测量量
模式 1	屏蔽电极 A_1（或 A'_1）供屏流； A_2（或 A'_2）、A_3（或 A'_3）作为回路电极而接地	A_0 电极电流、M_1 电极电位及 R 线圈感应电动势。均为矢量测量
模式 2	屏蔽电极 A_1（或 A'_1）、A_2（或 A'_2）供屏流； A_3（或 A'_3）作为回路电极而接地	
模式 3	屏蔽电极 A_1（或 A'_1）、A_2（或 A'_2）、A_3（或 A'_3）供屏流； 远电极作为回路电极而接地	

3 种工作模式的探测深度不同。模式 1 最浅，模式 2 中等，模式 3 最深。以工作频率 1kHz 为例计算得到 3 个探测深度用伪径向积分几何因子表示如图 2-3 所示，其中 RADI-USi 为径向深度，Jxo 为径向积分几何因子。可以看出，这三个探测深度依次为 0.5m、

0.8m 和 1.5m。对于深探测的计算不同频率下的伪径向积分几何因子得到图 2-4 所示，可以看出频率对电极型的探测深度影响有限。随着频率升高，探测深度由 10Hz 的 1.5m 降到 500kHz 的 1.38m，降幅大约 10%。

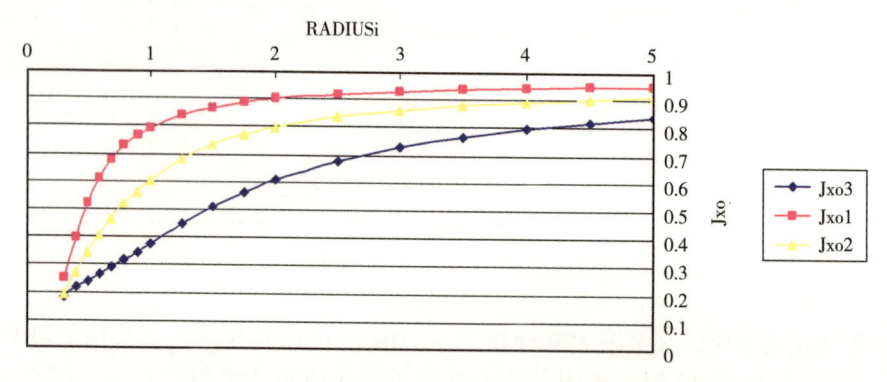

图 2-3 电极系三种工作模式的伪径向积分几何因子

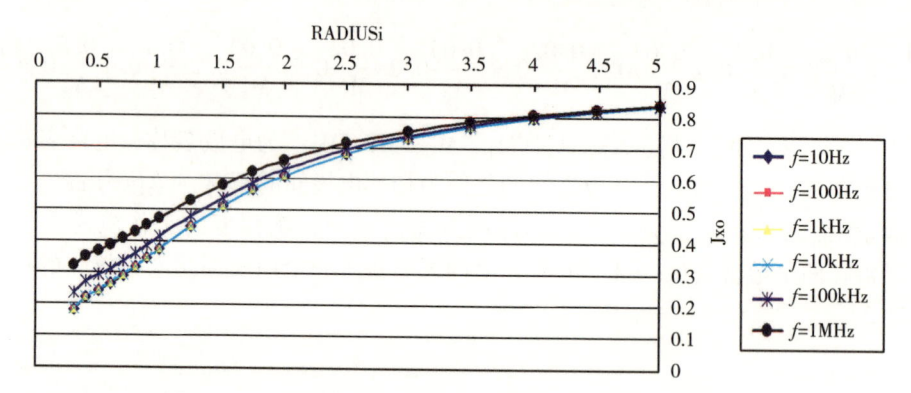

图 2-4 不同频率下深探测电极系的伪径向积分几何因子

为研究电频谱测井电极系的纵向分辨率，针对 500kHz 频率，模拟计算了不同地层厚度及对比度下的测井响应曲线，计算结果如图 2-5 和图 2-6 所示，其中 R_t 为目的层电阻率，R_s 为围岩电阻率，H 为目的层厚度。结果表明深探测电极系纵向分辨率可以达到 0.5m。

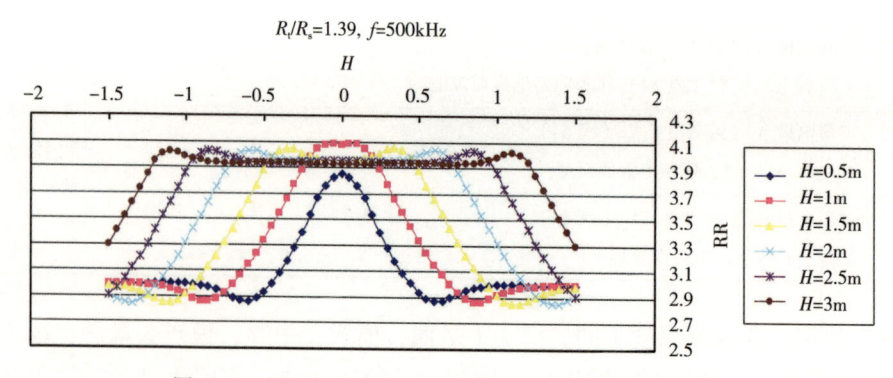

图 2-5 500kHz 下不同地层厚度 H 的测量曲线实分量

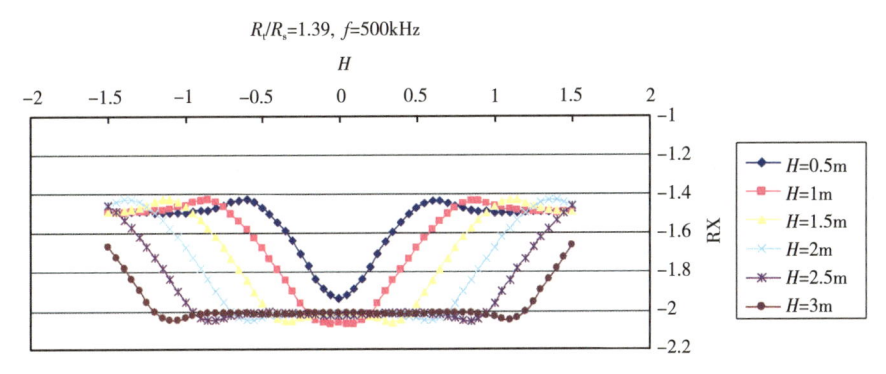

图 2-6　500kHz 下不同地层厚度 H 的测量曲线虚分量

3. 低频电频谱测井探测器试验结果

低频电频谱测井电极系在庆阳标准井 70～170m 井段进行了井下测量试验。试验仪器与井壁之间充满淡水，测速 100m/h，上拉测量两次。测井曲线和处理结果如图 2-7 所示，测量曲线包含电压/电流幅度比电阻率曲线 AR2—AR500、相位差曲线 PR2—PR500，共计 14 条曲线。其中低频电阻率曲线与 ECLIPS-5700 测井系列深侧向测井曲线对比形状一致，说明探测器测量正常。

针对仪器结构以及电路测量回路寄生电感等情况，对测井数据进行了校正，并计算得到了界面极化频率 FC 曲线，与 ECLIPS-5700 测井系列声速测井 AC 曲线对比，表明界面极化频率 FC 曲线与孔隙度测井曲线有较强的正相关性，即地层含水量增大极化频率升高。与孔隙度测井曲线数值上的差异，相当于相同孔隙度下的不同含水饱和度的响应，即含水饱和度增加极化频率增大。

二、可控源核测井新方法及探测器

基于可控中子源的脉冲伽马多谱测井仪器 PNMS 一次下井可采集俘获伽马衰减时间谱、非弹性散射和俘获反应产生的次生伽马能谱，从而获得热中子寿命、C/O、Si/Ca、元素含量、流速等多项参数。用以进行油气饱和度评价、确定地层的流体界面、动态监测储层水淹的程度、查找漏掉的油气层、获得孔隙度、岩性和矿物成分、测量水流速度等，为储层进行优化管理提供依据。

1. 方法原理

可控中子源向地层发射出能量为 14MeV 的快中子，快中子与地层介质的原子核发生多次非弹性散射和弹性散射后会逐渐减速变为慢中子，最终慢化成热中子，热中子与井眼周围介质原子核发生俘获反应被吸收，这就是中子在地层中的输运历程。非弹性散射和俘获反应均会产生次生伽马射线[7-10]（图 2-8），次生伽马射线的能量取决于靶核的能级特性，取决于靶核性质，故这种伽马射线被称为特征伽马射线。

热中子寿命 τ 指热中子从产生的瞬时起，到被吸收的时刻止所经历的平均时间，热中子寿命与宏观俘获截面 Σ 有关，其关系为：

$$\tau = \frac{1}{v\Sigma} \qquad (2-2)$$

式中　v——热中子速度。

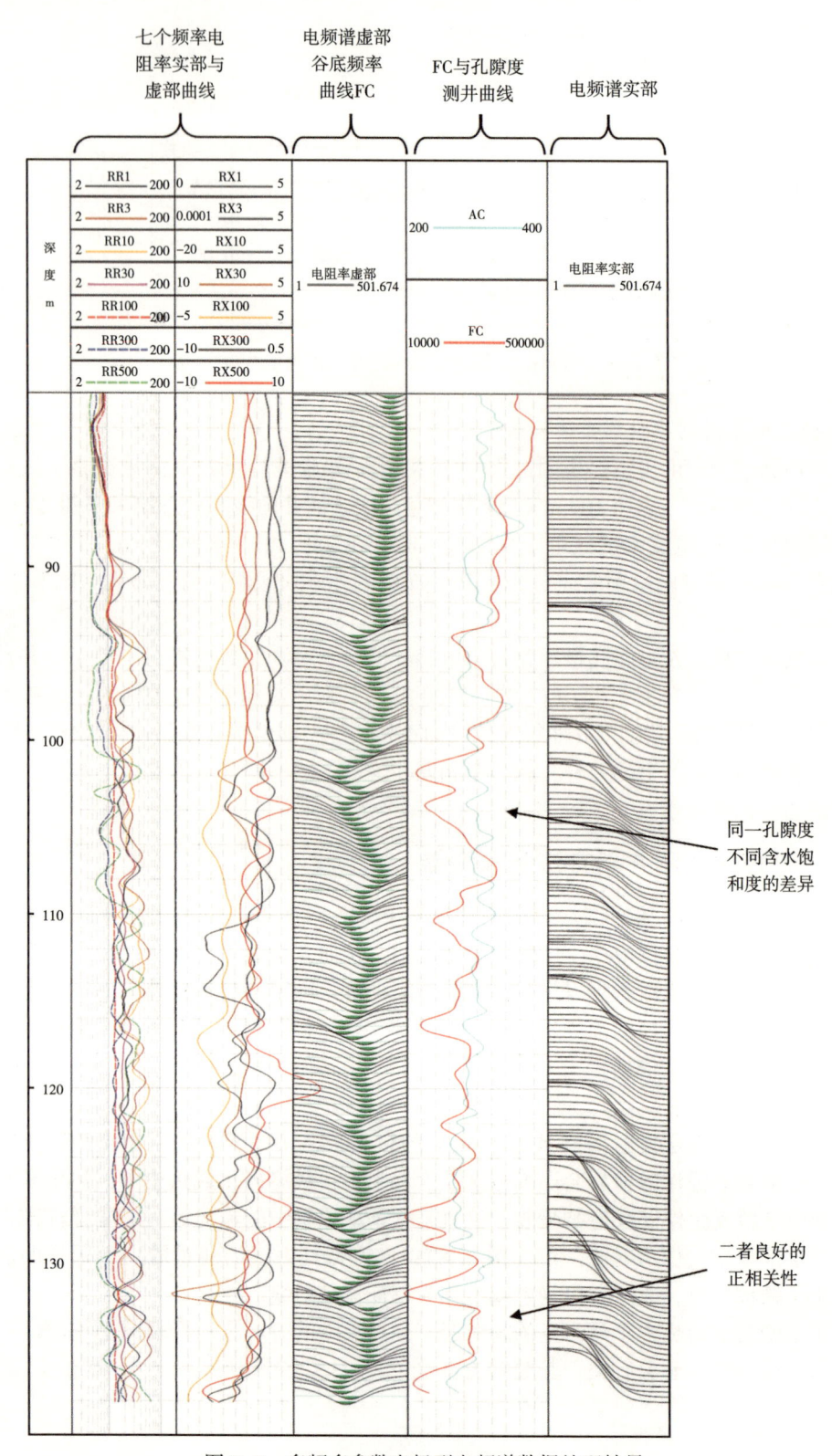

图 2-7 多频多参数电极型电频谱数据处理结果

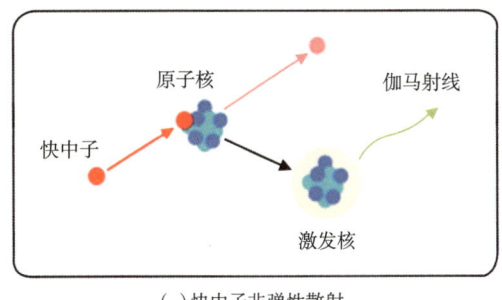

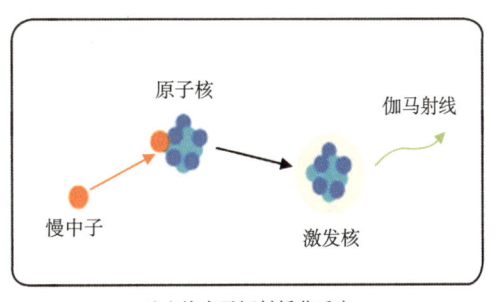

(a) 快中子非弹性散射　　　　　　(b) 热中子辐射俘获反应

图 2-8　中子与原子核反应并产生次生伽马

中子寿命测井测量经地层慢化而又返回井眼内的俘获伽马射线，根据计数率随时间的衰减，算出地层的热中子宏观俘获截面或寿命。

C/O 测井是利用快中子和地层中的原子核发生非弹性散射，通过能谱分析求出碳氧比值，并以此为基础计算含油饱和度[11-14]。该方法应用于低矿化度（或未知矿化度）、高孔隙度地层中，在未射孔的套管井内探测油层、水层、水淹层，定量确定含油饱和度，划分水淹油层等级及区别岩性。

氧活化测井是利用高能脉冲中子激活氧原子，激发态的氧原子释放出高能伽马射线，通过对伽马射线时间谱的测量来反映油管内、油管/套管环型空间，以及套管外含氧物质特别是水的流动状况。通过解析时间谱可以计算出水流速度，进而计算水流量。对于其他测井方法无法测量的极低流速（小于 0.01m/s）和极高流速（大于 2.0m/s），测量效果明显。

可控源元素测井是利用中子与地层元素原子核反应释放出的具有特征能量的瞬发伽马射线来确定地层中特定元素的含量，并利用地层矿物中元素含量的稳定性将元素含量转化成地层中矿物的含量，以识别地层的岩性。

综合上述测井方法的脉冲伽马多谱测井 PNMS 可以获得热中子寿命、元素含量、C/O、Si/Ca、流速等多项参数。

2. 探测器阵列

可控源脉冲伽马多谱测井探测器阵列由中子发生器、2 个伽马探头和 1 个热中子探头，以及井下采集控制电路组成，如图 2-9 所示。中子发生器与伽马探头组合实现双源距碳氧比、中子寿命、氧活化水流测井功能，中子发生器与热中子探测器组合实现脉冲中子—中子测井功能，仪器 1 次测井能同时记录这 4 种测井资料，探测器阵列设计的关键在于 3 个方面：一是探测器组结构，保证测量参数和测量精度；二是合理设计仪器的工作时序；三是宽频带、锐截止、高产额中子发生器。

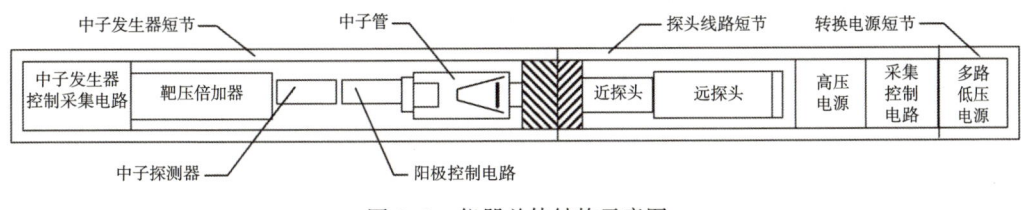

图 2-9　仪器总体结构示意图

3. 工作模式

可控源脉冲伽马多谱测井仪器具有碳氧比、中子寿命和氧活化等多种工作模式,这就要求中子发射器能够在 175Hz~20kHz 的范围内工作,为了更好地测量非弹谱,中子脉冲的下降沿限制在 2μs 以内。

针对不同的测井需要,有 4 种测井方式:碳氧比方式、中子寿命方式、水流测井方式、组合测井方式,其中除碳氧比方式外,其他 3 种工作方式下又各有数种工作模式,工作方式与模式由地面命令控制。

碳氧比方式下,中子发射周期为 50μs,发射中子的时间为 10μs。同时采集远探头、近探头各自的总谱、俘获谱,共 4 张 256 道能谱;采集远探头、近探头、中子探头时间谱 3 路时间谱。具备能谱自动稳峰功能。

中子寿命方式和氧活化方式下,中子发射周期和发射中子时间是根据地层(或流速)情况在预设的多种模式中实时动态调整。

组合模式下可同时进行碳氧比、中子寿命测量,同样中子发射周期和发射中子时间是根据地层情况在预算的多种模式中实时动态调整。采集远探头、近探头各自的总谱、俘获谱,共 4 张 256 道能谱;采集远探头、近探头、中子探头时间谱 3 路时间谱。

4. 刻度与实验

对可控源脉冲伽马多谱测井仪器在碳氧比井群、孔隙度井群中开展碳氧比测井,对比了不同能窗选取、不同井下仪器控制参数的选择对测量结果的影响,对比了不同岩性、不同孔隙度对测量值的影响,并得到了相应的图版。

图 2-10 是在 30%孔隙度砂岩地层,测得的不同含油饱和度与 C/O 值的关系,含油饱和度与 C/O 值有较好的线性关系,含油饱和度为 0 与含油饱和度为 100%下 C/O 值之差达到了 0.32。图 2-11 是根据实测数据计算绘制的砂岩、石灰岩两种岩性下 C/O 值与含油饱和度、孔隙度的关系。

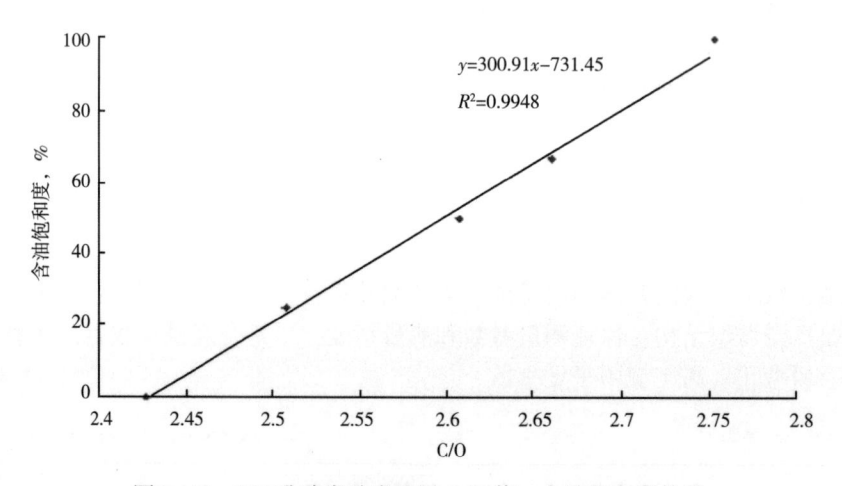

图 2-10 30%孔隙度砂岩地层 C/O 值—含油饱和度关系

图 2-12 是可控源脉冲伽马多谱测井仪器在石灰岩模型井 11#仪器实测的能谱与数值模拟能谱的对比关系,远伽马探测器测量的俘获能谱与数值模拟能谱的一致性较好,在钙的主要能峰两者的幅度和谱形都几乎重合。

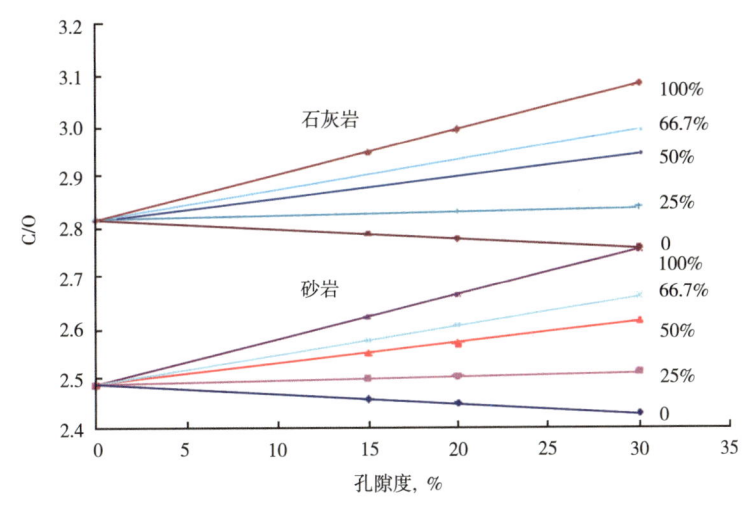

图 2-11 两种岩性下 C/O 值与含油饱和度、孔隙度的关系

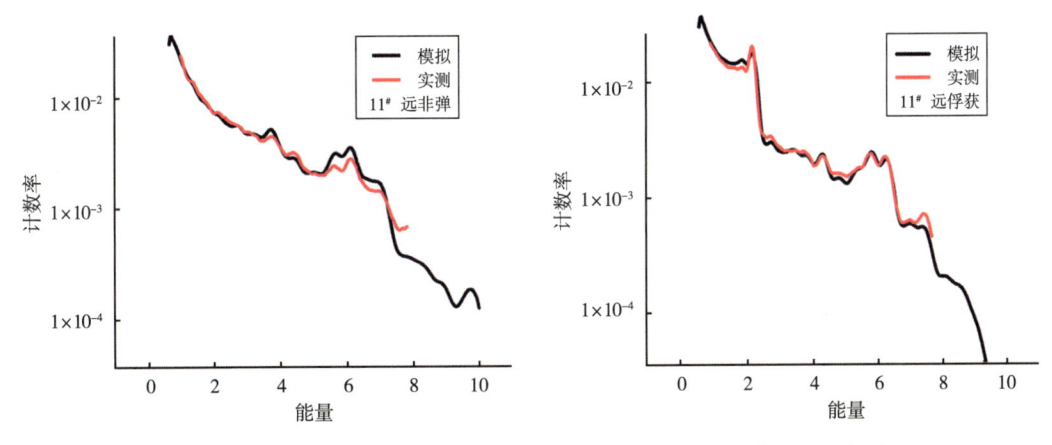

图 2-12 在模型井非弹、俘获伽马实测能谱与数值模拟谱对比示意图

三、井间电磁波测井新方法及探测器

井间电磁成像技术可以用于确定砂体连通性、寻找遗漏油层、监测宏观驱替效果、设计加密井和提高油藏模拟精度。除水驱、聚合物驱外，也用于稠油蒸汽吞吐、CO_2 驱监测，还可用于时间推移测量。井间电磁成像的分辨率一般为井间距的 2%～5%，或 5～10m，垂向分辨率高于径向分辨率，更适合于对井间相对低电阻率异常体进行成像。经过 20 多年的发展，井间电磁成像方法已经逐渐成熟。根据相关文献，斯伦贝谢公司在该领域仍然处于领先地位，最新型设备在 2004 年投入现场试验，硬件系统达到了实用化水平，在胜利油田进行的现场试验获得了质量很好的观测数据。

1. 方法原理

井间电磁成像测井[15-18]是将发射器和接收器分别置于两口井中，接收由发射器发射并经地层传播的电磁波，反演后获得有关井间地层电阻率的分布信息，从而实现井间电阻率的直接测量，如图 2-13 所示。测井时，将接收器固定在接收井目的层的某一位置上，通过连续移动发射井中的发射器，完成一条剖面的测量；然后将接收器固定在另一位置上，再连续移

— 13 —

动发射器完成另一剖面的测量，如此往复，直至接收器的位置覆盖整个测量井段。

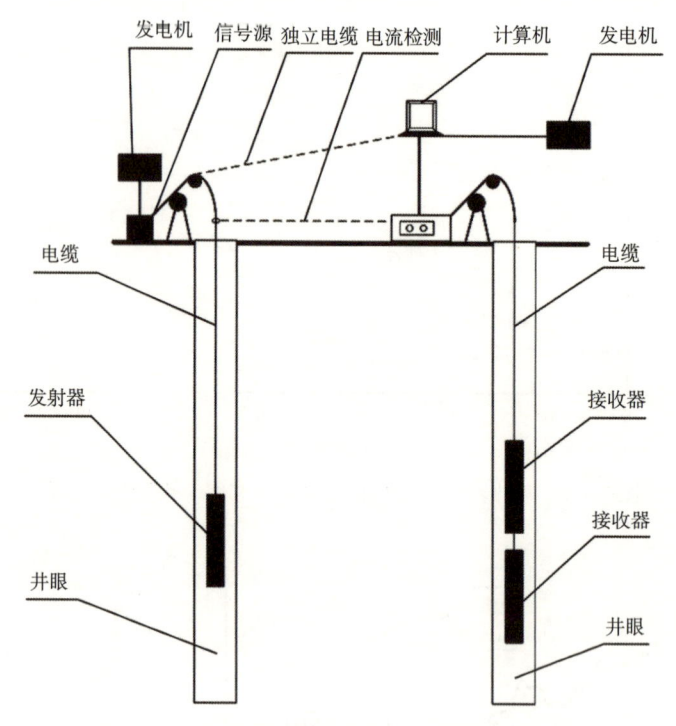

图 2-13　井间电磁成像测井系统测量原理示意图

发射器中的线圈被通以交变低频电流。此电流产生一个磁场，通常称为一次场。一次场能够传播到地层深处，它的强度随着距离和地层电导率的增大而衰减［图 2-14（a）］，一次场在导电地层中感生电流，再产生二次场，二次场的强度与地层电导率成正比［图 2-14（b）］。

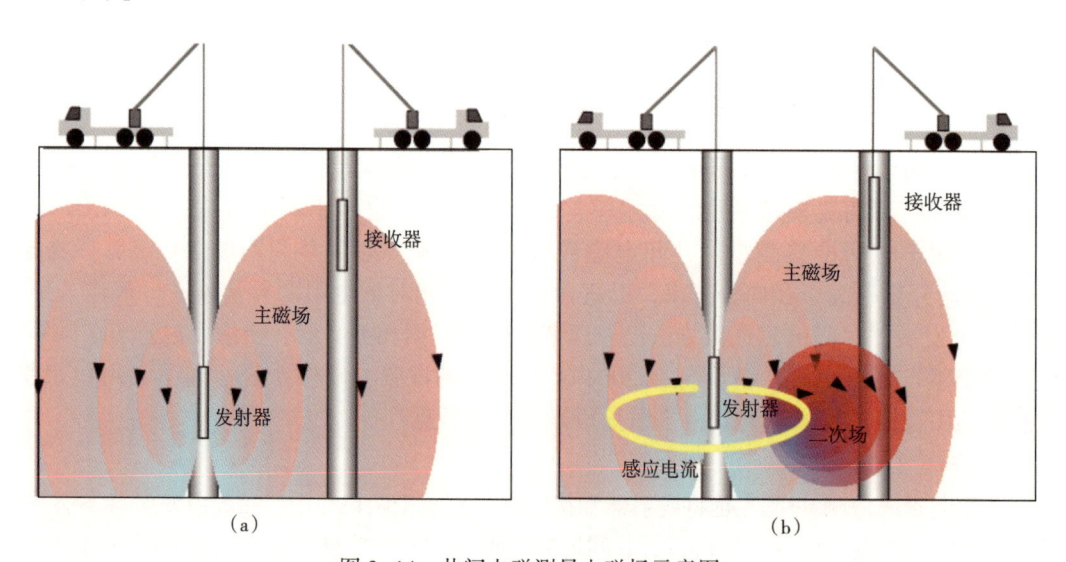

图 2-14　井间电磁测量电磁场示意图

从均匀介质中的磁感应强度公式出发，可以给出井间电磁波成像测井的基本原理。设发射源随时间的变化关系为 $\exp(\mathrm{i}\omega t)$，其中 $\omega=2\pi f$ 为角频率，均匀介质中沿 z 轴放置的磁偶极子源产生的磁感应强度的 z 分量可表示为如下形式：

$$B_z(\boldsymbol{r},\boldsymbol{r}_\mathrm{T}) = \frac{\mu M_\mathrm{T}}{4\pi} \cdot \frac{\exp(-\mathrm{i}\kappa|\boldsymbol{r}-\boldsymbol{r}_\mathrm{T}|)}{|\boldsymbol{r}-\boldsymbol{r}_\mathrm{T}|^3}\left[\kappa^2 r^2 + \left(2 - \frac{3r^2}{|\boldsymbol{r}-\boldsymbol{r}_\mathrm{T}|^2}\right)(1+\mathrm{i}\kappa|\boldsymbol{r}-\boldsymbol{r}_\mathrm{T}|)\right] \quad (2\text{-}3)$$

式中 M_T——发射源的磁偶极矩，Am^2；

r——标量，场点与磁偶极子源之间的水平距离，在井间电磁场中就是井间距；

$\boldsymbol{r}$——向量，场点位置坐标即接收器坐标，一般在接收井中；

$\boldsymbol{r}_\mathrm{T}$——磁偶极子源位置坐标即发射线圈坐标，一般在发射井中；

κ——波数，$\kappa=\sqrt{-\mathrm{i}\omega\mu\sigma}$；

μ——均匀介质磁导率；

σ——均匀介质电导率，假设地层是非磁性的，则 μ 可取真空中的数值 μ_0，又由于采用较低频率，$\sigma \gg \omega\varepsilon$，故忽略地层介电常数 ε 的影响。

由式（2-3）可以看出，地层电参数和频率的影响均包含在波数中。

令 $\kappa=\alpha+\mathrm{i}\beta$，则可将 κ 表示为如下形式：

$$\kappa = (1-\mathrm{i})\sqrt{\pi f\mu\sigma} = \frac{1-\mathrm{i}}{\delta} \quad (2\text{-}4)$$

式中 δ——趋肤深度，$\delta = 1/\sqrt{\pi f\mu\sigma}$。

假设发射源与接收器垂向位置相同，则 $|\boldsymbol{r}-\boldsymbol{r}_\mathrm{T}|=r$，则式（2-3）可表示为：

$$B_z(\boldsymbol{r},\boldsymbol{r}_\mathrm{T}) = -\frac{\mu M_\mathrm{T}}{4\pi} \cdot \frac{\exp(-P-\mathrm{i}P)}{r^3}(1+P+\mathrm{i}P+2\mathrm{i}P^2) \quad (2\text{-}5)$$

式中 P——传播系数，$P=r/\delta$。

假设发射源的磁偶极矩 M_T 为 $1\mathrm{Am}^2$，发射源与接收器垂向位置相同，图 2-15 给出了磁感应强度 z 分量的幅度随井间水平距离的变化。图中不同曲线对应不同的电导率—频率

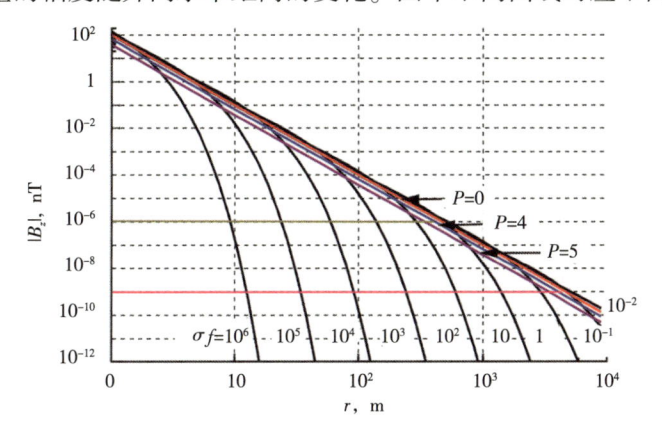

图 2-15 磁感应强度 z 分量与井间距离的关系

乘积σf，图中红色直线为真空中的情形（即$\kappa=0$或$P=0$的情况），是所有具有不同σf值曲线的共同的渐近线。图中蓝色直线为$P=4$的情况、紫色直线为$P=5$的情况。

2. 发射器和接收器

井间电磁成像测井的发射器采用谐振式垂直感应线圈发射天线，线圈的设计原则是偶极矩达到最大，而散发功率、激励电流最小，并保持其内部的磁通量低于芯棒材料的磁饱和水平。发射器的工作由DSP模块控制，可在较宽频率下被激励，图2-16为发射器结构图。理论上，发射器磁偶极矩M_T越大，井间电磁测量范围越大，测量精度越高。M_T表达式如下：

$$M_T = \pi a^2 \mu_r N_T I_T \quad (2-6)$$

式中 μ_r——发射线圈所缠绕的磁芯的有效相对磁导率；

a——发射线圈半径；

N_T，I_T——分别为发射线圈的匝数、电流强度。

井间电磁成像测井的接收器为垂直感应线圈，接收电路模块主要用来对线圈接

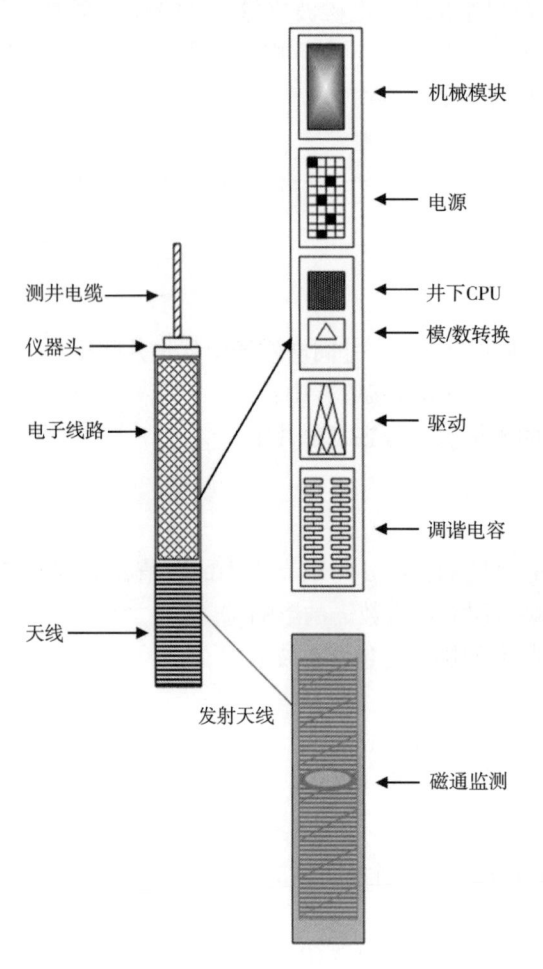

图2-16 发射器结构示意图

收到的模拟信号进行放大、滤波处理，放大器与每一个线圈匹配，以获得最佳的信噪比。接收线圈的感应电动势可表示为：

$$\varepsilon = -\mathrm{i}\omega N_R \pi a_R^2 B_z(\boldsymbol{r}_R, \boldsymbol{r}_T) \quad (2-7)$$

式中 ω——角频率，$\omega=2\pi f$；

a_R——接收线圈半径；

N_R——接收线圈的匝数；

$\boldsymbol{r}_T$——磁偶极子源位置坐标，即发射线圈坐标，一般在发射井中；

$\boldsymbol{r}_R$——接收线圈坐标，一般在接收井中。

由式（2-7）可以看出，在磁感应强度值固定的情况下，频率越高，线径越大，线圈匝数越多，感应电动势越大，接收灵敏度越高。表2-2描述了接收器的技术指标。

井间电磁测井的工作频率需综合考虑发射源强度、接收器灵敏度、井间距范围、地层电阻率范围、频率范围等因素，一般而言，井间电磁测量频率范围应在4~10kHz，需根据实际情况由图2-15选择最佳频率值。

表 2-2 井间电磁测井接收器指标

参数	数值
频率范围	0.1~10000Hz
转换灵敏度	100mV/nT（平坦部分）
噪声水平	10pT/$\sqrt{Hz}$@0.1Hz，1pT/$\sqrt{Hz}$@1Hz，0.01pT/$\sqrt{Hz}$@100Hz，0.003pT/$\sqrt{Hz}$@10000Hz
长度	813mm
直径	62mm
质量	3.6kg
供电电压	6~12V
功耗	100mW

由图 2-15 可以看出，在 $P=0$ 和 $P=4$ 两条直线之间，不同 σf 值曲线的分布过于密集，难以将不同地层的电导率区分开，由这种情况下得到的测量数据无法对井间电导率分布进行成像。而随着 P 的增加，不同 σf 值曲线的分布不再密集，对地层电导率的区分程度亦相应提高。因此，为了保证对地层电导率具有足够高的分辨率，须为 P 设定下限：

$$P = r/\delta \geqslant 4 \tag{2-8}$$

将 $\delta = 1/\sqrt{\pi f \mu \sigma}$ 代入式（2-8），得到频率下限应满足下式：

$$f \geqslant \frac{4R10^6}{r^2} \tag{2-9}$$

式中 R——电阻率。

由式（2-9）可以看出，频率下限值取决于井间距和地层电阻率，与发射强度和接收器灵敏度无关。表 2-3 给出了不同井间距和地层电阻率情况下的频率下限值。

表 2-3 不同井间距和地层电阻率情况下的频率下限值

井间距，m	地层电阻率，$\Omega \cdot m$	频率下限值，Hz
1000	1	4
1000	5	20
1000	10	40
500	1	16
500	5	80
500	10	160
200	1	100
200	5	500
200	10	1000
100	1	400
100	5	2000
100	10	4000

续表

井间距，m	地层电阻率，Ω·m	频率下限值，Hz
50	1	1600
50	5	8000
50	10	16000

在进行井间电磁测量时，也应根据实际情况调整频率使之低于上限值。接收器磁感应强度的幅度值必须大于噪声水平，即灵敏度，测量结果才可信。由图2-15可知，σf值越大，则对应的B_z越低。若B_z低于噪声水平，则仪器无法探测到相关信息。在其他参数固定的情况下，这相当于为频率f设置了上限。

3. 金属套管的影响

金属套管对电磁信号产生强烈衰减和相移，金属套管井中的井间电磁测量异常困难。但随着电磁场逆散射理论、电子技术及计算技术的迅猛发展，使得上述困难逐步得到了克服。采用径向成层介质的Green函数分析金属套管对井间电磁场的影响规律，研究井间电磁测井金属套管影响校正方法。对金属套管的主要影响因素有接收线圈沿井轴方向变化位置、接收线圈沿水平方向变化位置、地层电导率变化。

通过研究表明，只要套管参数和发射频率固定，金属套管导致的幅度衰减和相位落后均为定值，与线圈位置和地层电参数无关，依据此规律，可以消除套管的影响。

四、光纤传感测井新方法及探测器

光纤传感测井技术作为超前技术，以其耐高温、不受恶劣测试环境影响、可用于长期监测等特点优于常规测井仪器，"十二五"期间开展了光纤温度、压力、流量、伽马射线检测等传感技术研究，取得了阶段性的成果。

1. 光纤流量探测器

利用管道流体流动在同一位置上静压力和流速压力存在流速压差，这种压差信息通过压力敏感元件转化为微小的光程差，即产生光相位差，再使用迈克尔逊干涉仪光路结构对这种光波相位的变化行测量，最终通过信号解调和处理实现流速的高精度测量。采用该技术方案，传感光路不与井液直接作用，因此通过将传感光路进行整体的密闭封装，不仅能实现流速流量的测量，而且能满足高温、高压、高污染的井下环境要求[19]。

1）测量原理

管道内两点的流体的流速与压力之间的关系可以构成一个常量，即：

$$p_1 + \frac{1}{2}\rho v_1^2 + \rho g h_1 = Q \qquad (2-10)$$

$$p_2 + \frac{1}{2}\rho v_2^2 + \rho g h_2 = Q \qquad (2-11)$$

式中　p_1，p_2——管道内两点的压力；

v_1，v_2——两点的流速；

h_1，h_2——两点的水平高度；

ρ——流体的密度；

Q——一个常量。

如果采用如图 2-17 所示结构，利用压力差来进行流体流速流量的测量，可知：v_2 为 0，h_1 与 h_2 相等，那么可以得到这两点压力差 p_1-p_2 与流速 v 之间的关系式：

$$v = \sqrt{\frac{2(p_1 - p_2)}{\rho}} \qquad (2-12)$$

设 R 为探测器前端弹膜片的有效半径，k 为应变材料受力应变系数，光波传输经过一定长度为的光纤之后，光波产生的相位延迟为 ϕ，n 为光纤纤芯折射率，λ 为传输光的波长（m），则井内流体的流速为：

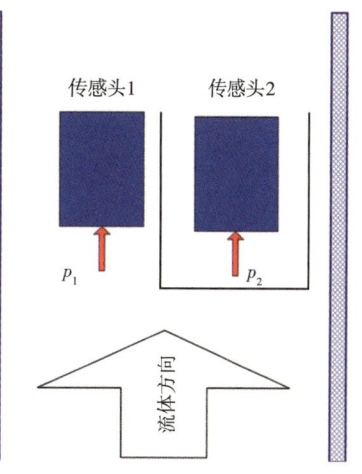

$$v = \sqrt{\frac{k\lambda(\phi_1 - \phi_2)}{R^6 \rho \pi^2 n}} \qquad (2-13)$$

图 2-17 管道内流量光纤压差测量原理图

流速压差对光波产生相位调制后，采用干涉仪光路将相位变化转换为光强变化。在干涉型光纤探测器中，通过两光束的干涉实现相位变化信息提取的关键。为了获得比较明显的干涉光强变化，两束光波信号必须满足三个基本的干涉条件：频率相同、相位差恒定、有相同的偏振分量[20]。

图 2-18 为用于相位解调全光纤迈克尔逊干涉仪的基本结构。激光器（LD）发出的激光经过隔离器后，进入 3dB 光纤耦合器（DC）的 1 端口分成两路光强一样的激光从耦合器的 a 端和 b 端射出，一路经过信号臂，被外界信号调制，然后被反射镜反射原路返回射入 a 端口。另一路则经过参考臂后直接反射回来进入 b 端口，从 a 和 b 端口射入的两路激光在耦合器中耦合的时候发生干涉，而传感信号引起的光相位的变化就反映到干涉信号中，干涉光强的变化准确地反映了光波相位的变化，即光强的变化准确记录了外界传感信号的变化，这就是利用迈克尔逊干涉仪来进行的相位检测的基本原理。

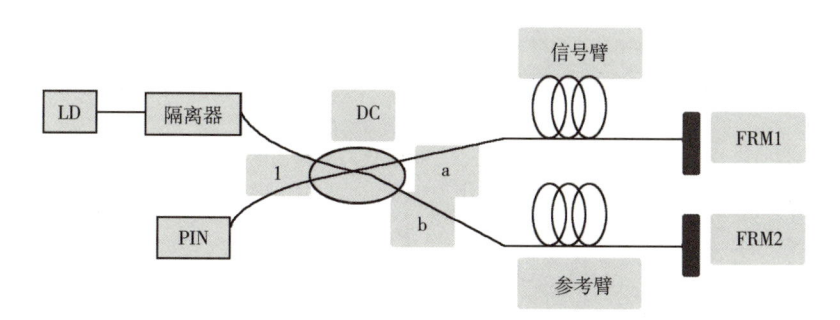

图 2-18 带法拉第旋转镜迈克尔逊干涉仪

当两压力敏感装置放置在管道中流体内的同一位置，其中一只感应与流体深度相关的静压力，而另一只则感知流速压力（静压力与流速势能的叠加）。压力敏感装置液体流速压力和静压力的共同作用下产生压力差，这种压力差导致入射到压力敏感元件上的两光波往返光程发生变化产生光程差，即形成相位差。只要测量出这种光波相位差，依据理论模型就可计算出流速压差的大小，进而得到流速。

2）光纤流量探测器系统构成

光纤流量探测器系统采用模块化设计方法，整机系统由光收发模块、信号处理模块、光纤干涉仪模块、光纤压差传感头模块等四部分组成，如图2-19所示，其中光收发模块、信号处理模块、光纤干涉仪模块构成信号解调仪。光源采用半导体光源，并配置上偏振控制器、恒温与功率稳定驱动电路。为避免反射光对光源产生损害和影响其输出光谱和功率的稳定性，在其输出端插入光隔离器。光接收模块则由高灵敏度PIN光电二极管、前置放大器和主放大器相结合，获得适合A/D输入的电压。压差传感模块由两个压力敏感头，并采用整体封装结构，压力敏感头光路由高温光纤与自聚焦透镜组合而成，以提高空间光的耦合效率，获得高的系统信噪比，保证获得高对比度光干涉信号。信号处理模块主要对光接收模块输出的信号进行A/D转换，并送入到嵌入式CPU系统中进行处理。各部分光路连接均计划采用FC/APC接头进行连接，以保证结构简单、安装和调节方便。为了在高温、高压、污染等恶劣环境下实现管道液体流速检测，传感光路元器件均选用高温材料、高温封装工艺以及耐高压封装结构。

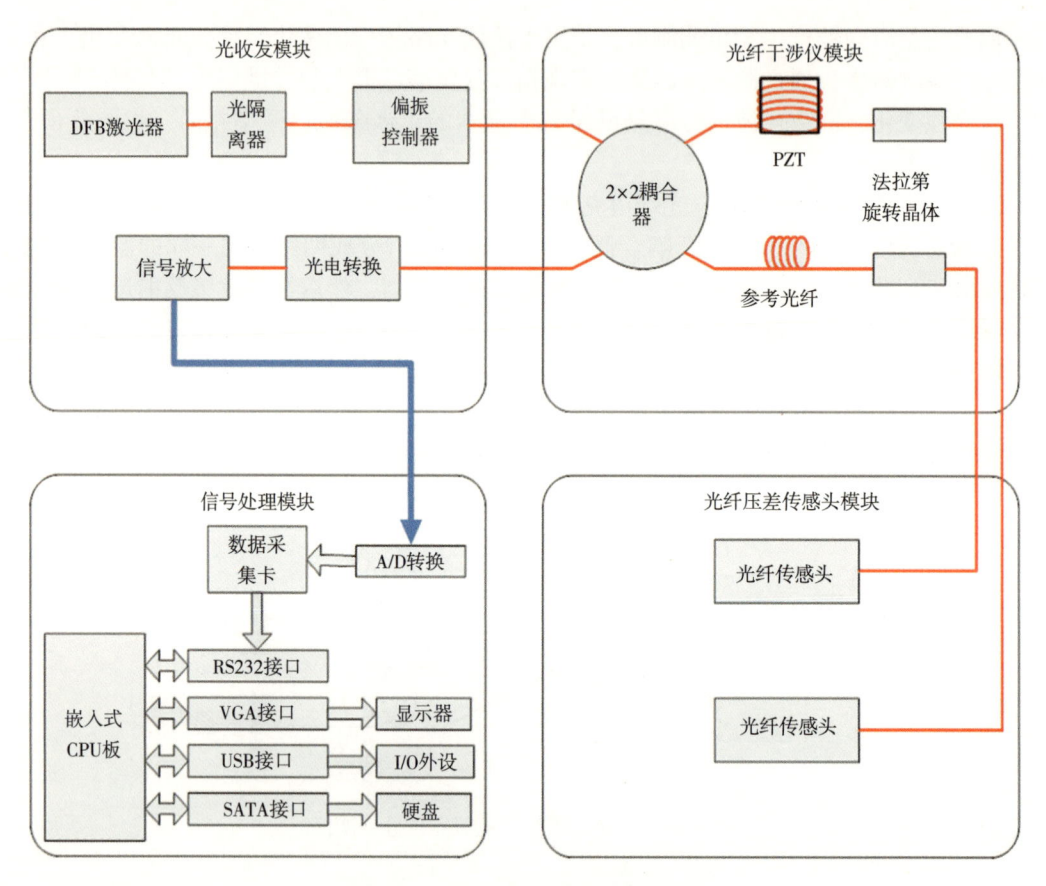

图2-19 光纤流量探测器系统构成

3）实验结果

流量探测器实验装置由计算机、信号解调仪和两个压力敏感头组成，压力敏感头的封装实物照片如图2-20所示。将压力敏感头与信号解调光路的相连。输出的电信号通过数据采集卡转换成数字信号输入到计算机中，测定不同流量下的光波相位差，计算得到流体流速和流量。

图 2-20　光纤流量传感仪

流体流量控制系统采用标准的流量标定系统，其中管道内径为112mm，流体为水。流量测试范围为 5~150m³/d，重复测试，对测试数据进行处理。实验结果如图 2-21 所示。

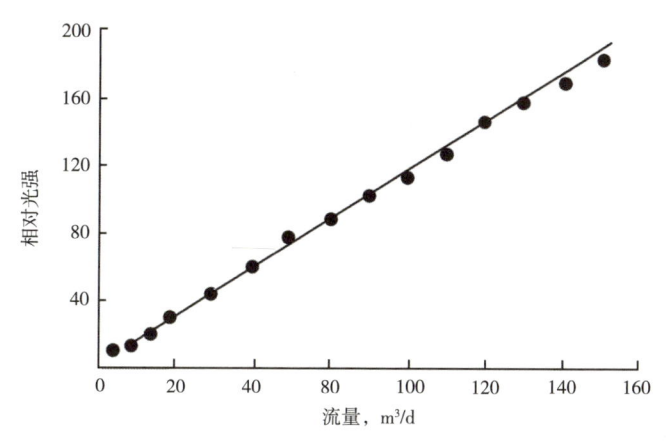

图 2-21　实验装置测试结果图

2. 光纤噪声探测器

光纤噪声探测器是以磁定位、噪声、温度三探测器组合测井应用为目标，通过建立光纤光栅法布里—珀罗（FBG F-P）敏感结构结合光相干磁场、噪声传感以及光谱分析温度传感理论模型，研究影响磁定位、噪声、温度三参量组合测量探测器性能的各种因素，优化设计探测器各项参数，突破三参量组合传感光谱复用，三参量组合传感数据融合、信号解调与处理，井下测量封装结构，磁定位、声波、温度组合传感系统集成等关键技术，实现井下全光纤磁定位、噪声、温度三参量探测器组合测井[21]。

1）光纤 FBG F-P 磁场、噪声、温度传感方法

（1）基于磁致伸缩的磁场传感原理。

在磁场作用下产生的相对磁致伸缩为 $\varepsilon = \Delta l/l$，其中 l 为材料在磁场强度方向上的长度，Δl 为材料在磁场中长度的变化。根据相干旋转模型，磁致伸缩量与磁场强度 H 间有：

$$\varepsilon = CH^2, \quad C = \frac{3}{2}\frac{\lambda_s}{H_A^2} \tag{2-14}$$

式中　C——磁致伸缩系数，与材料特性相关；

　　　λ_s——材料饱和时的磁致伸缩量；

　　　H_A——材料的各向异性场。

磁热处理可以使材料的H_A大大减小，而增加材料的磁致伸缩系数。当外磁场强度大小达到饱和磁化场时，磁致伸缩为一确定值λ_s，称为磁性材料的饱和磁致伸缩系数。实验证明不同材料的λ_s各不相同，有的材料的λ_s的符号为正，表明随着磁场的增强，材料的长度伸长，称为正磁致伸缩，如铁就是正磁致伸缩材料；反之，λ_s的符号为负，表明随着磁场的增强，材料的变化是缩短的，称为负磁致伸缩，比如镍就是负磁致伸缩材料。

将磁致伸缩材料作为磁场传感材料，在磁场作用下磁致伸缩材料发生长度变化；通过干涉型光纤探测器中的干涉臂来检测该材料的长度变化，进而得到外界磁场的信息，这就是基于磁致伸缩的光纤磁场探测器的基本原理，磁致伸缩与光纤的应变耦合结构如图2-22所示。假设磁致伸缩材料周围同时存在角频率为ω，幅度为h的交流磁场$h\cos(\omega t)$，以及直流磁场H_{DC}，根据式（2-14），材料的应变ε为：

$$\varepsilon = C\left[H_{DC}^2 + \frac{h^2}{2} + 2H_{DC}h\cos(\omega t) + \frac{h^2}{2}h\cos(2\omega t)\right] \quad (2-15)$$

该应变作用到光纤上以后，将转变为光纤的应变，并引起传输光波相位变化，因此外界磁场与传感光纤中光波相位变化的关系可表示为：

$$\Delta\phi = \frac{2\pi n\xi lC}{\lambda\eta}H^2 \quad (2-16)$$

式中　n——光纤纤芯折射率；
　　　ξ——与光纤光弹系数相关的系数；
　　　λ——光在真空中的波长；
　　　η——应变耦合效率，其值等于光纤应变系数与磁致伸缩材料应变的比值；
　　　l——传感光纤的长度。

由于C的大小对光纤磁场探测器的灵敏度有很大影响，应选用对磁场变化非常灵敏的磁致伸缩材料，即高C值的材料。非晶态合金（金属玻璃）经过实验已经被证明具有非常好的磁致伸缩性能，有极高的磁探测灵敏度，适合制作光纤磁场探测器的换能器。

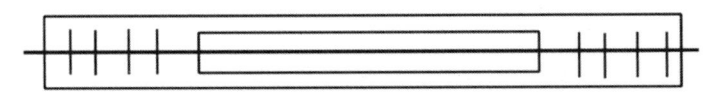

图2-22　磁致伸缩与光纤应变的耦合结构示意图

磁场信号通过磁致伸缩换能器，转变为传感光纤中光波相位变化的变化，利用相位检测灵敏度很高的光纤干涉仪将光波相位变化转变为光强的变化，再通过光电变换就可以转换为电信号进行处理，最终得到磁场强度的大小。

（2）光纤FBG F-P磁敏感、声敏感结构理论模型。

基于光纤光栅法布里—珀罗标准具（FBG F-P）腔的传感器性能取决于优良的光谱特性，建立FBG F-P腔的光谱特性理论模型，是光纤FBG F-P传感结构分析与设计的理论基础。

光纤FBG F-P磁、声敏感头光路结构如图2-23所示。设光纤光栅FBG1的反射系数和透射系数分别为r_{g1}、t_{g1}，长度L_1；光纤光栅FBG2的反射系数和透射系数分别为r_{g2}、t_{g2}，长度L_2；FBG F-P腔长为h，光纤的模传播常数为β。如果给定边界条件$B(0)=B_0$

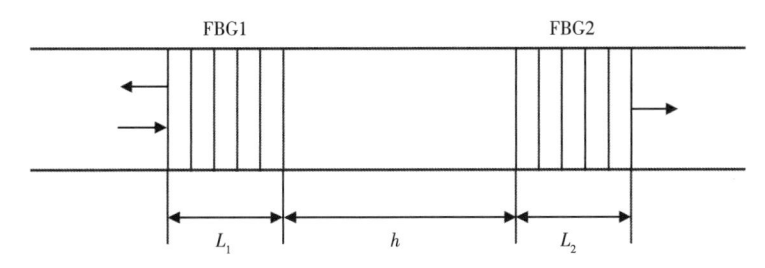

图 2-23 FBG F-P 磁场、噪声敏感基元光路结构

和 $A(L_1+L_2+h)=0$，则 FBG F-P 谐振腔内 $z=L_1$ 处得前向波 $b(L_1)$ 应满足下式：

$$b(L_1) = t_{g1}b(0) + r_{g1}r_{g2}\exp(-i2\beta h)b(L_1) \tag{2-17}$$

解式（2-17）得：

$$b(L_1) = \frac{t_{g1}b(0)}{1 - r_{g1}r_{g2}\exp(-i2\beta h)} \tag{2-18}$$

当外界磁场发生变化时，在波长 λ 处的相位变化满足：

$$\left.\frac{\Delta\phi_{\text{F-P}}}{\phi_{\text{F-P}}}\right|_\lambda = \frac{\Delta n}{n} + \frac{\Delta L_{\text{F-P}}}{L_{\text{F-P}}} \tag{2-19}$$

式中 $\phi_{\text{F-P}}$——F-P 腔的相位；
$\Delta\phi_{\text{F-P}}$——F-P 腔相位的变化量；
$L_{\text{F-P}}$——F-P 腔的腔长；
$\Delta L_{\text{F-P}}$——F-P 腔腔长的变化量。

由式（2-19）可以看出，弱反射率光纤光栅 F-P 结构的腔长 $L_{\text{F-P}}$、光纤折射率 n 变化将引起相位变化，对外界的磁、声变化具有更高的敏感度，可以构建高精度、高分辨率的光纤磁场或声波传感系统，并通过对 $\Delta\phi_{\text{F-P}}$ 的大小与频率的探测和计算，即可实现磁场与噪声的精确测量。

（3）光纤光栅温度探测器理论模型。

假设光敏光纤在紫外光照射下，纤芯的折射率发生有规律的变化，形成周期性的折射率分布结构，即构成了光纤光栅。当宽谱的入射光入射到光纤光栅上，在满足 Bragg 条件的情况下，就会发生全反射，其反射光谱在 Bragg 波长 λ_B 处出现峰值，光纤光栅的反射谱与透射光谱特性如图 2-24 所示：

$$\lambda_B = 2n_{\text{eff}}\Lambda \tag{2-20}$$

式中 n_{eff}——纤芯的有效折射率；
Λ——折射率变化的周期（即栅距）。

Bragg 光栅的布拉格反射波长 λ_B 受温度和应力的影响会发生波长偏移：

$$\Delta\lambda_B/\lambda_B = (1-p_e)\varepsilon + (\alpha+\xi)\Delta T \tag{2-21}$$

式中 $\Delta\lambda_B$——布拉格波长的漂移量；
p_e——有效弹光系数；

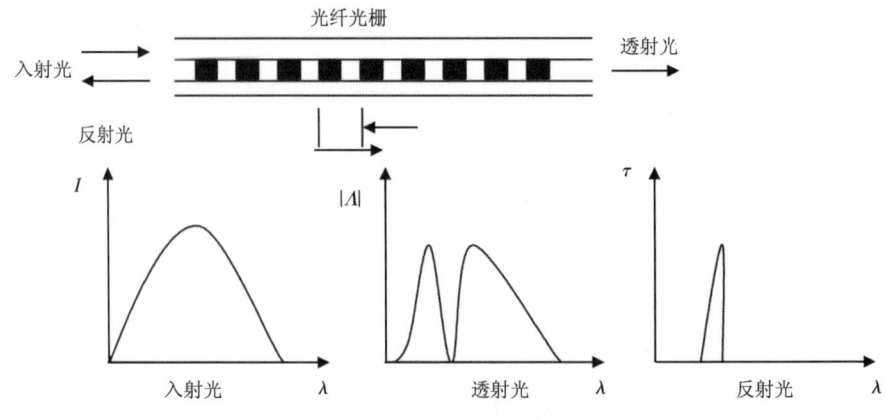

图 2-24 光栅的反射谱与透射光谱

α——热膨胀系数；
ξ——热光系数（应变量）；
ΔT——温度的变化。

基于这两种效应，光纤光栅可作为敏感元件能够用于应变或温度的测量。温度灵敏度 K_T 为：

$$K_T = \frac{d\lambda_B}{dT}/\lambda_B = \alpha + \xi \tag{2-22}$$

由式（2-21）可以发现温度灵敏度与材料的热膨胀系数有关，通常其温度灵敏度不高，但将光栅粘接或埋置于另一种材料中，利用这种材料的热膨胀引起光栅周期改变，可以提高布拉格光栅的温度灵敏度。

2）光纤组合测井传感器构成

探测器采用光纤 FBG F-P 作为磁场、噪声敏感单元，光纤光栅作为温度敏感单元，结合多点串联探测结构，构成磁定位、噪声、温度三参量组合测井光纤传感系统总体方案，其功能组成如图 2-25 所示。磁场、声波光相位调制采用光纤 FBG F-P 结构，光纤

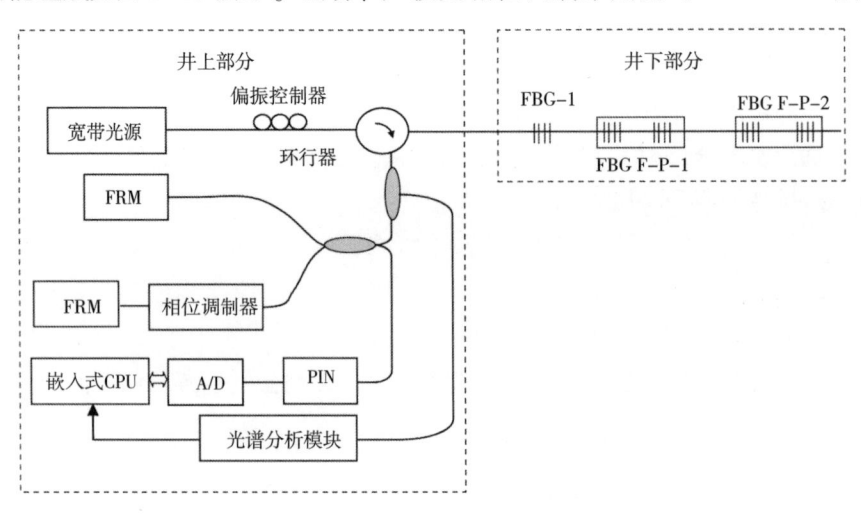

图 2-25 干涉型 FBG F-P 光纤磁场、噪声传感系统构成

FBG F-P 结构采用 Bragg 光纤光栅对构成对称结构，并采用光相干相位检测实现信号的高灵敏度探测。信号解调光路采用 Michelson 干涉仪结构结合光谱分析构成。为提高磁场或声波的探测灵敏度和稳定性，信号解调进一步使用相位生成载波调制解调方法（PGC），结合偏振态控制，分别消除随机相位信号衰落和偏振态信号衰落，提高传感信号的信噪比。同时在两个光纤 FBG F-P 结构外增加一只光纤 FBG 用于温度测量。磁场敏感基元、声波敏感基元以及温度敏感基元进行独立封装，结合耐温和耐压得传感头封装结构和工艺，在进行多点整体阵列封装，满足井下环境条件的应用要求。

传感系统分为两个部分，即井上（干端）、井下（湿端）。井上部分主要由传感光源模块、信号解调干涉仪、光电探测模块、A/D 转换模块以及嵌入式计算机等组成；井下部分则主要由光纤 FBG F-P 磁场敏感结构、光纤 FBG F-P 声敏感结构、温度敏感光纤光栅构成全光纤传感阵列。上述方案最大的特点就是采用光纤光栅、光纤 FBG F-P 结构作为磁场、声波、温度敏感单元。光纤光栅结构和光纤 FBG F-P 结构为全光纤结构，具有非常高的探测灵敏度和细小体积封装结构。一方面能极大地改善磁定位、噪声、温度测井仪的信噪比，获得更加翔实测井特性曲线，提高磁定位的定位精度、噪声探测的轴向探测深度；另一方面光纤光栅磁场敏感基元、光纤 FBG F-P 磁场敏感基元、光纤 FBG F-P 声敏感基元均在一根光纤上加工形成，具有全光纤结构，能封装成超细线阵结构，满足井内测量的空间要求。井下部分的光纤敏感头部分为全光纤结构，可以采用高温光纤、飞秒脉冲激光光纤光栅加工、以及耐高温与高压封装工艺，以满足井下高温环境的长期使用，拓展现有磁定位测井与噪声测井技术的应用范围。

3）试验结果

（1）光纤磁定位探测器在 7in 套管中的接箍测试试验。

两根长度均 7in 套管用一个接箍连接，形成一根 18m 长的组合套管。探头从套管一端放入，经过接箍后从另一端拉出，拖拽探测器时保持匀速。光纤磁定位信号解调仪对 7in 组合油管的测试结果如图 2-26 所示，图中有明显的突变信号，其中第一个和第三个突变

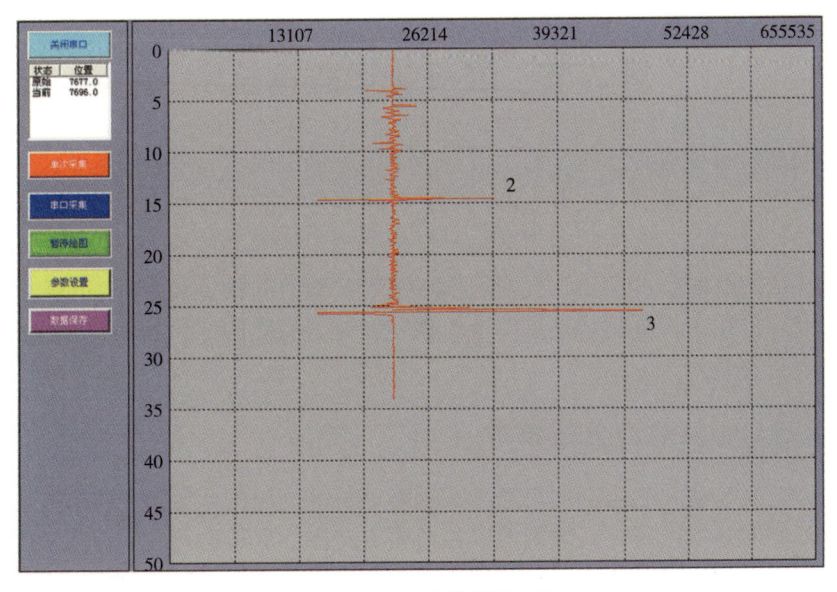

图 2-26 7in 套管测试结果

信号分别为探测器进套管、出套管两端接箍时产生，中间突变信号为探头经过中间接箍时产生。测试结果表明，磁定位探测器探头在套管入口、出口、接箍位置时得到了明显区别于其他干扰的突变信号，实现了对7in套管接箍定位测量的功能。

（2）光纤声波探测器频率特性试验。

把光纤水听器和标准声源同时放置于水池中，距离为50cm，用于室内测试。在水池中改变标准声源频率，范围从50~30kHz，以测试光纤声波探测器探头的频率响应特性，测试结果如图2-27所示（蓝色为标准声源，黄色为光纤声波探测器输出信号，紫色为标准水听器输出信号），表明对50Hz到30kHz不同声波频率均能响应和探测，对一些低频的微弱噪声也有响应。

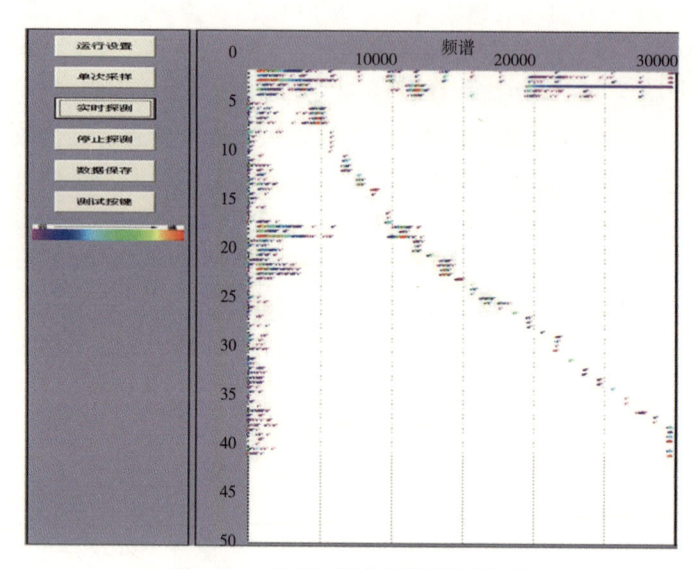

图2-27 光纤声波探测器测试结果

第二节 岩石物理实验技术

岩样实验是岩石物理研究的重要手段，为了研究储层的岩石物理响应机理，必须开展配套的实验研究。本节介绍3个方面的内容：数字岩心实验与分析技术、超低渗透率测量技术和复杂岩性储层岩石物理实验新装备，分别介绍了依据井壁取心，快速、准确获取储层岩石物理特征参数的技术，非常规油气储层超低渗透率的测量技术，复杂储层电学响应特征和饱和度评价技术，核磁共振测井流体识别和储层品质的评价技术，显著提高了储层测井岩石物理研究能力。

一、数字岩心实验与分析技术

岩石物理性质与测井响应机理是测井发现和评价油气层的依据，更是测井仪器研制的基础，需要不间断的探索研究。这就需要拓展研究范围，岩石物理实验研究的范围不仅要包括传统的储层，更要研究特殊储层的岩石物理实验方法、测井响应机理，进而研究相应的测井解释方法。

在岩石物理实验测试工艺、实验数据分析技术、与测井解释紧密结合等方面需要深入研究。但实验测试精度、实验周期等因素还制约着实验研究结果在测井解释中的应用，主要体现在实验周期长，实验测试结果滞后，不满足现场快速测井解释时效性的要求，这可以在分析实验结果影响因素的基础上，简化实验测试过程，加快测试速度，也可以利用实验项目之间内在联系，推测相关岩石物理特性，以便满足现场快速测井解释的需要，重点做好实验室精细测量、现场快速测量、测井解释评价等方面的有机结合；对储层岩石物理性质的了解不够全面，这可以通过测试工艺研究、数据挖掘技术研究、多种岩石物理实验项目的精细测量等途径，提高对岩石物理响应机理和规律的认识，满足测井解释对岩石物理实验的需要。

1. 数字岩心快速实验装备与分析技术

1) 快速实验装备

通过技术集成形成了一套数字岩心现场快速测量与分析装备，由岩心高分辨率光学图像采集、X 射线荧光能谱分析和核磁共振岩样分析三个模块组成，在国内首次实现岩心现场快速测量与分析。实验装备如图 2-28 所示。

图 2-28　数字岩心快速实验装备

可在现场快速提供测井解释所必须 5 类岩石特性（岩性、物性、电性、含油性、孔隙结构与渗流特性）与 10 种地层参数（孔隙度 ϕ、渗透率 K、地层因素 F、电阻增大率 I、胶结指数 m、饱和度指数 n、地层水电阻率 R_w、束缚水饱和度 S_{wi}、横向弛豫时间 T_2 截止值、元素含量等）。图中数字岩心快速实验装备主要有 3 部分构成。

(1) 高分辨率光学图像分析模块：岩心周面 360°无缝扫描，用于裂缝信息、粒度图像、荧光图像与沉积构造等特征分析。

(2) X 射线荧光元素分析模块：可分析岩心 Na—U 之间的 82 种元素，用于岩性识别、沉积环境分析。

(3) 核磁共振岩样分析模块：用于不同形状岩心的核磁共振特征测量。

2) 数字岩心分析技术

数字岩心分析技术主要包括三维数字岩心模拟、动态建模分析、岩石物理数据库 3

部分。该技术弥补了常规实验方法的不足，提高了各类岩石物理实验数据的利用率，实现岩心与测井多信息综合解释，极大提高了测井解释符合率，满足了油气精细评价的需要。

（1）三维数字岩心模拟。

利用高精度建模技术，在计算机上把岩心复现，通过有限元模拟得到岩石的电阻率、声波、渗透率等参数，并可以开展微观影响规律分析，研究岩石导电机制[22-24]。基于三维数字岩心可以进行重复实验，实现了同一岩心多参数同时获取，弥补了常规实验方法在复杂易碎岩石中的不足。

（2）饱和度动态建模技术[25]。

传统饱和度模型，m、n一般是通过实验或经验获取，针对某一区块，是固定不变的，通过引入智能机器人算法可以得到测井曲线和岩电参数m、n之间的隐含关系，从而用于该区块整个对应层段内m、n的计算，最终运用动态变化的m、n求取储层含油饱和度。实现了由固定模型改为自适应动态解释模型，能根据储层特点逐点解释，提高了参数计算精度。

（3）岩石物理数据库。

综合了实验室精细测量、井场快速测量、数值模拟结果、测井原始资料等多方面信息，提高了信息综合利用率。

2. 主要创新

数字岩心现场快速测量与分析技术，实现了测井采集、岩心分析、解释评价一体化，解决了岩石物理实验时效性和精细程度的问题；有机地将岩石物理精细实验与快速实验结合起来、将岩石物理实验与资料处理及解释评价结合起来、将数值模拟与实验及测井解释结合起来，实现参数计算由静态向动态转化，由分层解释向逐点解释过度，提高模型的适应性与参数计算精度。

3. 应用效果

分别在长庆油田、华北油田、吐哈油田、青海油田、中国石油集团测井有限公司建立了5套数字岩心快速实验测试分析系统，在满足测井解释精度需求的前提下，使实验周期由原来的45天减少到现在的2天，大大提高了实验结果的时效性。实现了在井场开展岩石物理特性的快速测量分析，在4个油田完成100多口井近5000块岩样的测试分析任务。开发了数字岩心数据库系统1套和实用的数据挖掘方法1套，在核磁共振、光学扫描等海量信息快速采集的基础上，结合实验室以往精细实验，可以快速提取储层岩石物理特性参数（ϕ、K、m、n）等。在华北二连油田，紧密结合井壁取心，针对目标储层，快速取心测试，分析储层孔隙结构，判断储层含油性，预测产能级别，受到华北油田公司好评，成为勘探井的必测项目。累计处理3000多块岩心，对疑难储层孔隙结构和含油性的认识发挥了指导作用。在长庆油田，根据m、n的动态变化，针对低孔低渗储层，追踪饱和度的变化趋势和规律，进而判断储层的油气水性质，测试岩心1000多块，处理实际测井资料100多口，对区分致密砂岩储层中流体性质、参数计算发挥了重要作用。在吐哈油田以实验分析为依据，针对火山岩等复杂岩性，准确确定T_2截止值，为测井解释提供帮助。在青海油田结合柴达木盆地重大专项，根据数字岩心实验测试分析结果，建立解释模型、确定储层参数。

1）数字岩心动态模型解释结果提高解释符合率

长庆油田×井×储层，常规测井解释含油饱和度较低，解释结论为油水同层，应用数字岩心动态模型计算的含油饱和度比常规饱和度结论提高了7%~9%，解释为油层，经射孔压裂产油34m³/d，如表2-4、图2-29所示，验证了数字岩心解释结论的准确性。

表2-4 常规解释结果与数字岩心解释结果对比表

井段，m	常规解释		数字岩心解释	
	含油饱和度，%	结论	含油饱和度，%	结论
1961.5~1964	45	油层	53	油层
1971~1975	40	油水同层	49	油层
1990~1993	41	油水同层	51	油层

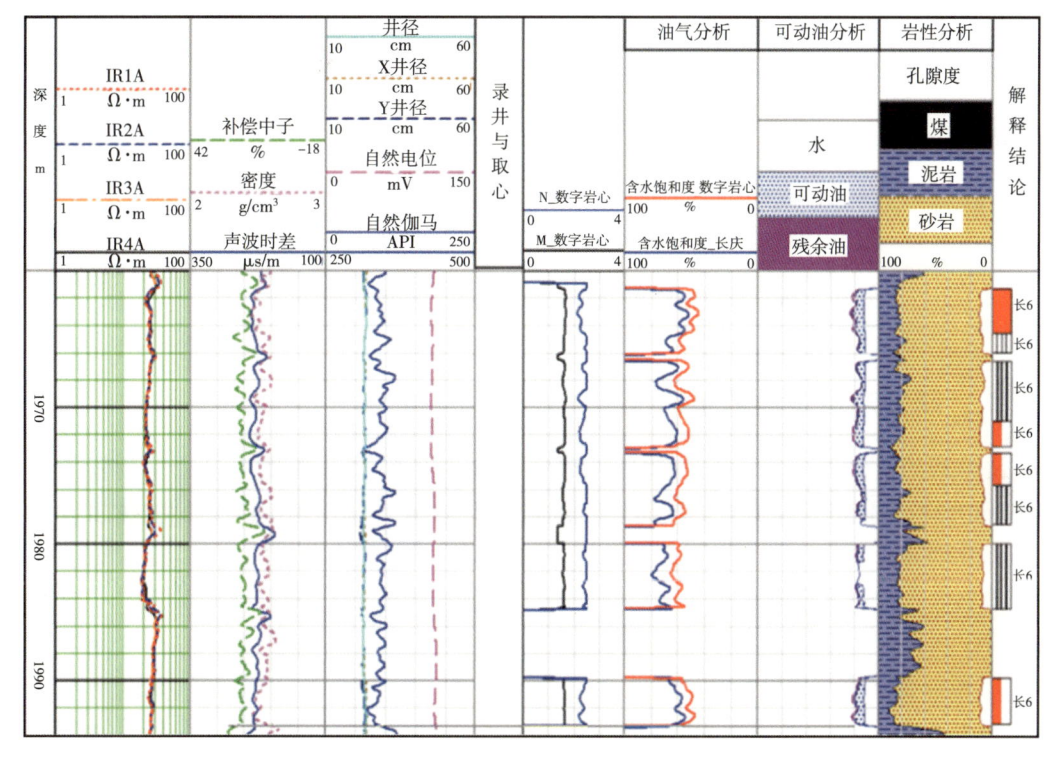

图2-29 长庆油田×井×储层测井解释结果

2）数字岩心实验结果用于产能预测

华北油田利用数字岩心实验数据建立了阿尔凹陷×背斜砂砾岩储层分类标准，用于该区新井的定量解释（表2-5）。图2-30为×井35号层岩心交会结果，将其划为Ⅲ类储层，预测本层自然产液量较低，需进行压裂增产。常规试油日产油0.07t，压裂后日产油26.47t，验证了数字岩心储层分类的准确性。

表2-5 阿尔凹陷×背斜孔隙结构类型评价标准

类别	K_{1ba}凝灰质砂岩			
	孔隙度，%	孔隙结构指数	S_2+S_3，%	T_2谱的形态
Ⅰ	≥10.0	≥1.0	≥50.0	双峰或单峰
Ⅱ	8.0~10.0	0.5~1.0	35.0~50.0	双峰或单峰
Ⅲ	6.0~8.0	0.3~0.5	25.0~35.0	双峰或单峰
Ⅳ	<6.0	<0.3	<25.0	单峰

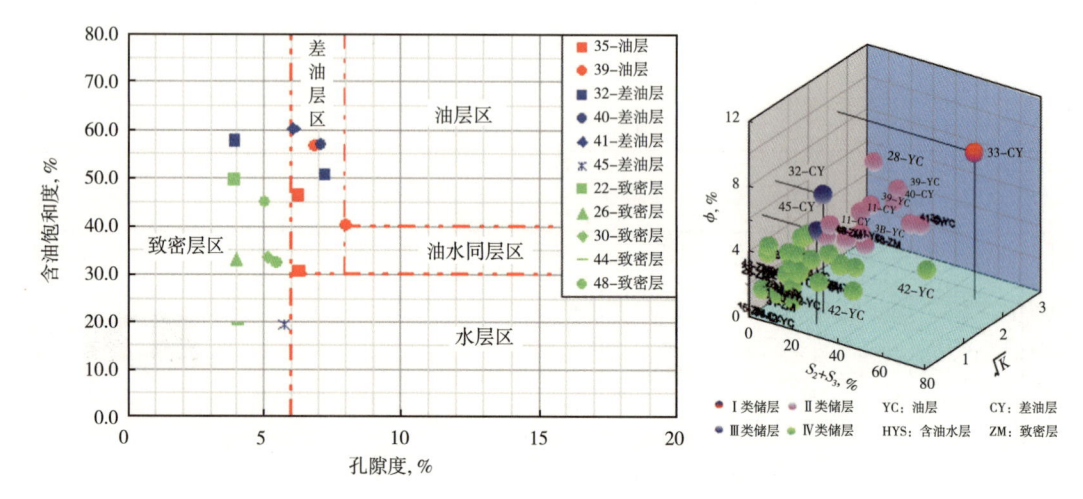

图2-30 孔隙度与含油饱和度交会图孔隙结构类型三维识别图

二、超低渗透率测量技术

非常规油气储层一般都具有超低的渗透率[26]，而实验室常规的渗透率测量下限为0.001mD，已不能满足非常规油气储层的测量需求，"十二五"期间通过"非常规油气测井岩石物理实验及新方法研究"课题开展了脉冲衰减法渗透率测量的关键工艺研究，形成了柱塞岩心超低渗透率测量技术，可将测量下限延伸至10nD，解决了致密油气、页岩油气等非常规柱塞岩心渗透率测量的难题。

1. 超低渗透率测量仪构成

如图2-31所示，其中p_c为围岩压力，p_1、p_2为岩石左右两端的气体压力，Δp为开始测量时岩心两端的压力差，超低渗透率测量仪主要由4部分构成：体积为V_1、V_2的上下游气体箱、测量上下游压差的高精度压传感器、可装柱塞岩心的高压岩心夹持器、提供高围压的液压控制装置。

超低渗透率测量使用高压气体（750~2000psi），一方面可以使得气体更容易进入岩心孔隙，另一方面能够减少气体滑脱效应并且降低气体压缩性在小压力范围内变化的波动幅度。测量时，首先将整个体系恒温，然后将高压气体注入岩心，当岩心孔隙完全被高压气体填充后，密封整个体系，在岩心两端施加脉冲压差Δp，岩心两端的气体会与岩心中的气体会发生交换，压力高的一端逐渐下降，压力低的一端逐渐升高，最终岩心两端的气体

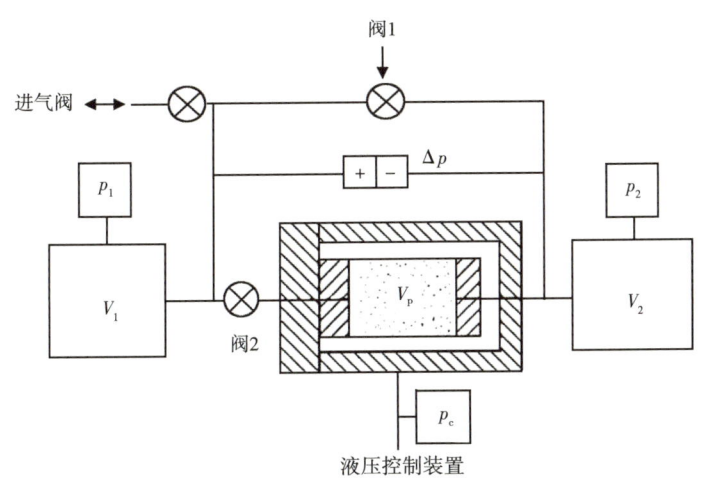

图 2-31 超低渗透率测量仪结构示意图

压力逐渐趋于动态平衡，图 2-32 为测量过程中上下游压力变化标准曲线图，通过测量此过程中压力随时间的变化，利用气体质量平衡方程、达西定律微分方程和连续方程，推导出渗透率计算公式[27-31]：

$$K_g = \frac{-14696 m_1 \mu_g L f_z}{f_1 A p_m \left(\dfrac{1}{V_1} + \dfrac{1}{V_2} \right)} \quad (2-23)$$

式中 K_g——脉冲衰减法测量的渗透率，mD；

m_1——线性回归的斜率；

μ_g——气体的黏度，mPa·s；

L——岩心的长度，cm；

f_1——气体的流动校正因子，与压力有关的常数；

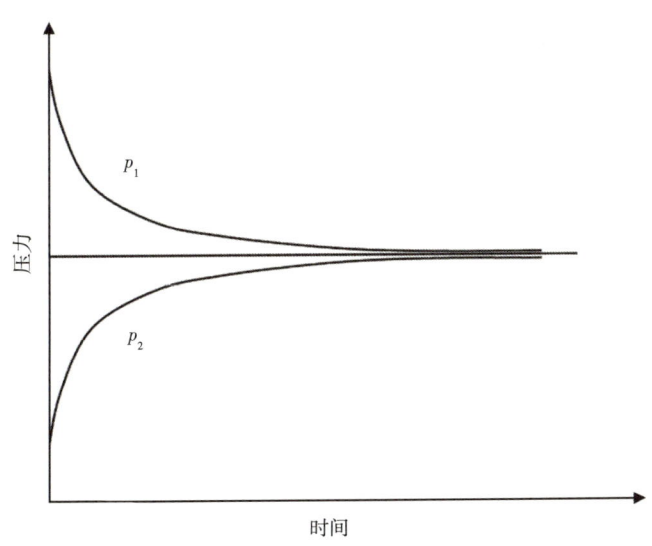

图 2-32 脉冲衰减法测量过程中压力变化标准曲线示意图

f_z——气体的压缩校正因子,与压力有关的常数;
A——岩心的截面积,cm^2;
p_m——岩心的平均孔隙压力,psi;
V_1,V_2——分别为上下游气罐的体积,cm^3。

2. 主要创新点

通过研究,进行了大量实验,形成了以"三控制"测量技术为核心的创新成果。

1)长度控制技术

常规渗透率测量时岩心长度对测量影响不大,而超低渗透率岩心,由于岩心渗透率极低,即便用很长的充注时间(12小时以上)也很难将高压气体完全充注到长岩心中,会出现如图2-33所示的现象,其中p_{down}为岩心左端的气体压力,测量过程中将逐渐降低;p_{up}为岩心右端的气体压力,测量过程中逐渐升高。

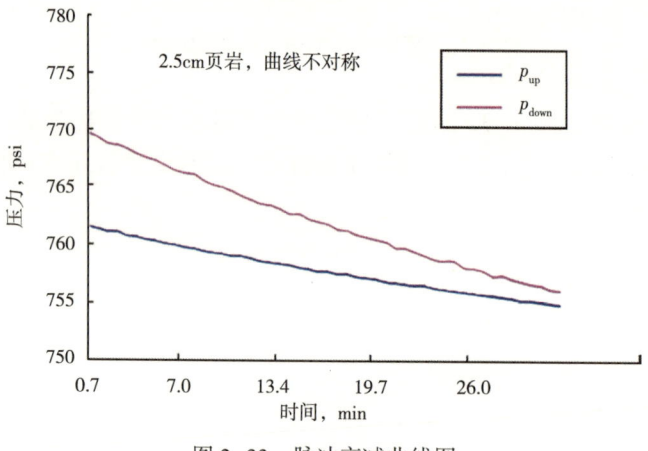

图2-33 脉冲衰减曲线图

当岩样两端产生脉冲压差以后,按照测量原理,左端压力下降,右端上升,上升下降的幅度大小相等,在图2-33中应该呈对称形态,但是实际测量中却发现两端压力同时在下降,排除设备漏气的原因后,认为岩心没有完全饱和测量气体,当产生脉冲压差后,两端的测量气体继续在缓慢向岩心内部渗漏。图2-34表明长度缩短后,曲线开始向对称轴

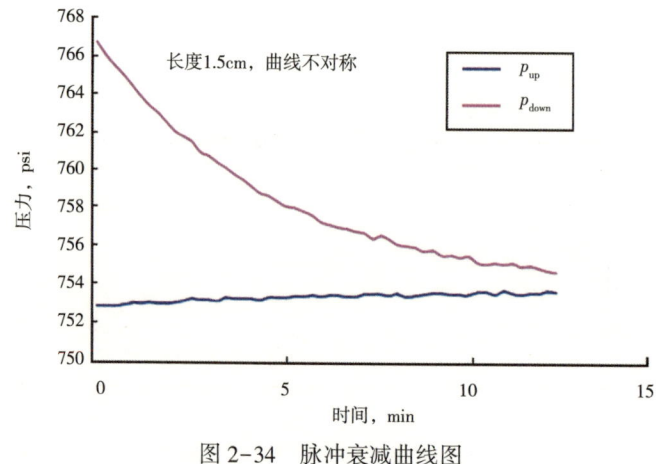

图2-34 脉冲衰减曲线图

变化，逐渐趋于对称，经过研究发现将样品长度缩短到1cm以内后，大部分岩心都能满足测量要求，图2-35为测试的页岩样品长度缩短到1cm后，压力变化曲线对称分布，和测量原理中的标准变化曲线形态一致。

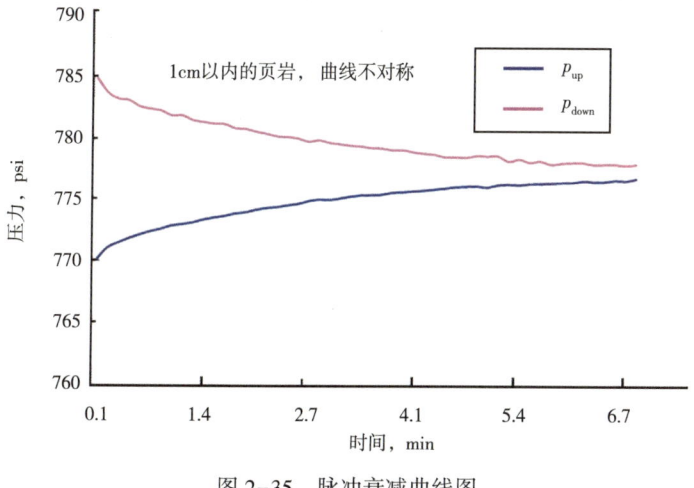

图 2-35 脉冲衰减曲线图

因此，在进行超低渗透率测量时特别要注意岩心长度对测量结果的影响，渗透率低的岩心只有将岩心长度缩短到一定程度才能准确测量，渗透率越低，长度越短。对于页岩岩心长度小于1cm才能进行超低渗透率测量。

2）压力控制技术

压力对超低渗透率岩心测量的影响表现为孔隙压力和净有效压力两个方面。

孔隙压力对渗透率的影响应该考虑气体滑脱效应，设备采用750~2000psi 的高压气体测量的目的就是为了减少气体滑脱效应的影响，实验发现孔隙压力在上述变化范围对渗透率测量结果的影响可以忽略不计，如图2-36 所示。

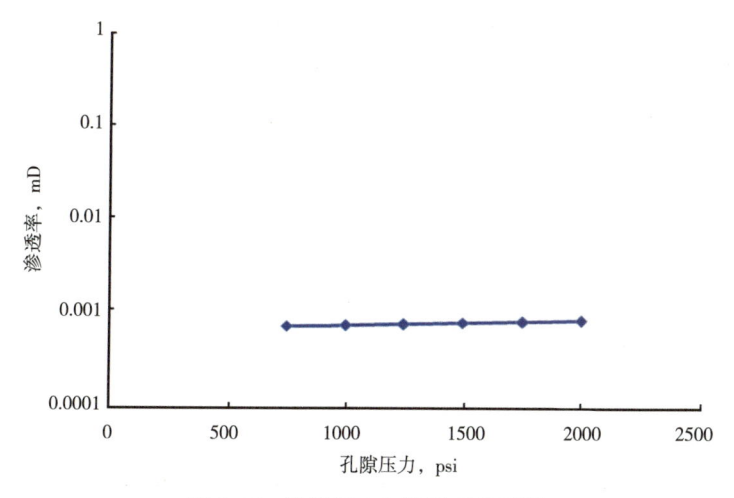

图 2-36 孔隙压力与渗透率关系图

净有效压力为围压与孔隙压力的差值。净有效压力对渗透率的影响主要通过影响岩样的孔隙结构来实现，净有效压力增大，裂缝会逐渐闭合，岩心发生形变部分孔隙也将被压缩，导致渗透率会大幅降低。页岩渗透率受净有效压力影响很大，岩样取至地面，随着应力释放会产生大量的微裂隙，当测量渗透率时净有效压力逐渐增大，渗透率迅速减小，如图2-37所示。因此进行脉冲衰减渗透率测量时应重点关注净有效压力的取值，这将对测量结果产生较大影响。

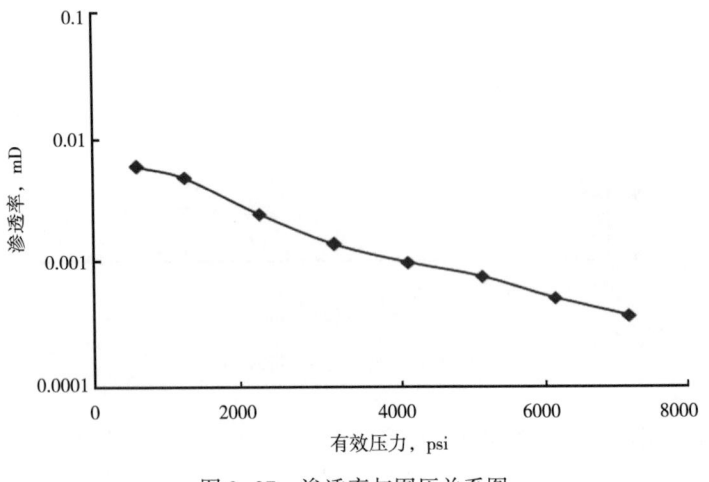

图2-37 渗透率与围压关系图

超低渗透率测量时应模拟地层条件，使用地层条件下的净有效压力，才能保证测量结果与实际地层更加相符。

3）压差控制技术

超低渗透率测量结果还受岩心上下端压差的影响，当岩心中气体充注完成后，利用脉冲发生器在岩心两端产生压差，才能进行超低渗透率测量，经过大量实验研究，认为10psi为合理压差，原因是压力梯度大于10psi，气体在岩心内部进行交换时，会产生不可忽略的惯性流动阻力，渗透率值会随压差的增大而减小（图2-38），此时的气体出现紊流

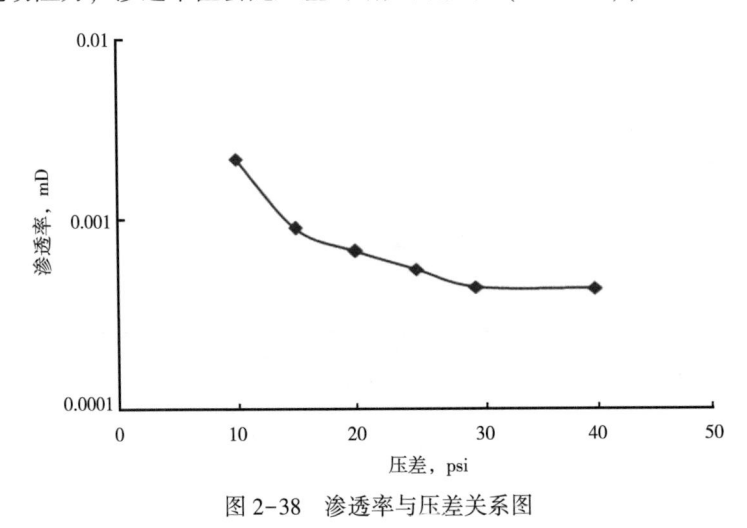

图2-38 渗透率与压差关系图

特征，测量状态不再符合达西定律，所测渗透率将会产生较大误差，若压差小于10psi，压力衰减时间太短，岩心内部气体并非达到真正"平衡"，测量的误差较大，重复性也较差，研究认为，采用10psi的压差能将超低渗透率测量误差降为最低。

3. 超低渗透率测量关键工艺

（1）柱塞岩心制备。一般岩心可以采用常规方法制备，对于页岩等脆性岩心需要采用金刚石线切割的方式制备，同时还应避免振动产生人工诱导裂缝，导致渗透率偏离较大。

（2）岩心端面平整。脆性岩心及裂缝发育的岩心端面加工时应采用低速切割机加工平整，将岩心切割至符合要求的长度，页岩岩心长度宜控制在1cm以内。

（3）岩心预处理。岩心预处理的方法参考相关石油行业标准，页岩岩心烘干应使用真空烘箱在60℃下将样品烘干48小时以上。

（4）测量岩心长度、直径。取不同位置反复测量5次取平均值。

（5）测量岩心氦气孔隙度。采用常规氦气孔隙度仪测量。

（6）测量参数设定。测量前仪器先检漏，预热4小时以上，模拟地层条件测量时，可用等效法将孔隙压力固定为1000psi，保证围压与孔隙压力的差值和地层净有效压力相等，压差设定为10psi。

（7）施加孔隙压力。确定好孔隙压力后，充气时间尽可能长，页岩岩心充注2小时以上。

（8）测量结束的判断。当压差不大于1psi或压力衰减时间达到3小时或渗透率变化率小于0.02%/min时，测量结束。

4. 应用效果

常规的渗透率测量技术无法测量页岩的超低渗透率，超低渗透率测量该技术已在四川昭通地区页岩岩心中得到了广泛应用，取得了较好的应用效果，实验从平行地层方向和垂直地层方向上分别测量了大量的页岩岩心渗透率，其渗透率分布在0.000024~0.2716mD，大部分小于0.001mD，仅个别明显出现裂缝的岩心渗透率大于0.001mD，超低渗透率测量技术的发展为页岩气勘探开发提供了宝贵的基础数据。

三、复杂岩性储层岩石物理实验新装备

岩石物理实验是研究储层岩石物理测井响应机理及影响因素的重要手段。复杂岩性储层与常规砂岩储层相比，由于成藏机制的不同，储层多表现为低孔、低渗的特征，传统实验方法不能满足储层岩石的实验精度需要，甚至测量不到有效数值。为此，测井重点实验室通过自主设计与联合研发，形成两套具有国际先进水平的标志性实验设备，即"高温高压岩石电学和毛管压力联测系统"和"高温高压驱替状态核磁共振测量系统"。依托先进实验装备和实验技术，研究了复杂储层的电学响应特征和饱和度评价技术，实现核磁共振测井流体识别和储层评价技术的创新与应用，提高复杂储层的处理解释和评价能力。

1. 高温高压岩石电学和毛管压力联测系统

如图2-39所示，RCS-763Z高温高压岩石电学和毛管压力联测系统（以下简称RCS-763Z系统）是为了满足中国石油非均质复杂储层，尤其是复杂砂岩、碳酸盐岩和火山岩储层测井评价的实际需要以及岩石物理深层次的理论及应用研究的迫切需求自行设计的实验分析系统。该实验系统在总体结构、技术指标、控制模式、测量方式等方面均处于国际先进水平。

图 2-39 RCS-763Z 高温高压岩石电学和毛管压力联测系统

RCS-763Z 系统包含 A、B 两个子系统，具有两个柱塞岩样夹持器和一个全直径岩样夹持器，能够同时测量两个柱塞岩样，或一个柱塞岩样和一个全直径岩样，仪器的总体结构如图 2-40 所示。RCS-763Z 系统主要包括岩心夹持器、阀门及管线、压差测量系统、驱替系统、围压系统、电测量系统、计算机控制及数据采集系统、软件系统及恒温箱等 9 大部件。

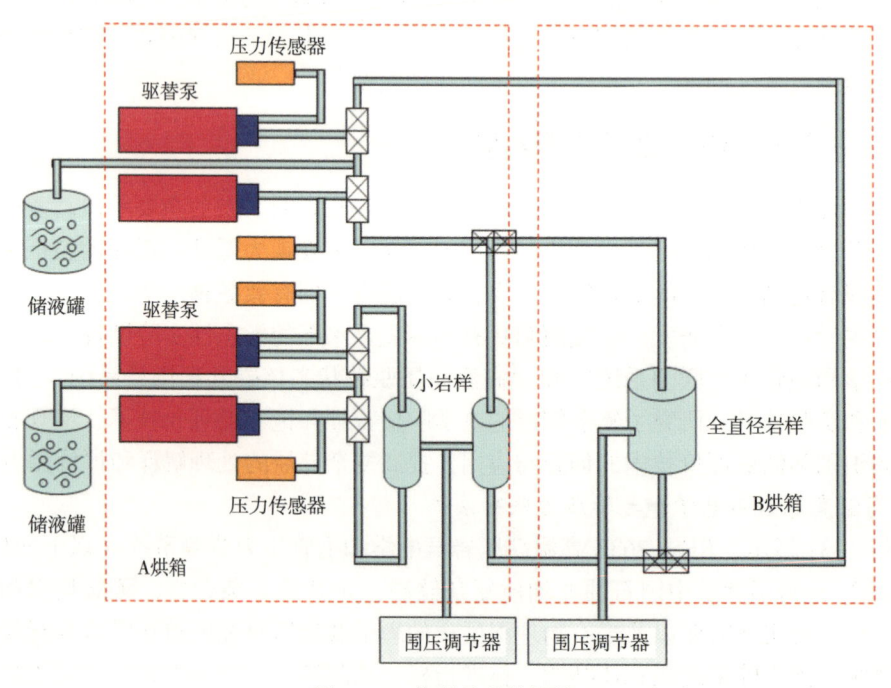

图 2-40 仪器的总体结构

1) 关键部件

岩心夹持器包括 1.0in（或 1.5in）岩心夹持器两个，全直径岩心夹持器一个，夹持器全部为静水加载，并且具有两电极、四电极两种电阻率测量方式。图 2-41 为 1.0in（或 1.5in）岩心夹持器结构示意图。

两个高精度绝对压力传感器监测上游压力、下游压力，压力测量范围为 0~

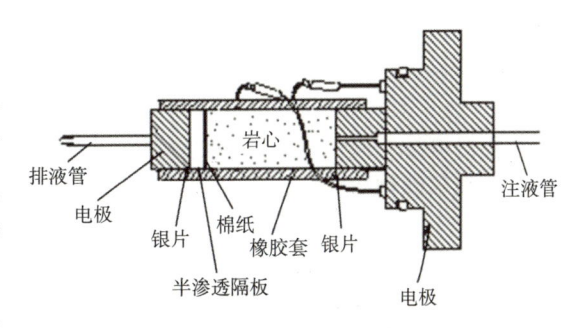

图 2-41 柱塞岩样岩心夹持器结构

10000psi；三个压差传感器提供精确的压差测量，压力测量范围为 0~1000psi，压力偏差小于±%0.1F.S。采用 QUZIX 泵进行精确的压力、流速控制。在设计的时候泵体内置烘箱，避免了因物质沉淀、温度差异等引起的体积变化。

围压采用 PCI-112 自动围压控制器，围压自动跟踪，保持净围压恒定，能够提供稳定的、满足储层条件的围压，范围为 300~10000psi。

电性参数测量采用 Fluke DRM-098 数字电阻仪，测量的主要参数包括岩心电阻抗、相位角和品质因子。在 50Hz 到 100kHz 范围内用户可定义多达 5 个频率段。

两台独立的计算机分别控制一个柱塞岩样、另一个柱塞岩样或全直径岩样夹持器，控制的主要内容包括所有的气动阀门、驱替泵、活塞式流体隔离器、冲洗容器、电性测量仪器、传感器、热电偶等。

控制软件主要用于各种参数的输入、报警条件判断、配置显示屏、图表显示等。数据显示主要包括压力、温度、电阻率、报警状态等。

恒温箱采用两个可移动、双开门恒温箱，箱体为不锈钢，配备数字温度控制器。烘箱的最高安全温度为 150℃。

2) 主要指标及性能

（1）模拟储层条件的测量环境（最大围压为 10000psi，孔隙压力为 9500psi，最大驱替压力为 1000psi，最高温度为 150℃，饱和度测量精度为±0.1%）；

（2）能够测量 1.0in、1.5in、4.0in 等不同直径的岩样；

（3）能够对两种不同直径岩样在相同测试条件（相同温度、相同围压、相同孔隙压力等）下进行测量；

（4）具有恒速、恒压两种不同的驱替方式；

（5）具有两电极、四电极两种电阻率测量方式；

（6）能够模拟排驱、吸入两个过程的实验；

（7）能够同时测量毛管压力 p_c、R_w、F、m、n 等参数；

（8）计算机自动控制与数据采集。

2. 高温高压驱替状态核磁共振测量系统

高温高压驱替状态核磁共振测量系统由核磁共振岩心分析仪、夹持器以及驱替系统 3 部分组成，如图 2-42 所示。核磁共振分析仪（MARAN-2L）由英国牛津生物分子仪器公司生产，可以测量横向弛豫时间 T_2、纵向弛豫时间 T_1、流体扩散系数 D，仪器的共振频率为 2MHz，静磁场为均匀磁场，均匀度小于 0.005%，仪器配备梯度线圈（磁场范围 0~

17Gs/cm），可以进行梯度场测量；仪器可安装三种信号天线，分别为 1.5in、3in 和 4in 线圈，可以进行标准岩样和 4in 全直径岩样核磁共振测量。无磁夹持器和驱替系统美国岩心公司生产，可以安装 1in 和 1.5in 两种岩心，进行驱替过程中不同饱和度条件下的高温高压核磁共振测量，最高测量温度为 150℃，最高围压为 5000psi；可以实现驱替过程中，不同饱和度和不同温度、压力条件下岩心的核磁共振测量。

图 2-42 高温高压驱替状态核磁共振测量系统

借助 3 个不同尺寸的探头和梯度场，高温高压驱替状态核磁共振测量系统可以完成以下测量：

（1）常规核磁共振测量（T_1，T_2）（岩心直径小于 4in）；
（2）扩散系数测量（流体和岩样）；
（3）二维核磁共振测量（$T_2—D$，$T_2—T_1$）（岩心直径小于 4in）；
（4）高温高压核磁共振测量（最高测量温度为 150℃，最高测量压力为 5000psi）。

由于高温高压驱替状态核磁共振测量系统具有较高的磁场均匀度，较小回波间隔，较高信噪比，具有较强的岩心分析能力，主要包括：

（1）提供准确的核磁共振孔隙度；
（2）提供准确的束缚水含量；
（3）提供准确的孔隙介质内流体饱和度；
（4）结合压汞和 CT 仪器提供孔隙结构参数。

3. 标志性设备开发与应用

"十二五"期间测井重点室应用两套标志性实验设备开发了多种新实验工艺和方法，在科研工作中发挥了重要作用。

（1）利用标志性设备"高温高压驱替状态核磁共振测量系统"与国内多家实验室进行实验结果比对，并形成了一套核磁共振实验物理的实验标准流程，该流程可以测量 T_2、T_1 和 D 信息，如图 2-43 所示。

（2）利用标志性设备高温高压驱替状态核磁共振测量系统进行二维核磁共振实验，可以准确获取岩心中流

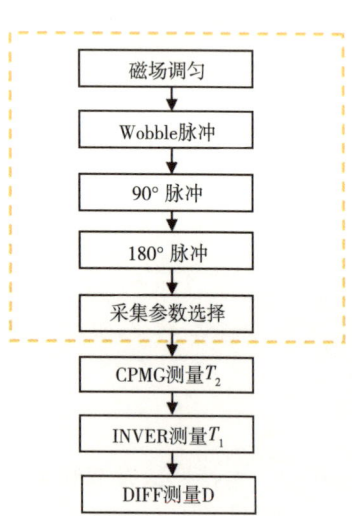

图 2-43 核磁共振岩石物理实验流程

体成分，为核磁共振测井资料流体分布准确标定奠定了基础。

（3）利用标志性设备高温高压驱替状态核磁共振测量系统进行扩散系数测量，对各种流体的扩散系数进行标定与刻度，为储层流体扩散系数测量与应用提供依据。

（4）高温高压岩石电学和毛管压力联测系统在科研工作中发挥的作用。

在毛管压力与电阻率联测实验基础之上，通过饱和度、电阻率与孔隙结构对应关系研究，建立了半渗透毛管压力与 T_2 谱之间的对应关系，弄清了孔隙结构对岩石电性影响的总体规律，为复杂储层岩石电性研究及饱和度模型参数确定奠定了基础。

应用高温高压岩石电学和毛管压力联测系统，开发了油水毛管压力法定量确定岩石润湿性指数的方法。研究润湿性对岩石电性影响的规律，对润湿性与岩石物理参数关系研究及提高采收率研究有重要意义。

选取原始状态为油湿和水湿的岩心，分别测量原油驱水和水驱原油两个过程的毛管压力和电阻率。结合油驱水和水驱油两条毛细管压力曲线，可定量表征岩心的平均润湿性。对于水湿岩心，其油驱水毛管压力曲线下的面积大于水驱油毛管压力曲线下的面积，润湿性指数 W 大于 0（水润湿），相应的 I—S_w 曲线在双对数坐标下呈一条直线，n 在 2 左右，符合阿尔奇定律。油湿岩心其油驱水毛管压力曲线下的面积小于水驱油毛管压力曲线下的面积，W 为负数（油润湿）。相应的 I—S_w 曲线在双对数坐标下呈现出先陡增再缓增的两段式。

参 考 文 献

[1] 贾承造，郑民，张永峰. 中国非常规油气资源与勘探开发前景 [J]. 石油勘探与开发，2012，39（2）：129-136.

[2] 黄鑫，董秀成，肖春跃，等. 非常规油气勘探开发现状及发展前景 [J]. 天然气与石油，2012，30（6）：38-41.

[3] 邹才能，张国生，杨智，等. 非常规油气概念、特征、潜力及技术——兼论非常规油气地质学 [J]. 石油勘探与开发，2013，40（4）：385-399.

[4] 邹德鹏，柯式镇，李君建，等. 含黏土矿物岩心电频散特性实验研究 [J]. 测井技术，2018，42（3）：261-266.

[5] Ming Jiang, Shizhen Ke, Zhengming Kang. Measurements of complex resistivity spectrum for formation evaluation. Measurement 124, 2018：359-366.

[6] 尹成芳，柯式镇，张雷洁. 电极型复电阻率扫频系统响应数值模拟 [J]. 测井技术，2014，38（3）：273-278.

[7] 严慧娟，岳爱忠，赵均，等. 地层元素测井仪器结构参数的蒙特卡罗数值模拟 [J]. 测井技术，2012，36（3）：282-285.

[8] Barson D, Christensen R, Decoster E, et al. Spectroscopy: The key to rapid, reliable petrophysical answers [J]. Oilfield Review, 2005, 17 (2)：14-33.

[9] Radtke R J, Lorente M, Adolph B, et al. A new capture and inelastic spectroscopy tool takes geochemical logging to the next level. SPWLA 53rd Annual Logging Symposium, Cartagena, Colombia, 2012.

[10] Hertzog R C. Laboratory and field evaluation of an inelastic neutron scattering and capture gamma ray spectrometry tool [J]. Society of Petroleum Engineers Journal, 1980, 20 (5)：327-340.

[11] 楚泽涵，高杰，黄隆基，等. 地球物理测井方法与原理（下册）[M]. 北京：石油工业出版社，2007：161-176.

[12] 刘宪伟. 碳氧比能谱测井数据处理与解释方法研究 [D]. 北京：中国石油勘探开发科学研究院, 1997: 36-49.

[13] 吴文圣, 付赓, 张智, 等. 小井径双源距碳氧比 C/O 测井的影响因素及处理 [J]. 地球物理学报, 2005, 48 (2): 459-464.

[14] 张锋, 首祥云, 张绚华. 碳氧比能谱测井中能谱及探测器响应的数值模拟 [J]. 石油大学学报：自然科学版, 2005, 29 (2): 34-37.

[15] 党峰, 陈涛, 侯学理, 等. 层状介质下井间电磁测试与分析 [J]. 测井技术, 2016, 40 (1): 81-84.

[16] 魏宝君, 陈涛, 侯学理, 等. 利用径向成层介质的 Green 函数和积分方程模拟含金属套管井间电磁场的响应 [J]. 中国石油大学学报（自然科学版）, 2014, 38 (1): 57-63.

[17] 吴瑶, 毛剑琳, 唐俊, 等. 套管对井间电磁测井的影响规律研究 [J]. 西北大学学报（自然科学版）, 2014, 44 (1): 17-22.

[18] 臧德福, 郭红旗, 晁永胜, 等. 井间电磁成像测井系统分析与研究 [J]. 测井技术, 2013, 37 (2): 177-182.

[19] 崔三烈. 光纤传感原理与应用技术 [M]. 哈尔滨：哈尔滨工程大学出版社, 1995: 148-154.

[20] 李学文. 井下多相流光纤流量计 [J]. 国外油田工程, 2003, 19 (5): 39-40.

[21] 皮广禄. 国外军用传感器技术发展现状与发展趋势 [J]. 传感器世界, 1999 (6): 1-7.

[22] 张昌民, 等. X-CT 技术在储层研究中的应用 [M]. 北京：石油工业出版社, 1996.

[23] Suman R. J, et al. Effect of Pore Structure and Wettability on the Electrical Resistivity of Partially Saturated Rock—a Network Study [J]. Geophysics. 1997, 62 (4): 1151-1162.

[24] Makarynska Dina, et al. Finite Element Modelling of the Effective Elastic Properties of Partially Saturated Rocks [J]. Computers & Geosciences. 2008, 34 (6): 647-657.

[25] 杜环虹, 屈乐, 李新. 储层参数自组织分类模型研究 [J]. 测井技术, 2011, 35 (B12): 649-651.

[26] 宋岩, 姜林, 马行陟. 非常规油气藏的形成及其分布特征 [J]. 古地理学报, 2013, 15 (5): 605-614.

[27] S C Jones. A Technique for faster pulse-decay permeability Measurements in tight rocks [C]. SPE Formation Evaluation, March, 1997: 19-25.

[28] Dicker, et al. A Practical Approach for Determining Permeability from Laboratory Pressure-Pulse Decay Measurements [C]. SPE17578, 1988: 285-292.

[29] Brace W F, et al. Permeability of Granite Under High Pressure [J]. Geophysical Research, 1968, 73: 2225-2236.

[30] Chen T, et al. Semi log Analysis of the Pulse-Decay Technique of Permeability Measurement [C]. SPEJ, 1984: 639-642.

[31] Haskett S E, et al. A Method for the Simultaneous Determination of Permeability and Porosity in Low-Permeability Cores [C]. SPEFE, 1988: 65-88.

第三章　测井成套装备及配套工艺

"十一五""十二五"期间，在国家重大专项和中国石油天然气集团公司科技专项的大力支持下，中国石油测井联合国内优势研究力量，以成套装备为重点大力开展自主创新，围绕复杂与非常规油气识别和评价难题，加强核心技术与装备攻关，成功研发并推广应用了具有完全自主知识产权、技术水平达到国际一流的一批测井成套装备及配套工具工艺，包括 EILog 快速与成像测井系统、LEAP800 测井系统、特色电缆测井仪器、三维成像测井系列、随钻测井系统、生产测井装备、水平井测井工具与工艺等，实现由传统常规测井向先进成像测井的重大技术跨越、随钻测井技术从无到有的突破，既满足了国内油气勘探开发的需要，更打破了国外公司对测井高端市场的垄断，大大缩短了与世界先进水平的差距，提高了我国测井行业在国际市场的竞争力。

第一节　EILog 快速与成像测井系统

在"十五"末研制成功 155℃/100MPa 的 EILog 快速与成像测井成套装备的基础上，中国石油集团测井有限公司依托国家重大专项和中国石油天然气集团公司科技项目，经过"十一五"和"十二五"十年的持续攻关，EILog 快速与成像测井系统在技术指标、稳定性、可靠性等方面得到显著升级，温度压力指标全面达到 175℃/140MPa，包括系列化的成像和集成化的一串测快速测井系列，填补了我国在复杂油气藏测井高效测量、精细探测领域的空白。取得了以下主要技术成果：

（1）常规测井技术通过集成组合，实现一串测。采用探测器共用、电路公用、结构模块化和总线接口标准化的集成设计，将 40 余米的电阻率、放射性、声波仪器串缩短到近 20m，提高了系统可靠性和可维护性；通过系统组合设计，以及配套仪器刻度检测装置和环境校正图版，一次下井即可同时测量多种物理场量，获得深、中、浅探测电阻率，声波、中子、密度孔隙度以及自然伽马、自然电位等 26 个地层参数，作业时效平均提高了 42%，有效保证了技术性能和作业质量，降低了施工安全风险。

（2）成像测井技术通过"切片"测量，实现油气精细识别。自主研发了 7 种成像测井仪器，包括阵列感应、阵列侧向、微电阻率成像、多极子阵列声波、井壁超声成像、核磁共振成像、地层元素。针对复杂地层环境要求，攻克了阵列扫描探测、高精度测量控制、多尺度数据融合处理等仪器设计、数据处理和制造关键技术，形成了阵列化测量，全方位覆盖、多尺度探测的传感器系列。近井眼地层精细成像技术通过声波、电阻率、放射性与核磁共振方法，能够对井眼 3m 内地层微观孔隙结构与流体特性、岩性及矿物组分、缝孔洞进行高精度测量，以微电阻率成像为例，通过在 5mm 纽扣电极上解决 170MPa 自适应密封承压，并在 144 个电极、每个电极最小 10nA、20mV 的高灵敏信号采集等技术难题，保证地层分辨率达到 5mm、测量范围达到 20000Ω·m、井周 360° 全覆盖，从而准确划分含油气层位。以感应—侧向测井为主的井周径向剖面成像测井技术，攻克了阵列感应测井的多频单边线圈系、低噪声前置放大与带通选频、快速合成聚焦处理、斜井与偏心环境校正，以及阵列侧向测井的软硬结合聚焦监控、多频混合纳伏级小信号检测等一系列关键技术，形成钻井液、侵入带、过渡带到原状地层的 5 种径向深度探测能力，能够清晰反映地层侵入特性，准确计算油气饱和度。以偶极子阵列声波成像测井为代表的井旁构造远探测技术，攻克了方位合成、波幅补偿、偏移叠加、缝洞量化分析等技术难题，能对井旁 30m 范围内缝、洞、断层进行构造成像，有利于发现井旁隐蔽性缝洞型储层，极大扩展了测井应用范围。截至"十二五"末，该技术在国内外 18 个油气田推广应用 223 套，下井仪器 9396 支，完成测井 42230 口，解释油气层 40 万多层，油气层综合解释符合率由 87.01%提高到 93.87%，节约引进费用 50 亿元，实现仪器制造产值 50 亿元，有力支撑了油气田增储上产。

一、EILog 综合化地面系统

EILog 综合化地面系统（IDAP6100）[1]采用前端和后台网络分布式结构，完成测井信号的预处理，井下仪器的命令控制，数据采集和处理，质量控制，测井数据记录和成果输出。可配接 EILog 快速与成像测井系统集成化常规测井系列、成像测井系列和生产测井系列等下井仪器，提供裸眼井测井、生产测井、工程测井、射孔和取心等全系列电缆测井服务。前端采集系统、主机以及用户计算机等组成了一个测井局域网，系统控制和采集模块都是网络中的一个节点，再配备相应的远程网络设备，可以实现测井作业的远程数据传输、远程监控和专家技术支持。

1. 系统组成与基本功能

IDAP6100 地面系统包括硬件系统和 ACME 采集软件平台。

1）IDAP6100 地面硬件系统

IDAP6100 地面硬件系统可以根据用户需要进行灵活配置，其基本配置为单机系统，扩展的配置为单机系统加便携系统，两种配置的机械结构一致，都为高低机柜桌面结构。在单机系统连接测井电缆进行测井时，便携系统可以通过电缆模拟器配接下井仪，在地面进行其他仪器的测前校验等准备工作。便携系统还可以作为单系统的冗余备份，当单机系统发生故障时，它可以替代单机系统继续进行当前的测井作业。结构如图 3-1 所示。

IDAP6100 地面硬件系统的核心部件是采集箱体、接线控制箱体和井下仪器电源箱体。采集箱体采用 cPCI 总线，负责数据的采集控制，具有模拟通道、脉冲通道、声波波形通道、多种编码信号通道和深度信号采集通道。接线控制箱体主要实现测井缆芯分配，具有测井、临时接线、电缆绝缘测试、安全接地和射孔与取心等工作模式。井下仪器电源箱体为井下仪器提供连续可调的主辅交流、连续可调的主辅直流、井下仪器继电器控制直流电源和程控直流电源。

便携系统的采集箱体、接线控制箱体、井下仪器电源箱体与单机系统的结构和功能相同。

通用外设是为测井所服务的辅助设备，包括 UPS 电源、绘图仪、主机和交换机。UPS 电源为整个地面系统提供所需的电源，使用两台 UPS，一台为井下仪器电源箱体和起爆器使用，一台为其他设备使用。这样系统供电将井下仪器和地面系统隔离，减少箱体之间的干扰。黑白绘图仪、彩色绘图仪用于实时测井绘图输出以及其他文档和图件的后台输出，

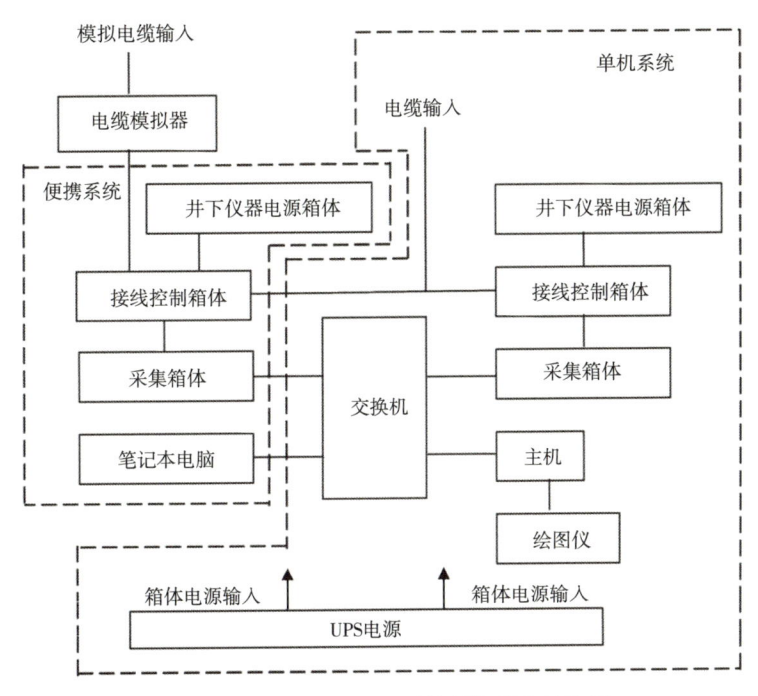

图 3-1　IDAP6100 地面系统硬件平台结构图

和主机并口相连接。主机主要完成数据的处理、绘图、显示输出以及同前端机的通信功能。交换机完成主机与前端机两者之间数据交换。

IDAP6100 地面硬件系统外观结构如图 3-2 所示。

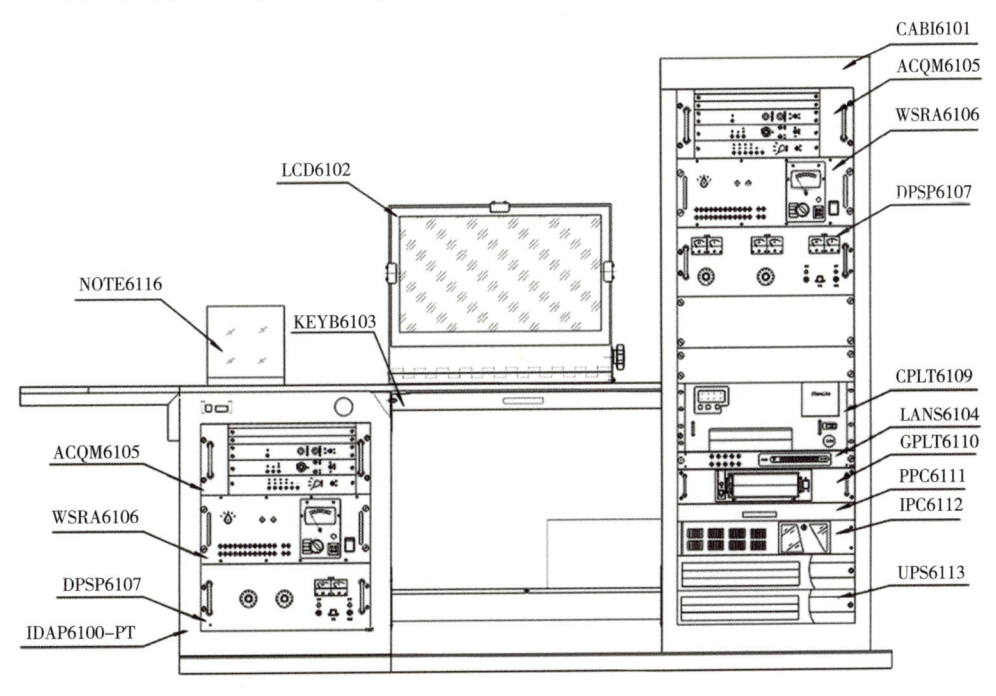

图 3-2　IDAP6100 地面系统硬件平台外观结构图

2）ACME 采集软件平台

ACME 采集软件平台主要包括如下功能模块（图 3-3）。

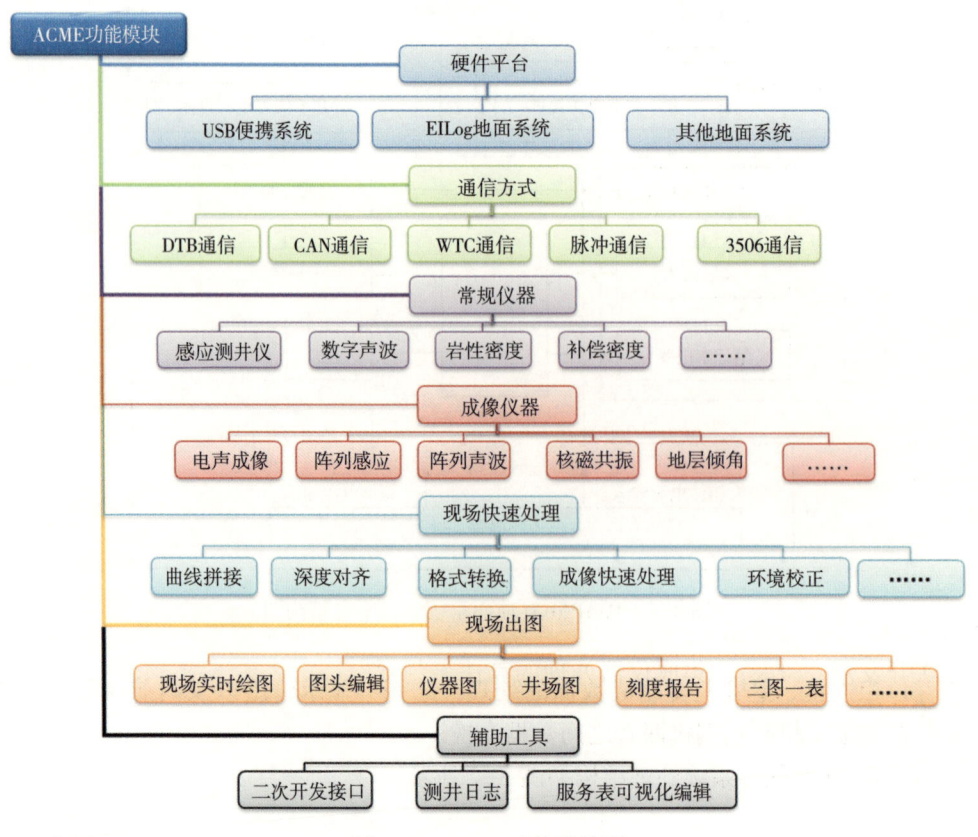

图 3-3　ACME 功能模块图

（1）测井服务模块。

①测井前端软件：完成硬件数据采集和中断处理等功能。

②测井服务表编辑软件：完成服务表的编辑、显示、保存等功能。

③测井主控模块：完成测井过程的调度、组件加载、命令下放、后端通信、数据保存等功能。

④测井显示和后处理模块：完成曲线显示和打印、曲线拼接、合并、缩放、深度平移、三图一表、组合出图等功能。

（2）仪器组件库模块。

支持多系列仪器的挂接，目前已挂接 EILog 常规测井系列、一串测快测系列、成像测井系列、生产测井系列和过钻具测井系列等近 200 余种仪器。

2. 主要技术特点

（1）基于 cPCI 总线的测井采集总线接口技术。

地面系统的数据采集部分采用 cPCI 高性能工业总线架构，通过 cPCI 总线接口的电路设计、逻辑设计及软件控制技术，实现对各种测井信号的采集和中断控制。

（2）基于 FPGA 和 DSP 的集成化接口技术。

利用 FPGA 实现控制信号的逻辑控制和编码信号解码，利用 DSP 实现测井信号的采样和时序控制。采用表贴器件和 SMT 工艺，减少接口板的数量和系统走线的复杂性，在一个接口板上实现了 16 道模拟信号、6 道脉冲信号、深度信号、高速模拟信号、生产测井 WTC 编码信号和 BPSK 编码信号的采集和控制功能，提高了硬件电路的集成度和电路的可靠性。

（3）集成化的井下仪器电源箱体。

负责 EILog 地面系统所有井下仪器的供电，集成了主交流、辅交流、主直流、辅直流、继电器电源和程控电源等 6 种电源，具有集成度高、体积小、质量轻的特点。

（4）主机与前端机间的网络通信技术。

采用以太网技术，实现主机和前端机之间的数据和命令的网络通信。采用客户/服务器结构，可将多台计算机通过网络接入到采集前端机，实现多点数据传输，即在系统工作时可以在多台主机上获取前端机上传的测井数据。采用远程无线通信技术，实现远程数据传输和远程监视控制。

（5）基于 VxWorks 操作系统的 cPCI 总线软件控制技术。

前端系统采用嵌入式 cPCI 主板及 VxWorks 实时多任务操作系统，实现测井信号的实时采集与控制的多任务调度管理、多路硬件中断服务处理和测井数据的网络传输。

（6）仪器处理软件的动态添加技术。

采用面向对象设计和 COM 组件技术，为第三方添加新仪器处理模块提供接口标准统一的二次开发包（SDK），集成仪器处理的算法、刻度处理、测井辅助监视窗口和参数文件管理等功能。

（7）多视图、多模板的测井组合显示与绘图。

采用显示绘图模板技术，用户可根据加载测井服务表的仪器组合来定制多个显示绘图模板，并与仪器组合进行自动关联，实现以不同的形式在多个窗口中同时监视测井曲线。

（8）统一的软硬件接口，快捷的仪器配接。

EILog 快速与成像测井系统包含前端机、USB、网络化、存储式等多种地面系统硬件平台，井下仪器通信包括 DTB、CAN、WTC、BPSK3506、网络 TCP/IP 等多种方式。ACME 采用模块化架构、网络式扩展、自适应前端和统一的软硬件接口、模板化仪器组件库自动生成技术，实现不同地面系统、不同技术系列井下仪器的测井采集软件的统一和仪器的快速挂接。降低了新仪器的配接难度和提高了仪器配接效率，减轻了操作工程师的学习与使用软件难度。实现 EILog 系统 156 种井下仪器的配接和其他公司 30 余种仪器的挂接。

（9）井场信息的自动采集、实时传输、远程监控。

利用物联网技术，开发出车载数据中心系统，实现随钻测井、电缆测井和生产测井各类测井数据、仪器参数、井场信息、行车信息、音视频监控信号的自动采集，实时传输、自动流转和远程监控。

（10）实时测井质量控制和现场快速成像处理。

开发出实时测井采集质量控制软件模块，按照仪器类别，设置了 220 余项测井采集质量控制参数，实现质量控制的自动化和预报警。解决了成像测井资料质量无法现场评价的难题，全面支持 EILog 成像测井仪器的现场快速处理，包括阵列感应实时环境校正和合成处理、微电阻率成像加速度校正与图像增强处理、核磁共振实时反演等，建立了地层信息和采集数据之间直观联系，通过及时检验成像资料品质，提高成像仪器测井时效和曲线质量，有力地推动 EILog 成像测井仪器在油田的广泛应用。

二、一串测快测系列

EILog 一串测快测系列是针对油田"大规模、快节奏、高效率"产能建设的需求，开发的一种可靠、准确、便捷、低成本的测井装备，以适应油气勘探开发"提速、提效、提素"的需要。一次下井能获得地层孔隙度、电阻率等地层信息，以及钻井液电阻率、井径、井斜方位等辅助测量参数，所测曲线可以反映地层的岩性、物性及储层的含油气性，能够满足区域致密砂泥岩油气藏及碳酸盐岩储层评价。规模应用表明，仪器性能可靠、油气识别直观、储层评价准确，作业时效提高 40% 以上。

1. 仪器构成与组合方式

1) 仪器构成

高速遥传仪：传输速率 430kbps；

电阻率测井仪：阵列感应、双侧向、微球形聚焦；

声波测井仪：数字补偿声波；

核测井仪：自然伽马、伽马能谱、补偿中子、岩性密度；

辅助参数测量仪：井斜、方位、三参数（井温、电缆张力、钻井液电阻率）、井径。

2) 组合方式

就仪器系统的总线结构而言，上述任何仪器短节之间均能实现无障碍组合。用户可根据油气勘探和开发中不同的阶段、不同的测量类型、不同的测井仪器系列要求，进行灵活组合。下面列出几种主要的组合方式：

（1）三参数+遥传伽马+连斜井径+数字声波+阵列感应；

（2）三参数+遥传伽马+连斜井径+双侧向+数字声波；

（3）三参数+遥传伽马+伽马能谱+补偿中子+岩性密度；

（4）三参数+遥传伽马+补偿中子+岩性密度+连斜井径+数字声波+阵列感应；

（5）三参数+遥传伽马+补偿中子+岩性密度+连斜井径+双侧向+数字声波。

组合方式（1）和（2）主要用于一般的开发井，可以划分地层，油气含量评价，识别流体性质；组合方式（3）主要测量地层密度，用于岩性识别，孔隙度评价；组合方式（4）和（5）为常规大串，配接 EILog 系统其他成像仪器或特种仪器，用于评价井和探井的测量，可以多方面的精细描述地层，进行地层划分、岩性识别、孔隙度评价、流体识别和油气含量评价。

2. 系统设计特点

1) 系统结构设计

一串测快测系列采用了 EILog 系统标准的机械接口和通用总线标准，使快测系列具有良好的兼容性和扩展性，可以根据地质要求，挂接 EILog 成像仪器；仪器采用模块化集成设计，减小元器件和部件数量，缩短仪器串长度，提高仪器的可靠性。

2) 电路模块化设计

（1）将电路进行集成，缩短电路体积。

电路全面采用贴片高性能集成电路设计，替代原有分离器件电路。在保证功能和信号采集精度的同时，实现电路体积缩短至原有电路五分之一。集成前后前放单通电路对比图如图 3-4 所示。

2通道×2板+双通道带通板

四通道前放带通板

图 3-4　电路集成小型化对比实物图

（2）将模块化后的声波采集电路，放置在声系内的承压壳体内，与晶体模块直接相连。

声波采集电路与声系构成一个整体，结构性能好，采集电路就近放置在换能器附近，实现了接收换能器与接收电路的就近连接，消除了由于距离远而出现的信号干扰和缺失情况，提高仪器的抗干扰能力。声波采集电路模块如图 3-5 所示。

图 3-5　声波采集电路模块

3）结构与工艺优化

合理利用仪器内部结构空间，根据不同的结构，改变传统的骨架结构，放置相关电路，如图 3-6 和 3-7 所示。

图 3-6　三参数仪器电路（利用转换接头空间放置电路）

图 3-7　声波仪器电源及通信电路

4）单边阵列感应技术

阵列感应测井仪器通过方法研究，改进优化处理算法，对机械结构进行了优化改进，对电路进行了改进和优化，实现感应接收线圈单边化，有效地缩短仪器长度。

（1）电路厚膜集成化、小型化。优化多通道微弱信号检测电路，采用高温集成器件，实现了前放模块的小型化，简化了电路，提高仪器的可靠性。

（2）采用全新设计的线圈系结构，使用单边线圈模式取代了双边线圈模式，缩短了线圈系长度。

（3）接收线圈采用双线分绕组合线圈设计，有效得保证了测井信号的信噪比及稳定性。

（4）平衡短节系统进行了改进和优化。简化线圈系结构，降低了加工难度，降低了仪器的成本。

3. 仪器质量控制

一串测快测系列制定了一整套质量控制措施和标准，并在设计、制造、使用过程中全面贯彻，在设计中通过简化设计、降额设计、热设计、电磁兼容性设计等手段，提高仪器的可靠性和仪器质量。

1）工艺控制

制定了一系列的焊接、印制板设计、骨架结构、电装等工艺文件。将 EILog 测井系统通用件形成了标准件，规范了仪器的设计，缩短仪器的设计周期，提高了仪器的可靠性。

2）制造过程控制

每种仪器编制了仪器制造流程图，对仪器制造的全过程进行控制，对关键部件、焊接、装配、仪器调试、刻度、系统联调制定了详细的调试（或检测）步骤和具体的检测数据和标准，全过程控制仪器质量，保证入库仪器的质量。

3）测井过程控制

EILog 测井系统建立了严格的井场测量过程质量控制体系，以保证测井结果的可靠性和准确性。

4. 应用效果

EILog 一串测快测平台将常规测井仪器的组合长度减少到 15m 以内，一次下井取可以快速取全常规测井资料，形成感应串、侧向串和放声组合串 3 种组合系列，满足油开井、气开井和探评井测井需要，在提高钻井适应能力、减少占井时间、降低作业风险等方面具有十分明显的优势。

EILog 快测平台已在长庆、华北、吐哈、青海、海南等油田规模应用，截至 2015 年底，已投产 73 串，测井 5600 井次，平均作业时效提高 40% 以上，有效减轻了小队劳动强度和降低了作业成本。

1) 一致性对比

EILog 快测平台在试验阶段与常规测井进行了大量的对比分析（图 3-8），分析认为一串测的自然伽马、井径、连斜及声波测井与常规测井均具有良好的一致性。

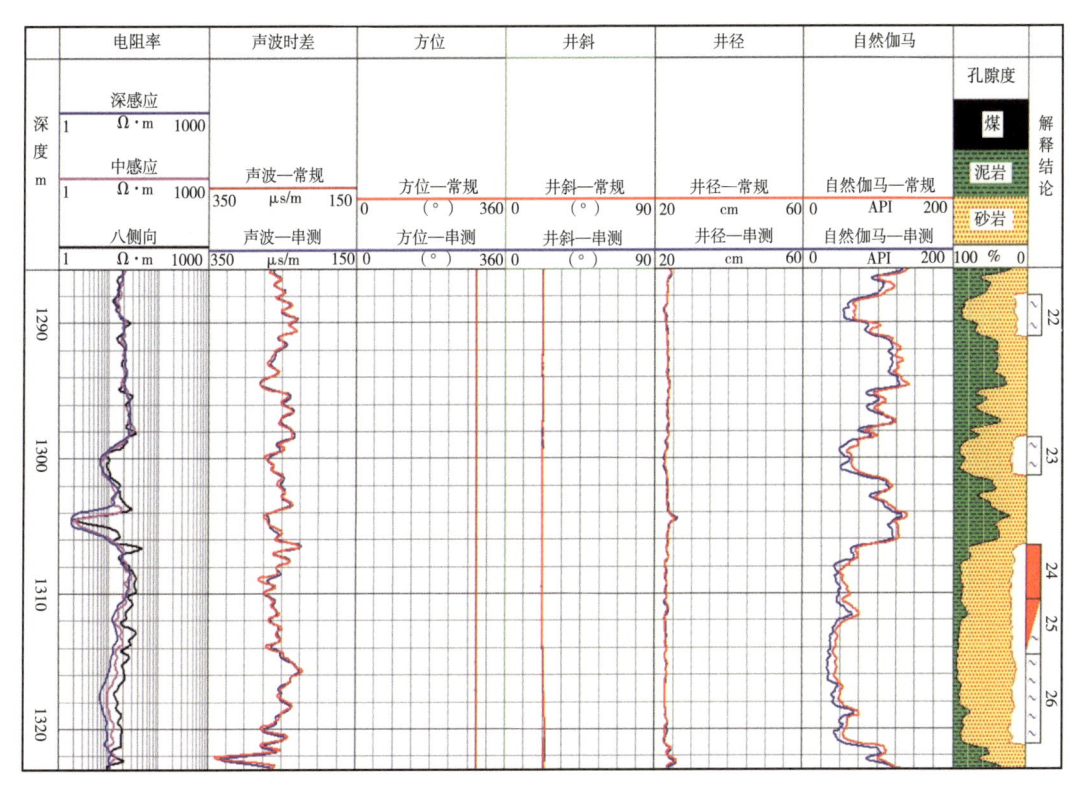

图 3-8　山×井一串测常规测井曲线一致性对比图

2) 与国外仪器一致性对比

EILog 快测平台与国外仪器也进行了大量的对比研究，图 3-9 为与斯伦贝谢公司的 AIT 的测井成果对比图。对比结果表明，在径向的侵入特征方面 MIT1530 与 AIT 的侵入特征相同，即在油层均表现为低侵特征；而在储层的渗透性方面，MIT1530 的表现甚至优于 AIT，在油层（68 号层）、差油层（72 号层）和致密层（73 号层），各条曲线之间的幅度差减小，与储层渗透性相吻合，AIT 对 3 种类型储层差异表现不明显。

3) 与岩心物性分析资料及斯伦贝谢公司对比

通过对比储层段一串测快测系列、斯伦贝谢公司测井资料表明，一串测快测系列与斯伦贝谢公司测井的电阻率和岩性密度的平均相对误差分别为：5.84%，0，测量结果有很好的一致性；分别利用一串测和斯伦贝谢公司测井资料计算孔隙度、渗透率与岩心分析的结果对比发现：一串测快测系列计算的孔隙度绝对误差为 0.49%，斯伦贝谢公司绝对误差为 0.88%；一串测快测系列计算的渗透率绝对误差为 0.13mD，斯伦贝谢公司误差为 0.17mD。整体上一串测快测系列计算的孔、渗、饱参数与岩心分析的结果吻合更好。

通过与 ECLIPS-5700、LogIQ、MAXIS-500 等多系统同类仪器对比，仪器重复性、一致性及稳定性良好，原始数据符合测井资料验收标准；通过与岩心分析资料对比，

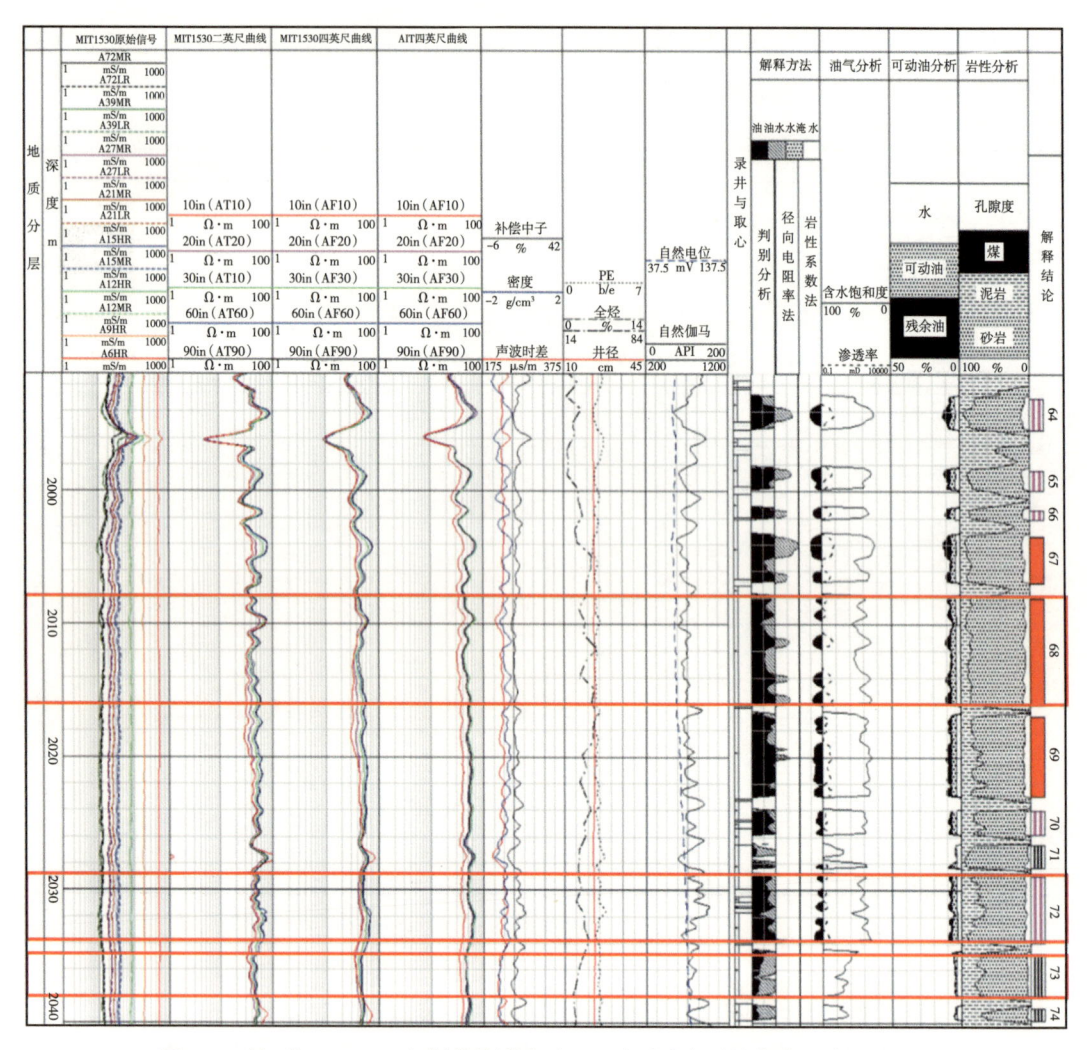

图 3-9 城×井 MIT1530 与斯伦贝谢公司 AIT 阵列感应测井曲线一致性对比图

EILog 一串测快测系列所测资料与物性分析数据吻合程度高，其精度满足测井解释需要；通过低孔、低渗、低阻砂岩储层适应性测井试验，碳酸岩气层适应性等测井现场试验和资料评价表明，一串测快测系列所测曲线对岩性、物性及储层的含气性都有很准确的反映，储层解释结果与试油、试气结果相吻合，能够满足区域致密砂泥岩油气藏及碳酸盐岩储层评价。

4）准确评价储层四性

如图 3-10 所示，145 号层全烃无显示，但一串测快测系列显示该层自然伽马曲线稳定岩性较纯，三孔隙度物性较好（声波时差偏高且稳定、密度值降低、中子值中等偏高），阵列感应径向电阻率表现为低侵特征，综合解释结果为油层，该井在 146 号层处试油获得高产油流，日产油 113.78t。该井的成功解释，发现了长庆油田长 10 的新含油层系，在油气勘探开发中的作用显著。

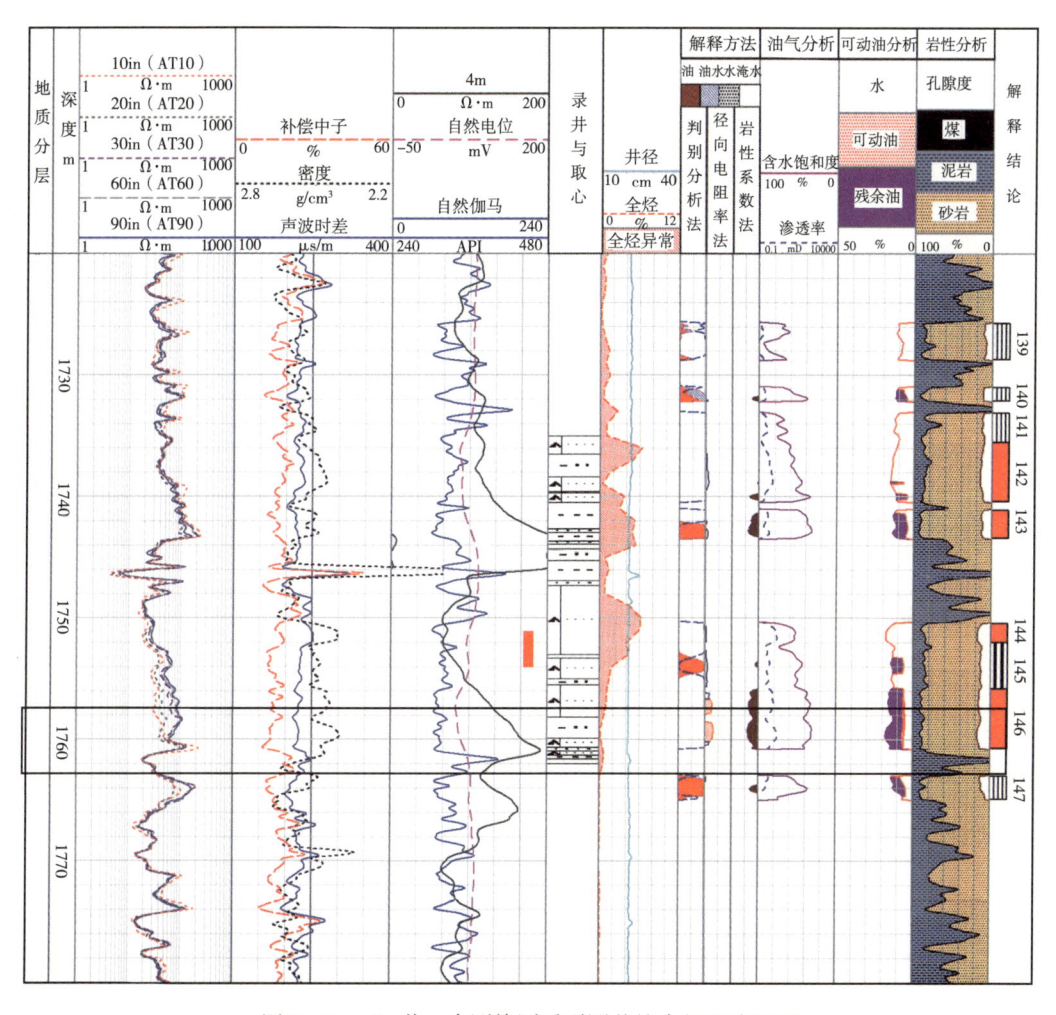

图 3-10　王×井一串测快测系列测井综合解释成果图

三、EILog 成像测井技术系列

1. 高速电缆传输系统

随着石油勘探开发的不断深入和成像测井仪器广泛应用，井下测井的数据量越来越大，使得提高电缆数据传输速率成为测井需要解决的关键技术问题。"十二五"期间，国内外测井电缆大都局限于铠装电缆，受分布电容、分布电阻等参数的影响，其传输数据的频率特性较差，电缆可用带宽很窄，传统技术无法有效提升电缆传输速率。因此，利用先进通信技术，开发高容量、高效率的测井电缆数据传输系统已成为成像测井技术的研究热点。

编码正交频分复用（Coded Orthogonal Frequency Division Multiplexing，简写为 COFDM）技术是一种新型高效编码调制技术，能有效地对抗多径传输，使受到干扰的信号能够可靠接收。由于现代数字信号处理技术（DSP）和超大规模集成电路的迅速发展，使这项技术成为解决测井数据高速传输瓶颈的主流技术。EILog 测井系统利用该技术成功研制出高速电缆传输系统，使得电缆传输速率达到 430kbps，有效缓解了成像仪器发展对数据传输能力的需求。

1)测量原理

COFDM技术就是将传统的时域串行传输,变为频域的并行传输,从而提高频带利用率。同时,通过高性能的信道编码,成倍提高数据传输速率。它的基本原理是把所传输的高速数据流分解成若干个子比特流,每个子比特流具有较低的传输率,并且用这些低速数据流调制若干个子载波。通过选择合适的频率间隔,子载波相互保持正交。由于在各个低速率子信道同时传输数据,宽带传输系统可以转换成许多窄带系统,从而每个信道具有平坦的衰落,不需要进行频域均衡。另外这种体制由于各个子载波之间的独立性,还可根据各个子载波性噪比的情况完成各个子载波的单独编码调制方式,如BPSK、QPSK和M^2QAM等。

图3-11给出一般COFDM传输系统发送到接收的一个简单原理与流程。

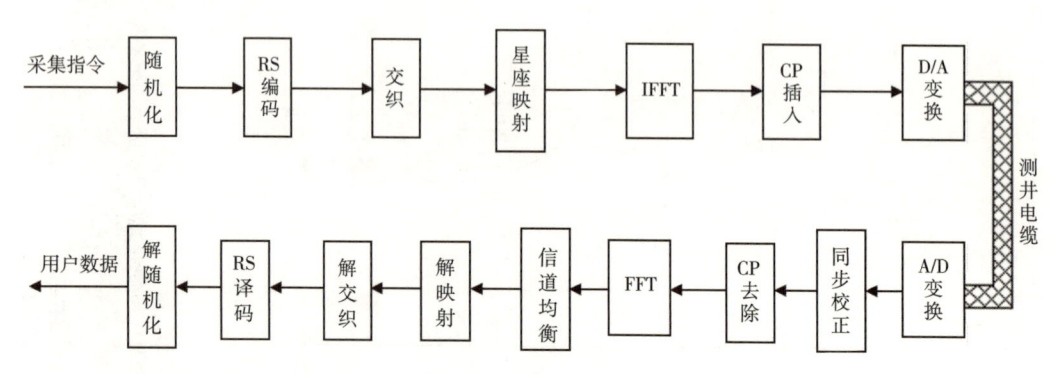

图3-11 COFDM高速电缆传输系统流程图

中国石油集团测井有限公司在国内最早引入COFDM技术进行高速电缆传输系统研制开发,"十一五"期间研制出可用于实际生产的电缆传输系统,并小批量投产,其传输速率提高到430kbps。"十二五"期间,针对早期电缆传输系统存在的传输率低、耐温指标和可靠性不高、电缆兼容性差等问题,通过技术创新和改进,对传输性能进行了大幅提升,并通过15m一串测快速测井系列大规模应用,形成了TELC6306(高温版)、CTGC1501(组合版)和SHTS7301(高温高压小直径版)等3个主要高速电缆传输系列[1]。其主要技术指标见表3-1。

表3-1 EILog系统高速电缆传输系列仪器技术指标

指标名称	TELC6306 (高温版)	CTGC1501 (组合版)	SHTS7301 (高温高压)
最高耐温,℃	175	175	200
最大耐压,MPa	140	140	170
数据传输净速率,kbps	430	430	430
传输误码率	10×10^{-7}	10×10^{-7}	10×10^{-7}
仪器外径,mm	90	90	76
仪器长度,m	2.06	1.58	1.91
测量范围,API	0~1500		
伽马测量误差,%	≤±5		
伽马重复误差,%	≤±5		
测井速度,m/h	800		

2）系统组成与功能

下面针对广泛应用的 15m 一串测高速电缆传输系统介绍其主要组成与功能。

高速电缆传输系统由井下遥传伽马短节与地面调制解调板构成。主要用于井下仪和地面系统之间的数据交换，负责将地面控制命令发送到井下，同时将井下仪器数据打包传送到地面。另外，井下遥传伽马短节将伽马信号采集处理模块集成在其中，可进行自然伽马测井。系统框图如图 3-12 所示。

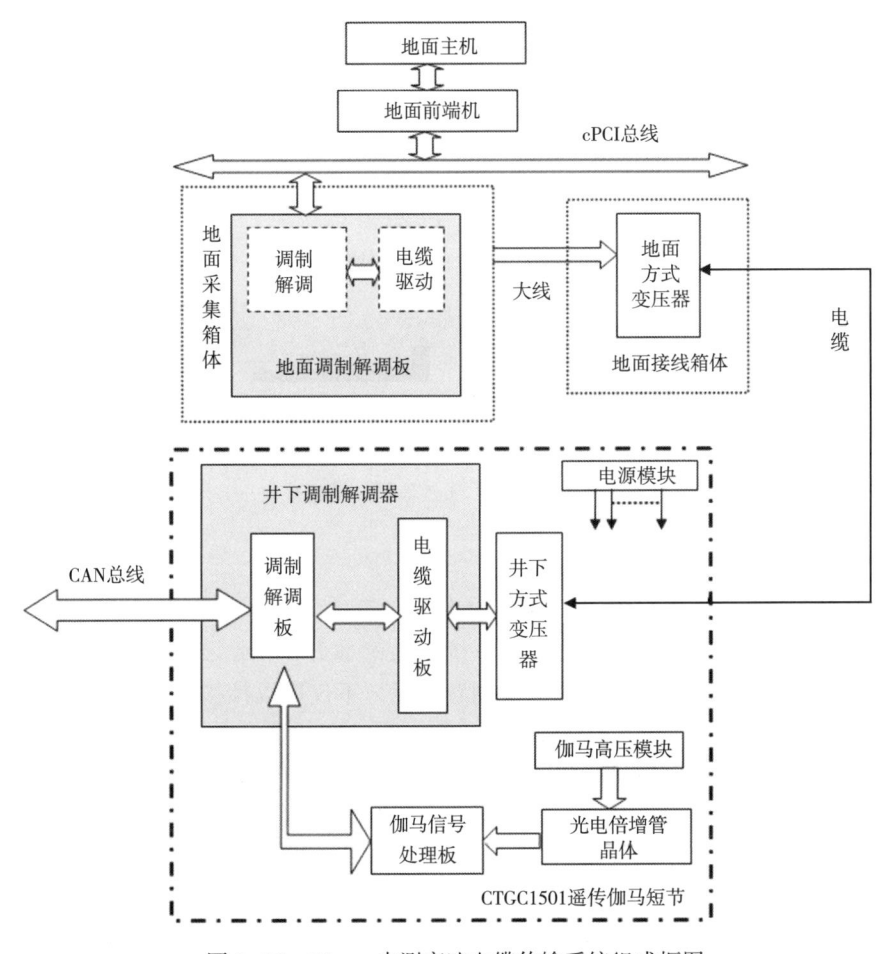

图 3-12　15m 一串测高速电缆传输系统组成框图

高速电缆传输系统井下与地面结构基本相同，都是由数据接收、发送电路和总线通信电路两部分组成。图 3-13 是井下 CTGC1501 遥传伽马短节组成框图，它由电源模块、调制解调板、电缆驱动板、方式变压器和伽马信号采集处理模块等几部分组成。其中，电源模块由 AC-DC 模块和两个 DC-DC 模块共三部分组成，用来产生井下各部分需要的直流电源；方式变压器用来构成 T5 传输方式和电缆相连；电缆驱动板主要是用来将上行数据驱动送上电缆，同时将 SP 测量电路部分也集成于该板上；伽马信号采集处理模块包括晶体、光电倍增管、伽马高压模块以及伽马信号处理板组成，对伽马信号进行采集处理；调制解调板完成数据调制解调和 CAN 接口数据采集，同时实现对自然电位、三参数、电极系、补偿中子等信号的采集处理。

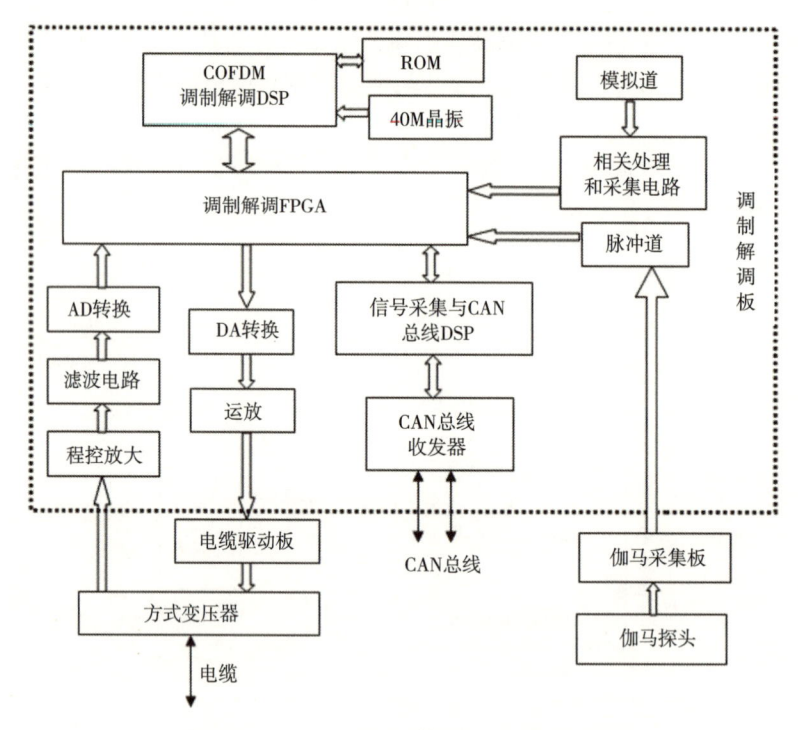

图 3-13　CTGC1501 遥传伽马短节组成框图

3）主要创新点

(1) 地面调制解调板升级整合，统一版本。

地面调制解调板是整个高速电缆传输系统中关键部分，"十二五"期间，针对地面调制解调板不统一问题，开发了通用地面调制解调板，不仅可以挂接 TELC6306、SHTS7301、CTGC1501 等高速电缆传输短节，同时还可兼容原有的 DTB、WTC、3506 等电缆传输模式。一块采集板可完成多种信号采集，大幅度提高地面系统集成度和兼容性。

(2) 信号幅度自动控制，增加传输速率选择功能，提升系统电缆适应性。

不同长度电缆信号幅度不尽相同，原来通过手动输入放大倍数调节信号幅度，既不准确也不方便。15m 一串测高速电缆传输系统选用可控增益放大器，根据井下上传的信号幅度，判断电缆长短，自动确定信号放大或缩小倍数，提高系统操作的灵活性，解决了仪器电缆长度自适应问题。

另外，在使用 8500m 以上长电缆时，高速传输信号衰减指数增长，容易造成传输误码。通过选用简单编码方式，在原有 430kbps 传输净速率的基础上，增加 300kbps 和 200kbps 传输速率可选功能，适当降低传输速率，可有效解决超长电缆传输误码问题，有效保障了塔里木、华北等油田的深井测井需求。

(3) 软硬件进一步升级，提高仪器可靠性。

硬件方面主要通过器件选型和低功耗设计，提高仪器耐温指标，使之能够在去掉保温瓶的条件下可以长时间工作在 175℃ 高温环境。另外，通过改进驱动电路，解决了高速电缆传输系统 8500m 以上长电缆配接问题，保证了 EILog 快速与成像测井系统在塔里木、青海和华北等油田的深井测井。

软件改进方面主要是接收部分增加数字滤波模块，发送部分增加循环前缀。时钟同步采用 NCO 数控振荡器，由原来单一自相关变为自相关和互相关相结合算法。优化自适应均衡技术，采用 chu 序列训练握手、"拦水坝"算法时钟跟踪，大幅提高系统稳定性和可靠性。

如图 3-14 所示，改进前解调的 64QAM 星座图星座点清模糊、发散，改进后解调的星座图星座点清晰，聚拢。

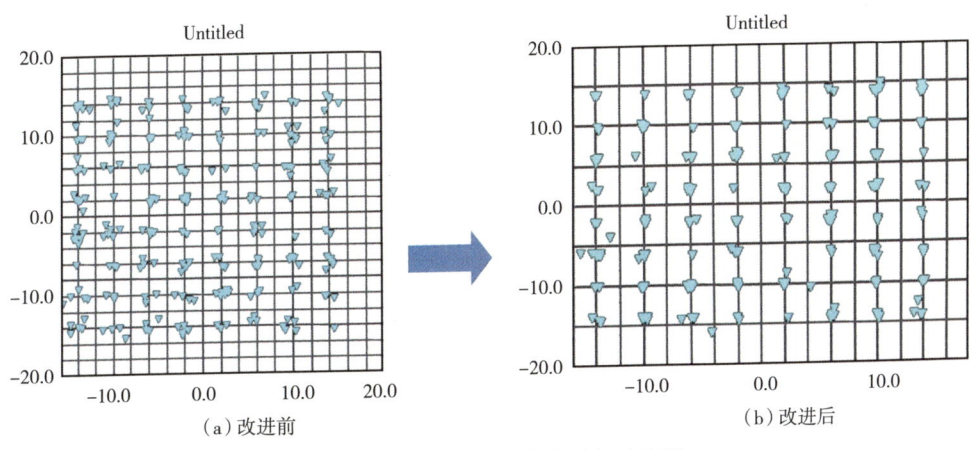

图 3-14 软硬件改进前后星座对比图

（4）增加伽马探头，提高仪器集成度。

CTGC1501 遥传伽马仪器成功的增加了伽马探头，软硬件增加模拟道和脉冲道数据采集，完成遥传伽马组合功能，提高仪器集成度，使仪器长度有原来 3.5m 缩短到 1.6m。

4）应用效果

"十二五"期间，针对井下大数据量传输的需求，高速电缆传输系统通过软硬件不断升级改进，仪器在耐温性能、传输可靠性、电缆适应性和操作灵活性方面都提升到新的高度。同时，根据不同需求，形成了 TELC6306、SHTS7301 和 CTGC1501 三个成熟系列。期间，TELC6306 遥传共生产 91 支，CTGC1501 共计生产 94 支，强有力地保证了 EJLog 系统在各大油田的推广应用。这其中 CTGC1501 遥传与 15m 一串测系统仪器，累计测井近万口，单井减少占井时间 42.61%，一次下井成功率为 99.2%，遇阻率降低了 5.8 百分点，气井、油井单井占井时间分别减少了 6.15 小时、4.69 小时，总占井时间减少了 775 天，大大提高了测井时效和小队的作业能力，实现快速、高效、安全。

2. 阵列感应成像测井仪

相对于传统的电法测井仪器，阵列感应成像（MIT）测井仪具有测量信息多、纵向分辨率高、探测深度大、测量精度高、准确确定地层真电阻率的优点，具有较强的划分薄层及反映层内非均质性能力，能直观合理地描述地层侵入特征，从而确定储层饱和度，是评价复杂非均质储层的重要手段。2000 年前，该技术长期为国外所垄断，中国石油集团测井有限公司通过十余年的持续攻关与优化研究，突破了高灵敏度阵列化线圈系研制、多频多道高精度数据采集、发射接收一体化高集成设计、自适应井眼环境校正及软件聚焦合成处理等核心技术，成功地研制出阵列感应成像测井仪常温版、高温版及快测版多个系列，建立了完整的生产线及行业标准，累计投产 260 余套，年测井达万余口，实现了大规模应用,成为发现、识别油气层的"锐利武器"。

1) 测量原理

阵列感应成像测井仪是基于电磁感应测井原理,采用阵列化线圈系结构,通过发射线圈向地层发射多频交流信号、接收线圈阵列拾取来自地层的二次感应信号,在井下完成多频多道信号的采集与处理,得到不同源距、不同阵列、多种频率的反应地层特征的原始电导信号,在地面进行井眼环境校正、合成聚焦处理,提供3种纵向分辨率下的5种不同探测深度的视电阻率曲线,用于定量描述地层径向侵入特性,提供地层径向视电阻率、地层流体性质的二维成像图,用于薄层和层内非均质性分析与油气识别[1]。主要技术指标见表3-2。

表3-2 阵列感应成像测井仪器系列主要技术指标

指标名称	常温版 (MIT5530)	高温版 (MIT6532)	快测版 (MIT1530)
最高耐温,℃	155	175	175
最大耐压,MPa	100	140	140
数据传输,kbps	DTB(100)	CAN(500)	CAN(500)
仪器外径,mm	90(线圈系95)		92
仪器长度,m	9.8		4.96
测量精度	±1mS/m 或<2%(取大值)		±0.5mS/m 或<2%(取大值)
测井速度,m/h	1000		
井眼范围,mm	115~300		
测量范围,W·m	0.1~1000		
纵向分辨率,cm	30、60、120		
径向探测深度,cm	25、50、75、150、225		

2) 技术构成

阵列感应成像测井仪由电子线路、线圈系和压力平衡短节三部分组成,如图3-15所示电子线路完成地面命令的解析、发射控制驱动、信号选频放大、采集处理、实时刻度校正、数据成帧与上传;阵列感应软件部分包括采集软件和处理软件两部分,主要完成数值模拟、工程值转换、井眼环境校正、数据合成聚焦处理及分辨率统一匹配等功能。该仪器建立了配套的无磁加温系统及半空间刻度装置,实现仪器的温度影响校正及精细刻度。

图3-15 阵列感应成像测井仪组成示意图

3) 主要创新点

阵列感应成像测井技术主要创新点包括复杂阵列线圈系设计与实现技术、高精度测量与高集成设计技术、自适应环境校正及合成聚焦处理技术、刻度配套技术等。MIT技术系列以核心专利"一种快测阵列感应测井系统及其测井方法"为基础,累计形成了从方法软件、机电设计、信号采集到数据处理等全过程的专利群17件(其中8件发明专利)(图3-16),实现了技术的全方位保护,促进了技术的推广应用。

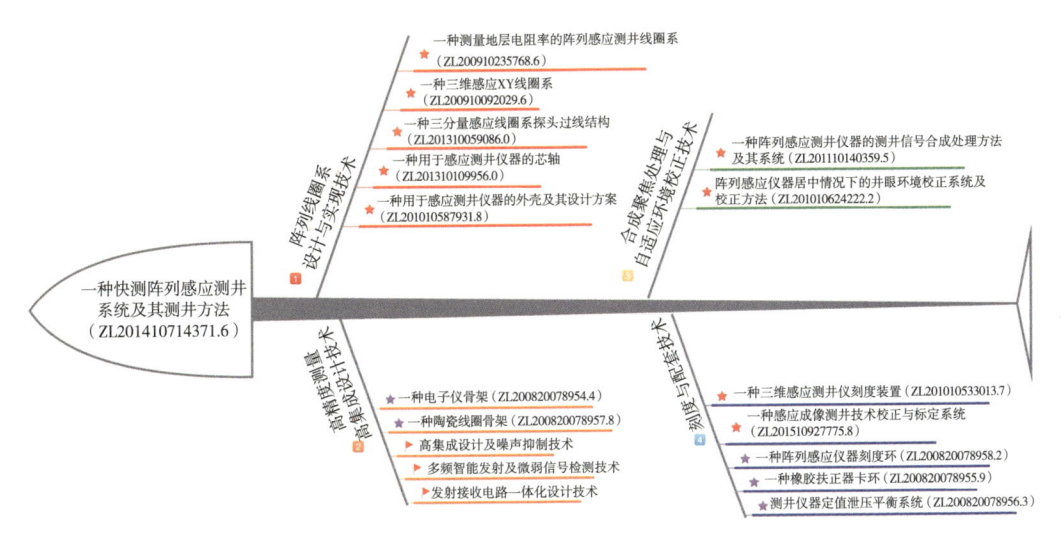

图 3-16 阵列感应成像测井仪器系列专利群

(1) 复杂线圈系参数设计与结构实现技术。

在参数与结构设计上,自主开发了阵列感应测井数值模拟软件平台,通过工程化管理设计、可视化建模及显示等手段攻克了原模拟建模专业性强、参数烦琐及结果不可视等技术难题,实现了地层建模,线圈系阵列排布、线圈匝数、直径、发射接收线圈源距、接收屏蔽线圈间距、工作频率等参数人机交互可视化输入、计算结果二维及三维图形化输入及数据多元回归分析等功能,实现了阵列感应可视化数值模拟计算功能。

在机电实施上,首创的主辅一体化线圈结构设计,解决了相邻 2 个接收线圈阵列主接收线圈与屏蔽线圈之间位置干涉技术难题;组合线圈设计,实现线圈阵列单边化,长度缩短 35%,达 0.8m;独特的刻槽工艺及双线并绕技术,减小单边结构线圈系阵列信号道间干扰,解决了各道直接耦合信号过大及基值漂移难题,线圈系整体灵敏度提高 1 倍。独创的复合芯轴、干湿分离承压接头、无磁承压外管等专利技术,既解决了线圈系无磁环境条件下的承压抗拉、线圈支撑与缓冲难题,又实现了电子仪干腔与线圈系油腔的干湿隔离,提高了线圈系的稳定性。阵列感应成像测井仪线圈系结构如图 3-17 所示。

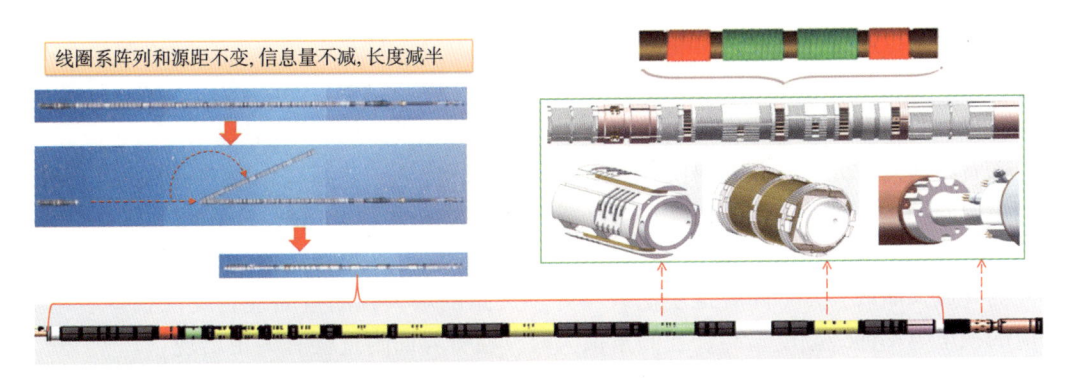

图 3-17 阵列感应成像测井仪线圈系内部结构示意图

(2) 高集成设计与高精度采集技术。

为了降低强发射信号对接收线圈阵列同频微弱信号的影响，传统感应测井仪器发射电路与接收电路一般分体独立设计，分别置于独立的短节中以进行电信号物理隔离。为缩短仪器长度，快测版阵列感应仪器突破了传统的分离设计模式，在硬件上采用了高性能采集和低噪声放大电路、屏蔽、隔离、接地优化等多种措施，软件上通过工作时序优化、数字信号处理方法改进，实现了一体设计条件下对微弱信号的有效检测，缩短了电子仪长度。

采用开关电源、发射接收一体化设计、电路厚膜集成技术，去掉保温瓶，减少接头，实现了仪器长度与重量均缩小一半；采用实时二级刻度技术、系统内刻信号幅度与相位同步校正技术，解决了电路的温度漂移技术难题；采用高性能微处理芯片 DSP 与 FPGA 架构，倍增采集通道数，优化采集时序与 DPSD 算法，提高采样频率、增大测量信号采集时间，获取单位时间内更大数据量的处理来提高系统信噪比；采用多层 PCB 优化布局、强弱信号屏蔽隔离、发射信号双绞屏蔽、接收信号多层屏蔽及优化接地方式等措施，解决了高密度电子线路条件下强弱信号的影响及噪声抑制难题，有效提高了小信号测量精度。

(3) 自适应环境校正及合成聚焦处理技术。

阵列感应测井不可避免要受到井眼环境的影响，井眼校正是阵列感应测井资料处理的重要环节，尤其在大井眼、井眼垮塌及低阻钻井液等复杂井况下。针对阵列感应测井井眼影响的4个因素：井眼半径、仪器在井中的偏心度、钻井液电导率和地层电导率，采用有限元正演数值模拟方法，建立了28条原始信号全因素宽参数范围的海量井眼响应数据库及均质地层响应库，为 MIT 自适应井眼校正奠定基础。

阵列感应测井不同子阵列受到的井眼影响不同，其中近接收子阵列受到的影响较大，为准确获取地层电导率信息，应对各接收子阵列测量信号进行准确的井眼环境校正，以获取地层电导率真实信息。MIT 阵列感应仪器的优点是短子阵列多，井眼附近信息丰富，当短子阵列测量准确时，可以准确反演井眼模型。研究采用基于海量井眼响应数据库的快速自适应井眼校正方法，通过短子阵列测量值与井眼模型预测响应的最佳适配，实现对井眼影响参数的组合或优化调整，实现快速自适应偏心井眼环境校正。处理流程如图 3-18 所示。

MIT 快速自适应井眼校正功能，大幅降低了井眼校正对井眼测量参数的依赖及人为因素的影响，同时将钻井液电阻率下限由 $0.1\Omega \cdot m$ 扩展到 $0.01\Omega \cdot m$，增强了仪器对大井眼及井眼垮塌等复杂井况的适应能力，保证了测井资料的可靠性及准确性。

随着丛式井、分支井和大斜度井的增加，阵列感应测井井斜校正成为资料应用必须解决的主要问题。理论计算表明，当地层法线与井轴夹角小于 30°时，井斜对 MIT 测量结果的影响可忽略；当井斜大于 30°时，由于感应涡流的层边界影响，形成电荷堆积，使阵列感应测井成果曲线异常。随着地层法线与井轴夹角的增大，测量曲线目的层视厚度增大，对应的视电阻率曲线幅度增高。当倾角很大时，在分界面附近会有尖角出现。

阵列感应测井斜井校正的目的是消除倾角影响，得到储层电阻率及层厚等真实地层信息。MIT 斜井校正首先根据仪器斜井正演响应特征设计井斜校正滤波器库，设计并建立了井斜在 80°以内不同角度的电荷滤波器库和体积滤波器库，实现了基于电荷和体积滤波器

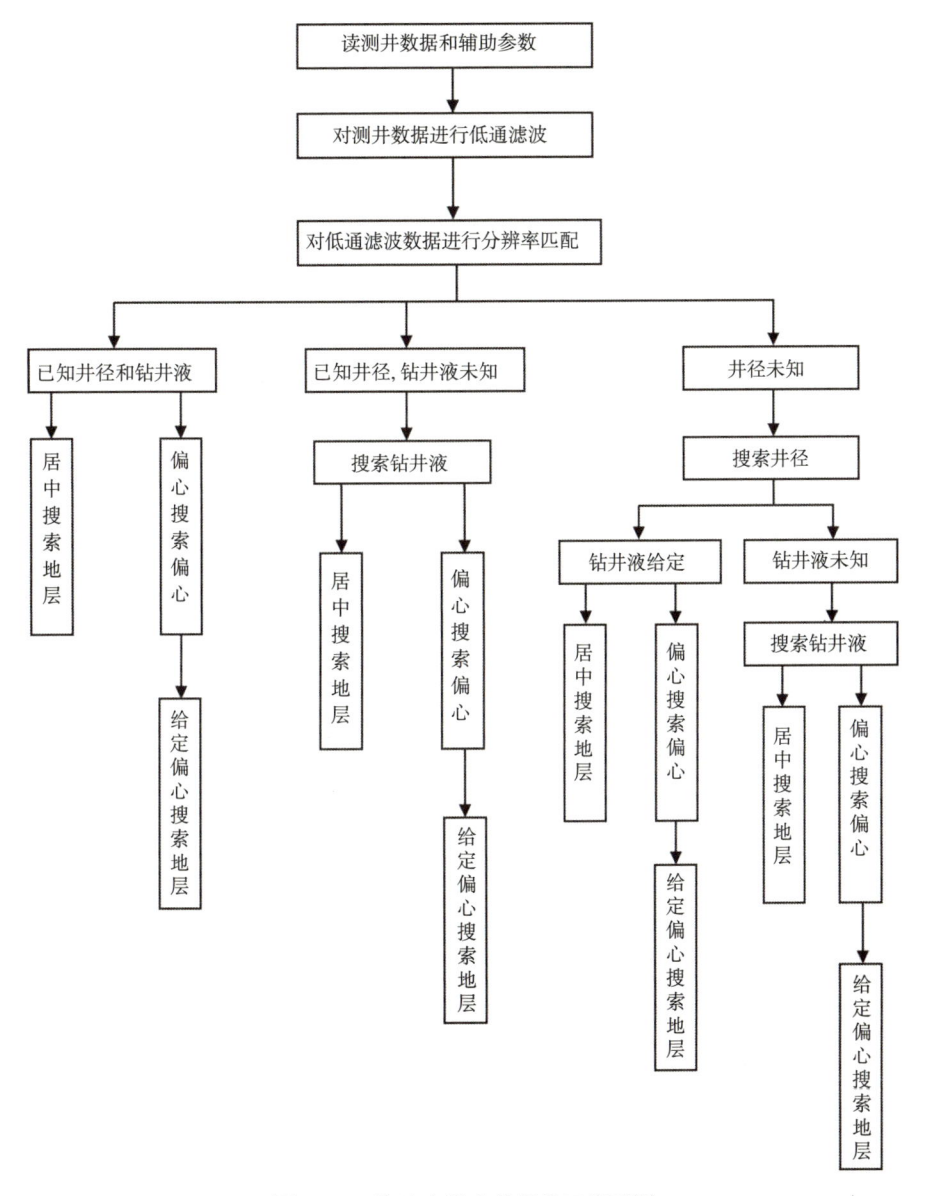

图 3-18 快速自适应井眼校正流程图

库的快速斜井校正方法及软件。斜井信号处理分两步实施：首先进行斜井校正，消除斜井和直井的偏差，得到与直井完全相同的测井曲线，再以直井信号处理方法消除除倾角以外直井中的环境影响。斜井校正流程如图 3-19 所示。

4）应用效果

阵列感应成像测井仪器在长庆、华北、青海、吐哈、塔里木、吉林、海南等多个油田全面应用，截至 2015 年底已累计测井 50000 余口，发现识别一批新的含油气层系，实现复杂储层评价的重大技术跨越。特别是快测版阵列感应测井测井仪于 2014 年研制成功以来，投产 66 套，测井 19395 井次，识别油气层 19 万余层，油气层识别准确率提高 5~10 个百分点，其中单井测井时间减少 6 小时以上，累计节省占井时间超过 11 万小时，单井

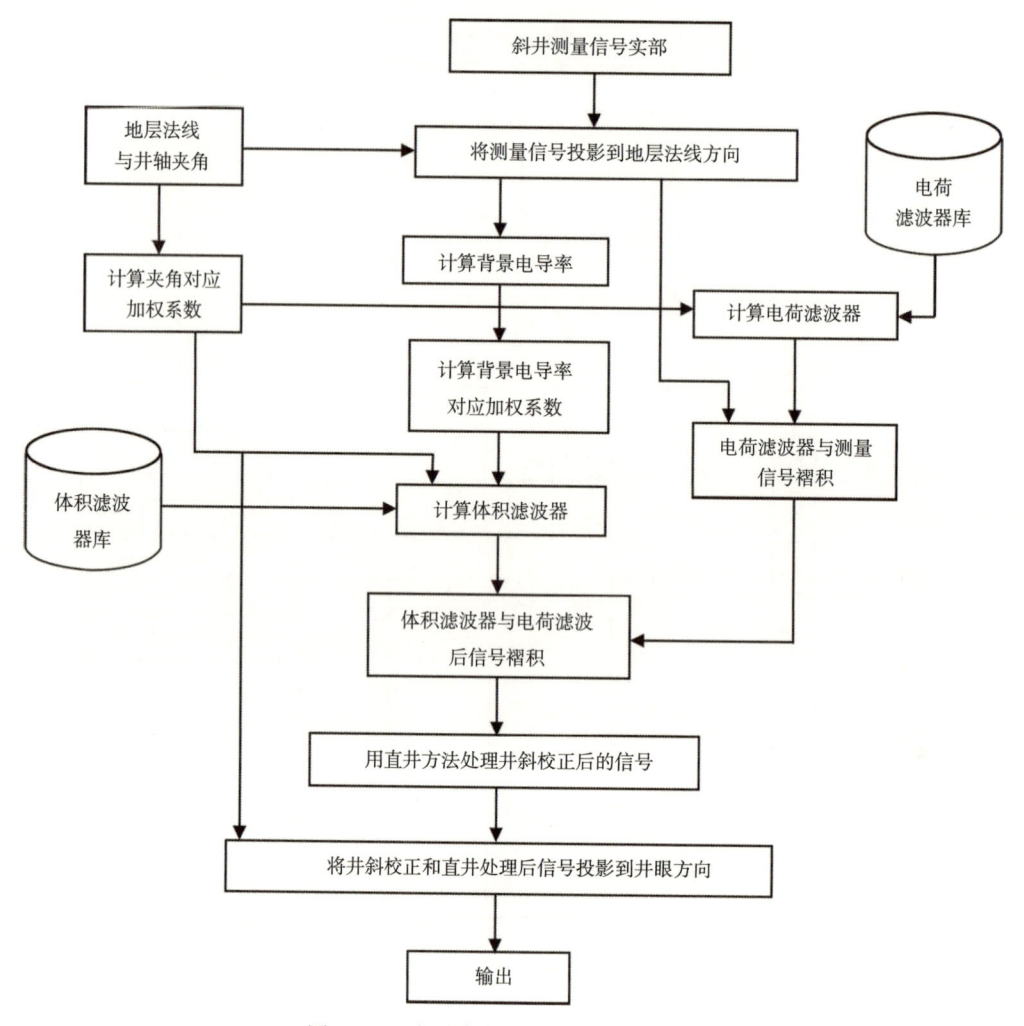

图 3-19 阵列感应测井斜井校正流程图

钻井"口袋"减少 5m，累计减少钻井进尺近 $10×10^4$m，作业时效提高 30%，实施效果显著。仅在长庆油田测井市场占有率从 2013 年的 11% 增加到 2016 年的 85%，油田油气开发井解释符合率达 95.1%，油气探井解释符合率达 83.6%。

如图 3-20 所示，在井眼垮塌等复杂井眼环境下，阵列感应成像测井的处理结果能够更加准确反映储层地质特征，效果明显。

如图 3-21 所示，阵列感应成像测井仪器在 52°井斜条件下处理效果明显优于常规处理效果，不同探测深度曲线关系匹配良好，准确反映储层径向侵入特征。

在长庆油田规模应用以来，成功发现一批新的含油层系，均获高产工业油流。如图 3-22 所示，录井无油气显示，该技术显示良好的物性及含油性特征，解释为油层，压裂初产获油 113.78t/d，无水，在油气资源勘探中发挥显著作用。

3. 微电阻率成像测井仪

随着石油勘探开发的深入，对成像测井技术提出更高的要求，中国石油集团测井有限公司微电阻率成像测井仪经历了从无到有、从追赶到超越的跨越式发展，形成了系列化的

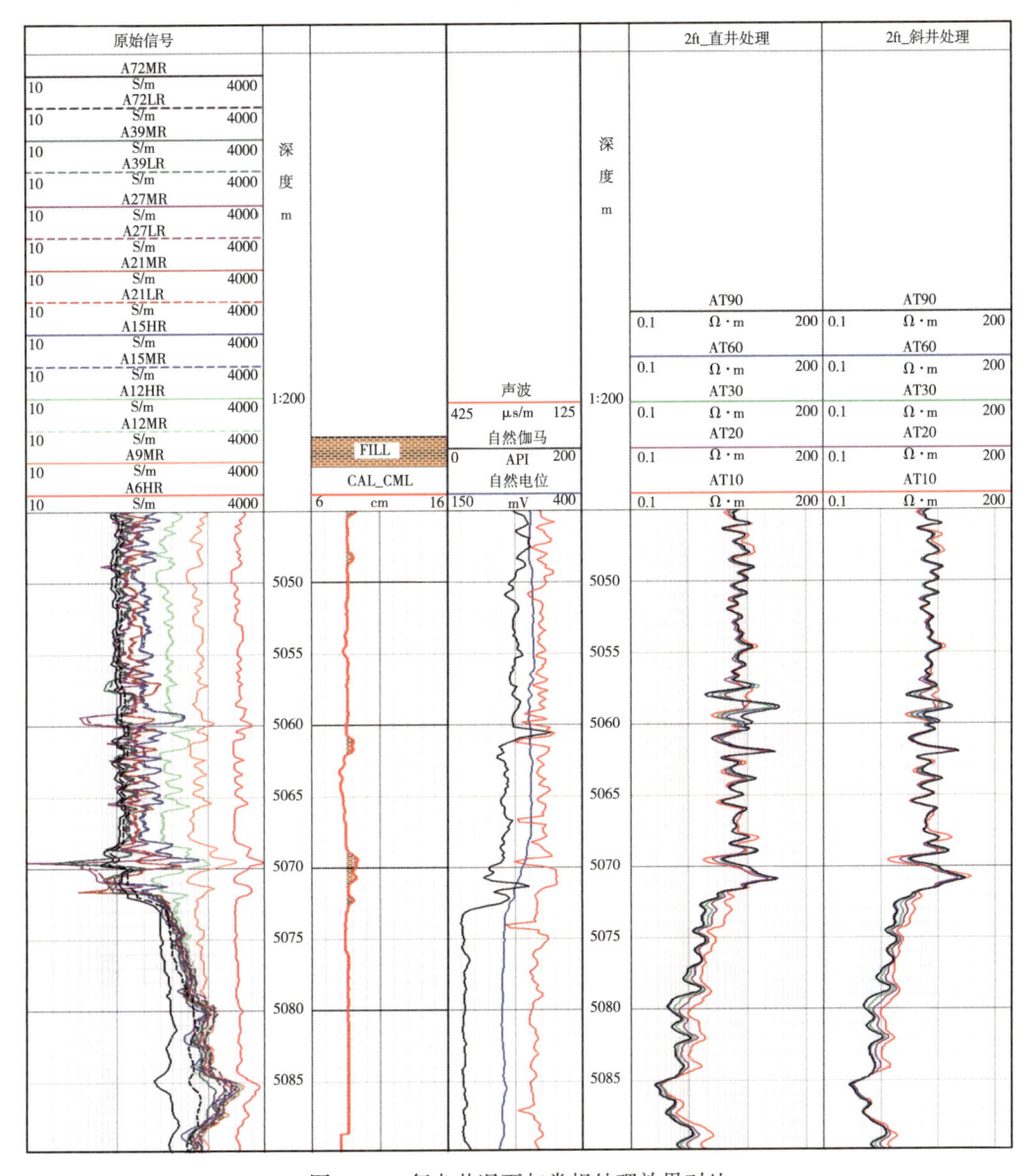

图 3-20 复杂井况下与常规处理效果对比

微电阻率成像测井仪。该技术主要利用测量的清晰图像，直观进行裂缝、孔洞描述及评价，地层沉积构造分析及评价[1]。

1) 测量原理

微电阻率成像测井仪是一种微侧向类电阻率测井仪器，与地层倾角原理类似，测量时由推靠器将极板推靠到井壁上，推靠器杆系、极板体和阵列测量点电极发射交变电流，电流通过井内流体和地层回到仪器上部的回路电极。测量点电极发射的电流与极板和回路之间电压经过计算得到点电极邻近地层电阻率，对阵列电阻率曲线进行伪彩色刻度并经过处理得到地层电阻率图像。图 3-23 为仪器测量原理图。主要技术指标见表 3-3。

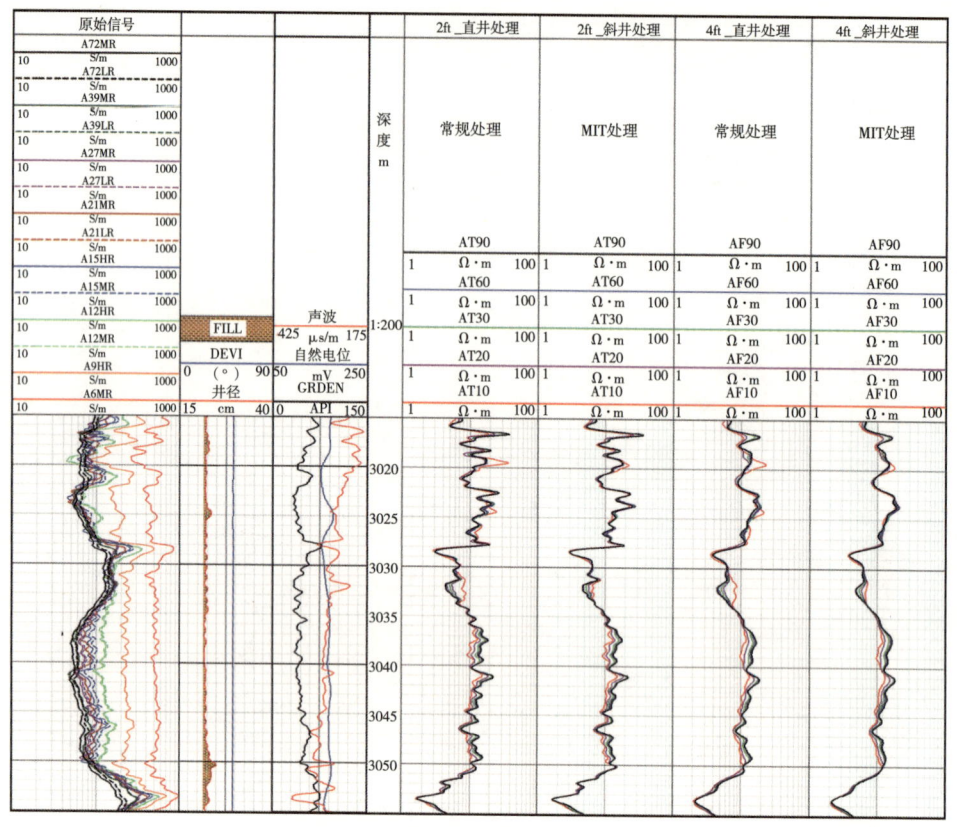

图 3-21　大斜度井与常规处理效果对比

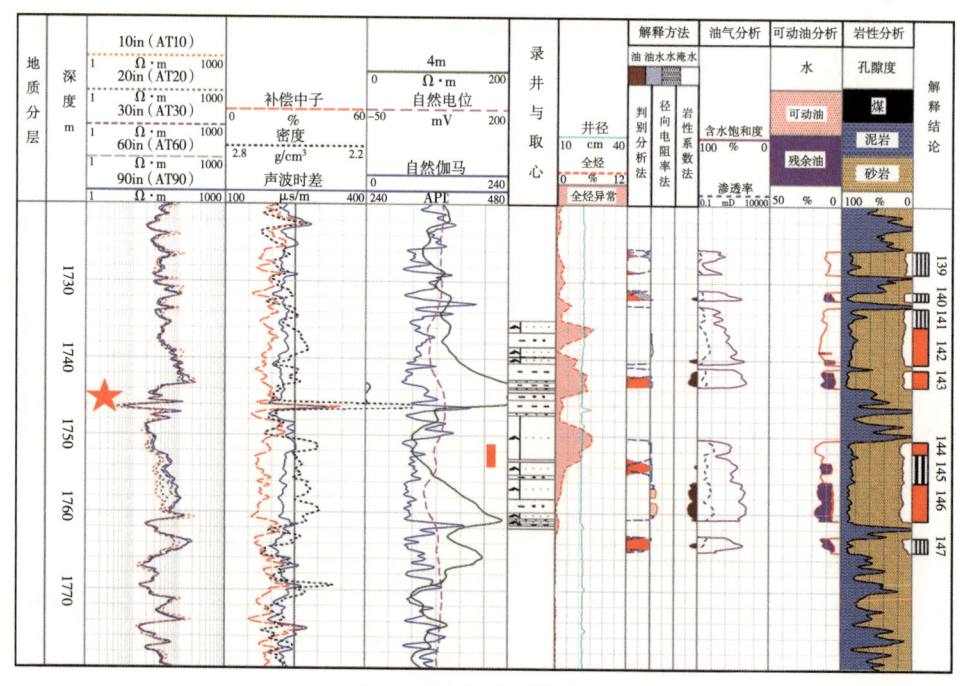

图 3-22　典型应用效果

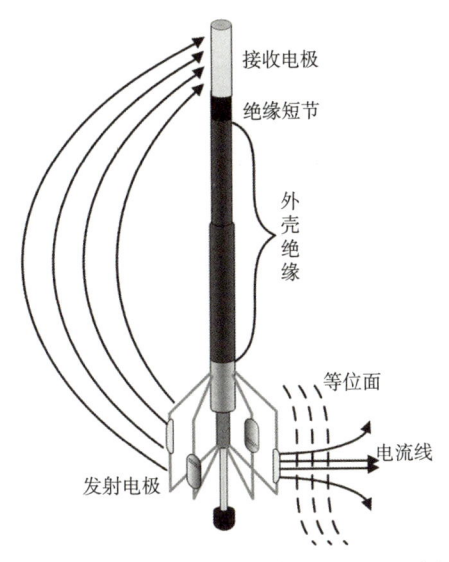

图 3-23 微电阻率成像仪器测量原理图[1]

表 3-3 仪器主要技术指标

指标	MCI5570（常温版）	MCI6570（高温版）	MCI6572（小井眼版）	MCI6573（超高温高压版）
温度压力	155℃/100MPa	175℃/140MPa	175℃/140MPa	175℃/170MPa
数据传输，kbps	100	430	430	430
仪器长度，m	8.3	8.3	8.3	8.3
最大外径，mm	127	127	104	127
井眼范围，mm	160~500mm	160~500mm	125~450mm	160~500mm
井眼覆盖率，%	60（8in 井眼）	60（8in 井眼）	58（6in 井眼）	60（8in 井眼）
测速，m/h	225（慢扫），450（快扫），900（倾角）			
测斜范围，%	井斜角：0~90°，±0.2（井斜大于3°）；井斜方位：0~360°，±2			
测量范围，Ω·m	0.2~20000	0.2~5000	0.2~5000	0.2~5000
分辨率，mm	5	5	5	5
组合能力	能与 UIT、MPAL 仪器实现电声组合			

2）技术构成

微电阻率成像测井技术主要由微电阻率成像测井仪及其刻度系统、地面采集软件和解释处理软件三大部分组成。微电阻率成像测井仪及其刻度系统主要由探测器及动力推靠器、预处理短节、采集短接和绝缘短接和井径刻度系统等构成，如图 3-24 所示，实现在井下进行探测器贴靠井壁、阵列点电极信号采样放大处理及采集；地面采集软件实现微电阻率成像测井仪测井过程的实时控制、数据的记录、数据实时成像及显示、井径刻度等；解释处理软件主要完成数据格式解编、数据预处理、加速度校正、根据阵列电极数据生成静态和动态地层电阻率伪图像、裂缝孔洞等识别并评价等。

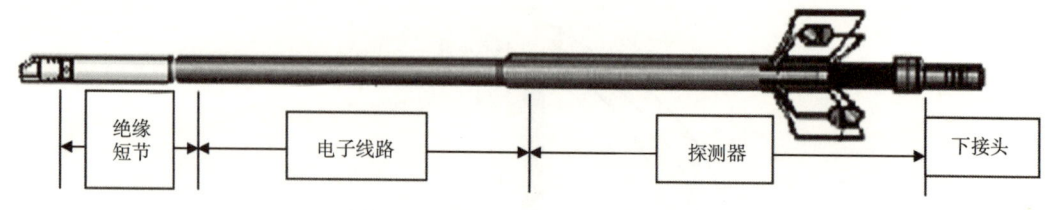

图 3-24 微电阻率成像仪器组成图

3) 主要创新点

(1) 六臂分动自适应推靠技术。

微电阻率成像测井仪推靠器是整套仪器重要组成部分，具有 6 支对称的可张开到 15in 的推靠臂，每支推靠臂上安装着一块极板并能独立对极板施加不同的贴靠力到井壁；沿极板轴向设计有旋转机构，可以保证极板沿轴向旋转±15°；在不规则井眼中，每个极板都可以独立运动及轴向旋转，这样每个极板的表面都可以保证很好地贴靠井壁，并对井壁施加力量，减小极板表面与测量地层间隙，降低滤饼对测量的影响，使极板准确获取地层电阻率信息，同时还能得到井径信息。

(2) 高温高压自适应承压密封技术。

①极板密封技术。

微电阻率成像测井仪的探头是一个空腔结构极板，其表面布有阵列排布的点电极，要求在高温高压下电极与极板体电绝缘性能高。采用了一种自适应密封技术解决该问题，其中电极、绝缘体和极板体三者之间采用特殊结构，利用井下压力来实现自动增力密封；利用井下温度梯度，材料热膨胀性能，产生热应力增加密封性能；利用三者之间摩擦力保持结构稳定；高强度绝缘套，一种材料发挥两种作用，既作为绝缘层又作为密封层。采用该技术实现了系列化的点电极极板：155℃/100MPa、175℃/140MPa、175℃/170MPa、200℃/170MPa 等技术指标极板。有效丰富了微电阻率成像仪的使用范围。

②极板连接器密封技术。

微电阻率成像测井测井仪的极板内置电路，要求极板与仪器腔之间高温高压高绝缘连线，采用与极板点电极密封相同的技术，研制多芯插头，采用在插头与连线处一体硫化技术解决连接线与插头之间线的密封，从而研制的耐高温高压高绝缘多线连接线具有高的稳定性、可靠性和免维护性能。

(3) 宽动态点电极信号采集技术。

微电阻率成像测井仪的点电极只有 5mm 直径，推靠器裸露长度大于 1m，电极上得到的电流信号在纳安培级，为了实现高信噪比的阵列电极测量，电极信号采样采用输入交流阻抗小于 0.5Ω 电路，满足各种钻井液条件对电极信号采样的要求；电路厚膜化，增加电路集成度，同时初级电路进行电磁屏蔽，减小干扰；每道电极信号具有独立自动增益，增强信号动态范围；采用高精度量化 A/D 及并行采集方式，提高信号采集时间，降低信号采集带宽。电路实现上采用 DSP 和 FPGA 结合，实现数据采集过程中"静音"模式，降低数字电路对采集精度及 AD 转换精度的影响。信号处理采用数字矢量相敏检测电极信号，提高处理精度；最终实现电极信号信噪比达到 100dB 以上，仪器电阻率测量动态范围为 0.2~20000Ω·m。

4) 应用效果

已经研发成功 104mm 的小直径仪、170MPa 超高压仪、测量范围在 0.2~20000Ω·m 的宽动态微电阻率成像仪等系列产品，生产推广 74 套，广泛应用于塔里木、长庆、吐哈、青海、华北等油田，并销售到俄罗斯、伊朗、阿塞拜疆等国家，取得良好的社会效益和经济价值。

利用微电阻率扫描图像，结合其他成像测井资料，可较好地解决长久以来困扰缝洞性储层评价的几个技术问题。孔洞性储层的评价主要包括：真、假孔洞识别及孔洞参数计算两步。真、假孔洞识别可直接采用微电扫描图像来解决，需重点解决的是孔洞定量化参数评价。

陕×井下古马家沟组灰岩 4039~4045m 层段为马 5^1 储层，其 GR 小于 20API、电阻率为 100~200Ω·m，单井常规解释为差气层；结合 MCI 图像，发现该层段以孔洞、微裂缝发育为主，图像上明显存在有大量不规则的溶蚀孔洞，后定为气层。试气结果为 31.1562×10^4m^3/d 高产无阻工业气流。MCI 在该井的成功解释进一步验证该区域下古生界奥陶系存在着天然气高产富集区，如图 3-25 所示。

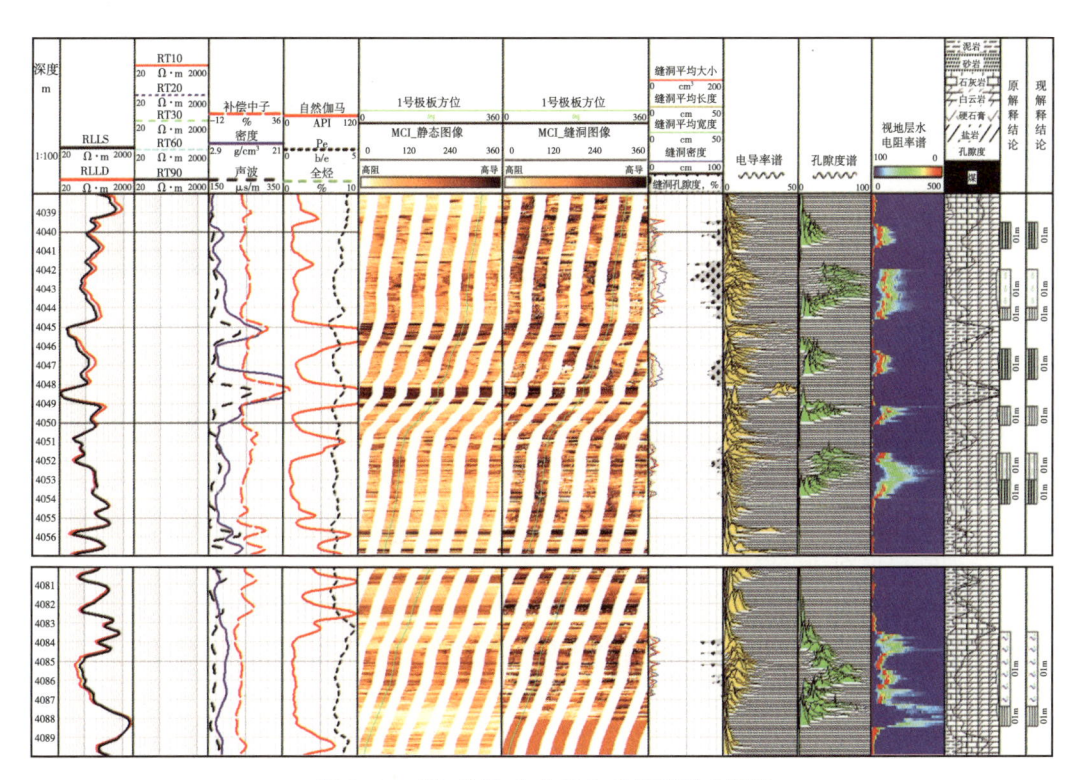

图 3-25 陕×井马 5^1 上组合成像解释成果图

苏×井 3970~3993m 层段为马 5^5 储层段，其岩性主要为细晶白云岩。初始解释出 3 个气层、1 个差气层和一个含气水层，储层初产 220×10^4m^3 气后出水。重点对该井应用项目研究成果进行了孔隙度谱、视地层水电阻率谱精细分析。从静态成像和常规资料综合来看，该井马 5^5 储层段明显存在沉积微相控制电性变化特征，结合 GR 特征可看出沉积微相变化。储层上段 3972~3982m 层段视地层水电阻率 R_{wa} 为宽谱特性且其 R_{wa} 谱呈现从右向左移动，3982m 以下孔隙度谱整体偏窄偏左，这和视地层水电阻率分析原理吻合，说明该层段下部含水，3982m 基本为气水界面；阵列感应测井曲线从为正差异逐渐过渡为负差异，也反映出该层段从气层逐渐过渡到水层的特征。静态图像从电性非均质强逐渐过渡到下部的含有纹理的岩相特征，反映出沉积微相的变化。综合以上分析，二次精细解释将 3982m 确定为气水界面，下段分别解释为气水同层和水层，如图 3-26 所示。

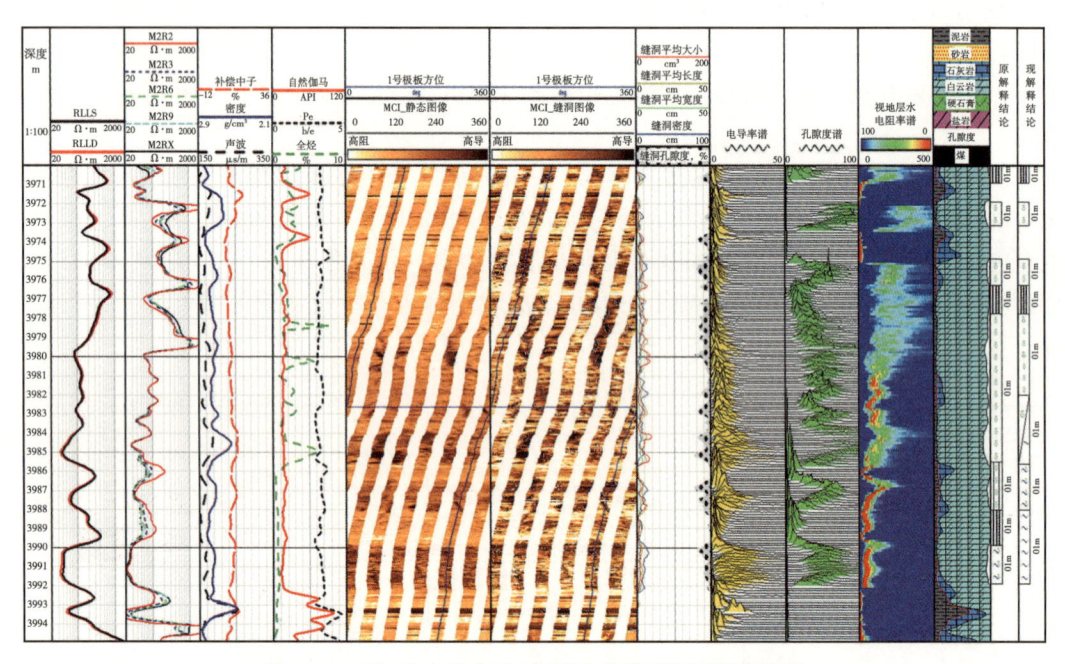

图 3-26 苏×井中组合马 5^5 储层成像精细解释成果图

4. 阵列侧向成像测井仪

高分辨率阵列侧向（High Resolution Array Laterolog，简写为 HAL）测井仪是继双侧向测井仪之后发展的新型侧向测井仪，是针对双侧向测井仪只提供深、浅两条测量曲线，测量地层信息少，不能详细描述侵入地层剖面，同时纵向分辨率低（0.6m），不能满足精细化复杂油气层识别和评价而开发的一种新型高分辨率、多探测深度的阵列化侧向测井仪器。该仪器具有 0.3m 的纵向分辨率，一次下井可以取得 6 条视电阻率曲线，通过反演可得到地层真电阻率，用于划分薄层，描述地层侵入特性以及求取地层含油饱和度[1]。

1）测量原理

阵列侧向测井仪是基于欧姆定律的三侧向测井原理，采用阵列化电极系结构，通过发射电极向地层发射多种低频直流信号、监督电极测量电极电位、电位差和电流信号，在井下完成多频多道信号的采集与频率分离处理，得到多种频率反映从井眼到原状地层不同径向深度地层特征的电阻率信息，在地面进行井眼环境校正和 1 维快速反演处理，得到统一纵向分辨率下 6 种不同探测深度的视电阻率曲线，用于定量描述地层径向侵入特性，经过二维精细反演可提供地层径向真电阻率，用于薄层和复杂储层油气识别和饱和度精确计算。

阵列侧向测井仪器系列主要技术指标见表 3-4。

表 3-4　阵列侧向测井仪器系列主要技术指标

指标名称	HAL6505（常温版）	HAL6506（高温版）	HALD6506（深探测版）
最高耐温，℃	155	175	175
最大耐压，MPa	100	140	140
数据传输，kbps	DTB（100）	CAN（500）	CAN（500）
仪器外径，mm	90（电极系94）	90（电极系94）	90（电极系94）
仪器长度，m	7.2	7.2	7.2
测量精度，%	±5（1~2000Ω·m）；±10（2000~5000Ω·m）；±20（0.2~1Ω·m，5000~40000Ω·m）		
测井速度，m/h	1000		
井眼范围，mm	150~400		
测量范围，Ω·m	0.2~40000		
纵向分辨率，cm	30		
径向探测深度，cm	25、32、39、48、64		25、32、39、48、64、140

2）技术构成

HAL6505 阵列侧向测井仪是一种新型多探测深度的阵列化侧向仪器，由阵列电极系、绝缘隔离体、电子仪等几部分组成，整体结构和配套装置如图 3-27、图 3-28 所示。测井时与井温张力钻井液电阻率三参数短节、电缆遥传短节组合使用，可与声波、放射性、感应等仪器一起组合测井。

图 3-27　HAL6505 阵列侧向测井仪器构成

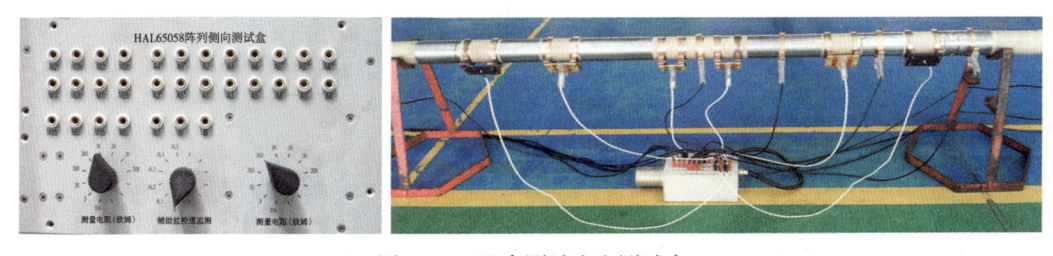

图 3-28　配套测试盒和测试夹

3）主要创新点

阵列侧向测井技术的主要创新点包括阵列化侧向电极系优化设计、软硬结合聚焦、传感器与电子仪复用、井场快速校正与反演技术等核心创新技术，使阵列侧向测井具有薄层分辨率高、环境影响小、探测深度多等特点，保证了仪器能够在高矿化度钻井液和碳酸盐岩等各种复杂井眼环境、复杂岩性和结构储层电阻率准确测量和侵入特性直观准确判断，有效识别油气。

(1) 阵列化电极系技术。

阵列化电极系技术采用金属环状电极阵列化的排列方式，通过优化电极系结构尺寸和电子仪内置电极系等技术，使阵列电极系具有长度短（7.2m）、纵向分辨率高、受环境影响小等特点，实现了多种径向探测深度地层电阻率测量。

HAL 测井仪电极系结构如图 3-29 所示，该结构电极数量共有 25 个，其中 13 个供电电极：主电流电极 A0，屏流电极 A1、A2、A3、A4、A5、A6，上下对称。6 对监控电极：主监控电极对 M0—M1b，辅助监控电极 M1t—M2b、M2t—M3b，围绕 A0 上下对称分布。

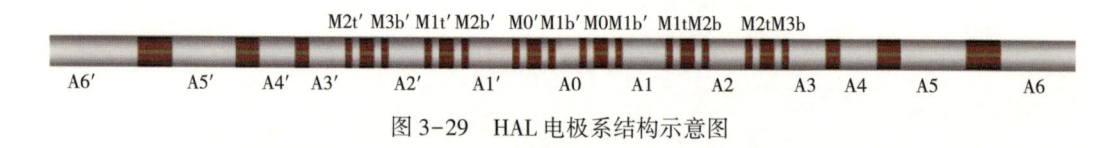

图 3-29　HAL 电极系结构示意图

HAL 测井仪有 6 种工作模式，测量 6 条曲线，其中第 1 种模式主要测量钻井液和井眼影响，其余 5 种工作模式测量不同探测深度的电阻率曲线，其工作电流线如图 3-30 所示，其中 AL1 至 AL5 均采用三侧向工作方式。

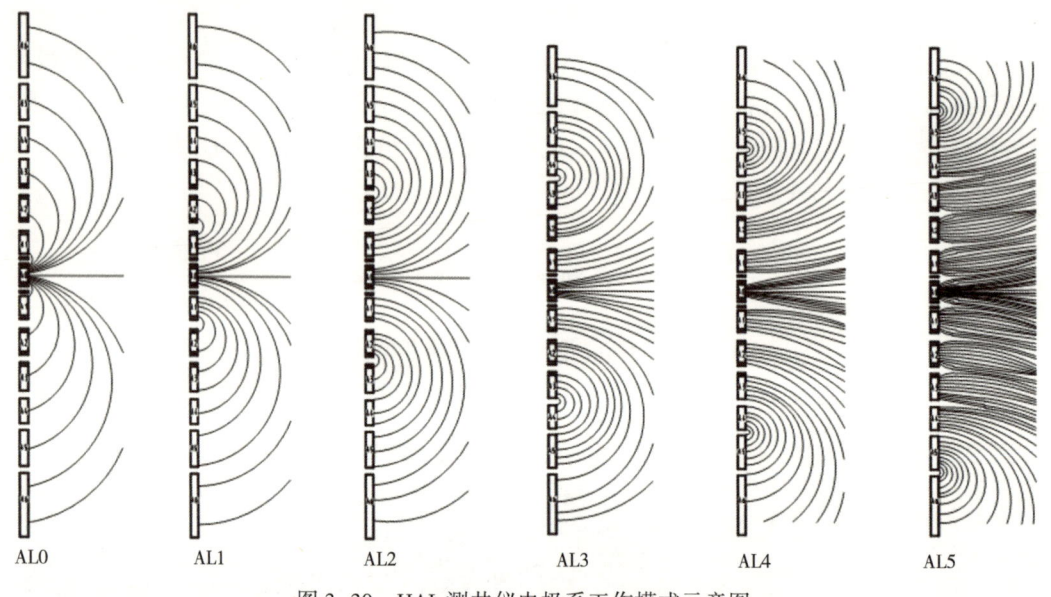

图 3-30　HAL 测井仪电极系工作模式示意图

通过增加屏流电极个数和同时改变返回电极位置来实现获得不同探测深度。通过缩小主电极尺寸和主监控对的间距，使流入地层的主电流宽度变窄，实现纵向分辨率从双侧向测井的 0.6m 提高到阵列侧向测井的 0.3m。

(2) 软硬结合聚焦控制技术。

基于电位叠加原理，主聚焦监控采用实时软件计算技术，辅助聚焦监控采用硬件聚焦技术，调节屏流电极间或返回电极间的电位平衡，最终使各探测模式达到聚焦平衡。利用计算聚焦和硬件聚焦相结合实现仪器总体聚焦功能，提高了仪器电流聚焦能力；通过井下数字相敏检波等系列技术提高了测量信号精度，解决了多频率发射条件下纳伏级微弱信号的高精度测量问题，有效降低了仪器设计难度，实现了盐水钻井液中碳酸盐岩、火成岩等复杂储层的精细测量。

（3）井场快速资料处理技术。

阵列侧向测井仪器共有6种测量模式（RAL0至RAL5），其中RAL0探测深度最浅，主要反映钻井液电阻率，利用RAL0测量曲线能够快速反演真实井下钻井液电阻率参数。利用反演的钻井液电阻率，并结合钻头尺寸或实测井径曲线，在井场就能够对RAL1至RAL5测量曲线进行快速井眼校正和测井资料反演处理，快速反演侵入带半径及侵入带电阻率、原状地层电阻率等参数，对侵入剖面进行二维成像，实现现场快速解释和快速决策。

4）应用效果

"十二五"期间，HAL测井仪在长庆、华北、青海、吉林等油田得到了应用，取得了良好的效果。

×井是2011年6月在长庆油田某区块所测的一口天然气开发井，该区域储层致密、非均质性强、孔隙结构复杂、气水识别难度很大。该井电阻测井选用了阵列侧向仪器进行施工，测得电阻率曲线的分辨率明显提高，曲线对储层描述更加精细。图3-31是该井石盒子组与本溪组储层段的测井解释成果图，3168.6~3173.0m和3338.0~3341.8m井段岩性均为砂岩，阵列侧向测井曲线显示储层电阻率高，明显表现为RAL1<RAL2<RAL3<RAL4≈RAL5，反映钻井液侵入较深，且为明显正差异特征，储层渗透性好、含气饱和度高，解释为气层。该两层与下古生界合试，日产气22171m³，日产水0m³，获无阻流量201093m³/d的高产工业气流。

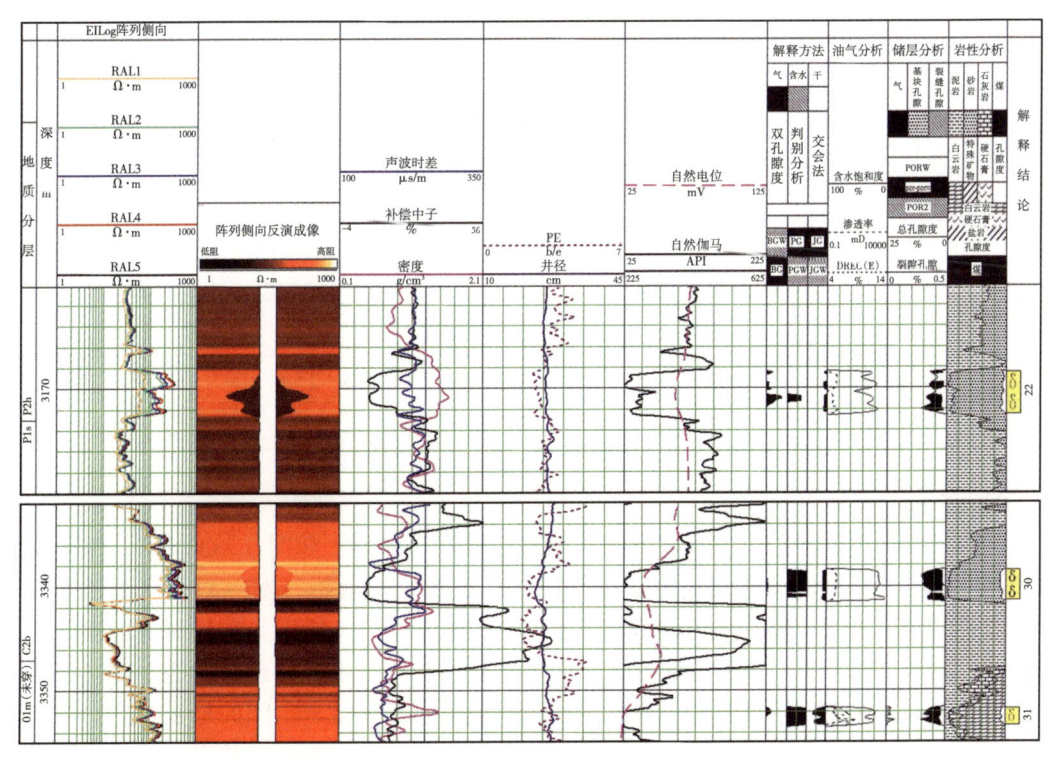

图3-31 长庆油田某区块应用

5. 多极子阵列声波测井仪

多极子阵列声波测井（MPAL）仪器除具有常规声波测井仪器的测井项目外，还能够利用多种组合模式，在裸眼和套管井中进行单极子、正交偶极子阵列声波测井，测量采集的数据可以直接提取软硬地层中的纵波、横波和斯通利波慢度参数，进而进行储层地质评价、压裂分析等，在裸眼和套管井中进行全波测井[1]。

中国石油经过几年攻关，成功研制适合各种测井要求的常温版、高温版及远探测版，已投产应用70套，在国内外不同地区和国家使用。

1) 测量原理

多极子阵列声波测井仪单极子和偶极子测井相结合，仪器声源频率在0.5k～30kHz，其中交叉偶极子发射和多极子接收，呈90°环绕4个接收换能器单元，32个接收单元，一次测井可同时得到44道声波波列。仪器具备多种测井模式，因此在一次测井过程中可同时采集八组不同源距的单极波列、八组不同源距的偶极波列以及八组不同源距的四极子全波列。通过单极阵列、偶极阵列和四极阵列组合，无论在快速地层或慢速地层中都可获得纵波、横波、斯通利波资料，同时可以进行井眼周围30m内地层构造探测，成果应用涵盖井筒全生命周期。多极子阵列声波测井仪器系列主要技术指标见表3-5。

表3-5 多极子阵列声波测井仪器系列主要技术指标

指标名称	MPAL6620（常温版）	MPAL6621（高温版）	MPALF（远探测版）
最高耐温，℃	155	175	175
最大耐压，MPa	100	140	140
数据传输，kbit/s	CAN（500）	CAN（500）	CAN（500）
仪器外径，mm	90（声系104）	90（声系104）	90（声系104）
仪器长度，m	8.33	8.33	8.33
测量精度，μs/m	纵波：±3 横波：±5	纵波：±3 横波：±5	纵波：±3 横波：±5
测井速度，m/h	220	450	350
井眼范围，mm	115～533		
测量范围，μs/m	纵波：130～650，横波≤1700		
纵向分辨率，cm	15.2		

2) 技术构成

多极子阵列声波测井仪包括井下仪器和地面软件两部分，如图3-32所示。井下仪器由声系和电子线路两部分组成，电子线路完成地面命令的解析、发射激励、信号接收处理、数据采集、系统控制、遥传接口和井下电源；地面软件包括采集软件和处理软件两部分组成，完成数值模拟、工程值转换、井眼环境校正、数据合成处理等功能。建立了配套的半水槽校验及全空间声波测井仪器标定校正系统，实现仪器全空间的标定校正。接口采用31芯标准连接，通信采用灵活可靠的CAN总线，完成与EILog测井系统挂接；而且仪器设计有贯通线，使得仪器可处于组合仪器串中的任何位置。

| 接收控制采集电路 | 接收声系短节 | 隔声体 | 发射声系短节 | 发射电路 |

图 3-32 仪器构成

3) 主要创新点

多极子阵列声波测井技术的主要创新点包括换能器及阵列探测器设计与实现技术、高精度测量与高集成设计技术、自适应环境校正、刻度配套技术等。多极子阵列声测测井技术系列累计形成了从方法软件、机电设计、信号采集到数据处理等全过程的专利群 18 件（其中 5 件发明专利），实现了技术的全方位保护，促进了技术的推广应用。

(1) 多极子阵列声波换能器技术。

该技术在国内率先实现了单极子、正交偶极子、四极子等复合模式声波测井技术、同深度正交偶极子声波换能器布置技术；采用优化声系设计方案，满足发收探头、隔声体与电子线路等部分功能要求，达到耐温、耐压以及密集布线等要求，其独特的设计可以保证仪器在软硬地层中进行各种模式波的声波慢度测量，同时隔声体的挠性设计允许仪器在斜井和水平井中使用。

从机电耦合理论研究出发，在国内率先研发成功单极子、正交偶极子、四极子发射换能器和多极子声波接收换能器，能与电子线路和整个声系良好匹配，满足仪器的整体技术要求。

在国内首次研发成功性能指标先进的同深度三叠片正交偶极子发射换能器、四等份圆环结构的四极子发射换能器和两叠片口字形多极子接收换能器，能与电子线路和整个声系良好匹配，满足仪器的整体技术要求。

(2) 模块化硬件数据压缩技术。

在电路主控板内利用硬件对采集的波形进行 2:1 数据压缩，保证在实现远探测的同时，提高 1 倍的测井速度。数据压缩算法由 FPGA 来实现，采用多级流水线结构，内置硬件乘法器、加法器和浮点运算器等模块，使压缩算法能够快速准确实现，8 字为一组，完成一组压缩的实际运行结果仅为 $8\mu s$。阵列声波测井中采样周期最小为 $8\mu s$，所以在数据采集的同时即可完成对数据的压缩。压缩算法采用模块化嵌入方式，便于仪器升级或嵌入到其他需要数据压缩的仪器中。模块化压缩还方便通过地面命令标志位决定是否对数据压缩，使仪器具有更高的灵活度。

偶极采集深度 1024 点，波列记录长度 25ms，为采集及分析远探测信号提供保证，测速可达到 530m/h。

4) 应用效果

应用多域多通道现代信息处理技术开发出了多极子阵列声波测井信息处理和解释应用软件，并广泛采用时域和频域现代数字信号处理技术，开发出多通道声波测井资料处理软件；以多孔介质声学和各向异性介质声学为基础开发出声波测井解释和应用软件，以偶极横波低频传播距离远特点，开发远探测测井处理解释模块，实现了多种类型测井资料的快速准确处理和精细解释。

多极子阵列声波测井仪的波形处理和解释软件主要由波形恢复模块、时差提取模块、幅度衰减提取模块、各向异性分析模块、岩石力学参数模块及远探测处理模块等部分构成。

如图3-33所示，某高产页岩气井发育多条井旁高角度裂缝，其中3290～3420m高角度裂缝，单极纵波反射波与偶极横波反射波三处高角度反射体有相同特征，且反射体位置相同；偶极最强方位为东西方向，单极纵波处理得到的反射体比偶极最强方位弱。

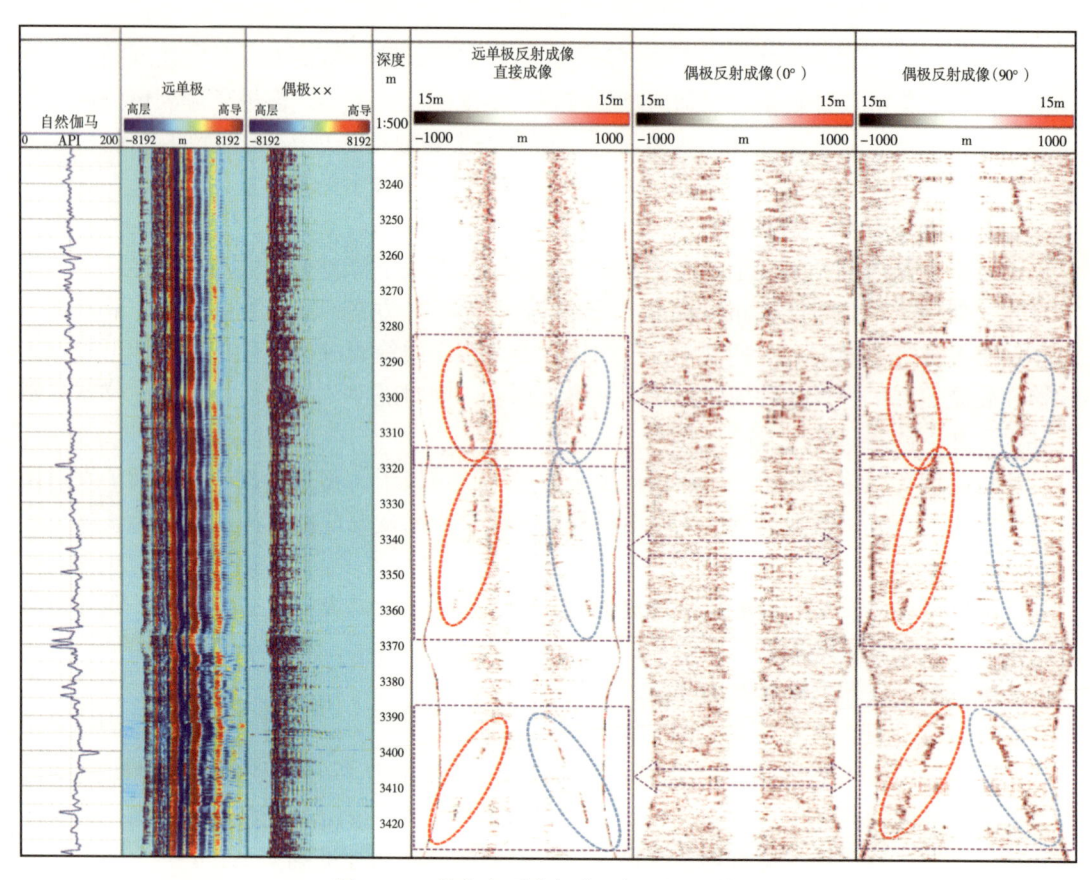

图3-33 某高产页岩气井远探测处理结果

6. 核磁共振成像测井仪

非常规及复杂油气藏孔隙结构复杂，流体识别困难，常规测井技术难以准确识别和评价。核磁共振测井技术作为唯一同时评价储层孔隙特征和流体识别的方法，具有独特的优势。但该技术长期被国外垄断，使用价格昂贵，阻碍了在油气田的大规模应用。中国石油经过10余年的攻关，突破了高精度磁体设计与加工工艺、新型储能短节机电一体化技术、分频刻度技术、大规模门阵列的主控技术及多时序脉冲序列与多观测模式等多项关键技术，形成了多频核磁共振测井系统，实现了地层孔隙结构和流体性质的精准测量，解决了复杂油气储层的精细评价的难题。

1) 测量原理

多频核磁共振测井仪（图3-34）是一种在井眼中居中的测量仪器，其原理是利用永久磁体产生的梯度磁场使地层中的氢核极化，然后通过射频天线把预先设置的射频脉冲发射到地层中，使磁化矢量扳转90°或180°，当射频脉冲撤销后，磁化矢量逐渐衰减，可利用天线测量到一组衰减信号即氢核（质子）共振产生的回波信号。由于质子的共振频率与外加永久磁场的强度成正比，因此，通过调节发射和接收能量的频率就可以对仪器周围不同直径上的圆柱体区域进行探测。多频率核磁共振测井采用5个频带共9个不同的频率，在井眼周围地层中形成以井轴为中心，直径为14~16.5in，厚度1mm，高24in，彼此之间相距1mm的9个圆柱壳，每一壳层上使用不同的脉冲序列可进行多参数数据采集，从而实现对地层孔隙结构精准评价及流体性质准确识别。其主要技术指标见表3-6。

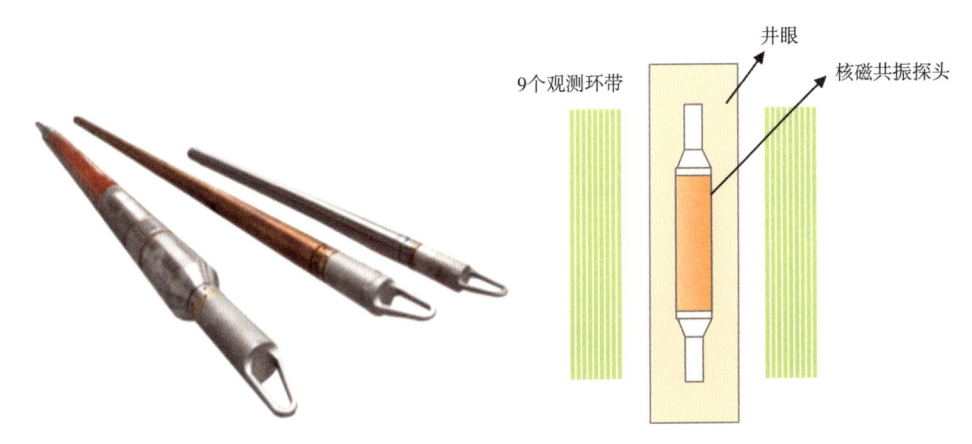

图3-34 多频核磁共振测井仪器实物及原理示意图

表3-6 多频核磁共振测井仪主要技术指标

指标名称	大探头（6in）	小探头（4⅞in）
高温度/压力	175℃/140MPa	175℃/140MPa
工作频率，kHz	500~800	500~800
仪器质量，kg	530	440
测量范围，pu	0~100	0~100
测量精度	≥15pu，≤±10%；<15pu，≤1.5pu	≥15pu，≤±10%；<15pu，≤1.5pu
探测深度（从井轴算起），cm	17~22	12~16
纵向分辨率，cm	61	61
井眼范围，mm	180~310	150~220
最小回波，ms	0.6	0.6
最大测井速度，m/h	180	180
钻井液电阻率，Ω·m	>0.02	>0.02

2）组成结构及功能

多频核磁共振测井系统包括井下测量仪、配套软件及配套设备三部分，如图3-35所示。井下测量仪由储能短节、电子线路短节和探测器三部分组成，如图3-36所示储能短节为仪器工作时提供附加的能量供给;电子线路部分实现信号控制、信号处理、射频脉冲发射、高低压供电等功能;探测器主要由永久磁体和天线构成,既用于发射射频脉冲又用于接收回波信号;配套软件包括测前观测模式设计软件、采集软件和处理软件三部分,完成适应于国内各种复杂储层的观测模式设计、数据采集、井眼环境校正、回波信号预处理及 T_2 谱的反演、储层孔隙度、渗透率、饱和度及孔隙结构等参数计算等功能;配套设备包括地面系统、模拟负载装置及刻度装置,分别用于测井命令发送和井下仪器供电、模拟并校正钻井液对核磁共振测量信号的影响及核磁共振孔隙度刻度与测试,实现了核磁共振信号的准确测量[1]。

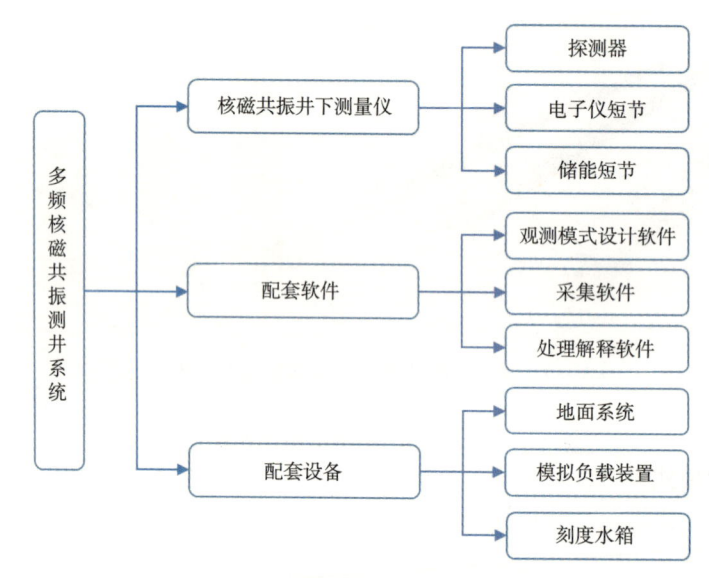

图 3-35 多频核磁共振测井系统组成

图 3-36 多频核磁共振井下测量仪

3) 主要创新点

多频核磁共振测井技术的主要创新点包括高精度磁体设计与加工工艺、新型储能短节机电一体化技术、分频刻度技术、大规模门阵列的主控技术及多时序脉冲序列与多观测模式等关键技术。多频核磁共振测井系统形成了以"核磁共振测井仪的探头磁体、探头和核磁共振测井仪"为核心专利的15件发明专利,覆盖探测器设计、控制电路、数据梳理方法、刻度装置与方法,全方位保证技术的创新性和先进性,促进了规模化推广及应用。

(1) 高精度磁体设计与加工工艺。

在大量数值模拟和实验数据基础上,确定了磁体材料和黏结配方,并通过微米级磁片平行度及平面度高精度研磨、永磁材料高温黏结、定量充磁、电磁屏蔽降噪等多项技术工艺突破,实现了磁体在井下175℃、140MPa 高温高压环境下稳定、可靠工作,如图 3-37 所示。

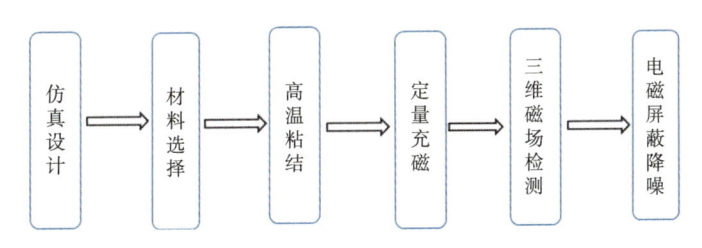

仿真设计 → 材料选择 → 高温粘结 → 定量充磁 → 三维磁场检测 → 电磁屏蔽降噪

图 3-37　多频核磁共振测井探测器磁体实现工艺与流程

(2) 新型储能短节机电一体化技术。

通过储能机械设计及工艺技术，采用新的大容量、高耐压储能部件，对储能结构的优化，长度从 4.05m 缩短到 2.35m，从而降低了仪器总体长度，增强了仪器对斜井和水平井的适应能力，减少了仪器遇卡遇阻风险。

(3) 分频刻度技术。

采用分频刻度方式，提高了 90°和 180°脉冲的准确性以及刻度系数的精度，使产生的射频磁场与静磁场更加匹配，自旋回波的信号幅度最大化，孔隙度计算更准确。

(4) 大规模门阵列的主控技术及多时序脉冲序列。

采用了大规模门阵列的主控技术，实现了发射脉冲时序控制、大功率发射和微弱信号检测等功能，针对不同的流体特征采用多时脉冲序列及发射方式，提高了仪器对地层的适应能力。

(5) 多观测模式。

多观测模式设计建立在大量岩心数据基础上，因此采集的数据更加符合实际。在此基础上，多观测模式设计更加灵活，用户既可以使用预先设定好的模式（目前已有 77 种模式），也可以根据自己的需求重新设计采集参数，以最大程度获取地层有效信息，精准评价储层特征及识别流体。

4）应用效果

多频核磁共振测井仪自 2014 年投产以来，在长庆、华北、青海、吐哈、玉门、吉林、浙江等油田成功推广应用 18 套，结果表明：整套系统的重复性、一致性、稳定性良好，资料优质，各项主要技术指标达到国际先进水平。多频核磁共振测井的规模应用提高了高端成像测井在油田的使用率，提升了测井解释符合效率，降低了勘探开发成本。

长庆油田×地区主力产层为典型的低孔低渗储层，产出状况与孔隙结构密切相关，常规测井只能够提供储层孔隙度和渗透率，不能进行孔隙结构评价。如图 3-38 所示，进行多频核磁共振测井后，精确计算出储层孔隙度、渗透率、饱和度等参数，直观得出中值半径的变化情况及大、中、小孔隙所占比例，准确识别出气层、水层和干层。3636.0～3640.5m 经过试气，日产气 62685m^3，日产水 1.2m^3。

7. 地层元素测井仪

地层元素测井是一种新型的前沿核测井技术，在复杂储层，特别是页岩气等非常规储层的勘探中有着其他测井方法无法比拟的独特优势。该类仪器可通过测量中子与井眼周围地层原子核发生非弹性散射、辐射俘获等核反应后产生的次生伽马能谱，实时获取地层中 Si、Ca、Fe、S、Ti、Gd、Mg、K、Mn、Al 等 10 余种元素的含量，提供矿物组分类型、含

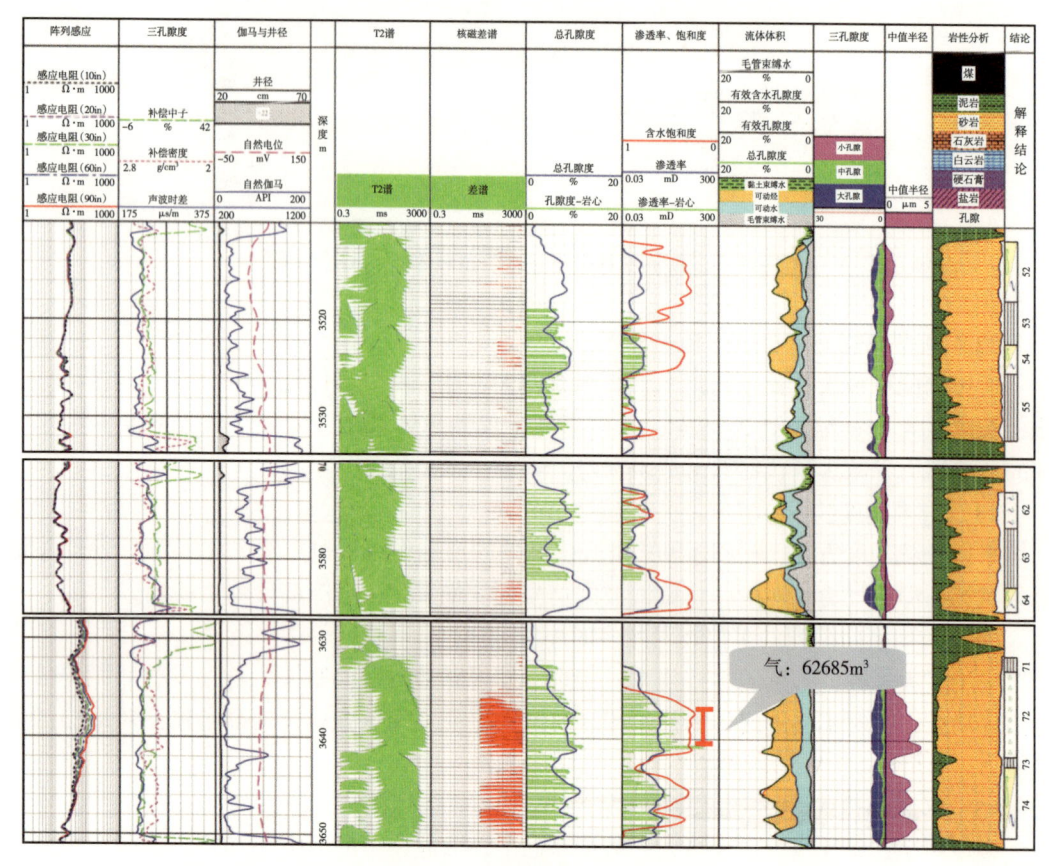

图 3-38 长庆油田×井多频核磁共振测井储层参数计算及综合解释结果

量等岩石物理参数，改善孔、渗、饱、骨架密度等参数的评价，并进行岩性识别、沉积环境判断、岩石脆性分析和指导压裂等应用，可以更全面地评价复杂岩性油气层。

1）测量原理

地层元素测井仪采用同位素 Am-Be 中子源，在测井时，由中子源发出约 4.5MeV 的快中子，快中子与井眼周围环境中不同元素的原子核发生非弹性散射并释放出伽马射线，如图 3-39 所示，快中子经过非弹性散射损失了其大部分的能量，其能量逐渐低于发生非弹性散射的阈能，于是中子进入了以弹性散射为主的作用阶段，弹性散射的过程并不释放

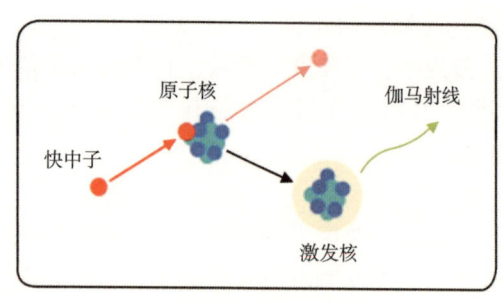

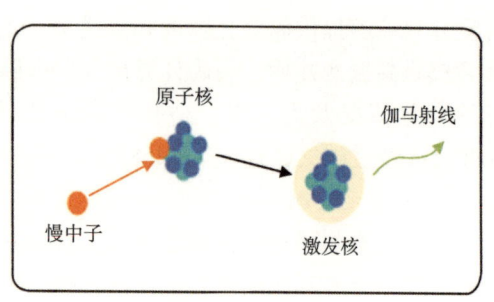

(a) 快中子非弹性散射　　(b) 热中子辐射俘获反应

图 3-39 地层元素测井的核物理原理示意图

伽马光子，其实只是中子减速过程。经过多次的弹性碰撞，中子能量逐渐减弱，直到中子与周围物质达到热平衡，此时中子的能量约为 0.025eV，称为热中子。此后，热中子在扩散过程中被周围的靶核俘获形成处于激发态的复合核，然后复合核释放一个或几个具有特定能量的伽马光子回到基态。这种反应叫作辐射俘获核反应。

由于发生非弹性散射和中子俘获反应所产生的伽马射线的能量取决于靶核的能级特性，伽马射线能量的高低反映了发生反应的靶核性质，故这种伽马射线被称为特征伽马射线。FEM 地层元素测井仪主要通过测量中子与井眼周围地层反应后发射的俘获伽马能谱来对地层组成元素的含量进行分析。

2）技术构成

地层元素测井仪主要由电子线路部分、BGO 晶体探测器、Am-Be 中子源三大部分组成，如图 3-40 所示。BGO 晶体探测器是地层元素测井仪器的核心部件，主要包括 BGO 闪烁晶体、光电倍增管、前置放大器、多道脉冲幅度分析器、高压电源等。它们被放置在一个特制的高性能保温瓶之内。与传统仪器所用 NaI（Tl）晶体探测器相比较，BGO 晶体密度较高，平均原子序数较大，可以大大增强对伽马射线的探测效率。但 BGO 晶体探测器的温度稳定性较差，为适应测井高温环境的要求，所以地层元素测井仪器需要采用特制保温瓶。同时，为了消除仪器材料产生的俘获伽马本底，需要在 BGO 晶体探测器外表面部分加涂一定厚度的硼-10 屏蔽层（即硼套）。

图 3-40　地层元素测井仪结构示意图

地层元素测井仪留有贯通线，采用 CAN 总线通信，可以直接配接 EIlog 测井系统，具有组合测井功能。使用弹簧偏心器推靠，进行贴井壁偏心测量。

与仪器配套的地层元素模型井群，能够满足地层元素测井仪器标准谱的验证，方法试验、仪器刻度和环境校正方法研究等需求，为国产地层元素测井仪器研发和生产提供检测装置和手段，为地层元素测井技术的应用和长远发展提供检验标准和规范。建造的地层元素模型井模拟了地层中含有的多种元素，具备检验元素标准谱和解谱方法、刻度标定测井仪器的功能。

3）主要创新点

（1）蒙特卡罗数值模拟与模型井相结合的元素标准谱制作技术。

区别于国外的模型井测量方法，创造性的采用成本小、周期短的蒙特卡罗数值模拟和实体模型试验相结合的技术制作了 12 种元素标准谱和一套标准谱实验验证规范。针对地层矿物仪器探测器晶体能量分辨率的性能以及仪器的机械结构，通过蒙特卡罗数值模拟方法制作数值模拟标准谱，然后与标准井测得的谱进行比对，得到可在仪器中使用的标准谱。

（2）低漂移高精度全谱采集分析技术。

采用低漂移高精度的电路设计方案，可以获得更多的全谱信息，使得伽马能谱的测量范围达到 600keV~10MeV，结合特殊的稳谱处理算法，将俘获谱漂移控制到最低水平，有效提高了谱信息的处理精度。

（3）氧化物闭合模型和多尺度解谱计算元素含量技术。

氧化物闭合模型将俘获反应得到的岩石骨架中的每种元素同它的一种氧化物或碳酸盐矿物联系起来，并假定所有的这些元素的氧化物或碳酸盐矿物的百分含量等于1，同时解决了俘获反应不能测量岩石骨架中的碳元素和氧元素的问题。采用基于闭合模型标定的多尺度优化算法计算元素含量，既提高了元素含量的计算精度，又最大限度地提升了算法的稳定性。

（4）高温耐磨热中子屏蔽硼套设计与实现技术。

采用材料喷涂工艺，将 ^{10}B 同位素掺入有机橡胶中形成热中子防护层，并融合在探测器附近的仪器外壳的外表面形成硼套，减少了来自仪器区域的热中子通量，降低了仪器的俘获伽马本底，有效提高了能谱信号的信噪比。

4）应用效果

地层元素测井仪在2013年正式投产应用，并进入批量制造阶段。截至2015年底，仪器共交付现场2支，在产2支。地层元素测井仪器的成功投产，填补国内在这一技术领域的空白，增强了中国石油测井服务的竞争力，丰富了EILog快速与成像测井系统的精细探测手段。随着我国石油勘探向复杂油气地区的推进和深入，地层元素测井仪将改善复杂岩性和非常规油气藏的勘探评价效果，促进这些区块的油气勘探开发，获得良好的经济效益和社会效益。

（1）模型井试验。

地层元素测井仪在模型井进行了能谱测量试验，在砂岩、石灰岩、白云岩模型井中测量能谱与数值模拟能谱对比一致，数值模拟能谱与仪器测量能谱相互验证，保证了模拟得到的元素标准谱的应用效果。

（2）现场试验。

"十二五"期间，地层元素测井仪已在长庆、华北、吐哈、浙江等国内主要油田进行了规模试验和应用，现场测井25口，一次下井成功率100%。通过在不同地层特征的复杂岩性条件下应用表明，仪器的测量结果符合理论设计要求，探测特性与理论模拟相吻合，仪器性能稳定、可靠性高，可以获得准确的地层元素含量信息。耐温耐压、元素含量测量精度等主要指标与国外同类仪器相当，在矿物组分和岩性识别方面显现出实际应用效果。

四、SRCT钻进式井壁取心器

随着对石油、天然气资源需求量的增加，油气资源的勘探开发变得越来越重要，利用岩心分析确定储层的岩性、物理参数是一项重要的工作。钻进式井壁取心器可以更加准确求得井底条件下非均质层储层流体饱和度、储层压力、油层相对湿度及储层物性等资料，它对于正确认识地质情况和进行残余油储量计算，合理制定开发调整井方案，提高采收率有着十分重要的意义。中国石油自主研制了SRCT钻进式井壁取心器，包括SRCT6702高温高压钻进式井壁取心器和SRCT6703大直径钻进式井壁取心器。

1. SRCT钻进式井壁取心器构成

钻进式井壁取心器由地面取心控制系统和井下取心控制系统两部分组成，如图3-41所示。采用液压传动技术，伽马校深后，在预取心位置，在地面系统的控制下，启动电机带动两个连轴的液压泵，一个大泵，一个小泵，大泵为钻头转动提供动力，小泵为推靠臂动作，钻头位置控制以及岩心冲针动作提供动力；利用电磁阀控制各个动作方向及推靠臂张开，电机旋转，空心钻头垂直井壁钻取岩心；岩心钻取结束后，钻头伸回，推靠臂收回，冲针伸出，将岩心推入岩心收集管内；岩心样本随工具取出，完成取心。

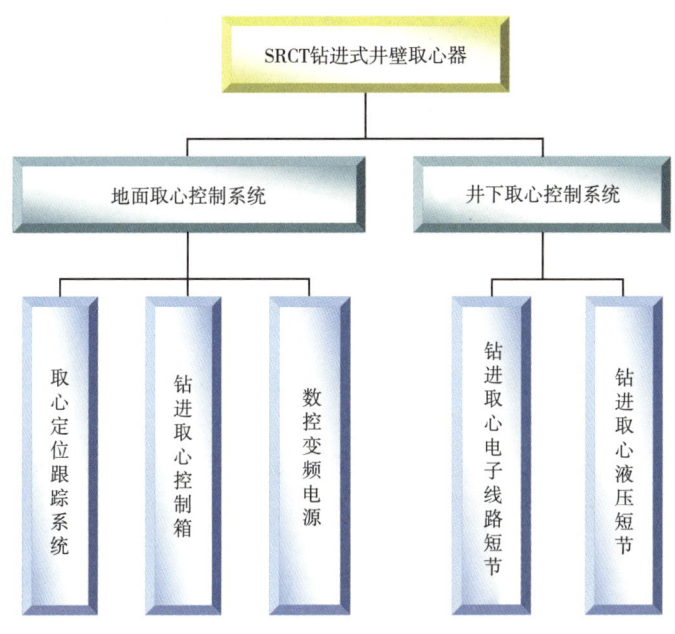

图 3-41　SRCT 钻进式井壁取心器构成

1）地面取心控制系统

地面取心控制系统主要由取心定位跟踪系统、钻进取心控制箱、数控变频电源三部分组成，如图 3-42 所示。

取心定位跟踪系统
实时记录取心数据绘制跟踪校深曲线。

钻进取心控制箱
实现井下系统通信、地面采集数据传输、控制命令下发等。

数控变频电源
220VAC/50Hz市电转换，为井下钻进取心液压短节电机供电。

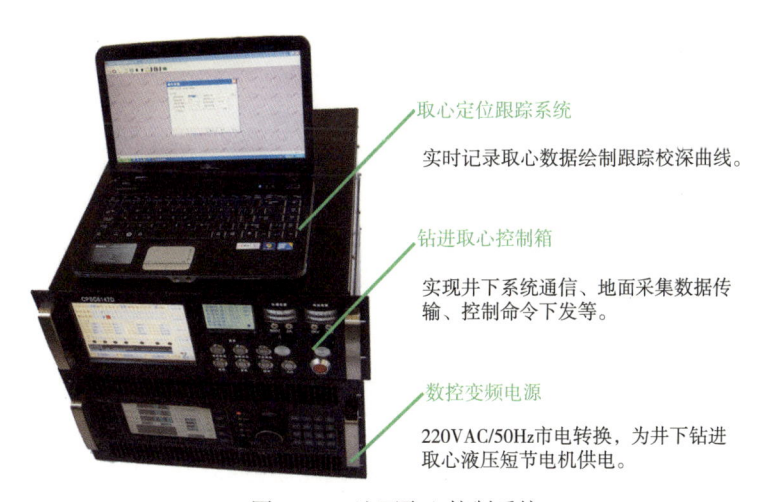

图 3-42　地面取心控制系统

2）井下取心控制系统

井下取心控制系统包括钻进取心电子线路短节和钻进取心液压短节，如图 3-43 所示。

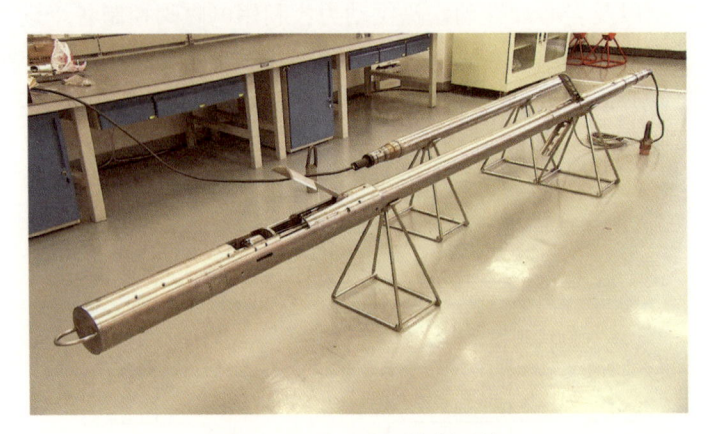

图 3-43 井下取心控制系统

电子线路短节由电源、采集与控制、伽马三部分组成，完成伽马校深、取心控制等。

钻进取心液压短节由液压泵及液压平衡装置、液压控制、执行机构三部分组成。液压泵在电磁阀的控制下，为电机旋转、推靠臂张与收、冲针伸与回、钻头进与退、岩心收集等取心动作提供动力，完成取心过程，如图 3-44 所示。

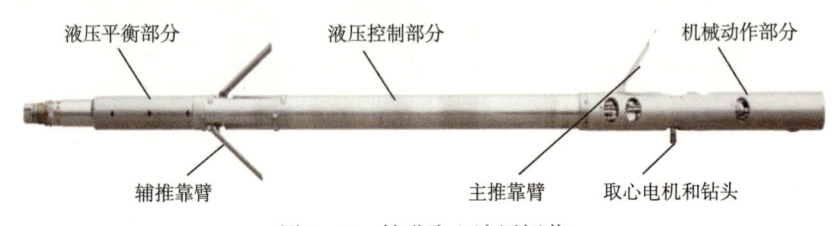

图 3-44 钻进取心液压短节

3）仪器规格及技术指标

仪器规格及技术指标见表 3-7。

表 3-7 仪器规格与指标

钻进式井壁取心器型号	岩心直径 mm	岩心长度 mm	一次设计取心数量，颗	耐温 ℃	耐压 MPa	适用井径 mm	适用井斜 (°)	仪器最大外径 mm
SRCT6701	25	50	26	155	140	160~390	<18	127
SRCT6702	25	50	26 或 60	175	170	160~390	<18	127
SRCT6703	38	65	30 或 60	175	170	190~380	0~90	156

2. 技术特点及创新点

该仪器采用三推靠臂支撑定位，使仪器更加稳固紧贴井壁；地面调节钻头前进速度，避免多次调试仪器，工作效率得到提高；取心仪器采用自然伽马曲线校深准确方便、可靠；地面取心控制系统自动调节井下供电电压；取心过程可以自动化控制；变频电源自动调节电机供电。

该仪器能根据需要在各种井深钻取砂岩、石灰岩、花岗岩等岩性岩心，具有适用范围广的特点。钻进式井壁取心灵活性强，能够做到"随需所取"。取心时间短，费用低，为油气藏评价及油田开发节省大量的投资。

3. 现场应用情况

截至 2013 年底，SRCT6701 钻进式井壁取心器完成 443 口井现场应用，SRCT6702 高温高压钻进式井壁取心器完成 81 口井现场试验，SRCT6703 大直径岩心钻进式井壁取心器完成 15 口井现场试验。

五、模块式地层测试器

随着勘探目标和油藏开发条件趋于更加复杂和困难，伴随着电子、机械和传感器技术的进步，新一代的地层测试器在地质适应性，测试精度，探测半径，取样质量和效率以及流体识别和实时分析等诸多技术得到提升。斯伦贝谢公司推出的模块化地层动态测试器（MDT）、阿特拉斯公司推出的油藏特性测试仪（RCI）及哈里伯顿公司研制的油藏描述仪（RDT），代表了这一代电缆式地层测试器的主流仪器。

模块式地层动态测试器（Formation Dynamic Tester，简写为 FDT）是中国石油研发的新一代国产地层测试器，是国家"十一五""十二五"重大专项科研项目。

1. 测量原理

模块式地层动态测试器通过测量地层压力，井下流体分析和取样，求取地层压力、验证储层流体性质、进行井下流体取样、确定油水分界面、测量地层渗透率、求取储层产能，可满足复杂油气藏勘探开发需求，特别适合低孔低渗地层测试，是能将测井地层评价提升至进行油藏评价的仪器。

如图 3-45 所示，模块式地层动态测试器下到目的层后，在液压动力的驱动下与探头组件相连的活塞杆将橡胶封隔器推向井壁，使探头穿过井壁滤饼与地层接触形成。通过预测试室，探测器与地层之间建立连接通道。地层流体在地层压力的驱动下进入预测试室并通过压力传感器记录压力的恢复过程，传输到地面形成压力恢复曲

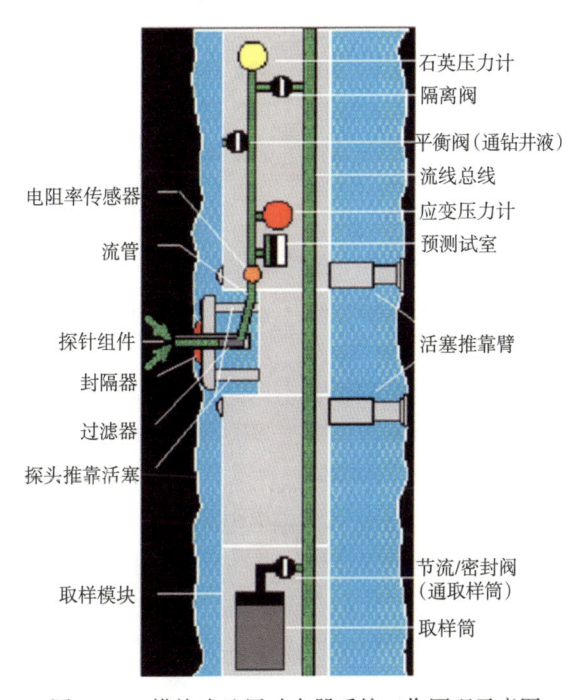

图 3-45 模块式地层动态器系统工作原理示意图

线。根据地层特性，地面系统对流体压力预测试室的体积、流速和压力降进行控制和调整。压力测试完成后，打开隔离阀，通过泵抽排模块将被钻井液污染的流体排入井筒，直至通过电阻率传感器和流体光谱分析模块实时判断流管中流体样品的钻井液滤液污染比率下降到可接收水平后，在地面控制下开始进行取样。

在双封隔测试模式中，通过泵抽排模块可以在特殊地层条件下进行有效压力测量和地层流体取样。

2. 组成及功能

1）组成

FDT由基本型模块（电源、液压动力、单探测器、常规取样）和扩展型模块（泵抽排、光谱分析、PVT多取样、双封隔器模块）以及基于ACME/LEAD地面采集处理解释系统及配套装置组成，如图3-46所示。

图3-46　FDT模块式地层动态测试系统组成

（1）电源模块，由主电源电路、辅助电源电路、过电保护电路及电源变压器组成。主要为井下各模块中电子线路提供电源；为井下仪器各"电液控制系统"提供电源，并为井下各模块的电子线路之间建立必要的电源和通信连接，为仪器地面操作与井下数据交流建立连接通道。

（2）液压动力模块，由电路控制总成、液压动力控制总成和蓄能器油箱总成。主要为井下提供压力油源，与探测器组合完成取样探针的推靠回收和预测试活塞的控制，实现井下压力平衡和油液体积补偿。

（3）单探测器模块，包括电路总成、探头总成组成。探头总成包括油路系统和地层流体管路系统。通过探针封隔器的坐封、探针的推出和收回和程控预测试室，实现多次预测试。利用应变压力计和石英压力计分别进行实时精确压力测试。同时内部的流体主管线与泵抽模块、流体分析模块连接，完成取样和流体分析功能。

（4）常规取样模块，主要由取样电子控制段、取样筒组成。常规取样模块在FDT系统中的主要功能是在泵抽排模块将侵入地层的钻井液滤液排放干净后，收集普通的地层流体样品。同时根据仪器总体EFO三总线的要求，具备为其相连的上下模块提供贯通线信号和流体样品通道的能力。

（5）泵抽排模块，由独立的液压动力系统、泵抽活塞、液压缸、泵抽控制阀组和平衡活塞组成。通过直流无刷电机驱动液压动力源，实现程控调速。带动泵抽活塞的往复运动，利用进出口双向液控阀组实现泵抽和泵排功能。

（6）多取样模块，由3个便携式PVT取样筒和配套节流开关组成。PVT模块通过泵抽排模块将地层真实流体采集到 PVT 样筒内,并保持地层压力,使流体不发生相变,能够保证取得的样品低于泡点压力。

(7) 光谱分析模块,由光学窗口、10 道光纤探测器和光电转换电路组成。应用透射光谱分析的方法实现了取样过程中流体性质的实时检测。为流体取样提供绝佳时间,也为地面提供流体实时分析的数据。

(8) 双封隔器模块,由通用上接头、下接头,以及上下两个封隔器、液压系统、电子线路部分组成。两个封隔器在井下用钻井液膨胀后,产生约 1m 左右的隔离井段。当地层测试器的探测器位于层状地层、页岩层、裂缝性地层、孔隙性地层、未胶结地层或低渗透性地层时,探头式探测器有时无法正常工作,而双封隔器模块可以在这些特殊地层条件下完成地层测试。

2) 功能

(1) 精确测量压力:测量地层压力、地层瞬间压力、井筒压力剖面、压力恢复曲线。

(2) 地层流体分析:通过多种方法综合分析,确定流体性质、组分和含量。包括电阻率测量、电导率测量、流体光谱分析等多种方法。

(3) 地层流体取样:包括常规取样、PVT 取样功能,1 次下井可取 6~8 个样品。

3. 主要创新点

(1) 模块化结构设计,组合多种工作模式。

FDT 模块式动态地层测试系统井下系统具有模块式的组合形式,设计统一的 EFO(电气、流体管路及油路)接口,可以根据不同的测试目的和不同的井况进行选择性的模式组合(图 3-47)

(2) 预测试精确控制技术。

FDT 中设置了两个并联连接的体积分别为 20cm³ 的程控预测试室,操作工程师根据已获取的油藏信息,有针对性地选择以下三种控制模式中的一种:常规预测试、限"体积"预测试、限"压降"预测试。这三种模式下,预测试活塞的抽取速度还可以由操作者自己控制。在高渗透率的地层,实际流体管路压力在未达到规定值时,流体可能已经充满预测试室。反之,渗透率很低时,流体管路压力很快会降至规定值,且预测试体积可能只有 1~2cm³。预测试速度控制选项可减小这些效应。

(3) 应用于井下流体实时分析的近红外光谱分析技术。

如图 3-48 所示,FDT 采用滤光片型光谱仪结构,利用高温卤化钨灯发射近红外光源,经透镜耦合汇聚,透过耐高温和高压的窗口,照射待分析的井下流体后,进入传光束的一端,另一端将光纤分束,使每一束光纤对应某一波长的滤光片,探测器阵列将透过相应滤光片的光信号转换为电流信号,再探测放大电路和 A/D 转换后,进入 DSP 系统,再通过遥测系统传到地面。地面系统将光谱数据带入已经建立的反映井下流体成分与其近红外吸收光谱之间相关关系模型,可获得相应的井下流体成分含量

(4) 新型高精度自平衡钻井液电阻率测量技术。

传感器实现技术升级,从基本型样机的 4 电极传感器升级为创新型的 7 电极钻井液电阻率传感器,解决了漏电流问题,提高了测量精度,动态范围达到 $0.01 \sim 100 \, \Omega \cdot m$。同时传感器设计增加自平衡结构,使可靠性提高。

(5) 具有精确控制和井下实时反馈的井下流体泵抽排技术。

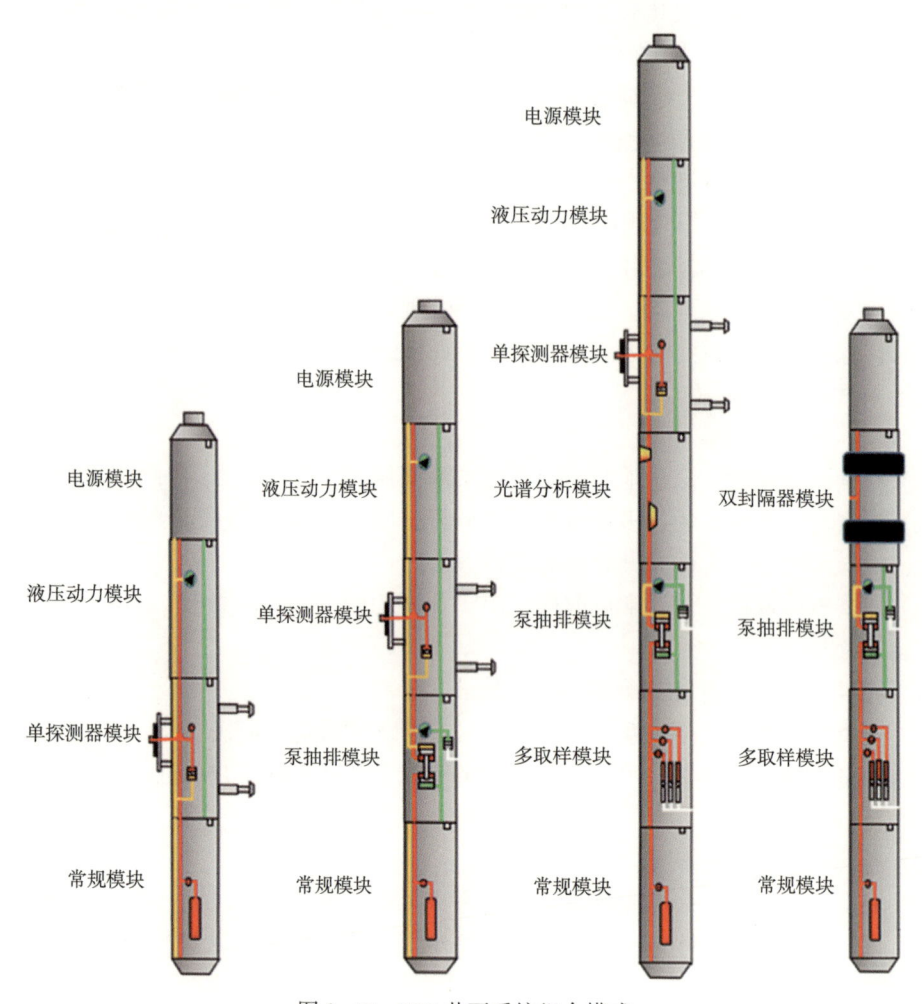

图 3-47　FDT 井下系统组合模式

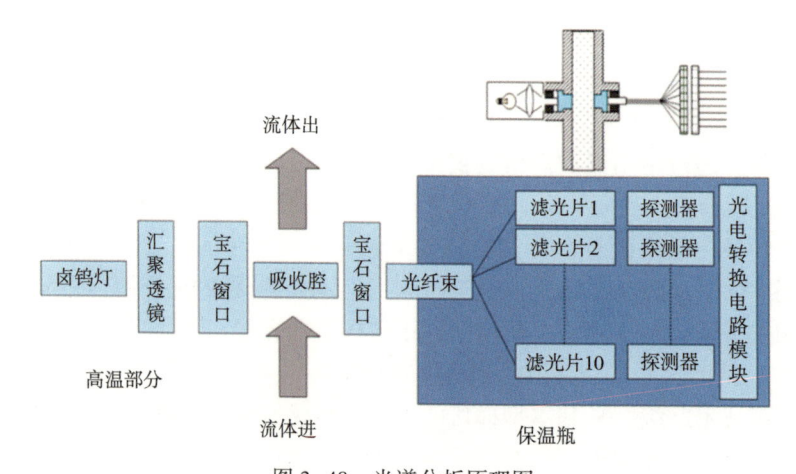

图 3-48　光谱分析原理图

FDT 泵抽排模块采用独立的液压系统和多道压力检测和实时反馈，使系统可靠性大大提高。钻井过程中钻井液不可避免的侵入储层，在地层测试抽取样品时，抽出的往往是冲洗带的钻井液滤液，它不代表储层流体类型和性质。在侵入较深的情况下，经泵抽模块的管理排放、加快获得地层真实流体。可以大大提高地层测试器测试时间，提高井下作业的安全性。

泵抽排模块电机实现恒转速精度小于1%。电机转速精度控制是 FDT 压力测试、泵抽排测试的核心技术，直接影响压力恢复曲线的测试的准确性。将电机转速控制精度可以控制在±1%，能够精确有效对泵抽排进行恒功率和恒转速控制。

4. 应用效果

FDT 已推出了基于地面系统功能模块和井下基本模块的模块式动态地层测试系统基本型样机，2 套科研样机已进入现场试验阶段，相关的解释处理模块也已建立并挂接在了 LEAD 平台下，同时地层测试器室内地面测试、高温高压在线测试及刻度平台已建成并投入使用。

FDT 基本型样机先后在庆阳标准井、任 91 井、吐哈油田、青海油田和华北油田进行了现场试验，完成了 6 口生产井的测试。取得了压力恢复曲线、井筒压力梯度曲线、地层压力剖面曲线及流体电阻率曲线等合格曲线。

FDT 是第三代的地层测试器，系统工作灵活性大、适应性好。与二代地层测试器相比，加大了预测室体积和控制精度，增加了泵抽排、多探针、PVT 多取样筒、流体样品自动识别等功能模块；仪器的探测半径大，取样质量高，一次下井可以对多点地层取样。同时为缩短仪器长度，提高可靠性和适应性。

六、多参数地层水电阻率组合测井仪

多参数地层水电阻率组合测井仪具有测量信息多、测量精度高可以有效确定地层水电阻率和阳离子交换量的优点，对于高含水特高含水储层的监测、水淹层的判别和剩余油饱和度的求取，是评价水淹层、水淹级别和剩余油饱和度的重要手段。中国石油通过 10 余年的持续攻关研究，突破了实验室极化率及自然电位测量系统、电极系研制、高精度数据采集、多地区解释模型、数据处理等核心技术。目前已经形成了一套实验室、测井仪器和解释方法组成的独特的地层水电阻率定量求解技术，广泛应用于淡水地区的砂泥岩储层评价。

1. 测量原理

多参数地层水电阻率组合测井仪通过发射电极向地层发射一恒定电流，在外电场作用下，砂泥岩地层产生偶电层形变和局部浓度变化，形成极化场。当外电场断去后，由于离子的扩散作用，极化场将逐渐消失，即极化电位（二次电位）随时间逐渐衰减，恢复到原来的状态——也即自然电位状态。仪器可获得地层电阻率、二次电位、极化率整条衰减曲线、极化率衰减常数、自然电位和流体电阻率测井参数。将极化率和自然电位联立求解，可获得地层水电阻率和阳离子交换量曲线，从而也可反映地层的水淹信息。

2. 构成

多参数地层水电阻率组合测井仪器包括井下仪器和地面软件两部分。井下仪器由恒流源、电子线路和电极系三部分组成，包括系统供电电源单元、数据采集及控制单元、辅助测量单元、继电器驱动单元、刻度及 SP 补偿单元、地层电位测量单元。主要工作是接收和处理利用恒流源激励的地层信号。当系统开始测量时，首先恒流源通过供电电极向地层发射恒流源电流 I_0，使之产生极化电场。然后 ADC 采集正向一次电位和电流。采集完毕后，再断电，然后利用 ADC 采样正向二次电位 $U_{2+(t)}$。接着再反向供电，测得反向一次电位。然后再断电，并在之后采集反向二次电位 $U_{2-(t)}$。在测量期间，所有采集数值均送入控制系统中，并通过 CAN 总线传输至地面系统；地面软件包括采集软件和处理软件两部分组成，完成工程值转换、井眼环境校正、数据处理等功能。

3. 主要创新点

多参数地层水电阻率组合测井仪的主要创新点包括电极系设计与实现技术、高精度测量技术、解释处理技术等。多参数地层水电阻率组合测井仪，不仅可以得到地层电阻率、二次电位和整条极化率衰减曲线，而且可以进一步得到衰减常数，这将为高含水期的剩余油分布以及厚层细分提供更多更重要的测井信息。地层水电阻率和阳离子交换量的获得，一方面使测井资料中校正黏土对电阻率的影响成为现实，特别可用于低电阻率油层评价和淡水地区的水淹层评价，为储层和高含水期水淹层的精细解释评价和复杂油气层勘测提供一条有效的途径。

1）实验室多岩心高精度自然电位自动测量技术

实验室多岩心高精度自然电位自动测量仪分为人工监测和自动智能监测两种工作模式，整机具有一定的智能性，并通过人机界面方便地实施操作和控制。该仪器可同时测量 6 块样品在两端不同浓度溶液下所形成的扩散吸附电位，记录整个动态平衡过程并获得最终自然电位，也可记录多块样品在两端溶液存在着压力差时所形成的压渗电位的整个动态平衡过程并获得最终压渗电位。由于自然电位与地层水电阻率和阳离子交换量有明显的关系，因而该测量方法可用于在不破坏岩石结构的状态下分析自然电位与储层的阳离子交换量和地层水电阻率的关系。

2）实验室高精度岩石极化率自动测量技术

实验室高精度岩石极化率自动测量仪，采用主控、从控 DSP 和 CPLD 自动控制测量技术，宽动态范围高精度，供电、断电和采样时间可任意设置，可以记录岩石在供电时的一次电位和断电后的二次电位整个激发极化过程，与 PC 机之间具有良好的交互能力，能方便与不同型号的计算机通过 USB 口或串口配接。WindowsXP 操作系统下的岩石测量处理软件可对测量数据进行对数拟合、单指数拟合、多指数拟合和频谱分析。

4. 应用效果

多参数地层水电阻率组合测井仪在长庆、冀东等油田应用，实现对淡水地区的砂泥岩储层的有效评价。

如图 3-49 所示，多参数地层水电阻率组合测井仪所测极化率和自然电位较好反映了地层水电阻率和地层阳离子交换量的变化。二次电位衰减常数和极化率衰减常数则较好反映了地层的渗透性和致密性。总体来说，中西部低孔低渗细砂岩的极化率值比东部油田的要大一些，衰减要慢一些。在用自然电位计算地层水电阻率时，一般应取黏土类型泥岩的自然电位值作为泥岩基线。若取极细粉砂类型泥岩的自然电位值作为泥岩基线的话，需要进行校正。将极化率和自然电位联立求解，可获得地层水电阻率和阳离子交换量曲线，从而也可反映地层的水淹信息。

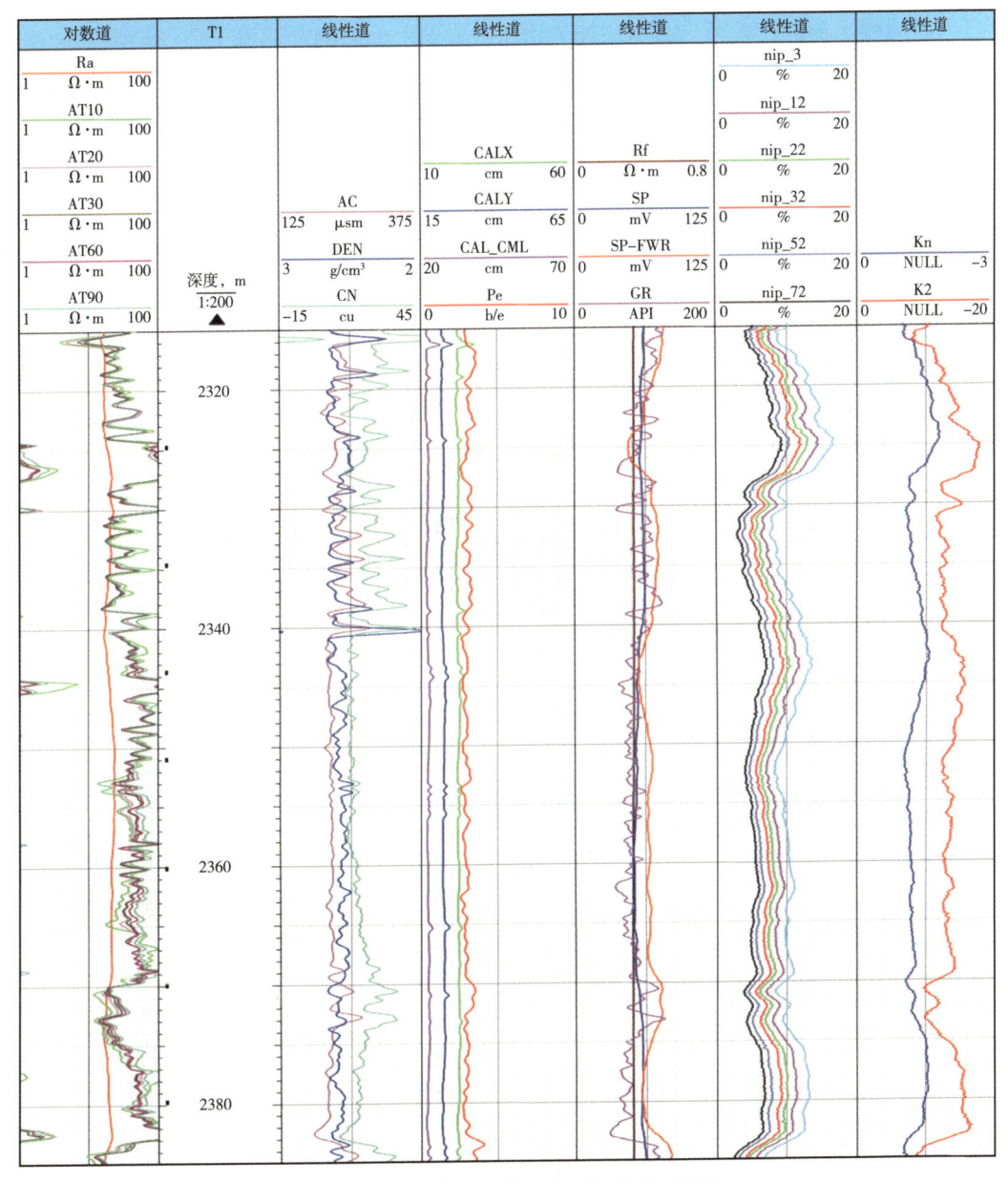

图 3-49 多参数组合测井仪现场测井成果图

第二节 LEAP800 测井系统

为实现中国石油国际化发展战略[2]，打破国外油田技术服务公司对测井技术的垄断和海外市场装备使用的限制[3]，中国石油研制开发了 LEAP800 测井系统。该系统由地面系统、井下仪器和远程操控系统三部分组成，具体包括地面硬件、采集软件、兆级电缆传输系统、常规裸眼井和套管井井下仪器、成像测井仪器、特殊井下仪器、远程数据传输和通信系统等[4]。

以太网技术在计算机通信领域中的应用已经成熟，但在测井领域中还仅局限于计算机和打印机等外设的连接。由于以太网技术的全双工性、开放性、高传输率、高可靠性、抗干扰、实时性、可扩展性、可维护性、标准化和互操作等特点，它允许在同一网络上运行不同的应用层协议，以及能通过 Internet 实现工业过程的远程监控，因此，测井系统网络化已成为必然趋势[5]。

LEAP800 测井系统实现了测井网络化（图 3-50）。每个测井单元，包括操控面板、井下仪器，都是网络中的一个节点。现场测井系统利用卫星通信、互联网或 3G 网络实现宽带网络接入，实现总部对现场、现场对现场的技术支持和全球数据共享，使全球的专家"亲临"现场，帮助现场工程师解决突发的技术问题。

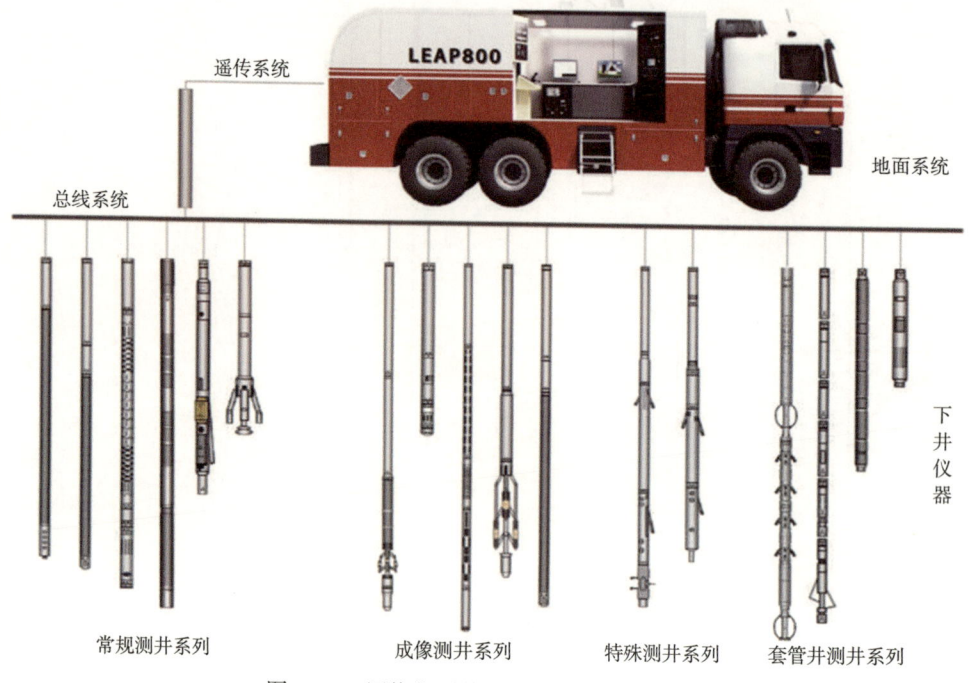

图 3-50 网络化测井系统 LEAP800 示意图

一、网络化地面及兆级电缆传输系统

LEAP800 地面系统是基于模块化、网络化设计理念的新一代快速测井平台，每个一面板都是独立的功能模块，与测井计算机数据交互均基于标准 TCP/IP 网络协议。系统集成度高，支持 LEAP800 测井服务、EXCEL-2000 测井服务、生产井测井服务和射孔取心测井服务，兼容 SONDEX 仪器，并支持 LEAP-NET 远程通信系统和 3G 远程通信系统[6,7]。

LEAP800 地面系统实现了计算机与下井仪器的直接互联、仪器动态挂接、任意组合、软件自动识别、故障网络诊断和远程操控、在线升级等功能。系统测井主机先进的组合能力及兼容性可迅速集成并控制不同生产商提供的下井仪器，完成相应的测井功能。仪器软件、硬件和模块化的通信系统高度统一，具有很好的稳定性和可靠性。

1. 地面硬件系统

1）地面系统组成结构及其功能

LEAP800 地面系统是一个网络系统，地面系统中每一个面板都是网络里的一个节点，通过交换机和地面计算机连接起来，其中地面计算机和地面遥传接口板构成地面网络控制系统。地面系统总结构图如图 3-51 所示。地面 PC 通过网关（接口板）与井下仪器之间建立通信，下发仪器控制命令并接收井下仪器上传数据。地面网关完成对井下仪器进行实时控制、通过 SNTP 对时间进行同步、电缆切换等工作，对地面 PC 下发的命令和井下上传的数据不做任何操作，直接透传。

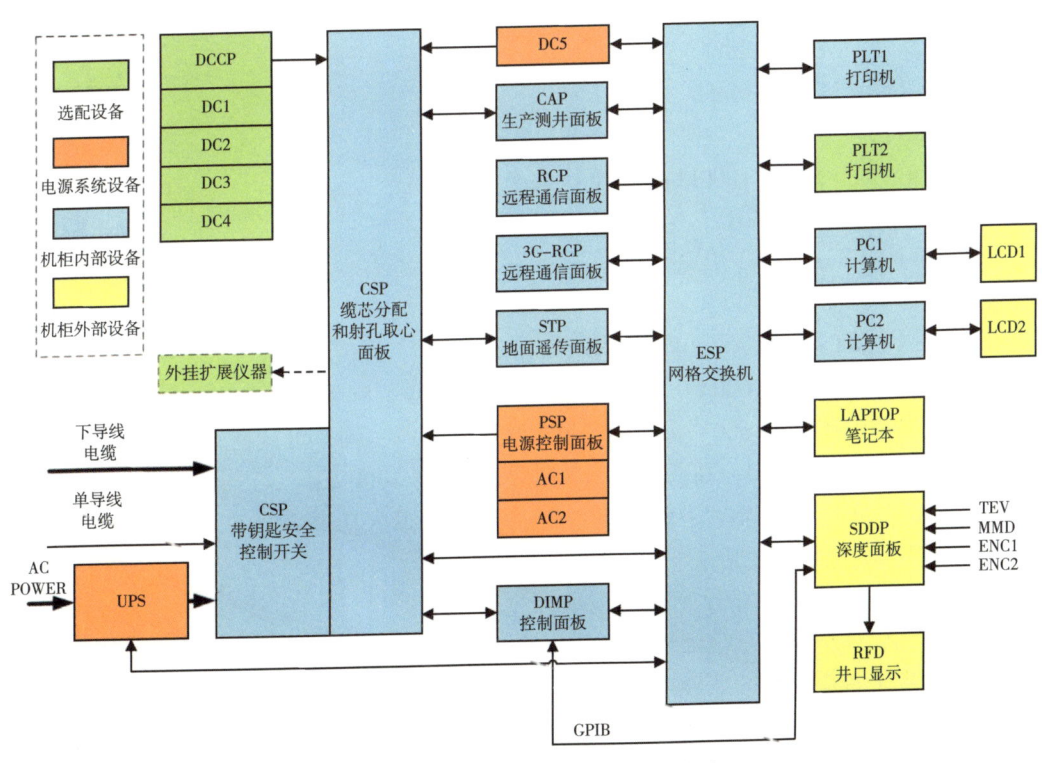

图 3-51 LEAP800 地面系统总结构图

深度系统支持以太网络和 GPIB 接口，网络接口带有时间同步功能，可以把带有时间戳的深度数据直接发送到测井计算机；GPIB 接口为了支持 EXCELL-2000 测井需要。电缆和 UPS 输出通过安全控制锁连接到缆芯分配和射孔取心面板（CSP），切换到安全档位所有缆芯接地、切断电源。不同服务的电缆和电源，通过缆芯分配和射孔取心面板（CSP）进行切换。井口显示 RFD 连接到深度系统上，测井计算机通过网络把井下张力发送到井口显示。

LEAP800 地面系统支持 6 种工作模式，即 STP、CORE、SHOOT、CAP、DIMP 及 OPEN 模式。每种工作模式对应不同的测井功能。通过 CSP 面板的 SERVICE SWITCH 开关，可以切换工作模式。STP 模式下可以配接常规仪器、阵列声波和阵列感应仪器，能够配接集成的微电阻率扫描仪器、超声成像仪器、偶极声波测井仪；CORE 模式下可以实现射孔功能；SHOOT 模式下可以实现爆炸式取心功能；CAP 模式下可以实现生产测井服务功能；DIMP 模式下可以连接 EXCELL-2000 仪器系列，其中包括核磁共振测井仪；OPEN

模式下可以连接集成的钻进式取心器和泵抽式地层测试器，另外还可以连接其他各种便携式测试系统。

2）主要技术参数和技术指标

技术指标：

工作温度：0~+40℃；

存储温度：-20~+75℃；

相对湿度：<95%；

振动：三维，3g，10~60Hz（不工作时）；

冲击：三维，10g，10~60Hz（不工作时）；

系统可靠性：MTBF≥3000h；

系统可维性：MTTR≤0.5h。

采集通道：

遥测通道：上行大于1000kbps，下行大于50kbps

模拟通道：CCL/SP/GR；

通信接口：Ethernet/GPIB 通道。

电气参数：

电源输入：200~240VAC，47~63HZ，20A；

主交流电源输出：0~600VAC，2A，最大功率600W，频率可调；

辅交流电源输出：0~600VAC，4A，最大功率1200W，频率可调；

DC5 直流电源输出：0~600VDC，1.7A，最大功率1000W；

DCCP 直流电源输入/输出：0~1200VDC，3.4A，最大功率4000W。

3）关键技术及技术创新点

（1）基于以太网络的综合控制技术。

将网络化设计从地面系统延伸到井下仪器，实现了地面井下统一的模块化和网络化接口设计，实现了各类仪器的兼容或集成。

网络化：应用现代网络技术，LEAP800 地面系统各设备之间以及各井下仪器之间完全依靠网络连接，每个设备具有唯一的 IP 地址，计算机可以通过各自 IP 地址轻松的访问不同地面设备，从而实现对每一个地面设备的监控和配置，这样各种测井服务可以通过计算机自动控制切换，避免了人为操作的不确定性，提高了系统的效率和可靠性。

模块化：模块化是一种将系统分离成独立功能部分的方法，可将系统分割成独立的功能部分，严格定义模块接口、模块间具有透明性。LEAP800 地面系统根据不同的测井功能，分成了多个模块，各功能模块之间互不干扰。

模块化具有下列特点。

①可维护性：灵活架构，焦点分离；方便模块间组合、分解；方便单个模块功能调试、升级；多人协作互不干扰。

②可测试性：系统各部分可分单元测试。

模块化、网络化的设计使系统的功能化扩展和软硬件升级变得更加简单和方便。

（2）稳定、可靠的下井仪器自动供电技术。

交流电源控制面板中 PC104 嵌入式模块通过串口与程控主交流电源面板、程控辅交流电源面板进行通信，对程控交流电源进行参数设置和数据读取；通过串口与数据采集电路板通信，向其获取主交、辅交电源输出的电压、电流值，井下缆头电压值，手动加电调节旋钮输出值以及继电器的状态等，同时通过该串口向 MCU 发送继电器通断命令以许可主交、辅交电源的输出；通过以太网接口与地面测井计算机进行通信，接收地面测井计算机的加电断电命令，将供电参数及状态传送到地面测井计算机；地面测井软件在测井前通过以太网将加电命令发送给 PC104 模块，加电成功后，将 PC104 模块传送过来的电压、电流等状态信息显示在测井软件中，测井完成后发送断电命令给 PC104 模块，以关闭整个仪器系统的交流供电。

2. 地面软件系统

LEAP800 地面软件系统 WellScope 是自主研发的、有完全自主知识产权的、具有测井数据采集及测井资料现场快速处理功能的新一代模块化、网络化、标准化、国际化的软件系统，已在多个国内外作业区成功推广和使用[8]。

1）组成和功能

WellScope 采集软件系统以功能不同划分为不同应用程序，各应用程序独立，图 3-52 为 WellScope 主界面。下面介绍系统核心功能。

图 3-52　WellScope 采集软件平台

（1）数据采集。

数据采集（Well Looging）负责井筒测井仪器的实时数据采集，包含了涉及整个井筒生命周期内的所有测井模式，主要有常规、射孔、取心、地层测试、裸眼井和生产井等。采集过程中，各类数据都进行了可视化处理，包括仪器图、井眼结构图、测井图、曲线数据、软件示波器等。采集过程中，将产生三个文件：原始数据文件 RDP、工程数据文件 GDS 及主测井图图形文件 GSV。

（2）计算回放。

计算回放（Data Relog）可以从 GDS 测井文件中自动加载测井环境，包括测井时刻度、参数、主绘图模板等，并根据需要选择回放 RDP 数据或 GDS 数据。用 RDP 数据进行计算回放，可以修改仪器长度、测量点、刻度和参数等，这能够模拟测井过程。用 GDS 数据进行计算回放，可以修改刻度和参数等。计算回放过程中可以调整回放速度。在进行计算回放的同时，可以加载历史数据，以方便进行对比，给用户考察算法、参数及刻度调整的影响提供了重要手段。

（3）数据后处理。

数据后处理包括曲线编辑（Data Editor）、文件合并和拼接（Data Splicer）、数据格式转换（Data Format Converter）、环境校正（Environment Correction）等。曲线编辑提供了较为丰富的测井曲线的快速编辑功能，主要功能包括：深度校正、SP 基线调整、曲线压缩和拉伸、八图一表等。文件合并和拼接模块提供多文件数据可视化合并和拼接功能。数据格式转换模块提供了 GDS、DLIS、XTF、LAS、WIS、LIS 等数据格式的相互转换功能。环境校正提供了伽马、中子、侧向等数据环境校正功能。

（4）成果输出。

成果图是测井业务完成的重要考量，系统提供了完善的图像文件生成功能，支持将图形文件导出为矢量图型 CGM、PDF、TIFF 等通用电子文档。成果图通过光栅图形文件管理器（Picutre Manager）或矢量图形文件管理器（CGM Manager）生成，包括图头、仪器图、井眼结构图、参数表、刻度报告、主测井图、重复测井图等。

（5）远程传输和操控。

WellScope 远传系统能够实现远程服务监控、远程故障诊断维修、远程系统控制、远程实时数据传输和显示。该系统有效解决了如电缆测井这样复杂且庞大数据量的传输问题，并且解决了传输延时问题，能够再现各种测井曲线和各种井场服务数据。该系统结构如图 3-53 所示。

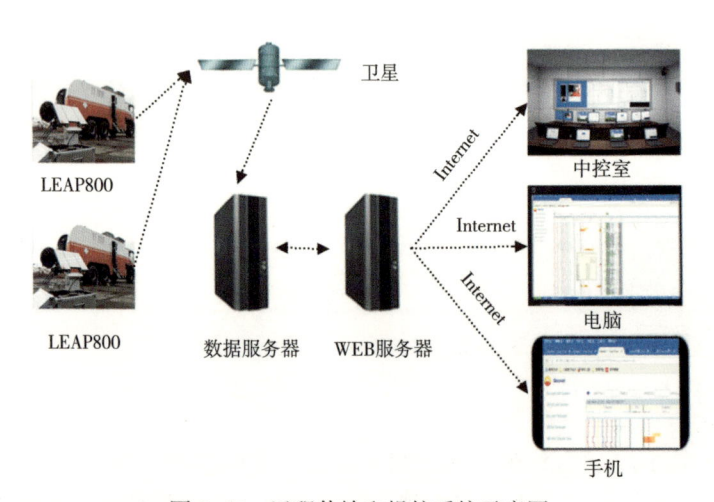

图 3-53 远程传输和操控系统示意图

远程传输和操控系统是 WellScope 采集软件系统的重要组成部分，能够为现场作业队、作业区和公司总部之间提供通信服务，使公司能够实现快速决策，有效地处理紧急事件。

WellScope 采集软件系统所采集到的数据会根据油公司的要求保存到油公司的 Data Server 上。油公司相关人员和专家可以通过 WEB 浏览器实时浏览测井数据，也可以浏览历史数据。

2）技术特点及创新点

WellScope 采集软件系统采用了完全的面向对象设计方法，利用微软最新的 .Net Framework 平台进行开发，具有网络化、模块化的特点[9]，使用统一接口设计和数据库技术来统一管理测井服务数据，Wellscope 测井采集软件系统具有如下创新点。

（1）统一架构的数据采集平台。

整个 LEAP800 系统基于面向对象的思想而设计，不同的服务模块间使用了统一的数据模型，统一的数据采集流程，一致的显示架构，数据存储和处理架构；不同的服务模块使用统一的单位管理服务，消息管理服务。

（2）基于数据层—功能层—表示层的三层体系结构。

LEAP800 系统采用三层结构的软件架构模式，在逻辑上保持相对的独立性，使整个采集软件的逻辑结构更加合理，能提高系统和软件的可维护性和可扩展性，同时还能保持良好的升级性和开放性。应用多层结构，各层可以并行开发，加快了系统开发速度。

（3）测井数据远程传输及显示。

LEAP800 系统能够实现远程服务监控、远程故障诊断维修、远程系统控制、远程实时数据传输和显示。该系统有效解决了如电缆测井这样数据复杂且数据量庞大的传输问题，并且解决了传输延时问题，能够再现各种测井曲线和各种井场服务数据。

（4）统一数据存储接口设计。

系统的数据存储格式不依赖于某一固定格式，各种存储格式遵从统一的标准接口，可以根据需要对存储文件的格式进行灵活配置，用户只需要简单的修改相应的配置文件即可。为了提高存储效率，LEAP800 系统采用自定义的存储格式 GDS（GeoScope Data Storage）兼顾了实时数据存储格式和处理数据存储格式的优点，适用于实时数据采集和测后数据处理。

（5）单位管理系统。

单位系统建立在 RP66 工业标准基础之上，同时参考了中国石油、中国石化、中国海油的单位系统，保证了数据和信息与其他系统间的可交换交换性。

（6）日志管理系统。

LEAP800 系统日志管理系统支持多种级别的日志。优先级从高到低依次排列如下：ERROR > WARNING > INFO > DEBUG。具有强大的实时分析能力和丰富的告警方式。能够对某一模块的入口、出口、异常进行全方位跟踪，实现系统运行与日志记录的平行，实现日志信息的最大化。

3. 兆级电缆传输和井下仪器总线系统

兆级电缆传输系统由地面收发器和井下收发器组成，是利用离散多音频（DMT）和 ADSL 的技术发展的一种高速测井遥传系统[8]，其上行数据率达到 1000kbps。井下仪器总线系统与电缆传输系统进行配合，通信总线的速率要大于电缆数据传输系统，充分发挥了电缆数据传输系统的性能。LEAP800 测井系统的井下仪器的总线速率达 10Mbps，完全能够将电缆数据传输速率发挥到极致[10,11]。

兆级测井遥传和井下仪器总线系统结构图如图 3-54 所示。

1）兆级电缆传输系统技术组成与功能

LEAP800 遥传系统完成地面和井下电缆遥传通信功能，地面收发器由测井计算机控制，井下收发器通过井下仪器总线通信板和井下仪器连接，完成了测井数据的井上和井下的发送和接收功能，所有数据完全透传，不做任何处理。作为兆级电缆传输系统的井下仪器部分，高速遥测伽马测井仪（HSTG）实现测井地面平台系统与井下仪器间高速数据传输，并集成伽马参数采集及缆头电压测量等功能。作为 LEAP800 测井平台系统中的关键通信仪器，与 LEAP800 系统中的其他井下仪器配接完成测井作业。

采用兆级电缆传输系统技术研制的高速遥测伽马测井仪器（HSTG）的主要功能如下。

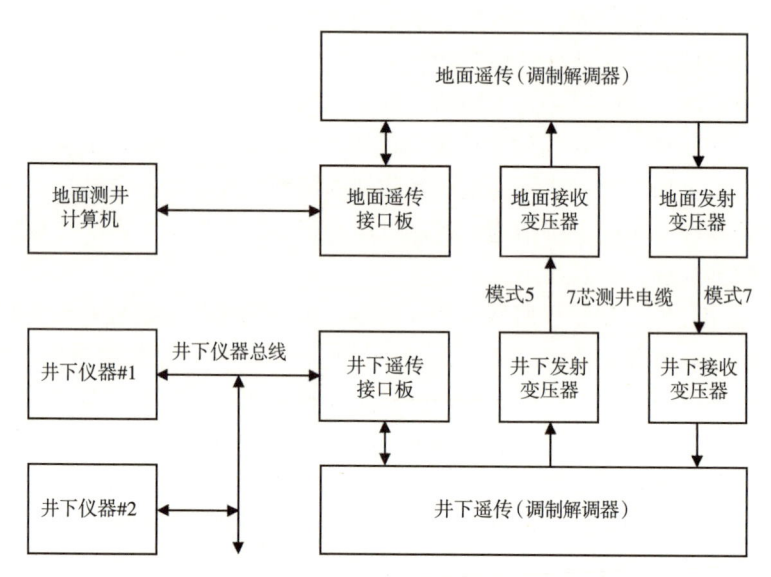

图 3-54 兆级测井遥传和井下仪器总结系统结构图

（1）井下遥传调制解调器（遥测部分）。

井下遥传调制解调器，即高速遥传部分（HST）是基于 ADSL 通信技术，在测井电缆的不同缆芯上建立上行和下行两个模拟通道传输数据。上行速率大于 1000kbps，下行速率大于 50kbps。

（2）井下数据路由器。

通过 10Mb 以太网与井下设备进行通信，并提供路由器功能通过 TCP/IP 协议实现井上系统与井下设备的连接、控制及数据传输。

（3）仪器参数监控及自然伽马测量。

通过集成自然伽马探测短节和在 COM 板上的测量电路，对自然伽马信号，高速遥测伽马测井仪内的温度、电压等进行测量，并可通过地面软件进行实时监控。

（4）仪器井下缆头电压测量参数。

通过单独的测量模块对井下缆头主交电压和辅交电压进行实时测量。可实现井下仪器串的自动加电功能以及缆头电压的实时监控。

（5）仪器参数监控。

通过集成在 COM 板上的测量电路，对高速遥测伽马测井仪内的温度、电压等进行测量,并可通过地面软件进行实时监控。

(6) 电源变换和分配。

将通过七芯电缆传输的主交（辅交）电源通过对应的主交（辅交）变压器转换成井下仪器串要求的 AC 250V 电源（及辅交电源），并通过仪器的上下接头分配给仪器串。

2) 井下仪器总线系统技术组成与功能

井下仪器总线的主要功能是负责井下仪器数据的收集和转发，并通过电缆传输系统传送到地面计算机中。其核心功能是通过一个叫作通信接口板（又叫 COM 板）的电路板来实现的。LEAP800 系统的数据传输逻辑框图如图 3-55 所示。

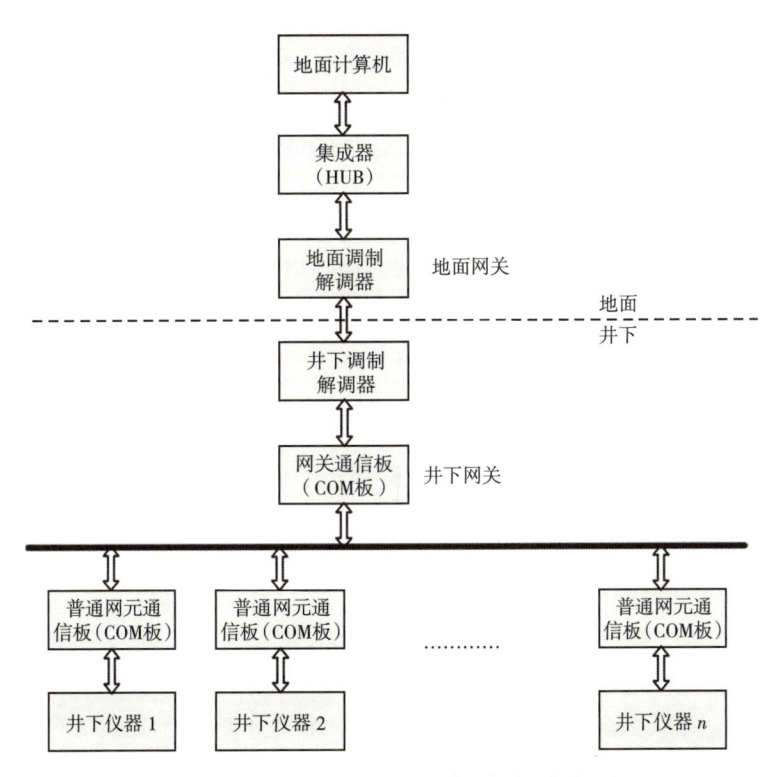

图 3-55　LEAP800 系统的数据传输逻辑框图

设计通信接口板（即 COM 板）目的是为了建立仪器和地面软件沟通的渠道，因此，COM 板完成的功能主要有：

(1) 以太网通信接口；

(2) 提供仪器的通信接口，为同步串行接口（SPORT 接口）；

(3) 多路模拟信号测量和监控，包括电源信号、高压信号、温度信号等。

3) 技术创新点

兆级电缆传输系统和井下总线系统作为 LEAP800 系统的核心部分，具有传输率高、可靠性强等特点，将为下一代分辨率更高、数据传输量更大的井下仪器提供了通信保障。该系统具有以下技术创新点。

(1) 遥传速率稳定达到 1Mbps，该测井遥传系统将先进的离散多音频（DMT）调制解调技术用于七芯电缆的全双工通信系统，具有国际领先水平[12]。

（2）仪器总线通信速率达到了 10Mbps，远远超出传统仪器总线的通信速率，达到了国际先进水平[12]。

（3）抗干扰能力强、保证数据传输的可靠性：自适应不同性能和不同长度（0～7500m）的测井电缆。根据环境噪声变化，动态调节传输速率，解决了应电缆展开，信道变化给遥传系统带来的问题。

（4）具备全双工通信能力：能满足遥传通信和地面向井下仪器输送大功率电力的缆芯复用系统，实现了井下仪器自动供电。

（5）模块化遥传系统和井下仪器总线系统，标准网络协议和统一的通信硬件，可实现仪器任意组合、软件自动识别、故障网络诊断和软件远程升级等功能。

（6）井下仪器总线系统基于插针方式的同轴线通信方式，在实现高速、可靠通信的同时，也实现了仪器贯通线资源的较少占用（只占用2根），更为重要的是实现了井下仪器总线的星型拓扑结构，使得仪器控制简单，故障诊断与隔离容易，任一节点的损坏，不影响其他节点的工作[13]。

兆级电缆传输和井下仪器总线系统提高了我国自己研发的仪器的竞争力，具有完全的自主知识产权。为中国测井开拓海外市场提供强有力的技术保障，也有助于其他国产测井设备的升级换代，具有巨大的市场需求和油田现场应用前景。

二、相控阵列声波测井仪器

1. 技术背景

随着石油勘探开发难度加大，井身结构复杂，井眼条件差，过多的重复测量增加了施工的风险，市场上需要适应快速测量、大满贯仪器组合长度尽量短的声波仪器。针对这一难度，中国石油研制了相控阵列声波测井仪器（PAAT），满足了大满贯仪器组合长度短的要求，兼顾固井质量测量（CBL/VDL），实现了声波仪器的快速测量，提高测井时效，有效降低生产成本和施工安全风险，满足石油勘探提速和提效的要求。

2. 仪器结构组成与功能

相控阵列声波测井仪器采用了 STC（慢度时间相关分析）的计算原理，实现了声波模式波慢度的实时智能精确计算，得到准确的纵横波时差曲线。在地层评价方面主要用于初始和次生孔隙度的确定、气层识别、套后孔隙度计算和固井质量测量（CBL/VDL）。

相控阵列声波测井仪器采用上下对称发射、中间 8 个阵列接收器和远相控发射的声系探头结构，由电子线路短节，阵列探头短节和相控发射短节三个部分组成（图 3-56）。

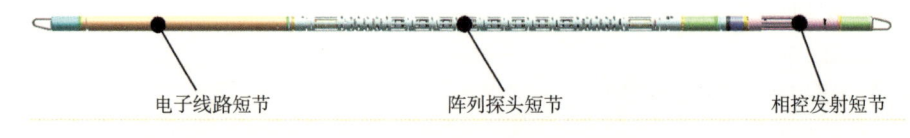

图 3-56 相控阵列声波测井仪器框图

电子线路短节：仪器的所有电路都在电子线路短节，包括普通发射电路、相控发射电路、前放—数字处理电路、电源电路和通信电路。

阵列探头短节包括上下对称的 2 组发射换能器，中间是 8 组接收换能器。上下发射器在发射电路控制下同时进行声波激发，8 组接收换能器同时接收波形，实现了硬井眼补偿。

相控发射短节包括一组相控发射换能器阵元，通过对不同阵元的幅度加权和激励延迟使发射探头具有明显的指向特性，使声波沿着预先设定好的方向辐射。

主要技术指标：

最大工作温度：175℃；

最大工作压力：140MPa；

最大外径：9.21cm

工作井眼：4.25~17.5in；

测量范围：40~190μs/ft；

纵向分辨率：0.5~3ft；

测量误差：<2μs/ft；

推荐测速：1800ft/h。

3. 技术创新点

1) 非对称隔声体的设计

声波测井仪器通常的刻槽方案均采用均分的方案。当波在随机介质中传播时，会出现一些特殊现象，其中波在准周期系统中的传播对于隔声体设计具有非常重要的作用。

PAAT 利用准周期的结构在频域上的非周期选择性进行隔声设计，采用准周期非平行中间层的方案，设计出具有频率选择性的隔声体，对地层信息干扰最大的频段得到显著的抑制。与传统的周期平行层的方案相比，在同等隔声长度的条件下，新的方案能很好抑制对地层信息干扰大的频段，有效提高隔声效果，从而可以有效缩短仪器长度。

2) 相控阵发射组合方式的设计

通常声波测井用的对称震动式换能器即无明显的指向性也不能进行自动控制，这种换能器发射时只有很小的一部分能量经过地层被接收探头接收。PAAT 采用了相控阵技术，使发射探头具有明显的指向特性，使声波沿着预先设定好的方向辐射，提高声源发射效率，提高了信噪比；在套管井中可以通过其聚焦功能使更多的能量透过套管，进入地层，以测得套后地层信息。

对不同阵元的幅度加权采用从中间位置向其两端递减的方法加权，并调节阵元激励延迟实现相控阵主瓣偏转角的控制，覆盖了大部分的地层慢度[14]。

3) STC 算法的优化设计

相控阵列声波测井仪器利用时间—慢度相关法（STC 算法）实现了声波模式波慢度的稳定精确计算。STC 算法克服了首波法的周波跳跃等种种缺陷，能够得到更加稳定可靠的结果。

在实现 STC 的算法过程中，解决了 STC 算法参数自动设置，STC 算法高效和高精度计算，跟踪和寻峰等技术难关，能够实时准确地计算出地层井眼补偿后的纵波和横波慢度[15]。现场试验证明该算法稳定可靠，大大节省了施工时间，减小了现场工程师的劳动强度。

4. 应用效果

相控阵列声波测井仪器已经实现了产业化生产并进行了推广使用，在辽河、吉林、内蒙古、大港等油区进行测井现场作业，累计完成了 300 多口井的现场作业；国外在哈萨克斯坦、乍得、厄瓜多尔等多个国家和地区进行推广使用，累计完成 200 多口井的商业井测井,测量地层涵盖了砂泥岩、碳酸盐岩、变质岩、火成岩等岩性剖面,所取得的测井资料符合石油行业标准。

相控阵列声波测井仪器进行了大量的现场测试,测试环境包括快速地层和慢速地层、直井和大斜度井、水平井等多种井况,仪器体现了良好的稳定性和可靠性,仪器的重复性和一致性很好,与国外三大家的同类仪器测井曲线对比合理,整体性能相当。

图3-57是国外某实井相控阵列声波测井仪器PAAT与进口ECLIPS-5700声波仪器的对比成果图。图中第3道是孔隙度曲线,其中DTC是PAAT的时差曲线,DT24-Rep是ECLIPS-5700声波的时差曲线;第4道是PAAT的STC算法相关图。PAAT和ECLIPS-5700声波的曲线走势重合得好,从第4通上可以看出,可以同时计算出纵波时差和横波时差曲线。

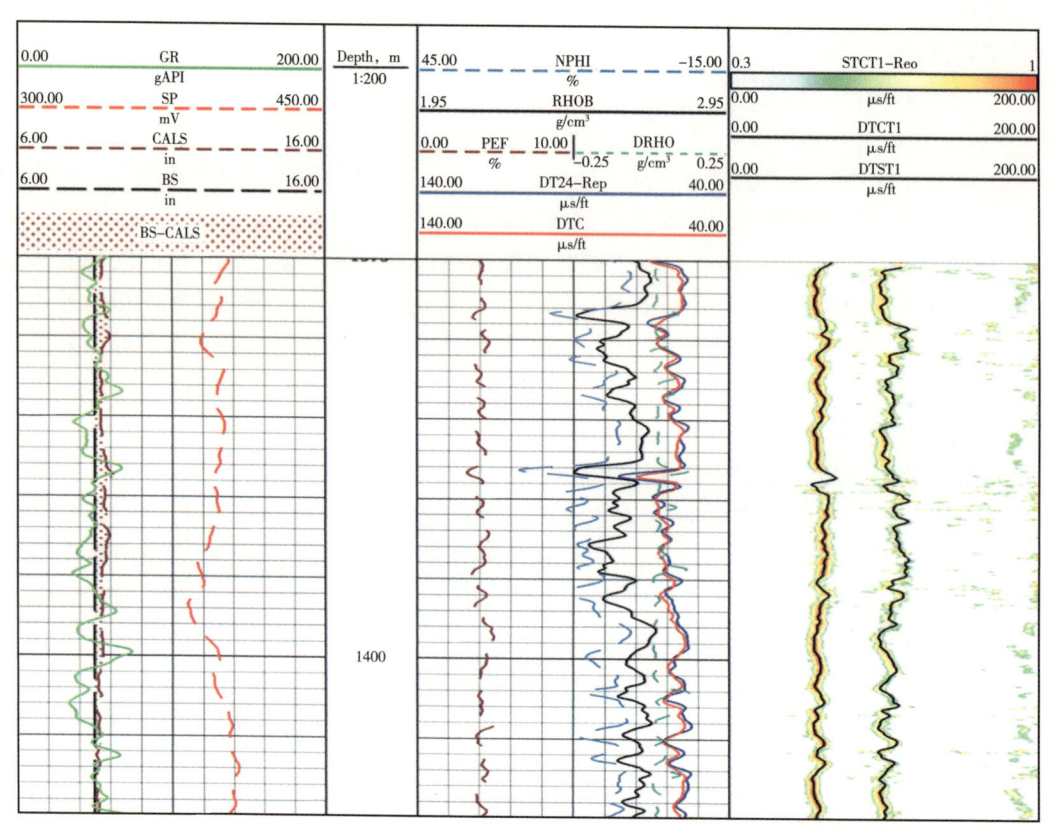

图2-57 国外某实井PAAT与进口ECLIPS-5700测井系统声波对比图

三、油基钻井液电阻率成像测井仪器

1. 技术背景

油基钻井液在钻井过程中能够保护井眼、减少井眼垮塌,已经得到越来越多的应用[16],随之而来的问题是传统的电阻率成像测井由于测量原理[17]、发射功率等因素导致电流不能有效穿透油膜[18],电阻率成像结果可想而知,因此开发出用于非导电钻井液的微电阻成像测井仪器显得十分迫切,斯伦贝谢公司、贝克·阿特拉斯公司相继推出OBMI、EARTH成像仪。OBMI为国内首支可应用于商业测井的油基钻井液电阻率成像测井仪器。

2. 技术组成和功能

1) 仪器结构组成

油基钻井液电阻率成像测井仪器机械机构由推靠探头、测量极板、电子线路短节三部分组成。如图 3-58 所示，推靠探头是油基钻井液电阻率成像仪器主要组成部分，分为动力、推靠、平衡三个部分。在测井时，推靠探头将 6 个极板紧贴井壁，保证极板发射电极与接收电极与地层良好接触，通过内部电位器实时测量极板状态的变化，并通过尾部的平衡装置保证仪器的压力平衡。

油基钻井液电阻率成像仪器每块测量极板由 5 对接收电极、2 块发射电极、测量极板基体及测量电路组成。测井时，测量极板由推靠臂推开，紧贴井壁，通过发射电极将电流注入地层，通过纽扣对接收地层电压信号，并对接收的信号进行预处理，并将信号传输到电子线路短节。由于测量是在极板上完成的，因此，测量极板设计的好坏直接影响仪器测量的精度、信噪比等指标。

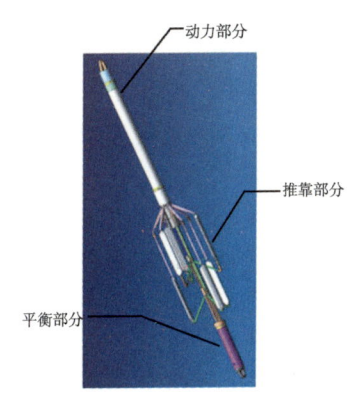

图 3-58 油基钻井液电阻率推靠探头

电子线路短节主要负责油基钻井液电阻率成像仪器的通信、采集的测量信号量化、处理以及推靠器控制等功能。

油基钻井液电阻率成像仪器的电子线路主要由电源电路、发射电路、接收、采集电路、电机控制电路、主控及通信电路组成。

主要技术指标：

仪器总长 6.5m，最大外径 135mm，质量 220kg；

极板数量为 6，每个极板有 5 对接收纽扣，直径 5mm，纽扣对中心距为 13.1mm；

耐温 150℃，耐压是 140MPa；

图像覆盖率为 57%（8in 井眼），井眼尺范围 6~20in；

径向分辨率为 1.2in；

测井速度：仪器最大测速为 600ft/h；

适应钻井液范围：非导电钻井液；

电阻率测量范围：$0.2 \sim 1000 \Omega \cdot m$。

2) 仪器功能与测量

油基钻井液电阻率成像测井仪器是根据四电极测量法对地层电阻率进行测量的[20]。测量原理如图 3-59 所示，测量极板尽可能紧靠井壁，交变电流通过极板上下 A、B 两端的电流发射电极发射到地层中，在地层中形成电势分布，位于 C、D 位置的五对探测电极则用于测量电极间电势差 δV。每个探测极板有五对探测电极，每支仪器有 6 个探测极板。每个探测极板可以测得 5 个地层电

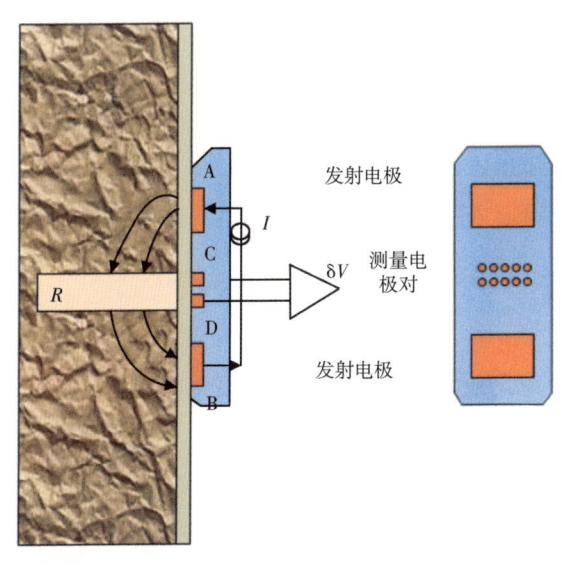

图 3-59 仪器测量原理示意图

阻率值 R_{xo}。因此，在同一深度上可以测得 30 个地层电阻率值。油基钻井液电阻率成像测井仪的横向分辨率为纽扣探测电极间距为 12.2mm，纵向分辨率为 30mm。

3. 技术创新点

1）仪器极板的结构设计

油基钻井液电阻率成像仪器极板整体结构如图 3-60 所示。极板成长条型扁平结构，全长 600mm，宽度 90mm，厚度 36mm。极板截面底部为平面，用于与推靠器贴紧；截面上部为整段弧，可以使极板在不增加仪器整体直径尺寸情况下与井壁贴合较好。极板前后两端具有连接推靠器极板臂的圆柱销孔。极板整体采用 TC11 制造，并使用 O 形圈密封；极板表面两端装有两个铍铜发射电极板，负责发射电流信号，由于采用了发射电极制造采取了一体化加工工艺，保证了发射电极与主基体完全绝缘，提高了的发射信号可靠性，减小分体式结构由于钻井液进入造成的极板损坏；极板中部装有 10 个发射针的整体接收电极，负责接收电流信号，由于采用一体化设计，电极间绝缘度更高，降低了纽扣对之间相互干扰，有利于提高接收信号的信噪比。发射电极板和接收电极密封塞通过 PEEK 材料与极板表面绝缘。极板内部装有数据处理电路。

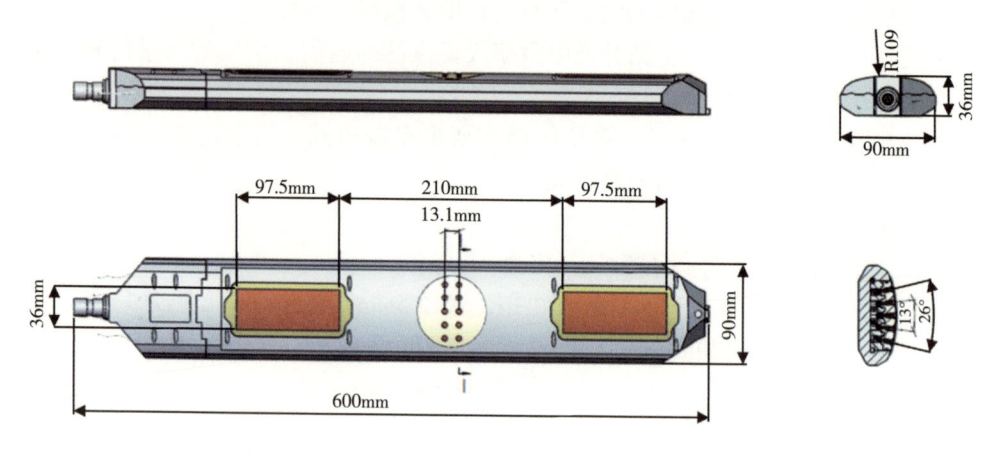

图 3-60 油基钻井液电阻率成像仪器极板整体结构图

2）多频信号的产生与测量

油基钻井液电阻率成像仪器具有测量速度快，采样点多的特点。在测量过程中，如采用单频电流发射，6 个极板顺序采样测量，则在测量速度上很难达到要求；如采用单一频率发射，6 个极板同时测量，则会在各极板间形成干扰，影响测量结果。为解决测量速度与极板间干扰问题，采用各极板分频发射、采集技术，实现各个极板同时发射并采集相应频率信号，以满足仪器性能要求。

3）软件、硬件结合数据处理技术

采用电流监控技术、漏电流补偿技术、电子线路归一化技术，并行计算分析技术，卡尔曼滤波技术，动态增强技术，数据归一化技术，实现了数据计算准确、快速处理，并确保电阻率图像处理结果更加有效、可靠。

4）整套机械、电子刻度及仪器性能检测装置

采用多点插值拟合技术，设计了便携式多臂推靠探头井径刻度器，实现准确对仪器进行井径刻度。采用电阻网络电子线路刻度装置，确保电子线路的一致性。采用物理性质稳

定的电阻率模拟单元体和易于相对定位的电阻率模拟单元体组装成了油基钻井液模拟井技术,解决仪器的准确性、分辨率、成像质量等关键参数的测量与评价,弥补了在该仪器检测、标定方面的国内外空白。

4. 应用效果

油基钻井液电阻率成像测井仪器应用以来,先后在辽河、新疆、四川等油田完成6口商业井测试,取得了满意的结果。

第三节 特色电缆测井仪器

为满足油田需求,开发出多种特色电缆测井仪器,应用成效显著。0.2m超薄层测井系列仪器的研制成功,形成了完整的、满足陆相油田开发需要的薄层测井仪器,在国内外属于首创,达到了世界先进水平;远探测声波测井仪突破了其他测井仪器径向探测不能超过3m的局限,实现了对碳酸盐岩、火成岩等快速地层井旁10m范围内的裂缝型地层的发育情况的探测,助力塔里木油田、大港油田的新区勘探中多口井的重大地质发现。

一、0.2m超薄层测井系列

0.2m超薄层测井系列是针对国内外薄差储层开发而研制的测井系统,所包含的测井项目为高分辨率的双侧向、自然电位、自然伽马、密度、微球形聚焦、微电位、微梯度、声波、阵列感应、中子,以及地质评价需求的2.5m电极系、井斜、井径、流体电阻率、井温等。该系统的技术水平为国内首创,达到国际领先[20]。可为油田薄差储层的有效开发提供精细、准确的孔隙度、泥质含量、含油性以及水淹特征等地质参数[21]。"十二五"期间重点攻关了以下仪器。

1. 0.2m高分辨率双侧向测井仪

1) 技术简介

0.2m高分辨率双侧向测井仪采用分频式数字聚焦方式设计,根据电场叠加原理,数字聚焦方式可以分解为3个部分独立完成,深、浅侧向的聚焦方式可由这3种模式两两组合实现。0.2m高分辨率双侧向测井仪通过A0电极变窄、监督电极间距缩短以及仪器主电极直径增加三个手段,具体的尺寸采用二维有限元数值模拟方法,对电极系进行优化设计,实现了0.2m纵向分辨率。既保持了较深的探测深度,又大大提高了仪器的纵向分辨率,具有较强的划分薄层的能力,能详细描述地层侵入特征,可获取地层真电阻率。仪器如图3-61所示。

图3-61 0.2m高分辨率双侧向测井仪

2) 主要创新点

(1) 软硬结合的高分辨率双侧向聚焦系统设计。

主聚焦:监督电极M1、M2等电位。采用合成聚焦方式,即3种工作模式供电,利用模式叠加得到深浅侧向电阻率,如图3-62所示。

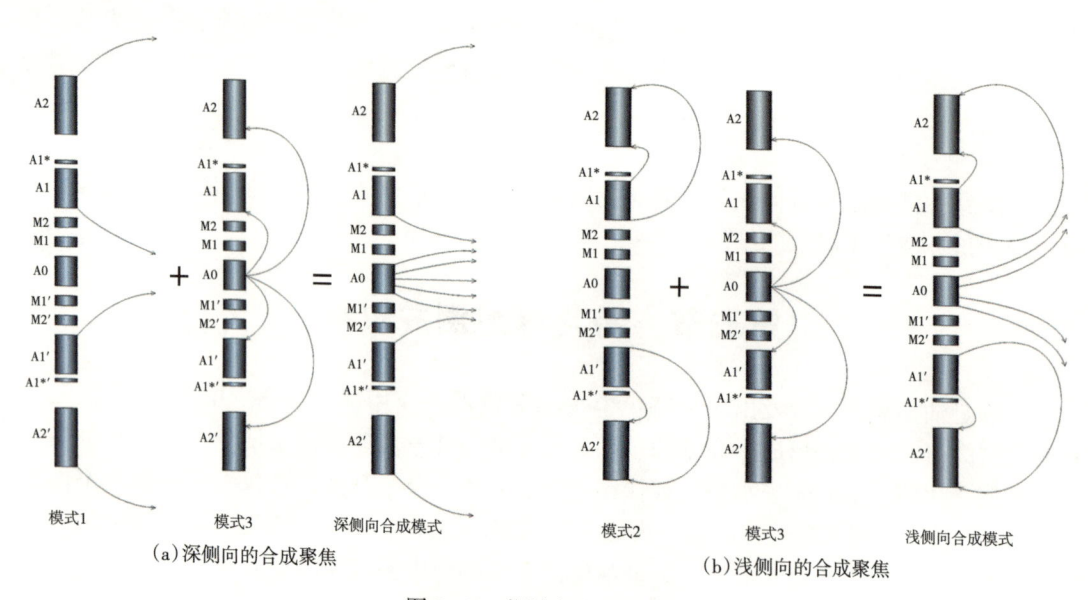

图 3-62 深浅侧向合成聚焦

A0 是主电极，M1 和 M2 是监督电极，A1 是屏蔽电极，A2 是加长屏蔽电极

辅助聚焦：监督电极模式 1 和模式 3 供电时，A1、A2 等电位。采用硬聚焦（电路反馈），保证这两个模式符合理论要求，如图 3-63 所示。

（2）基于相关算法的高分辨率双侧向数弱信号测量技术。

相关算法是在弱信号高噪声系统中检测有用信号的有利工具。在高分辨率双侧向测井仪中，采集的电压和电流测量信号都分别是和三个分场频率有关的混频信号，并且混有工频或其他性质噪声。在检测模式 1 电压信号时，混频信号中的模式 2 和模式 3 电压信号也视为噪声，其他信号检测也与此类似。这就可能造成噪声信号远高于测量信号的情况，这种情况，采用相关技术进行检测，可靠实现共三种频率下微弱信号提取。

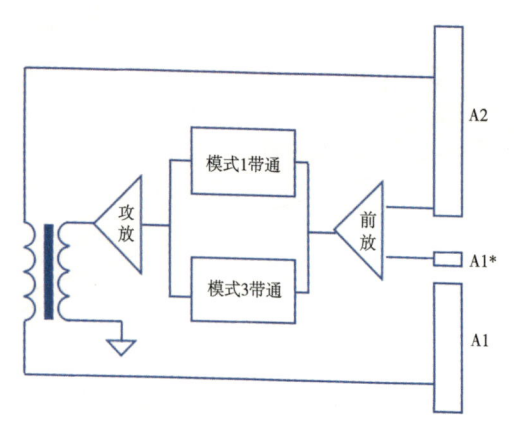

图 3-63 辅助硬件聚焦

2. 0.2m 高分辨率自然电位测井仪

1）技术简介

自然电位场是由于钻井过程中钻井液和地层水矿化度的不同而自然产生的，不受人为的控制而改变，测井只能在井筒内进行，在相同地层条件下，自然电位的纵向电位梯度的绝对值与井筒半径成正比例关系，越靠近井壁，纵向电位梯度也越大：

$$\mathrm{d}U = \frac{q}{4\pi\varepsilon} \frac{\mathrm{d}\theta}{2\pi\sqrt{R^2 + r^2 - 2Rr\cos\theta}} \tag{3-1}$$

式中　dU——井壁某一点在测量电极处产生的电位；

　　　q——井壁圆周带电总量；

　　　ε——介电常数；

　　　θ——井壁某一点到井眼中心与测量电极到井眼中心的夹角；

　　　R——井眼半径；

　　　r——仪器电极半径。

根据椭圆积分公式可以计算出不同 r 对应的电位值，从而计算出自然电位在井筒径向平面中的分布情况（图3-64）。

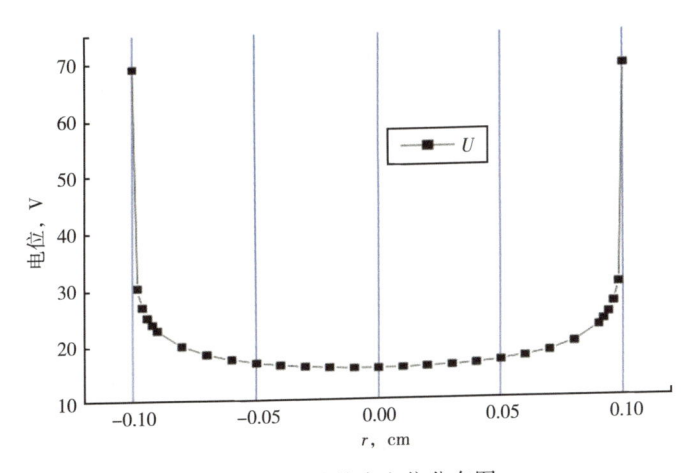

图3-64　井筒内电位分布图

电位值 U 在圆心处最小，但随着 r 的增大而增大，当 $r \to \pm R$ 时，U 急剧增大。因此，采用近井壁测量可以使自然电位的测量值接近原始电位值。0.2m 高分辨率自然电位测井仪采用近井壁环状电极，电极环直径到达 150mm，降低井眼影响，实现了0.2m 纵向分辨率，从而实现划分薄层、薄互层和层内细分。仪器外观如图3-65所示。

图3-65　0.2m 高分辨率自然电位测井仪

2）主要创新点

近井壁机械结构。

0.2m 高分辨率自然电位测井仪的整体机械设计综合考虑了组合测井和工程施工等方面的因素。测量电极环镶嵌在仪器外部，用于测量自然电位。仪器筒内部为测量电路。机械结构示意图如图3-66所示。

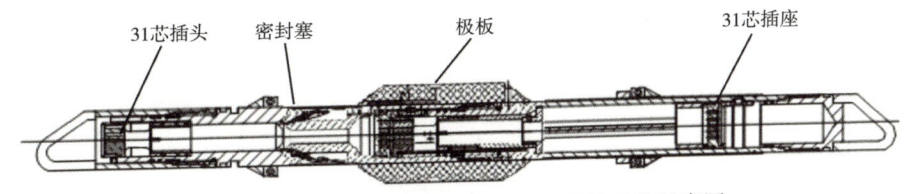

图3-66　0.2m 高分辨率自然电位测井仪结构示意图

采用近井壁环状电极，降低井眼影响，自然电位的纵向分辨率达到0.2m。环状电极理论模型如图3-67所示。

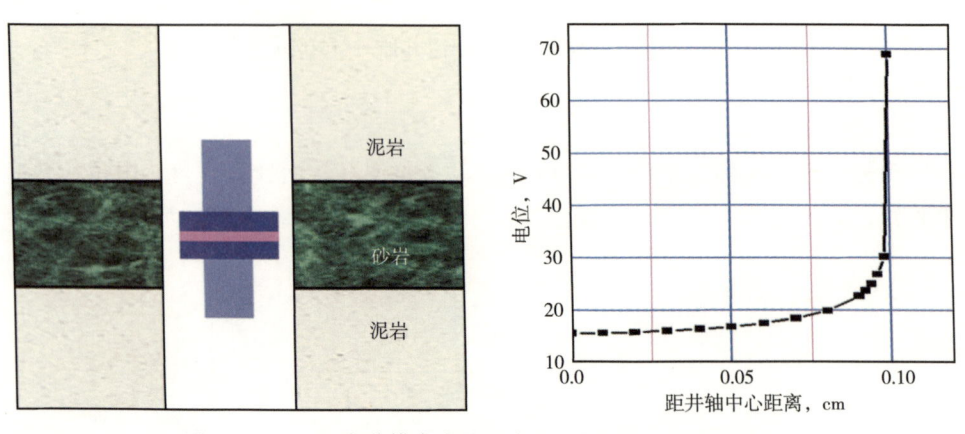

图3-67 0.2m高分辨率自然电位测井仪环状电极理论模型

3. 0.2m高分辨率自然伽马测井仪

1）技术简介

自然伽马测井主要测量自然伽马射线在地层中和沿井轴的强度分布，主要用于划分岩性、地层对比和计算泥质含量。基于自然伽马探测体积模型，进行自然伽马探测响应函数分析，结合试验测试数据，设计超薄层自然伽马探测器，结合多探测器合成技术，使自然伽马测井分辨率达到0.2m。划分岩性更清晰，储层参数计算更准确。仪器外形如图3-68所示。

图3-68 0.2m高分辨率自然伽马测井仪

2）主要创新点

（1）基于等效探测体积的自然伽马响应模型。

根据伽马射线探测理论，考虑地层的吸收系数和井筒环境的影响，首次建立等效探测体积模型，并将其应用于无屏蔽和上下屏蔽自然伽马的理论计算。

（2）阵列伽马探测器结构。

设计合理的探测器结构，提高纵向分辨率；通过阵列探测器，增加探测器的有效体积；对探测器以外的部分进行有效的屏蔽，弱化邻层的干扰，提高目的层贡献率。

（3）基于相关加权合成的自然伽马曲线合成技术。

对每个探测器测得的自然伽马曲线进行合成处理，为此开发了基于阵列探测器结构的自然伽马测井曲线的相关加权合成法，在保留仪器测量的高分辨率信息的基础上，降低了测量的统计涨落误差的影响。

4. 0.2m高分辨率密度测井仪

1）技术简介

0.2m高分辨率密度测井仪采用三探测器补偿方式，即由长、中、短三个探测器组成，通过优化设计仪器结构参数，计算出三个视密度值，进行地层密度校正时，三个视密度值均参与计算，使其纵向地层分辨率达到了 0.2m，可获取更真实地层密度值，有效确定地层孔隙度，是储层厚度划分、薄差储层参数探测及解释的重要手段和工具。仪器测量原理图如图 3-69 所示。

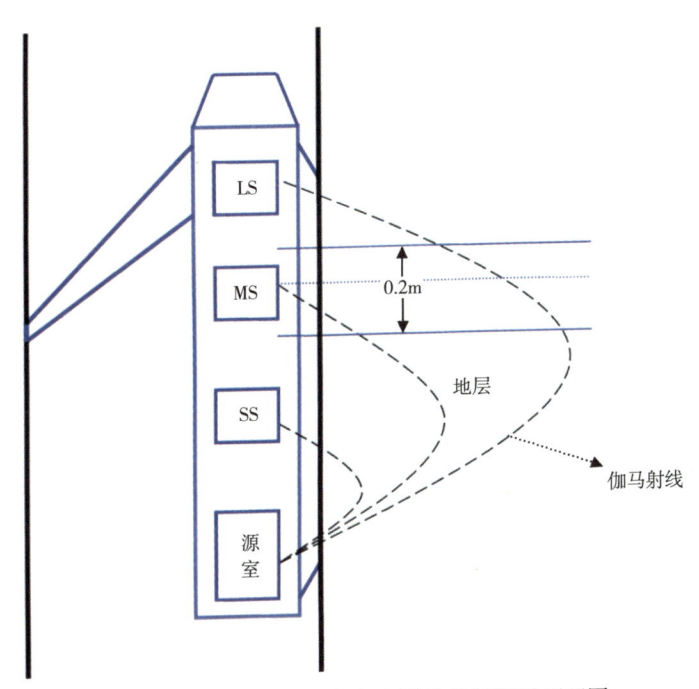

图 3-69　0.2m 高分辨率密度测井仪器测量原理图

2）主要创新点

0.2m 高分辨率密度测井仪设计三探测器补偿密度方式，由长、中、短三个源距组成，计算出三个密度值。其优点有可以提高仪器纵向分辨率；可对滤饼进行定量补偿，提高地层的测量精度。

（1）高分辨率探头结构设计。

为了满足 0.2m 分辨率要求，通过蒙特卡罗模拟计算，确定出了探测器尺寸、源距、探测器准直孔形状和开口、源强及开口形状和开口角度、屏蔽体材料、仪器灵敏度等参数，设计出了最佳的仪器结构。

（2）电路小型化设计。

为了缩短仪器长度，电路采用了小型化和模块化设计，使全部电路都放在了探头内部，去掉了通常仪器电子线路短节部分，便于集成测井。

5. 0.3m 高分辨率中子测井仪

1）技术简介

0.3m 高分辨率中子测井仪在传统补偿中子测井的基础上，基于蒙特卡罗数值模拟计算方法，建立地质模型，计算不同源距下对地层的纵向分辨能力，优化设计高分辨率补偿中子探测器，使得中子测井纵向分辨率大幅提高，由常规的 0.6m 提高到了 0.3m。可以有效识别超薄层，确定地层孔隙度，识别岩性，估计油气密度，定性指示高孔隙度气层。图 3-70 展示了不同源距 L 下中子探测对地层的纵向分辨能力。图 3-71 是高分辨率中子测井仪的外形图。

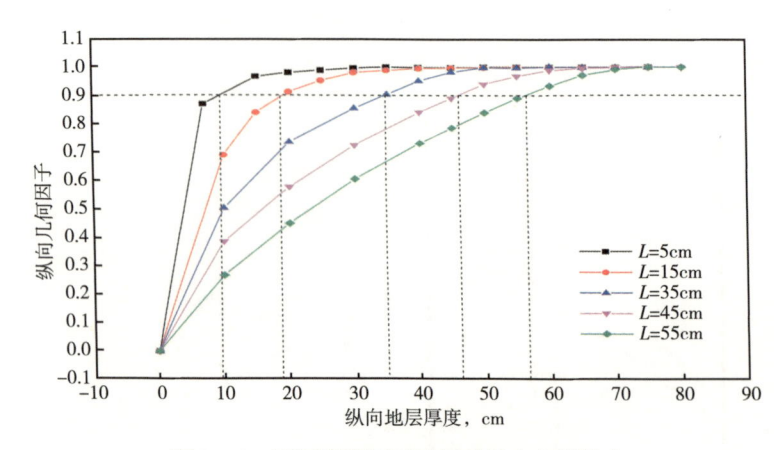

图 3-70　不同源距下对地层的纵向分辨能力

图 3-71　0.3m 高分辨率中子测井仪

2）主要创新点

（1）高分辨率中子探测器。

通过理论计算，结合仪器结构，设计高分辨率中子探测器。经试验数据评价，仪器的分辨率得到明显提高。

（2）高分辨率中子测井仪器的短源距实现技术。

优化设计机械结构，实现短源距，使得仪器能够与其他仪器集成。

（3）孔隙度灵敏度在探测器优化中的应用。

通过计数率的理论公式，推导了孔隙度灵敏度与地层孔隙度、源距、间距的理论关系式，并结合文献数据和理论计算数据进行了验证。

3）应用效果

将 0.3m 高分辨率中子测井曲线与常规补偿中子测井曲线绘制在同一张图中，并与微电极、高分辨率声波、微球形聚焦等测井曲线和岩心柱进行对比如图 3-72 所示。图中标注 1 号层为砂岩厚度 0.3m 的储层。在岩心剖面图中，该层与顶部邻层有岩性变化显示；0.3m 高分辨率中子测井，曲线对该岩性变化有相应显示，常规中子曲线对该岩性变化无显示。在标注 1 号层与顶部邻层层段内，0.3m 高分辨率中子测井曲线的幅度变化，与岩心孔隙度数值及变化规律相匹配，说明 0.3m 高分辨率中子，测井曲线的测量值能够真实反映地层孔隙度的变化。图中标注 2 号层为砂岩厚度 0.5m 的储层，该层岩性、电性发育较好。在图中 0.3m 高分辨率中子测井曲线与常规中子曲线幅度值显示孔隙度值相比，0.3m 高分辨率中子测井曲线与岩心孔隙度数据更接近。

6. 高分辨率阵列感应测井仪

1）技术简介

高分辨率阵列感应测井仪利用"折回式"线圈绕制、线圈接地的方式，能够有效避免

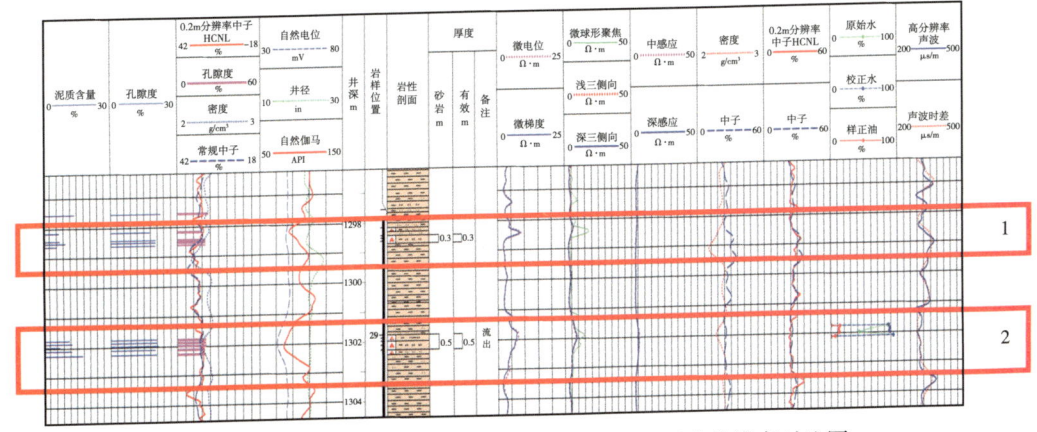

图 3-72　0.3m 高分辨率中子测井与常规中子测井分辨率对比图

寄生串扰问题，减小发射线圈与接收线圈间的电耦合；同时创新使用监督线圈的发射电流强度测量技术和温漂补偿测量技术，保证 6in 线圈系（最短源距）信号的高保真提取，结合分辨率匹配、软件聚焦等算法，得到 0.2m 分辨率的阵列感应测井曲线。高分辨率阵列感应测井仪具有其他常规阵列感应测井仪器所不具备的 0.2m 分辨率曲线和 0.15m 探测深度曲线，获得 4 种纵向分辨率（0.2m、0.3m、0.6m、1.2m）、7 种探测深度（0.15m、0.25m、0.5m、0.75m、1.5m、2.3m、3.0m），共计 28 条电阻率曲线，可提供更加丰富、更准确、更直观的地质信息，准确识别和解释薄层，具有更强的划分薄层能力，为复杂油气水层识别和有效层的精细划分提供了可靠的参数。

2）主要创新点

(1) 首次提取了最短源距 6in 线圈系信号，结合分辨率匹配、软件聚焦等算法，得到 0.2m 分辨率的阵列感应测井曲线。

(2) 研发全新的折回式线圈系，线圈系结构示意图如图 3-73 所示。首创监督线圈测量发射电流强度，实现了信号的保真测量。

(3) 采用保真测量技术与数字联合滤波算法，实现 4 种纵向分辨率、7 种探测深度的阵列感应电阻率测量，共计 28 条电阻率曲线。

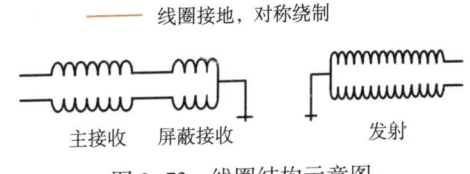

图 3-73　线圈结构示意图

高分辨率阵列感应测井仪能提供比常规电阻率测井更准确的地层电阻率值，其划分薄层的能力更强，是解决薄层和薄互层油气层评价的有效方法。通过一维反演提供径向电阻率成像，精确反映储层电阻率的细微变化和判断储层流体性质。纵向分辨率达到 0.2m，属国内首创，达到了国际领先水平。

7. 0.2m 高分辨率测井系列应用效果

0.2m 高分辨率测井系列在投产之前对取心井进行了 56 口井对比试验，现在已经在大庆油田和吉林油田投产应用。现场应用证明，仪器测井资料重复性评价和一致性较好，符合曲线验收标准。图 3-74 是 0.2m 高分辨率测井系列所测曲线与常规测井曲线的分辨率对比图，同时在图中给出了岩性剖面图及储层厚度。0.2m 高分辨率测井曲线对所标示的厚度为 0.2m、0.3m 的表外储层有响应，数值更接近于真值。

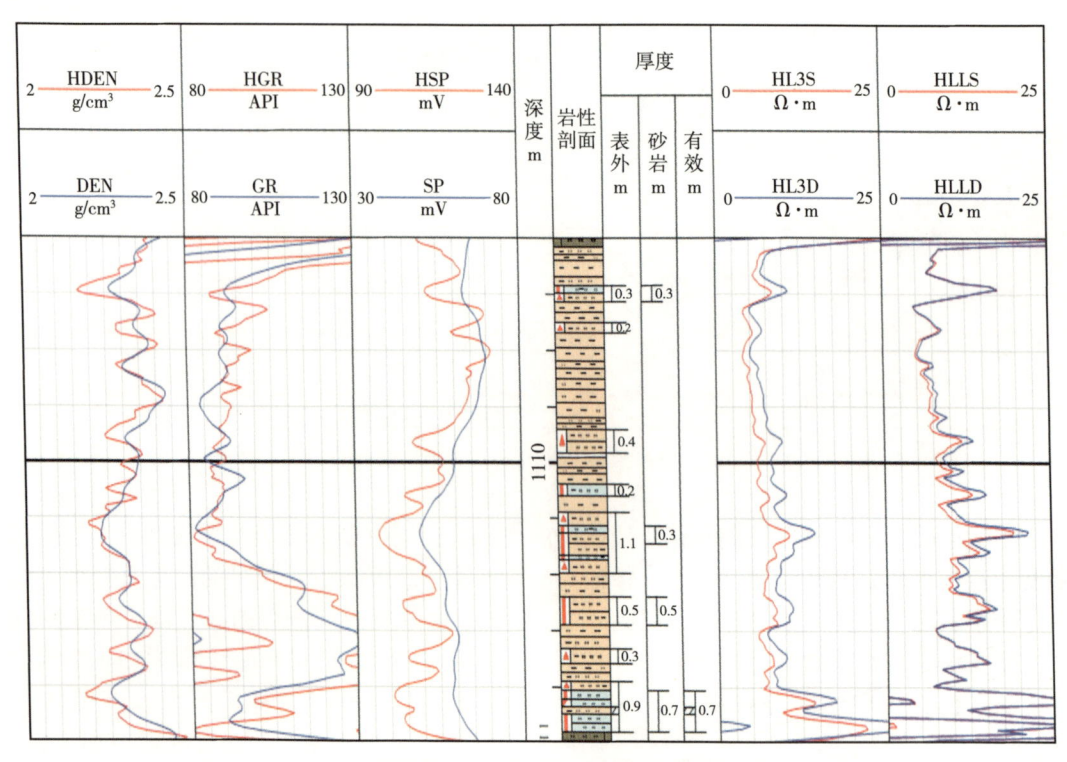

图 3-74　0.2m 高分辨率水淹层测井系列测井曲线的分辨率对比图

0.2m 高分辨率测井曲线可识别 0.2m 薄层，对 0.1m 和 0.2m 的砂岩层能够有效识别，能更好反映地层信息，更符合地质规律。

0.2m 高分辨率测井系列在厚层细分和薄差层解释中优势明显。已在大庆油田和吉林油田成功应用，对于厚度为 0.2m 薄层响应真实，可以用于定量解释；对于厚度为 0.1m 薄层有明显响应，可以用于定性解释。层厚 0.2m 以上薄层准确反映岩性、物性，非均质厚层岩性、物性变化更清晰；解释符合率提高 10%，成为发现识别油气层的锐利武器，能在寻找剩余油、计算储量中发挥重要作用。

二、远探测声波测井仪

远探测声波测井仪是以测量纵波反射波信息原理来进行设计，同时采用可变源距反射波采集系统、可调节双相控发射系统等技术研发而成的。该仪器通过测量纵波反射波信号来识别碳酸盐岩、火成岩等快速地层井旁 10m 范围内的裂缝发育情况。大大突破了其他测井仪器径向探测不能超过 3m 的局限，为复杂油气储层精细描述提供新的高精度识别手段。

1. 技术简介

远探测声波测井技术是以辐射到井外地层中的声场能量作为入射波，探测从井旁裂缝或小构造反射回来的声场。通过分析探测器接收到的全波列信号，了解井旁地层的构造信息。远探测声波测井仪是一种超长源距的新型阵列声波测井仪器，借鉴二维地震信号处理技术，利用纵波反射波和界面转换波信息，对井外 10m 的地层界面、裂缝或断层进行成像分析，可用于探测水平井井眼附近的相邻地层，描述井眼附近的裂缝延伸情况，对地震勘探无法探测的小构造进行成像。远探测声波测井仪器的探测精度和探测深度都介于传统的声波测井和地震勘探之间，填补了油气田勘探中的一项空白，弥补了测井与物探的探测盲区。

远探测声波测井仪包括遥测短节、接收电路、接收声系、隔声体、柔性短节、扶正器、发射电路、发射声系等短节。其中接收探头8个，组成接收阵列。发射探头两个，一个高频发射，一个低频发射。最小源距2.8m，最大源距13.71m。测井时仪器串的各短节连接方式如下：马笼头+遥测短节+接收电路和声系+隔声体+可变源距+发射电路和声系+扶正器。

2. 主要技术指标

耐温：175℃；

耐压：140MPa；

径向探测深度：<10m；

仪器总长度：17.9~30m；

源距调节范围：2.8~13.71m；

仪器直径：90~102mm；

测井速度：≤9m/min。

3. 技术创新点

（1）可调节双相控发射系统。

为了探测到井周较远范围内的地层构造信息，首次在发射探头中引入相控阵技术。相控阵技术的特点是增大声源定向辐射能量，改善声辐射指向性，提高声源辐射效率。

双相控发射系统由两种不同频率探头及配套的控制电路组成。测井前根据所测地层特性，调节相控阵延迟时间，改变相控阵声束偏转角度，使其能以低于临界角的某一角度范围进入地层，最大限度地利用仪器产生的声能量，实现远距离、高精度探测采集。

（2）创新研发出低频大功率发射探头和宽频高灵敏度接收探头。

声波在地层中传播，如果声源频率过高，声波传播衰减非常大；如果声源频率过低，纵波激发能量太小，而井内管波（低频斯通利波）信号会非常强，将大大降低信噪比。因此为探测井眼周围较远范围内的地层特性，研发了频率较低的大功率发射探头。通过分析压电陶瓷组成材料、极化方式、制作工艺等，研发出机电转化效率在70%以上的大功率拼条式切向极化发射探头。

远探测声波测井仪反射波信号相对于纵波信号来说较小，需要探测灵敏度较高的宽频接收探头。接收探头的接收灵敏度与探头的直径、管壁等几何尺寸有着密不可分的关系。通过一系列研究及试验，研制出一种宽频高灵敏度接收探头。

（3）可实现反射波探测的发射、接收电路。

发射电路设计采用自调节功能的高压发射电路，确保发射高压稳定可靠。配合发射换能器个数，设计六路独立的发射电路，保证各路发射高压能量，互不干扰。每路激励脉冲宽度可调，增强发射能量，降低发射频率。

接收电路设计对应8个宽频高灵敏度接收阵列设计出8道独立接收放大电路。每道接收都设置有自动增益控制，便于信号采集和传输。带通滤波控制，消除低频和高频干扰。

（4）变源距声系结构，满足不同地层测井需求。

远探测声波测井仪测量的是位于纵波、横波之间的反射纵波。为使反射纵波在纵波到达后、横波到达前到达，设计了可调节方式的加长源距。实际测井时根据主要地层中的地质构造范围来灵活地设计声系源距，以便能更高质量地探测到测量范围内的地层非均质情况。源距最长可调节到 13.71m，最短为 2.8m。

4. 现场应用效果

自 2007 年应用以来，该仪器在塔里木、大庆、大港、华北、四川、中国石化西北分公司等国内多家油田完成百余口测井，取得良好效果，为油区储层新发现、增加地质储量做出一定的贡献。其中，在塔里木油田的第一口井轮东 2 井就一炮打响，该井常规测井及成像测井资料分析没有油气显示，塔里木油田公司本打算对这口井进行地质报废，但是进行远探测测井后，发现距井壁 5~10m 的地方有高角度裂缝，强烈建议勘探公司进行试油，酸压后日产气 $11.3282×10^4m^3$、油 $15m^3$。由于该测井技术的独特优势，在远探测测井资料解释中，在常规测井解释成果的基础上，有新的潜力层被发现，在塔里木油田、大港油田的新区勘探中有多口井获得重大地质发现。

轮南×井主要目的层为奥陶系鹰山组，其顶部岩性为灰岩、褐灰色砂屑灰岩，中下部以灰色粉晶灰岩为主。根据邻井钻探、地震及试油等资料，中部斜坡带奥陶系有效储层储集空间为溶蚀缝洞，储集类型分为洞穴型、裂缝型、裂缝孔洞型和孔洞型 4 种，横向呈层状展布，平面上广泛分布、连片发育。预测轮南×井在奥陶系鹰山组和一间房组可能发现油气，而且极有希望钻遇岩溶洞穴型储层，并获高产、稳产油气流。但是从常规解释却是以干层和Ⅲ类储层为主。由于远探测声波测井能探测到离井壁 10m 的范围，利用远探测声波资料反射波成像成果资料（图 3-75），可以清楚地看到，5509~5538m 井段信号较强。

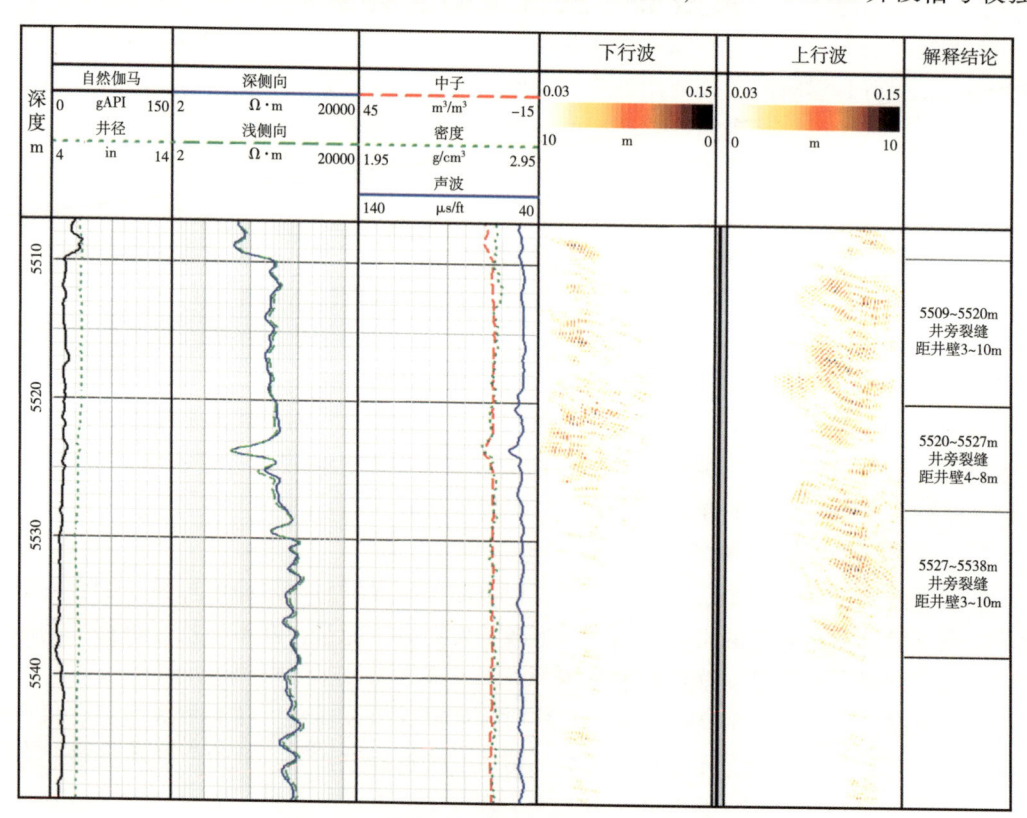

图 3-75　轮南×井远探测声波测井解释成果图

远探测声波测井解释资料，把常规 7.5m 厚的储层扩大到 29m，通过后期改造可沟通了井旁的裂缝，大大增加了工业产能。现场对 5502.16~5535m 井段进行试油，4mm 油嘴求产，日产油 93.6m³，日产气 9069m³，试油结论证明该段为油层。证实了远探测声波测井资料的准确性，为甲方提出较为合理的试油方案，增加了产量。

自主研发的远探测声波测井仪器将常规径向探测深度从 3m 以内发展到 10m 范围内。首次实现了反射波声波测井，首次将相控阵技术引入声波测井技术，首次将物探小波处理技术引入到测井资料处理技术中。在分辨率、探测深度方面为测井、物探架起了沟通桥梁。实现了对碳酸盐岩、火成岩等快速地层井旁 10m 范围内的裂缝型地层的发育情况的探测。经过 100 多口井的现场试验，测量到了距井周 10m 范围内的裂缝、孔洞等储层，获得多个重大地质发现，为油区储层新发现、增加地质储量做出一定的贡献。但是该技术没有方位识别功能，不能对裂缝、孔洞等的方位探测及其方向延展性进行地质评价。因此，在"十二五"期间开展了方位远探测声波测井仪器的研究，完成样机研制，该样机不仅具有方位识别能力，方位分辨率达到 22.5°，还将其径向探测深度进一步加深到井周 40m 范围内，在国家水声试验基地进行了试验，达到预期目的。该仪器的应用，可为复杂储层油藏精细描述提供了新的技术。为地质评价、油藏描述、储量预测等提供基础信息，以满足地质学家的地质需求。可为井位的合理部署、井身轨迹确定、定向射孔、定向酸化压裂等工程施工提供可靠的依据。

第四节　三维成像测井系列

依托中国石油科研项目，通过持续攻关，在"十二五"末期相继推出了以三维阵列感应、三维阵列声波和方位阵列侧向成像测井仪器样机，并开展了小规模的现场试验，为今后三维高精度成像测井技术在复杂非均质油气藏勘探开发的应用奠定了坚实的技术基础。

一、三维感应成像测井仪

据估计，世界上大约有 30% 左右的油气存在于砂泥岩薄互层中，薄互层油气藏也称为各向异性油气藏。与通常油气层呈现高电阻率特征不同，砂泥岩薄互层和裂缝性油气层往往表现为，在水平方向测得的分量为低值，而在垂直方向测得的分量为高值。现有阵列感应测井仪器，测量的电阻率只有水平分量，因此，仅根据水平参数预测砂泥岩产层就可能出现错误或发生漏失现象。为得到更加精确的地层电阻率，帮助地质工程师更好地认识、评价油气储层，减少低估、漏掉油气产层的机会，随着国外推出了可以识别地层三维特性的新型三分量阵列感应测井技术和商用装备，并逐步成为当今测井领域的研究热点。测井公司具有完全知识产权的三维感应成像测井仪已经完成研制，仪器的性能和技术指标达到国外同类水平。独创开发的刻度图版及刻度装置性能优异，配套的资料处理和解释软件经对比测试，达到国外同类水平。仪器性能和资料处理能力处于国内领先。

1. 测量原理

三维感应成像测井仪采用阵列化三维线圈系结构，提供 156 条原始电导率曲线，利用反演技术实现地层各向异性的水平电阻率和垂直电阻率，提高斜井和倾斜地层的电阻率测量精度，而且不需要接触井壁就能够直接测量地层倾角大小和方位，可识别层状和薄交互层中的"低电阻率油层",求准含油饱和度,可应用于斜井、大斜度井和水平井测量。

在原理及方法研究方面,主要包括三维阵列感应仪器原理及方法、正演模拟、刻度研究、快速直观解释等内容。

1) 原理及方法

三维阵列感应成像测井仪器的线圈系结构由三个中心共点的、彼此垂直的发射线圈 T_x、T_y、T_z 和与其平行的三个接收线圈 R_x、R_y、R_z,三个屏蔽线圈 B_x、B_y、B_z 组成。当发射线圈系向周围发射等幅度的正弦交流电时,在介质中产生交变电磁场(一次磁场),根据电磁感应原理,在该磁场中的接收线圈中将产生感应电动势[22]。

当发射线圈系向周围发射等幅度的正弦交流电时,可同时测量接收线圈系上磁场(或感应电动势)张量的九个分量。磁场强度张量 $\hat{H}$ 表示成:

$$\hat{H} = \begin{bmatrix} H_x^x & H_x^y & H_x^z \\ H_y^x & H_y^y & H_y^z \\ H_z^x & H_z^y & H_z^z \end{bmatrix} \tag{3-2}$$

式中 H_x^y——由 x 方向发射、y 方向接收产生的磁场强度,其他分量定义以此类推。

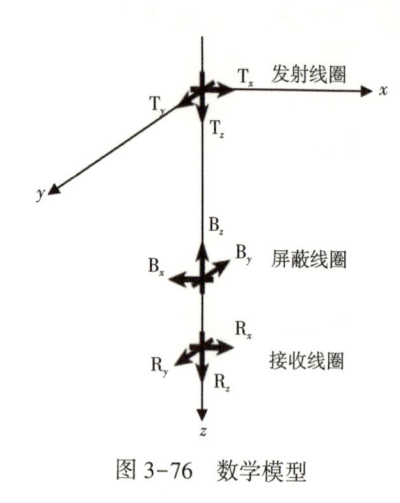

计算过程中线圈等效为点磁偶极子,数学模型如图 3-76 所示。

图 3-76 数学模型

2) 正演模拟和反演计算

利用均匀各向异性地层中的解析解,以及三维地层模型下有限差分(有限元)模拟研究了地层参数以及仪器参数对三维阵列感应测井响应的影响规律。通过正演模拟研究,可以得出如下结论:

研究提供开发的有限差分(FDM)正演数值模拟软件,可以模拟三维感应测井仪器在电性各向异性、井眼倾斜、井眼钻井液以及钻井液不同程度侵入等不同情况的介质中的响应,并且可以模拟大斜度井的情况。

地层方位角、井斜角、仪器发射频率、线圈距以及地层电阻率均会按照一定规律影响三维感应测井信号,而且不同分量的变化规律不尽相同。

数值模拟结果证明,井眼钻井液、侵入带以及围岩各向异性对响应的影响都会随地层间电阻率对比度的不同而不同,数值模拟中考虑地层模型覆盖的电阻率范围是很重要的;另外,围岩各向异性对目的层感应测井响应有重要的影响,同时井斜角和地层电阻率都会对其影响有决定性的作用。

对于共轴信号(ZZ)而言,井眼效应在高阻(相对于地层而言)钻井液情况下几乎可以忽略,低阻钻井液对于共轴信号的井眼效应会受到地层各向异性的影响。对于共面信号(XX/YY),井眼效应在不同钻井液条件下都会存在,而且相对剧烈,受地层各向异性影响,尤其当钻井液电导率与地层电导率对比度较大时,井眼效应影响规律变得杂乱。

当三维感应仪器偏心时,用有限元数值软件对偏心问题进行了数值模拟,发现井眼钻井液和滤液侵入对仪器径向源测井响应的影响比对其轴向源的影响要严重和复杂得多,而导电性钻井液井眼中仪器偏心影响更是如此。基于此采取了在仪器发射线圈周围加电极来抑制井眼电流的措施。

井眼校正中多参数反演是重点，仪器居中的情况下，三维感应测井响应各分量对井眼参数和井径大小的灵敏程度与其他三个参数（水平电导率 σ_h，垂直电导率 σ_v，倾角 dip）相比较差，而且测井响应随这两个参数的变化规律相对复杂，所以提供较准确的井眼参数初值估计对于该参数反演的准确度尤为重要。

参数反演算法在各向异性层段对 σ_h、σ_v、dip 均有较好的效果，在各向异性很小的层段对 dip 的求取会遇到困难，此外电阻率较高（大于 50Ω）的层段中由于地层信号较弱，噪声影响较为明显，反演结果会受到些许影响。在实际处理中，一般选取相对低阻的各向异性层段的 dip 作为最终反演结果[23]。

3）刻度研究

利用电磁感应原理，提出设计刻度平台对三维阵列感应仪器的线圈进行精细微调。仪器上井前需要定量考察仪器各分量的响应，项目采用自主设计加工的刻度装置考察仪器各分量对不同位置刻度装置的响应。使用自主开发的计算平台模拟计算仪器对不同位置刻度环的响应，在室外空地完成仪器各分量对不同位置刻度环的响应实验，并且定量比较分析仪器实验值和理论值的结果，其刻度原理如图 3-77 所示。

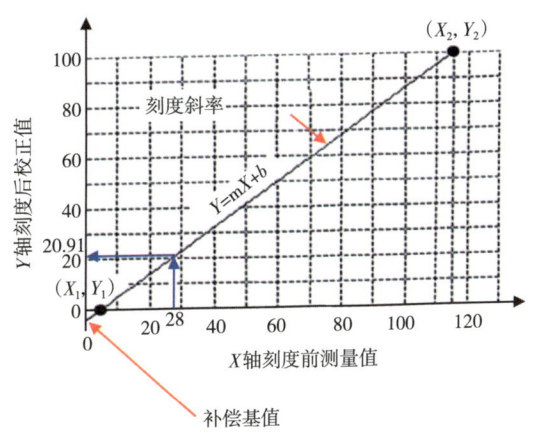

图 3-77 三维感应仪器刻度原理图

刻度器的设计：三维参数优化寻找最优点。斜环刻度器有五个参数，固定黑圆圈中的三个参数，（去掉）通过计算仪器 ZZ、ZX、XZ、ZY、YZ 分量对一定范围内的位置和刻度电阻的响应信号，找出最优位置和刻度电阻值。对环刻度器有六个参数，固定黑圆圈中的四个参数，通过计算仪器 XX、YY、YX、XY 分量对一定范围内的位置和刻度电阻的响应信号，找出最优位置和刻度电阻值。

4）数据采集和处理

在薄交互储层可等效为宏观的单轴各向异性地层（或称横向各向同性地层，简记为 TI 地层），通过三维阵列感应测井仪器 TAIT 所测量的 9 个分量的曲线来求解 TI 地层的相对方位角 φ、相对井斜角 α、水平电导率 σ_h 和垂直电导率 σ_v[2-4]。

5）一维反演处理

当现场快速处理还不足以满足资料解释的要求时就需要对资料进行多参数联合反演，电磁波测井响应的一个显著特点是它对地层纵向边界相当敏感，纵向边界位置定得是否准确在很大程度上制约着电参数的反演精度。采用基于电磁场微分方程边值问题的高斯-牛顿优化算法，便于对地层的几何参数与电参数同时进行反演。在现场快速处理的基础上，进行纵向分层一维数据反演，得到地层方位角、倾角、水平电阻率和垂直电阻率等参数。

2. 技术构成

三维感应成像测井仪包括井下仪器、刻度装置和地面软件三部分（图 3-78）。

图 3-78　仪器组成

　　井下仪器由电子线路、线圈系和压力平衡短节三部分组成。电子线路包括电源、多通道采集处理单元模块、XYZ 三轴厚膜集成发射驱动电路单元模块、多通道前置放大和二级刻度采样电路等，完成地面命令的解析、发射控制驱动、信号选频放大、采集处理、实时刻度校正、数据成帧与上传。线圈系包括线圈系芯轴和线圈骨架，用于支撑三维感应测井仪器线圈系总成，其上安装有三轴正交绕制的线圈系总成的所有三维线圈骨架，起到很好的绝缘、抗冲击、减振、承力作用。线圈系包括 1 组 XYZ 三轴发射线圈、4 个 Z 轴线圈和 3 组 XYZ 三轴接收线圈。线圈系外管上还有自然电位（SP）电极环。压力平衡装置，采取皮囊压力平衡的方式与复合芯轴的结构相匹配设计，线圈系空隙用硅油填充的方式，在井下高温高压环境下保持线圈系玻璃钢内外压力的平衡。

　　刻度装置由三维刻度架和刻度图版组成，形成三维线圈系九分量的刻度系数。

　　地面软件包括采集软件和处理软件两部分组成，完成数值模拟、工程值转换、井眼环境校正、数据合成聚焦处理及分辨率统一匹配等功能。

　　测井得到的三维感应测量信号输送至地面采集模块，经过数据处理模块进行数据合成处理后，从而完成三维感应仪器测量地层信息包含有地层径向和纵向不同范围的地层电阻率信息及井眼信息，经过井眼环境影响校正和数据处理，得到地层径向视电阻率。

　　3. 主要创新点

　　三维感应成像测井技术的主要创新点包括三轴阵列线圈系设计与实现技术、高精度测量与高集成设计技术、自适应环境校正及合成聚焦处理技术、三维刻度配套技术等。累计形成了方法软件、机电设计、资料处理等专利 6 件（其中 3 件发明专利），实现了技术保护，促进了技术的推广应用。

　　1）三轴共点线圈系结构设计与实现

　　三维感应线圈系采取单边线圈系方案，XYZ 发射线圈在下，七组接收线圈依次向上排布，包含 3 组 XYZ 三轴线圈结构。三轴线圈骨架采用交叉过线设计，完美实现 XYZ 三轴线圈同心，且三轴完全正交，确保交叉分量采集精度。

　　三维线圈系，具体包括线圈系芯轴和线圈骨架，用于支撑三维感应仪器线圈系总成，其上安装有三轴正交绕制的线圈系总成的所有三维线圈骨架，起到很好的绝缘、抗冲击、减振、承力作用。线圈系包括 1 组 XYZ 三轴发射线圈、4 个 Z 轴线圈和 3 组 XYZ 三轴接收线圈。线圈系外管上还有自然电位电极环。

　　2）三维高精度采集集成技术

　　仪器的主控采集单元产生同步发射控制波形，发射单元通过波形解码，将混频信号驱动后按照 XYZ 分时送至发射线圈 T_x、T_y、T_z，7 组接收线圈（4 组单 Z 线圈，3 组 XYZ 三轴线圈）总 13 道线圈阵列接收经过地层后的二次感应信号，由并行前置放大电路进行低噪声放大，送主控单元完成采集、检波计算、数据成帧后通过遥测上传到地面进行合成聚焦处理。其中，主控采集处理单元作为系统控制核心，完成发射波形控制、电平转换、自动增益控制与校准、辅助参数测量、多通道同步采集与处理、系统通信等功能。

3) 三维刻度图版设计和标定装置实现

刻度是感应测井仪器生产和使用不可缺少的环节。三维感应刻度需要完成9个分量，对各分量采用两种不同形式的刻度方式。一种方式是采用原阵列刻度环，用于刻度 ZZ 分量。另一种方式是采用斜圆环，用于刻度 XX、YY、XZ、ZX、YZ、ZY、XY、YX 分量。三维阵列感应测井信号提取，即刻度装置设计是测井仪器设计和工程应用的重要环节。三维阵列感应测井刻度装置理论计算为仪器工程刻度系数确定，刻度曲线验证及曲线质量控制等有着重要的理论支撑作用。

4) 三维感应测井资料处理软件

对原始三维感应测井资料，先进行旋转角预处理校正，然后进行偏心方位角校正，再进行井眼校正，最后进行数据处理反演地层水平电阻率 R_h、垂直电阻率 R_v 和地层倾角曲线（图3-79）。

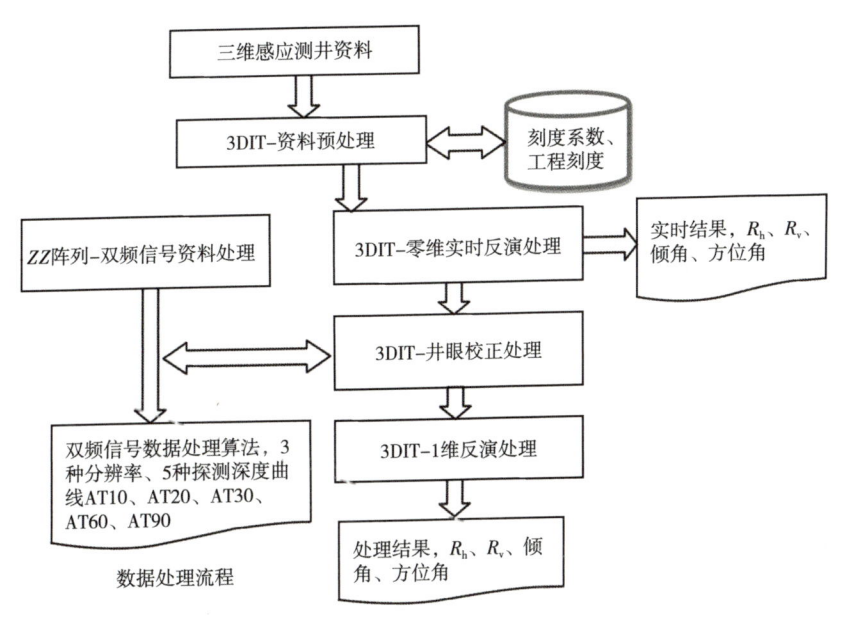

图3-79 三维感应数据处理流程

4. 应用效果

1) 仪器测井试验

三维感应成像测井仪共对标准井、生产井试验8井次。在长庆油田定边区块测井3口，在陇东区块砂泥岩薄交互储层测井3口，同时与常规、电声成像和核磁共振等测井资料对比分析。

2) 测井资料评价

通过处理2口标准井的数据处理结果，如图3-80和图3-81所示，主分量处理结果基本是合理的，反映了地层电阻率变化性质。两口井均为垂直井，第一口井地层电阻率显示是各向同性，处理结果为各向同性地层，第二口井地层电阻率分布具有一定的各向同性，显示结果存在明显的各向异性地层。

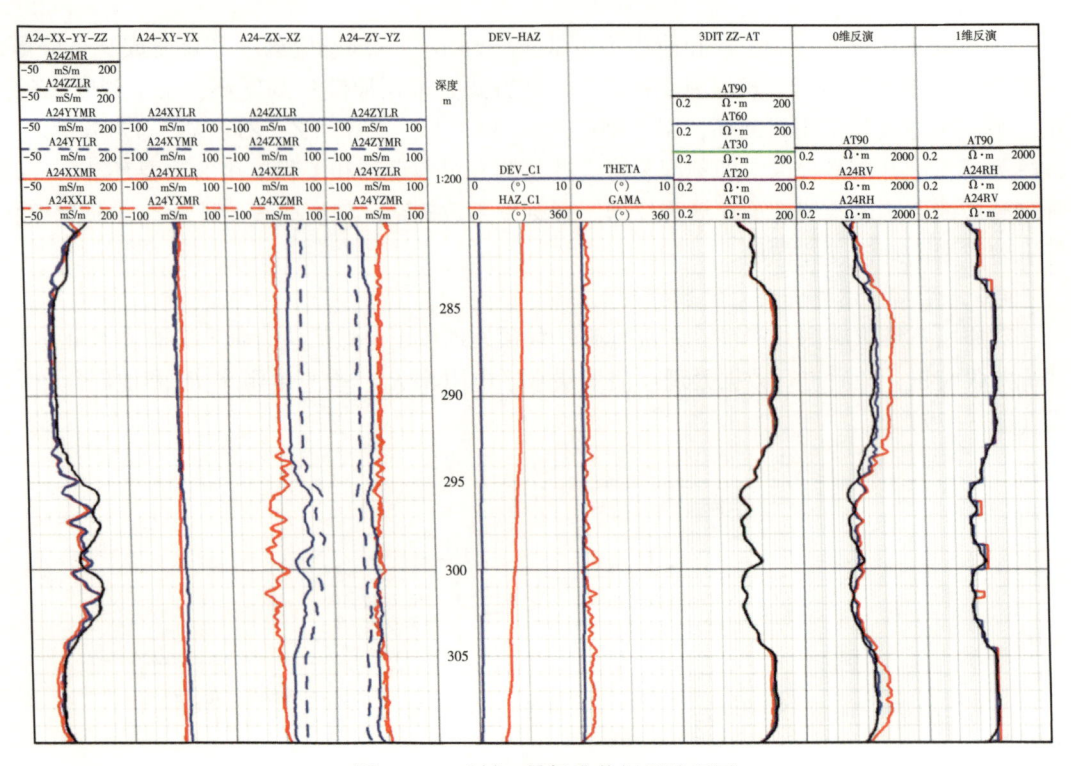

图 3-80　后村 2 号标准井解释处理图

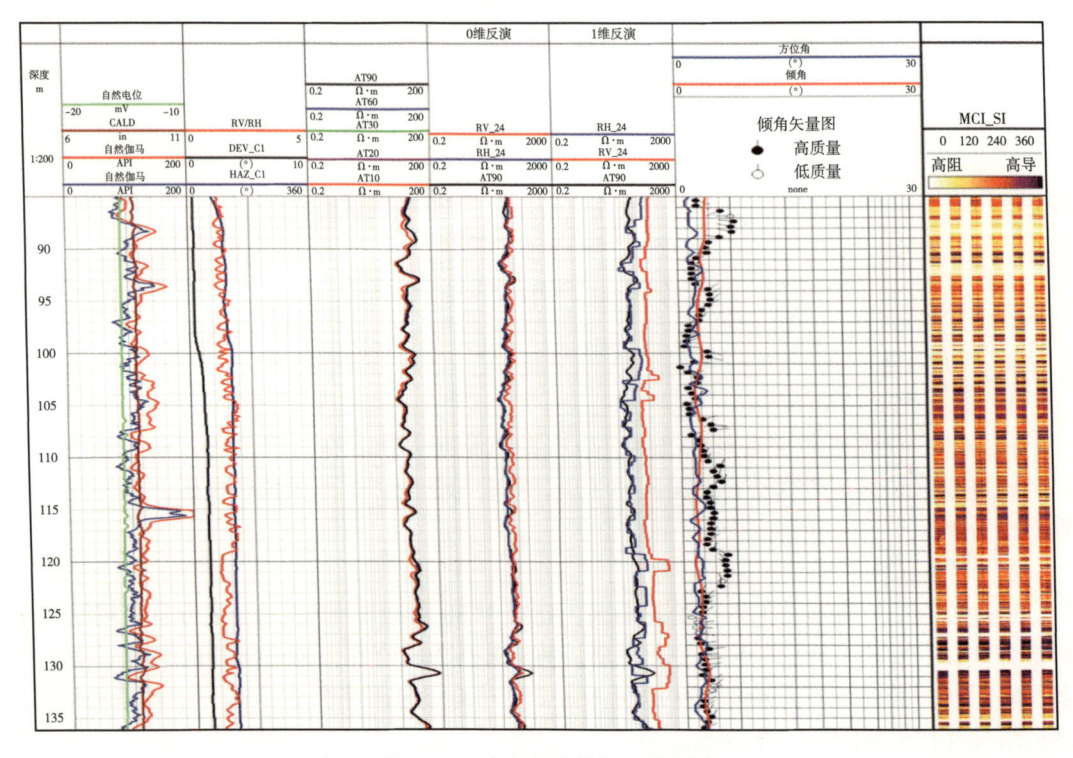

图 3-81　庆阳标准井解释处理图

二、三维声波成像测井仪

随着勘探与开发的难度不断加大，非均质、各向异性、裂缝性等复杂岩性的精细评价需要更深径向探测深度、具备周向分辨率的测井技术。三维声波可以准确测量原状地层的声波时差，进而准确计算孔隙度等参数；评价井旁有无污染带、地层伤害的程度，为地层流体测试、压力测试和核磁共振测试等各种近井壁地层测试技术和井壁取心作业提供参考依据；为射孔、防砂等工程作业提供依据。三维声波成像测井技术是精细描述地层三维空间信息的主要测井手段之一。

通过"十二五"攻关，研制的可进行复杂储层的三维空间信息测井的声波扫描成像测井仪器，在国内不同岩性进行5口井的测井试验，功能初步验证，需要在不同岩性地层仪器可靠性和地质适应性试验，得到充分验证。

1. 测量原理

井筒有一个自然的柱状三维坐标系，即轴向（沿井筒方向）、径向（垂直于井轴）以及周向（沿着井周），对三个方向测量达到对三维空间的描述。在声场轴向测量方面，采用较小的相邻接收站间距和仪器的上提实现轴向高分辨率测量；在声场径向测量方面，通过长、短源距的组合和采用宽频带换能器实现不同径向探测深度的测量；在声场周向测量方面，采用相控圆弧阵实现具有方位分辨率的声学测量。

2. 技术构成

三维声波测井仪器包括井下仪器和地面软件两部分（图 3-82）。井下由声系和电子线路两部分组成，电子线路完成地面命令的解析、发射激励、信号接收处理、数据采集、系统控制、遥传接口和井下电源；地面软件包括采集软件和处理软件两部分组成，完成数值模拟、工程值转换、井眼环境校正、数据合成处理等功能。建立了配套的半水槽校验及全空间声波测井仪器标定校正系统，实现仪器全空间的标定校正。

图 3-82 仪器组成

3. 主要创新点

三维声波成像测井技术的主要创新点包括复杂阵列声系设计与实现技术、高精度测量与高集成设计技术、相控圆弧阵和径向速度成像处理技术、刻度配套技术等。

1）相控阵换能器制作模拟和制作测试技术

通过数值模拟和理论试验，确定井孔声场的基于相控阵技术的周向扫描辐射和周向定向接收技术；通过控制相控圆弧阵不同阵元，使圆弧阵声波辐射器辐射的声波能量基本向某一个方位方向传播，有无相控接收处理的成像结果；通过控制阵元的组合以及相位，就可分别实现单极子、偶极子、四极子、八极子和方位接收声波在传统的声波测井频率范围内，从而实现对全井眼不同方位井壁的扫描测量。

采用相控阵接收方案的优势：接收灵敏度提高2倍、方位分辨率提高2倍。

2）模块化结构设计与电路传感器一体化技术

通过电子系统与传感器阵列的紧密集成化，根本上克服了传统的探测器与电子线路短接分离的模式，从而实现具有复杂传感器阵列的三维声波接收功能；模拟信号处理和数据采集均在同一子模块内完成，传感器与低噪声前置电路之间仅有很短的并经过良好屏蔽的连线，因此能够获得最佳的信噪比和降低系统连接的难度；通过贯穿整个仪器的高速数据传输总线完成了各个子模块间的有效互联，并能够方便的扩展规模，大数据量、宽频小信号声波采集和处理技术。

功能：对8组共64个接收振子输出的信号进行处理。置于声系内部的4个承压接收电子仓内，在高速仪器控制总线中为接收从节点，在仪器总线的控制下，同步完成特定组合换能器信号的放大、滤波、采集及处理，并将数据上传到主控节点。

工作模式：

（1）相控合成接收，与三维激励同（周向）方位的相位合成接收，使用3片振子，中间的是主振子。

（2）单极接收，同相位叠加合成一路信号。

（3）交叉偶极接收，以正交差分方式合成两路信号。

（4）方位接收，对每片振子的接收信号独立进行处理。

优点：接收电子系统集成到声系内部，从而实现了阵列化的三维声波接收声系，阵列增加时不增加系统连线，信噪比高，干扰小，有利于弱信号的检测。

4. 应用效果

如图3-83所示，孤古-8井井深2200~2360m，分别提取了近单极发射—方位接收、

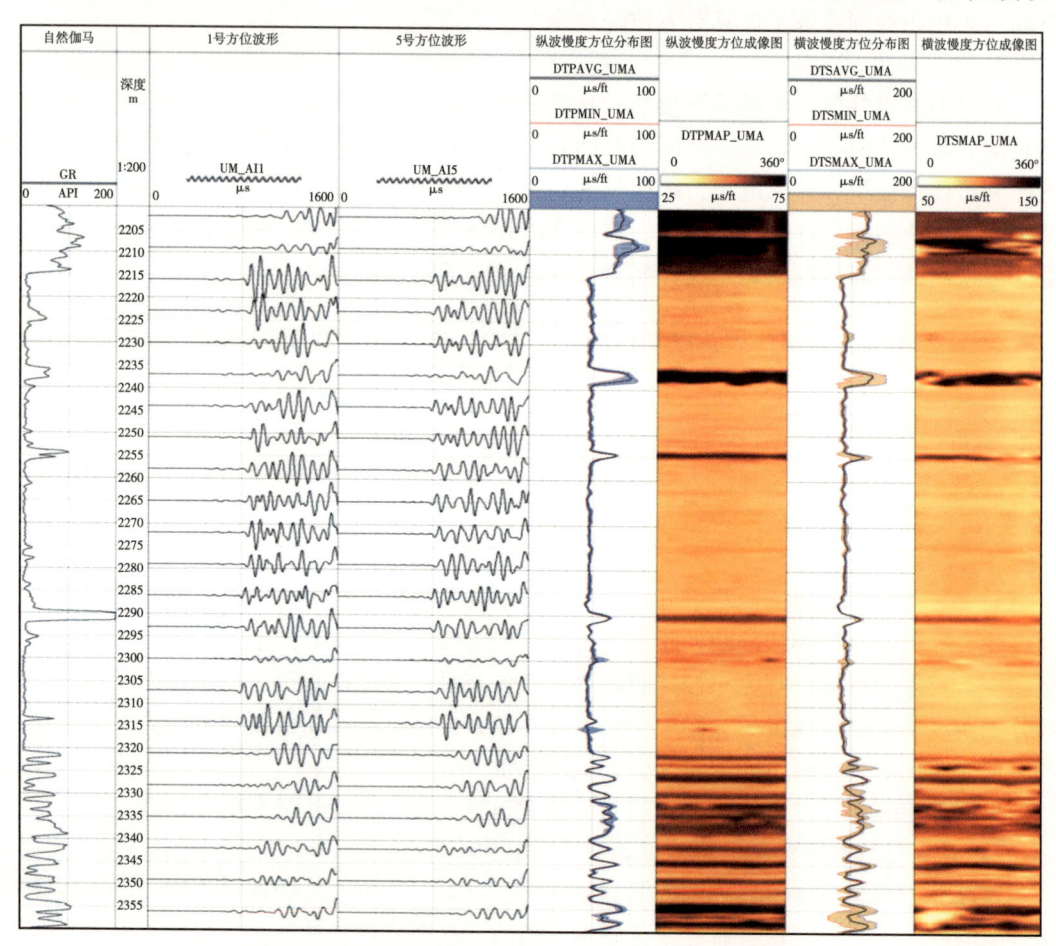

图3-83 孤古-8井三维声波成像标准井测井成果图

方位发射—方位接收工作模式下的纵波时差周向均值曲线，能够得到近单极发射对应的纵波时差随方位变化相对较大，方位发射对应的纵波时差随方位变化相对较小，这种现象在较软地层所在深度更为明显（2237m、2255m、2290m），反应源距越长，径向探测深度越深，获取的纵波时差越接近原状地层的纵波时差。同时分别提取了近单极发射—方位接收、方位发射—方位接收工作模式下的纵波时差和横波时差在周向上的差异以及 STC 周向成像图，能够观察到纵波时差在周向上的差异与源距的大小有关。即源距越短，纵波时差的周向差异越大；源距越长，纵波时差的周向差异越小。仪器功能得到验证。

三、方位阵列侧向成像测井仪

传统侧向电阻率仪器是对井周地层的均匀响应，不能满足高陡构造、大斜度井等地层精细评价需求。斯伦贝谢、俄气等公司相继研发能探测周向非均质特性的侧向电阻率仪器，评价薄层、裂缝等周向非均质地层特性，现场应用表明这些仪器受井眼和偏心影响严重。

为了解决传统方位电阻率测井受井眼影响严重问题，提出了贴井壁方位和阵列侧向相结合的测井方法，研制方位阵列侧向成像测井仪，贴井壁测量真实反映井周各方位不同探测深度电阻率的变化，实现精细评价薄层、裂缝等周向非均质地层特性的目的。

1. 测量原理

方位阵列侧向是成像测井在结合了阵列侧向和方位侧向 2 种测量模式的侧向测井方法，它共有 6 种探测深度的工作模式，每种模式均有方位和普通测量两种方式，共测量 36 条曲线，包含 30 条不同方位和探测深度的方位曲线，6 条阵列侧向曲线，所有探测模式均采用硬件聚焦方式来实现。AL1~AL6 探测模式均采用三侧向工作方式，获得不同探测深度的方法采取了改变屏流返回电极位置、屏流电极长度或使用监控电极及调节其位置来实现。6 种不同探测深度的测量具有相同的纵向分辨率，且分辨率较高，如图 3-84 所示。

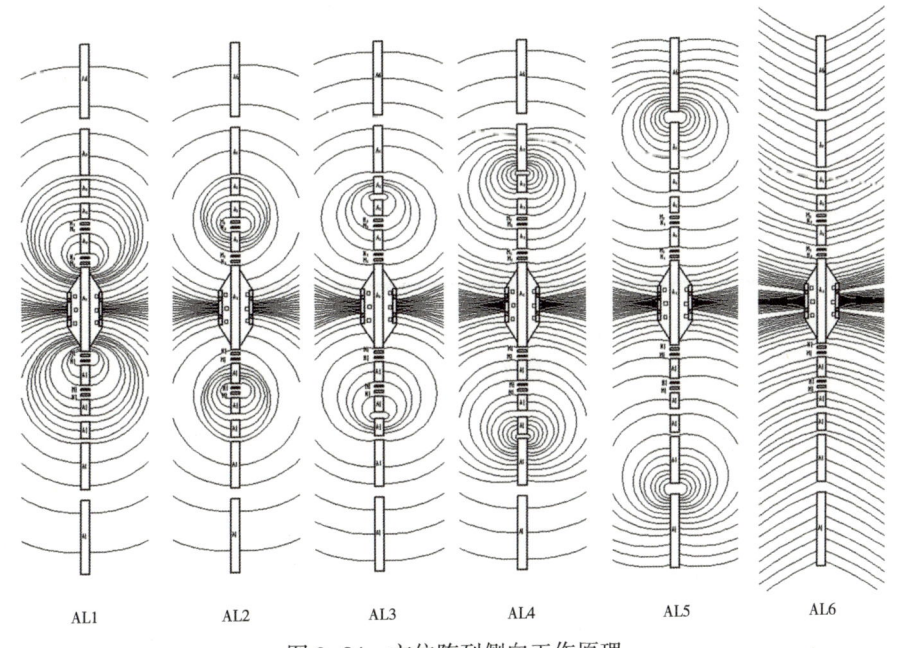

图 3-84　方位阵列侧向工作原理

仪器主要技术指标见表3-8。

表3-8 方位阵列侧向测井仪器系列主要技术指标

指标名称	ALT6507方位阵列侧向
最高耐温,℃	155
最大耐压,MPa	100
数据传输,kbit/s	CAN（500）
仪器外径,mm	90（推靠极板127）
仪器长度,m	7.2（13.2）
测量精度,%	±5（1~2000Ω·m），±10（2000~5000Ω·m）；±20（0.2~1Ω·m，5000~40000Ω·m）
测井速度,m/h	400
井眼范围,mm	150~410
测量范围,Ω·m	0.2~40000
方位分辨率,（°）	60°
纵向分辨率,cm	25
径向探测深度,cm	15、25、35、45、60、140

2. 技术构成

1）仪器结构组成

方位阵列侧向成像测井仪器的结构如图3-85所示。上电子仪包括电源供电、主控通信板、多频信号发生器、上辅聚焦监控、多道采集、刻度继电器板。井径短节包括6井径测量推靠力测量电路。推靠器部分包括液压推靠机构和外部上套筒电极组。方位极板为6臂分动极板，每极板内有独立的方位主监控电路。中电子仪包括6路下电极辅助聚焦控制电路，中电子仪外壳外部覆下套筒电极组。最下部为下电子仪短节，包括基于加速度计和磁通门的三轴方位井斜传感器和测量电路。配套阵列侧向测试盒、方位极板测试盒、液压推靠器测试盒及测试线卡等。仪器构成如图3-86所示。

上隔离体　上电子仪　井径短节　推靠器　方位极板　　中电子仪　下隔离体　下电子仪连斜短节

图3-85 方位阵列侧向成像测井仪结构图

2）资料处理方法

（1）井眼校正与围岩校正。

井眼校正的目的是为了消除井眼内钻井液对测井响应的影响，校正方法是先建立各模式的校正模板，即校正曲线，通过曲线查找校正因子进行校正。得到已知各测井点的井径、偏心距、测井响应及钻井液电阻率 R_m，计算各测井点测井响应井眼校正后的结果，包括居中校正和偏心校正。

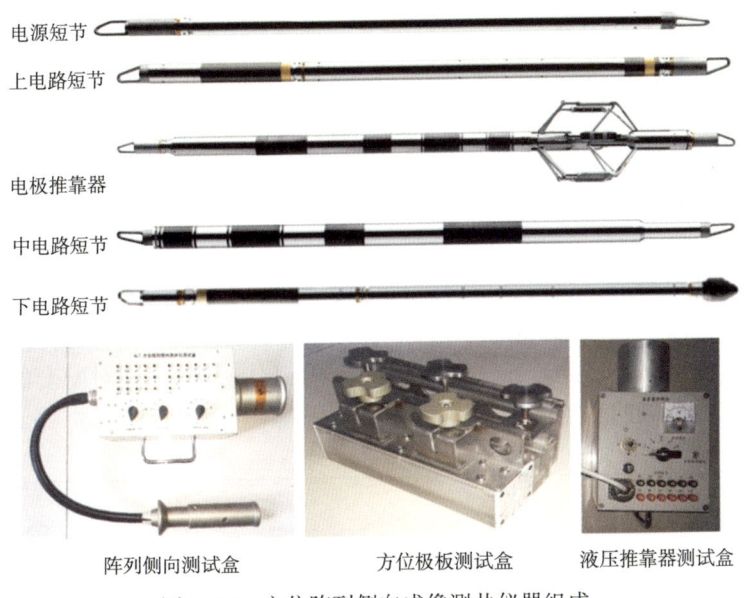

图 3-86 方位阵列侧向成像测井仪器组成

基于方位阵列侧向仪器正演数据，开发的井眼校正软件模块。

（2）倾角处理。

基于"相关对比倾角"算法，从方位阵列侧向成像测井中提取的倾角，主要应用于构造解释。处理过程包括预处理、局部倾角处理、相关对比倾角处理、视倾角和真倾角计算四个过程，如图 3-87 所示。

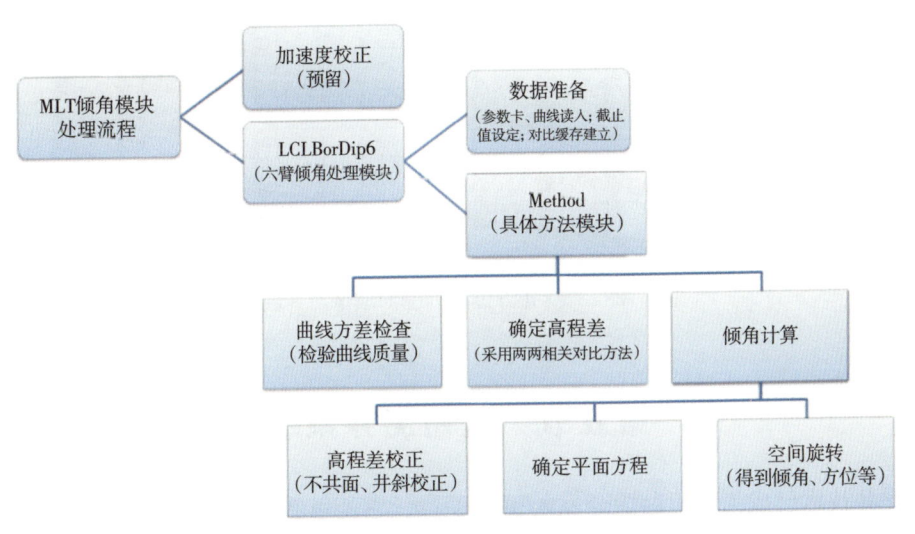

图 3-87 方位阵列侧向倾角处理流程

3. 主要创新点

（1）提出了首创的贴井壁方位电阻率测量技术，解决现有方位电阻率仪器受井眼影响严重的问题，一次下井可获取 0.1m 纵向分辨率的 36 条电阻率曲线，能真实反映复杂地层

- 121 -

井周6个方位6个深度的地层信息。

（2）阵列电极组与方位推靠复合设计技术，实现了推靠器与电极组一体化，解决了有芯陶瓷极板和干式套筒阵列电极组高耐磨、长寿命、耐腐蚀的制作工艺难题。

（3）方位阵列侧向成像测井井眼与围岩环境校正及方位成像处理技术，实现了地层三维精细成像，能够在多维剖面上描述地层的非均质性和各向异性。

4. 应用效果

"十二五"期间，方位阵列侧向成像测井仪器已完成功能样机研制，在长庆油田开展了两口井的现场试验测量，对仪器功能进行了初步验证。如图3-88所示，图中显示了5个深度6个方位的曲线。6个方位极板的曲线与双侧向电阻率曲线对比，形态相近，幅值相当，各方位幅值形态有差异。该仪器需要在不同储层测井试验并对配套的采集处理软件进一步完善，完成全部的功能验证，进而进行应用研究。

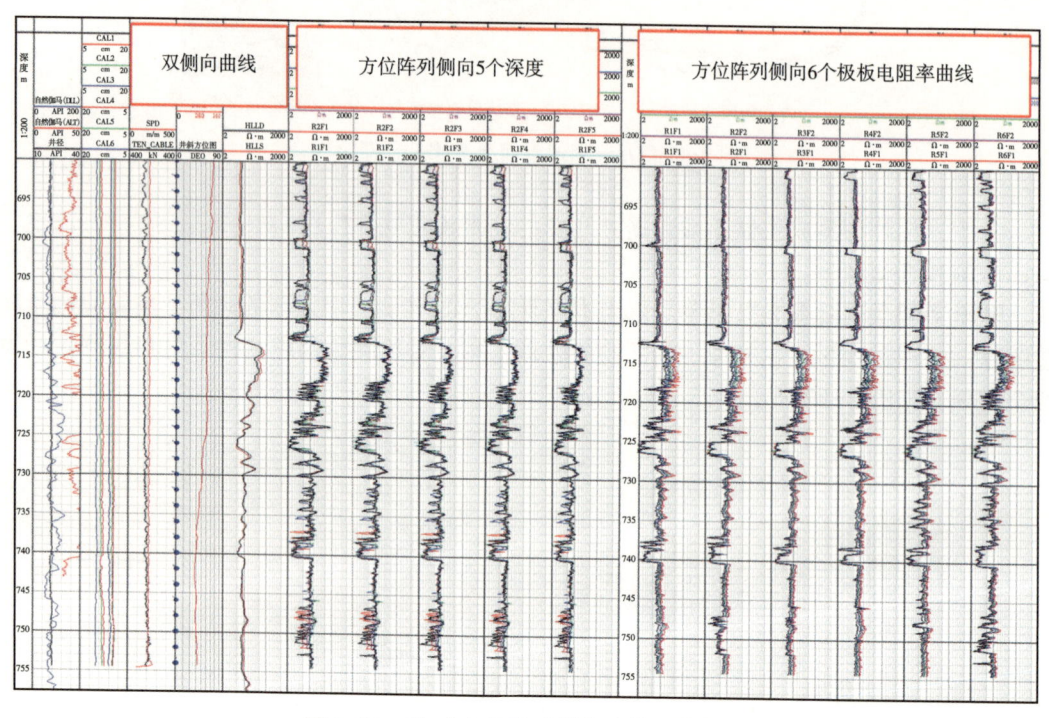

图3-88　安×井方位阵列侧向成像测井曲线

第五节　随钻测井系统

水平井技术已成为油田勘探开发的重要手段，它能够提高单井产量，减少钻井数量，降低开发成本。中国石油通过规模应用水平井，取得了良好的经济效益与开发效果，促进了水平井技术和装备的发展。保证井眼轨迹控制在油层的最佳位置是提高水平井勘探开发效果的关键，这离不开随钻测井技术和装备的支撑。

"十一五""十二五"期间，中国石油通过国家科技重大专项课题、中国石油天然气集团公司等各级课题研究，推出了地层评价随钻测井系统FELWD，包括高性能随钻测井平台（包括网络化地面数据采集处理系统、高速钻井液遥测）、随钻常规测井系列（即三参数随钻测井仪器）、随钻成像测井系列及配套的随钻测井资料处理和地质导向软件。其中，高速钻井液遥测取得技术突破，传输率达到 5bit/s。该系统在长庆、塔里木、吐哈、玉门、青海等 11 个油田完成随钻测井 300 余口井，随钻作业进尺超过 300000m，服务内容由最初的 MWD、自然伽马发展到电磁波电阻率、双感应电阻率、可控源中子孔隙度、超声井径等常规随钻测井项目，以及伽马成像、电阻率成像等两种成像测井项目。应用随钻测井油田工程技术服务提速提效作用凸显，服务水平明显增强，形成了多元化技术服务能力，能够开展定向井工程、地质导向、地层评价等多种服务。在定向井工程方面，实现侧钻井、深井、长水平井、复杂井的钻井施工；在地质导向方面，采用随钻常规测井系列、随钻成像测井系列、地质导向软件等技术与装备，为油田提供了高水平的地质导向服务；在地层评价方面，采用多参数随钻测井组合系统，开展不占井测井服务，避免了因钻井液密度大、地层压力高、水平段长、井况复杂等因素造成电缆测井困难等问题。

一、三参数随钻测井仪器

1. 技术背景

随钻测井技术是在钻井的同时完成测井作业，既可利用测得的钻井参数和地层参数及时调整钻头轨迹进行地质导向，同时获取地层的各种资料进行地层评价。常用随钻测井方法包括伽马、电阻率、中子等，其中伽马测井获取地层伽马放射性信息用于识别地层岩性，电阻率测井获取地层电阻率参数用于计算地层饱和度，可控源中子测井获取地层孔隙度参数用于计算地层孔隙度，超声井径获取井眼直径参数用于判断井眼状况和井眼影响校正。伽马、电阻率、中子常作为随钻测井的三种参数测量仪器组合测井，从而得到基本的岩性、饱和度、孔隙度等信息，满足大斜度井、水平井的地层评价和地质导向需要[25,26]。

国外随钻测井技术起步较早，自从 20 世纪 80 年代以来，国外各大石油服务公司均推出了测量参数齐全的随钻测井系统。斯伦贝谢公司的 Vision 系列和 Scope 系列、Halliburton 公司的 FEWD 系统、Baker Hughes 的 Track 系列能提供钻井方位、井斜、工具面、伽马、多探测深度的电阻率、中子孔隙度、岩性密度等参数，能满足地层评价和钻井工程的需要[3]。

国内随钻测井技术的发展起步较晚，起步于 21 世纪初，差距较大。"十一五""十二五"期间，中国石油承担"随钻测井系统研制""三参数地层评价随钻测井系统现场试验"等多个课题，推出了国内首套三参数随钻测井系统（三参数随钻测井仪器），在长庆、青海、塔里木、玉门、吐哈、吉林等油田开展测井作业，产品外销阿塞拜疆并在巴库油田应用，取得了良好的经济效益。同时节约了大量的引进成本，产生巨大的间接经济效益和社会效益。三参数随钻测井仪器荣获中国石油十大科技进展，通过中国石油天然气集团公司科技成果鉴定，总体达到国际先进水平，填补了国内空白。

2. 技术组成和功能

1) 技术组成

中国石油推出的三参数随钻测井系统，包含地面数据采集处理系统（包括各种地面传感器）、定向遥测随钻测井仪（含钻井液脉冲发生器、钻井液发电机/电池、定向测量）、柔性连接器和三参数随钻测井仪器（含伽马、双感应电阻率/电磁波电阻率、可控源中子孔隙度、井径）等部分组成，如图 3-89 所示。

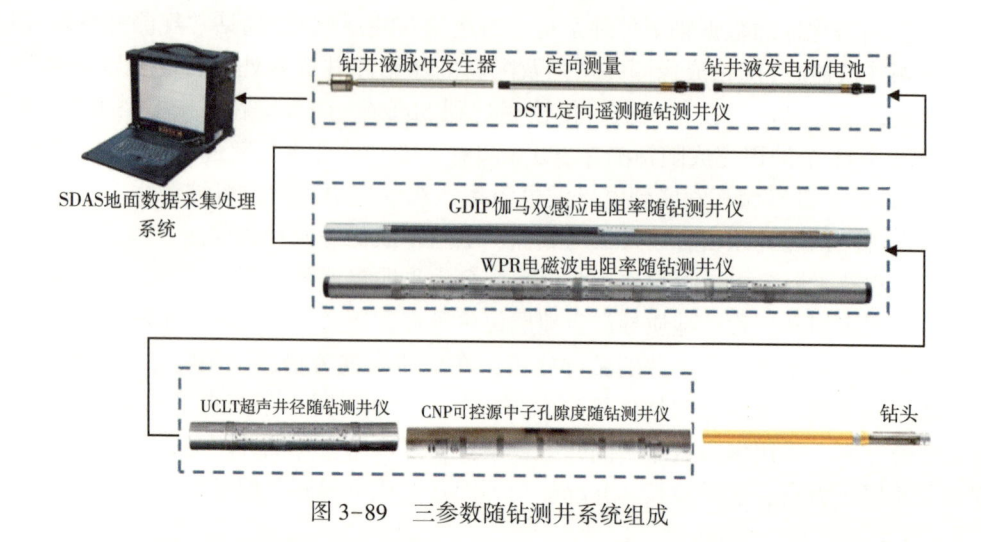

图 3-89 三参数随钻测井系统组成

GDIR 伽马双感应电阻率随钻测井仪由钻铤、伽马探测器、线圈系总成、电子仪总成及钻井液导流套组成。伽马探测器采用高探测效率的 NaI 晶体、低噪声高灵敏度的高温光电倍增管对伽马射线实现探测。线圈系与电缆感应类似，采用三线圈系，布置在无磁金属钻铤的侧槽内。线圈中增加导磁率较高的软磁性材料—铁氧体磁芯，以提高发射信号强度和接收信号幅度。线圈系钻铤凹槽中有反射层，将发射的电磁波能量聚焦反射到地层中并同时减小了发射线圈在钻铤产生的涡电流。电路系统包括控制电路、双感应发射电路、双感应接收电路、方位伽马电路，控制电路主要功能是对仪器的控制和处理，包括双感应电磁波的发射、接收、伽马的数据测量、传输和存储；双感应发射电路主要是产生正弦波和提供发射功率；双感应接收电路主要完成信号放大和模/数转换；方位伽马电路主要是完成自然伽马信号的测量和处理。GDIR 伽马双感应电阻率随钻测井仪如图 3-90 所示。

图 3-90 GDIR 伽马双感应电阻率随钻测井仪

WPR 电磁波电阻率随钻测井仪由钻铤、天线系统、电子线路等组成。天线系统为四发双收对称补偿结构，两个接收天线位于中心，四个发射天线对称分居接收天线两侧。采用盖板式机械结构，天线系统布置于钻铤天线槽内，并对天线灌封胶以适应井下的恶劣井况，最大限度保护天线系统。电路系统包括主控电路、发射电路、接收电路、通信电路和电源电路。主控电路是对仪器整体工作流程的控制、信号处理、数据存储以及与其他仪器之间的通信等；发射电路给 4 个发射天线分时提供发射信号和能量；接收电路完成对接收天线接收的信号放大、采样、模/数转换等处理；通信电路完成与地面 MWD 的通信功能；电源电路主要是对仪器供电和各种电源调节。电磁波电阻率随钻测井仪如图 3-91 所示。

图 3-91 WPR 电磁波电阻率随钻测井仪

CNP 可控源中子孔隙度随钻测井仪由钻铤、中子发生器、中子探测器、发生器驱动以及电子线路等组成。电子线路主要由发生器电路、中子探测器电路等组成，中子探测器包括近探测器、远探测器，电子线路和探测器整体置于钻铤侧槽中。CNP 可控源中子孔隙度随钻测井仪如图 3-92 所示。

图 3-92　CNP 可控源中子孔隙度随钻测井仪

UCLT 超声井径随钻测井仪由钻铤、电子线路、换能器等组成，电子线路主要由超声激发、回波采集、控制、处理与存储、传输和电源共 6 个功能模块组成，各换能器及电子线路板采用钻铤圆周相隔 120°侧开窗方式放置。UCLT 超声井径随钻测井仪如图 3-93 所示。

图 3-93　UCLT 超声井径随钻测井仪

2）仪器功能

GDIR 伽马双感应电阻率随钻测井仪可以得到深浅电阻率和伽马曲线，判断地层渗透性和岩性。WPR 电磁波电阻率随钻测井仪测量相位差和幅度比，求取多种不同探测深度的地层电阻率曲线，精确判断油/气/水层。CNP 可控源中子孔隙度随钻测井仪测量近、远两道中子计数率，利用计数率比值求取地层中子孔隙度。UCLT 超声井径随钻测井仪通过向井壁发射超声波并接收井壁的反射波来获得井眼直径参数，判断井眼几何形状，为其他测井曲线的井眼影响校正提供井径参数。因此，三参数随钻测井仪器具备岩性、孔隙度、饱和度等地质参数测量功能。其中，双感应电阻率适合于低阻电阻率地层，电磁波电阻率适合于地层中低阻电阻率地层。

3）技术指标

（1）环境指标。

耐温：155℃；

耐压：140MPa；

振动：196m/s²；

冲击：4900m/s²；

连续无故障工作时间：≥200h。

（2）自然伽马主要技术指标。

测量范围：0~500API；

测量误差：±3.5API（测量环境<70API），±5%（测量环境≥70API）；

稳定性：±3.5API（测量环境<70API），±5%（测量环境≥70API）；

垂直分辨率：25cm；

探测深度：20cm。

（3）双感应电阻率主要技术指标。

测量范围：0.5~5000mS/m；

测量误差：±10mS/m（电导率<200 mS/m 时），±5 %（电导率≥200 mS/m 时）；

稳定性：±10 mS/m（电导率<200 mS/m 时），±5 %（电导率≥200 mS/m 时）；

探测深度：0.75 m、1.34 m；

分辨率：1.0 m。

（4）电磁波电阻率主要技术指标。

①测量范围。

2MHz 相位差电阻率：0.1~3000Ω·m；

2MHz 衰减电阻率：0.1~500Ω·m；

400kHz 相位差电阻率：0.1~1000Ω·m；

400kHz 衰减电阻率：0.1~200Ω·m。

②测量误差。

2MHz 相位差电阻率：±1%，0.1~50Ω·m；±0.5mS/m，50~3000Ω·m；

2MHz 衰减电阻率：±2%，0.1~25Ω·m；±1mS/m，25~500Ω·m；

400kHz 相位差电阻率：±1%，0.1~25Ω·m；±1mS/m，25~1000Ω·m；

400kHz 衰减电阻率：±5%，0.1~10Ω·m；±5mS/m，10~200Ω·m。

（5）可控源中子孔隙度主要技术指标。

测量范围：0~100pu；

测量误差：±1pu（0~10pu），±10%（>10pu）；

垂直分辨率：635mm；

探测深度：25mm。

（6）超声井径主要技术指标。

换能器中心频率：330kHz；

适应钻井液密度：<1.3 mg/cm^3；

测量范围：182~352mm；

测量误差：±5mm。

3. 技术特点和创新点

1）技术特点

（1）三参数随钻测井仪器同时提供岩性、饱和度、孔隙度等地层参数测量。

（2）采用可控源中子源，使中子孔隙度测井更加安全、环保，同时现场连接灵活、快捷、可靠，操作方便。

（3）GDIR 伽马双感应电阻率随钻测井仪在同一支钻铤上集成了自然伽马测量和双感应电阻率测量功能，可同时测量一条自然伽马曲线和两条不同探测深度电阻率曲线。

（4）WPR 电磁波电阻率随钻测井仪采用四发双收对称天线系统，采用对称补偿方法，消除了井眼不规则影响、天线系统和电路系统的漂移，提高了电阻率测量精度。

2）创新点

（1）双感应电阻率的高品质因子 Q 的线圈系工艺技术。

双感应电阻率线圈系安装在钻铤的侧槽中，受空间限制，线圈半径较小，为了增强发射线圈电流，研制了高温多芯漆包线，并申请专利。该漆包线是用 127 根直径为 0.12mm 的漆包线并绕而成，线芯之间彼此绝缘，线径总共仅有 1.86mm。使用多芯漆包线可以有效地减少线圈的交流阻抗，发射线圈的 Q 可达 65。发射电路采用并联谐振电路，使线圈中的电流比发射电路中的电流高 Q 倍数。

在线圈中安装高磁导率磁芯，可以有效增强接收信号幅度。线圈系外壳贴近钻铤的侧面设计金属反射层，减小了金属钻铤对测量信号的影响。利用调节磁芯与线圈之间的距离达到微调直耦信号的目的，提高了微弱信号测量精度，从而改进了地层电阻率测量精度。

（2）采用非线性刻度和电场刻度方法，提高双感应电阻率测量范围和测量精度。

依据感应电场测井理论，在空气和水中（相当于两种无限大均匀介质），采用数值模拟计算的电动势（或电场强度）和仪器实际测量的电动势（或电场强度），并以数值模拟计算为标准，求取相应的刻度参数。

（3）电磁波仪器钻铤采用深孔加工及钻铤焊接技术，解决仪器过线轴向通道工艺难题。

首先将钻铤截为两断，钻轴向深孔，再焊接为一个整体的加工工艺，钻铤通过高温高压及相关力学测试后，还要经过车、铣及斜孔、轴向深孔的加工步骤。为了将天线部分、各个电路板连接成为一个有机的整体，需要在钻铤的水眼与外壁之间的环形空间设计孔系结构。由于钻铤的 API 的锥形螺纹扣限制了轴向钻孔的位置，且有密封结构难以设计的问题，无法形成仪器自身轴向通信通道的结构设计。该仪器的设计为了破解仪器轴向通道的设计难题，采用钻铤焊接的结构形式。这种设计可以将轴向的主孔的位置选在一个最佳的位置，破除了螺纹扣的限制，有效利用了钻铤水眼与外壁之间的环形空间，大大提高了钻铤结构的设计效率。试验证明，通过全面穿线试验，孔系的空位设计合适，符合电路穿线的基本要求。

（4）电磁波仪器高频微弱信号的处理方法及相敏检波技术。

接收调制电路利用差分低噪声前置放大及混频技术对高频微弱信号进行多级放大、降频处理，后采用数字相敏检波技术提取信号的相位信息，抗干扰能力更强，进而提高了仪器的测量精度。由数值模拟结果得出接收信号幅度为毫伏级，同时受随钻测井环境的影响，接收线圈中的测量信号存在大量干扰信号。围绕上述接收信号特点，设计实现的接收电路板主要由信号预处理电路及信号采集电路组成，信号预处理电路实现对接收信号的放大、滤波等前期模拟信号处理，剔除干扰信号；信号采集电路实现对接收信号幅度、相位信息的采集。

（5）可控源中子三重安全保险控制机制。

可控源替代化学源测量地层中子孔隙度，从根源上避免了放射源落井的风险。仪器采用总开关、通电开关和压力开关这三重开关控制可控中子源，只有这三个开关同时导通，通电状态下才发射中子产生放射性，断电没有中子发射，是真正的安全、环保测井。

（6）超声井径"子波激发—相关检测"超声井径回波检测技术。

超声井径"子波激发—相关检测"超声井径回波测量方法，解决了目前常规超声反射测井采用基于门槛电平比较检测回波到达时间的方法受噪声和回波幅度影响大的问题，提高了在大密度钻井液条件下微弱回波到达时间检测的准确性。设计并实现了时变压控增益放大器，对回波信号进行时变增益放大，补偿超声波在钻井液中的衰减，提高了回波到达时间检测的准确性。

二、GIT 伽马成像随钻测井仪

1. 技术背景

自然伽马测井通过测量钻进过程中不同深度地层的伽马值，判断地层放射性强度的差异，从而判断地层岩性的变化。随钻伽马成像测井则是利用不同方位伽马测井结果，分析地层岩性和油气藏构造和地层边界，实现精确着陆和最佳井眼轨迹，以节省时间，降低钻井风险和成本。

国外伽马成像随钻测井技术及仪器已经成熟，系列化、商业化程度已经很高。各大石油服务公司纷纷推出伽马成像随钻测井仪器，在地质导向和地层评价中发挥了重大的作用，例如贝克休斯公司的 OnTrak 随钻集成化系统，哈里伯顿公司的 GABI、AGR 和 ABG 及斯伦贝谢公司的 EcoScope、GeoVision 与 PeriScope 等均具备伽马成像测井功能[28]。

国内伽马成像随钻测井技术及仪器发展较晚。"十二五"期间，中国石油通过国家油气重大专项课题"地层评价随钻测井技术与装备"研究，推出 GIT 伽马成像随钻测井仪，在长庆、塔里木、四川、青海、吉林等油田作业服务，实现小规模生产、推广及销售。该成果通过中国石油天然气集团公司科技成果鉴定，总体达到国际先进水平，填补了国内同类装备空白，打破了国际大公司对伽马成像随钻测井的技术垄断[29,30]。

2. 技术的组成和功能

1）技术组成

GIT 伽马成像随钻测井仪由钻铤本体、伽马传感器组件、磁力计系统组件、电子线路组件、固定连接组件（固定螺栓、盖板等）、钻井液导流套构成，采用钻铤侧壁开槽，端面密封，提升钻铤物理空间利用效率。GIT 伽马成像随钻测井仪如图 3-94 所示。

图 3-94　GIT 伽马成像随钻测井仪

GIT 伽马成像随钻测井仪电气部分主要包含信号处理电路、电源模块、磁力计系统及伽马传感器。信号处理电路主要完成磁力计、伽马等信号的采集、处理以及仪器的通信。电源模块主要给仪器电路板及传感器供电。磁力计系统包含磁力 X 和磁力 Y 两个传感器以及相应处理器与驱动电路，实现传感器方位信息的测量。磁力传感器能够在仪器滑动以及复合钻进时测量钻铤磁力工具面，磁力传感器模块包括两个磁通门和三个电极板用来测量方位系统提供的模拟信号，这两部分分别通过专用电缆连接到数据采集与处理模块主控制器上。伽马传感器是由光电倍增管、NaI 晶体及高压电路组成的一体化探头，实现地层伽马信息的探测，它采集到的地层信息经放大、整形、比较后输出标准的数字脉冲，经电平隔离转换电路后连接到数据采集与处理模块主控制器上。井下仪器还提供了其他的一些辅助测量功能，这些功能由振动模块、时钟模块、温度模块组成，提供工具在井下时的工作环境参数。

2）仪器功能

GIT 伽马成像随钻测井仪具备地质导向、地层评价和全井眼扫描伽马成像三大功能。仪器采用多个探测器，测量井周不同方位的自然伽马，通过实时传输数据不但能够判断地层岩性，还能够分辨上下界面岩性特征，有效发现储层的上部盖层，捕捉进入油气储层的最佳时机，分辨上下界面岩性特征，有利于根据地质信息及时调整井眼轨迹，控制钻具穿行在油藏最佳位置，保证钻头始终在油层中钻进，适合于水平井地质导向，可提高油层钻遇率、成功率和采收率。除了识别岩性、计算泥质含量等常规伽马测井应用外，还可进行方位伽马成像处理，计算地层倾角，用于构造分析。

3）技术指标

（1）环境指标。

耐温：155℃（6.75in/4.75in）；

耐压：140MPa；

振动：196m/s^2；

冲击：4900m/s^2；

连续工作时间大于200h；

适用井眼范围：200~241mm（6.75in）、140~170mm（4.75in）。

（2）测量指标。

测量范围：0~500API，测量误差：±5%；

测量误差：±5%或±4API（测量环境为80API）；

稳定性：计数率误差±3%或±2.4API（测量环境为80API）；

垂直分辨率：20cm；

空间分辨率：22.5°；

方位测量：0°~360°，测量误差±2°。

3. 技术特点和创新点

1）技术特点

（1）采用端面密封结构，探测器以及电路单元模块安装于钻铤侧壁，便于仪器维修保养。

（2）采用多个伽马传感器，测量井周不同方位的自然伽马，通过实时传输数据能及时有效发现地层岩性的变化，控制钻具穿行在油藏最佳位置，在水平井钻井地质导向过程中具有独特技术优势。

（3）可以利用方位伽马测量值进行成像处理，计算地层倾角，用于地质构造分析研究。

2）创新点

（1）伽马探测器探测效率与空间分辨率工艺技术。

为了提高多方位伽马/伽马成像随钻测井仪探测效率与空间分辨率，通过理论计算三探测器和四探测器测量时扇区内自然伽马计数，并结合不同情况下其成像分辨率对探测器数目进行最优化选择。研究表明对6.75in仪器采用四探头结构，对4.75in仪器采用三探头的结构，可以实现仪器最佳的探测性能。

（2）伽马扫描成像技术。

随钻测井过程中，通过信号处理板接收来自磁力计系统和伽马传感器的信号并进行处理，确定伽马测量值的方位信息，通过不间断的方位伽马测量，完成伽马成像二维数据的采集，可实现地层界面识别以及地层倾角和厚度计算。

（3）伽马成像探测器布局优化和钻铤设计技术。

利用 ANSYS 有限元分析及基本理论计算方法，得出钻铤参数、探测器参数以及数据采集方法等仪器参数并优化选择。钻铤参数包括钻井液导流通道、钻铤对探测器计数影响、钻铤开槽角度以及开槽钻铤受力分析等，探测器参数包括探测器不同位置对比、探测器背部屏蔽、探测器个数以及探测器尺寸等。

三、RIT 方位侧向电阻率成像随钻测井仪

1. 技术背景

断层、裂缝、薄层、低孔低渗等复杂油气藏开发越来越重要，采用常规随钻测井技术与装备勘探开发这些复杂油气藏已不能满足生产需要。塔里木油田、西南油气田地质环境复杂，碳酸盐岩储层埋藏较深，地层电阻率较高，深井、超深井的开发对测井的时效、安全和资料质量要求越来越高。在随钻成像测井技术中，随钻电阻率成像测井是研发最早、技术最成熟、应用最广泛的一种，是解决复杂储层实时地质导向和地层评价问题不可缺少的重要手段，它不但可以探测不同方向地层岩性和边界，还可以用于断层、裂缝、薄层、低孔、低渗、各向异性等复杂储层的解释评价。

各大石油服务公司纷纷推出伽方位侧向电阻率成像随钻测井仪器，在地质导向和地层评价中发挥了重大的作用，例如斯伦贝谢公司的 MicroScope、贝克休斯公司的 StarTrak 等均具备侧向电阻率成像测井功能。

国内方位侧向电阻率成像随钻测井技术及仪器发展较晚。"十二五"期间，中国石油通过国家油气重大专项课题"地层评价随钻测井技术与装备"研究，推出 RIT 方位侧向电阻率成像随钻测井仪，在长庆、冀东、青海等油田作业服务。该成果通过中国石油天然气集团公司科技成果鉴定，总体达到国际先进水平，井周成像分辨率国际领先，打破了国际大公司对方位侧向电阻率成像随钻测井的技术垄断。

2. 技术的组成和功能

1）技术组成

方位侧向电阻率成像随钻测井仪由钻铤、芯轴、发射天线、象限接收电极组件、纽扣接收电极组件、电子线路等组成[31]。

钻铤用来安装外部传感器、芯轴及电子线路，芯轴用来安装仪器所有电路板和方位传感器，发射天线由发射线圈、绝缘套和外部锁紧固定装置组成，象限接收电极组件由 90°分布电极和电极保护壳组成，纽扣接收电极组件由套筒扶正器和纽扣接收电极组成。RIT 方位侧向电阻率成像随钻测井仪如图 3-95 所示。

图 3-95　RIT 方位侧向电阻率成像随钻测井仪

2）仪器功能

RIT 方位侧向电阻率成像随钻测井仪适用于中高阻地层电阻率测量，仪器具备三种探测深度电阻率测量、电阻率成像、地层评价和地质导向（地层边界探测）的功能。

3）技术指标

最高温度：155℃；

最大压力：140MPa；

振动：196m/s²（扫频范围：5~200Hz）

冲击：4900m/s²（1ms 半正弦波形）

电阻率测量范围：0.2~20000Ω·m；

电阻率测量精度：0.2~1000Ω·m，±5%；

　　　　　　　　1000~2000Ω·m，±10%；

　　　　　　　　2000~20000Ω·m，±20%。

伽马测量范围：0~500API；

伽马测量精度：±5%；

纵向分辨率：0.2m；

探测深度：0.21~0.48m；

成像分辨率：13mm（6.75in）；

边界探测距离：1m。

3. 技术特点和创新点

（1）采用非对称多发射天线结构，实现三种探深方位侧向电阻率测量。

磁环发射天线通过电磁感应方式向地层发射电流，经过绝缘屏蔽线圈后进入地层，再回到仪器接收电极，实现地层信息采集。通过不同发射-接收距离组合及补偿方式，实现3种不同探深的电阻率测量[32]。其中发射天线T1与T3组合实现浅电阻率测量；发射天线T2与T3组合实现中电阻率测量；发射天线T4与T3组合实现深电阻率测量。仪器通过恒压发射，反馈发射电路、小信号前置放大及带通滤波采集等方式，实现低钻井液电阻率下小信号采集，高阻储层电阻率测量。

（2）采用斜交双电扣旋转全井眼扫描电阻率成像方法。

仪器采用高效灵敏的方位传感器测量角度信息，搭载10mm斜交小直径高分辨率双纽扣接收电极[33]，增强纽扣电极采集分辨率。通过钻具旋转，对井壁进行360°全方位扫描采集，井下控制系统经过128扇区数据匹配，成像数据压缩处理，形成8扇区、16扇区、32扇区、64扇区和128扇区5种不同清晰度的井周成像。可服务于不同井深、不同沉积特征、不同岩性地层，对储层内部的精细结构进行评价；可通过纽扣成像扫描图对储层沉积特征、储层纵向分层以及薄层特征进行分析；可进行地层三轴向地质力学分析，图像可指示地层打开初期井眼井壁剥落位置；掌握井下地层倾角信息，加深储层特征认识；可识别不同井型地层天然裂缝和诱导裂缝，进行裂缝类型以及结构分析，为后期制定完井优化措施提供技术支持。

（3）测量电极响应差异储层边界探测技术。

采用发射天线T4发射，上、下两个方位电极接收，实时测量上储层（R1）与下储层（R2）之间的电阻率响应差异，再通过距离与电阻率响应差异模型反演，确定边界距离。根据10%的响应差异，最大可探测1m储层边界。应用该技术可在薄层水平井钻井时实时监测上、下边界响应差异，并实现储层边界可视化展示。

（4）大斜度井、水平井电阻率成像解释处理技术。

通过成像数据提取、时间匹配、深度校正、图像合成及静、动态加强等一系列处理流程及技术，同时融合地质导向及精细评价软件，实现直观岩性识别，沉积构造、沉积韵律及沉积环境识别，储层的非均质性研究及储层类型识别等，用于成像资料地层精细解释评价。

四、地质导向和地层评价应用

随钻测井技术是在钻井的同时，将伽马、电阻率、中子、密度、声波等随钻仪器接入井下钻具，实时测量地层岩性、孔隙度、饱和度参数及井况工程参数，通过数据处理及解释评价，判断地层结构及储层特性。不仅能解决大斜度井、水平井或特殊地质环境井的测井问题，而且能用于实时地质导向钻井决策和实时或钻后地层评价。

1. 地质导向和资料处理解释评价工作流程

地质导向和资料处理解释评价工作流程如图 3-96 所示，可分为钻前先导地质模型的建立、钻中导向模型的调整修订、钻后地质模型的调整与确定三个步骤。

1）钻前先导地质模型的建立

在钻井开工之前，首先搜集该井所在区块的地质及地震资料以及该井的邻井测井资料，以邻井测井资料为基础建立先导地质模型，将标志层及目标层位的位置标记在钻前模型上。（图 3-97）

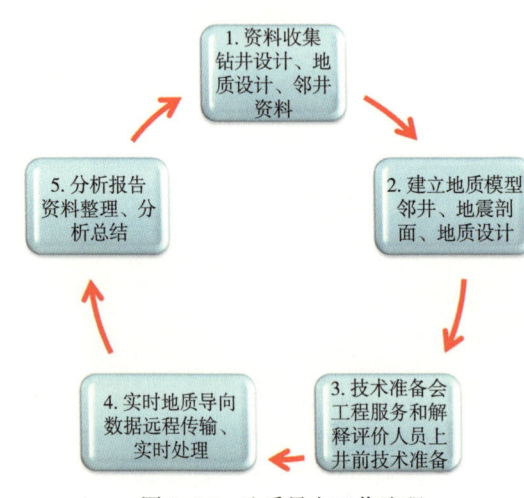

图 3-96 地质导向工作流程

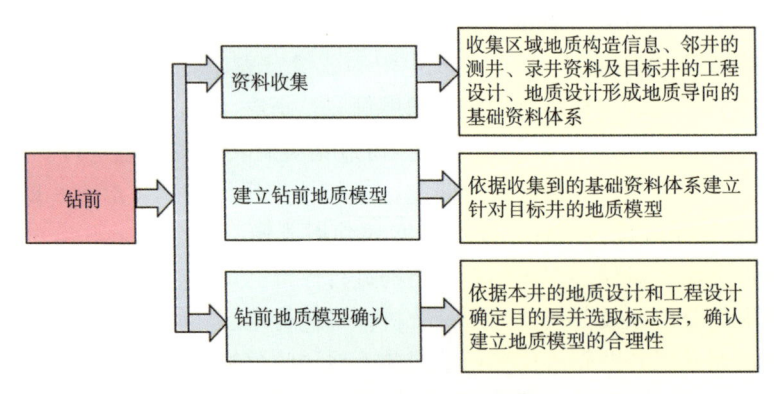

图 3-97 钻前地质导向工作

2）钻中导向模型的调整修订

在钻井过程中，将随钻测井数据实时导入先导模型，并依据最新获得的随钻测井数据对先导地质模型进行实时修正，使得地质导向模型更加精确。同时，还可以计算随钻测井仪器的正演响应，对随钻仪器的测井值进行预判。通过不断的正反演计算，最终控制井眼轨迹钻入目的层[34,35]，如图 3-98 所示。

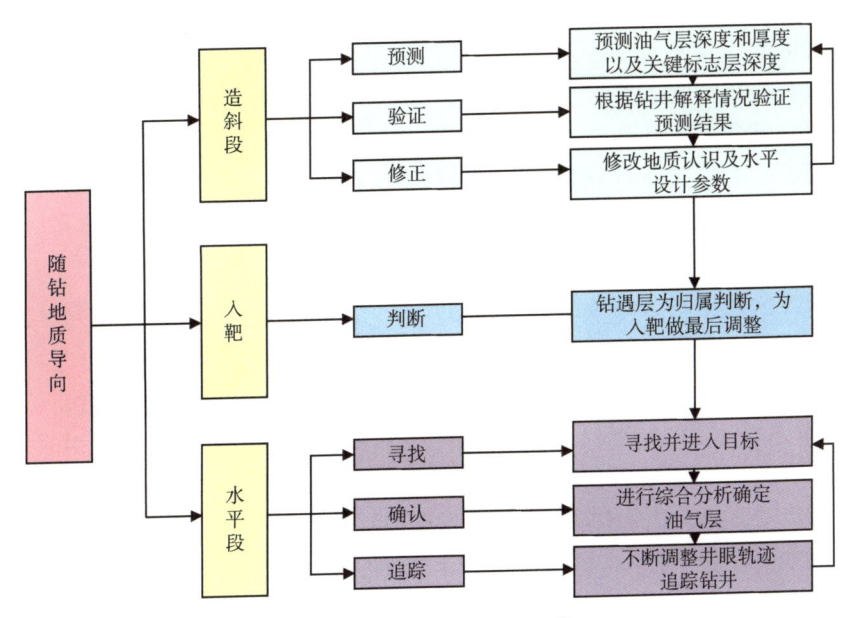

图 3-98　钻中地质导向工作

3）钻后地质模型的调整与确定

完钻后，根据完整的内存数据进行精细解释，精确井眼轨迹和储层之间的几何关系，为后续压裂工作提供帮助，另外，精细钻后模型还能够有助于对目标井所在区块的地质构造进行更深入的认识，细化区块地质模型（图 3-99）。

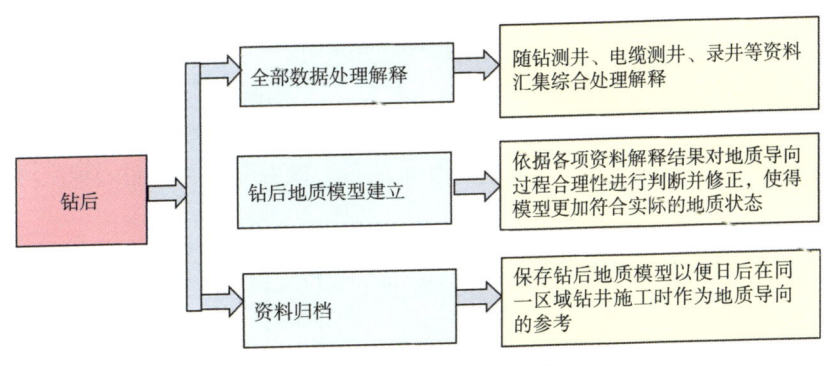

图 3-99　钻后地质导向工作

2. 随钻常规地质导向

1）地质导向方法

地质导向技术是使用随钻测量数据和随钻地层评价测井数据，以人机对话方式来控制井眼轨迹的技术。地质导向技术是水平井钻井的一项重大发展，标志着水平井钻井技术上升到一个更高的层次。地质导向技术是根据钻头处的实时地质数据和储层数据作出调整井眼轨迹的决定，引导钻头前进。其中的技术关键是要求能实时测量钻头处有关地层、井眼和钻头作业参数等方面的数据，并及时将这些数据传送至地面，便于作业人员迅速作出决策[36]。

常规地质导向技术应用主要基于随钻测量系统（MWD）+居中伽马（CGR）+电阻率组

合，来优化水平井轨迹在储层中的位置，降低钻井风险，提高钻井效率。

其中，关键卡层技术应用主要基于随钻测量系统（MWD）+居中伽马（CGR）组合，来应对无导眼井施工情况下关键卡层的难题。水平井若钻导眼井，容易精确入靶和卡准层位，然而每口井钻井周期必然延长，钻井费用增加，完井成本较高。若无导眼，就面临关键层卡层的难题。为了在不打导眼的情况下精确入靶，中国石油集团测井有限公司与塔里木油田勘探开发公司合作，以现场地质工程为基础，施工过程中实时获得井下地质参数，经过钻井、地质多专业有机结合，卡准层位并精确入靶。

常规几何导向技术通过调整钻头方向的井斜、方位及工具面等数据控制井眼轨迹，完成钻井作业。该技术在目的储层较厚，区域地质构造稳定时效果较好，但在目的层较薄、地质结构复杂或对地层情况不是很清楚时，导向效率较低。通过综合利用随钻测量数据、随钻测井资料、导向工具（弯螺杆、旋转导向工具）、地质导向软件，在钻井过程中，实时获取钻遇地层信息，为油藏地质专家实时了解地层情况，做出实时地质决策提供判断依据，以进行实时地质停钻和实时地质导向，充分发挥地质和工程的主观能动性，对于高效勘探和开发复杂油气藏具有重要意义，已成为油田开发获得最大效益的至关重要的手段[37]。

2）应用实例

（1）塔里木油田中古×井（关键卡层）。

在塔里木油田中古×井（井深5907~6028m）进行无导眼水平井作业，该井采用随钻测量系统（MWD）+高温居中伽马（CGR）组合方案。

钻进到离鹰山组上界面垂深约50m时，下入LWD仪器。在垂深5954m时，随钻伽马值连续低值，且钻时相对变快，到垂深5962m时，通过与中古×井伽马曲线对比，基本判断已经进入鹰山组。最终将鹰山组界面确定在5961m，并及时调整为精细控压钻进，保证钻井安全。实时上传的伽马测井曲线和内存中存储的伽马曲线重复性较好；随钻伽马曲线能够准确反映地层变化。

应用卡层技术，实现了无导眼水平井实时导向、关键层位卡层，如图3-100所示，减少钻井周期15天左右，节约钻井费用500万元左右。该井是塔中 400×10^4 t/a 产能建设第

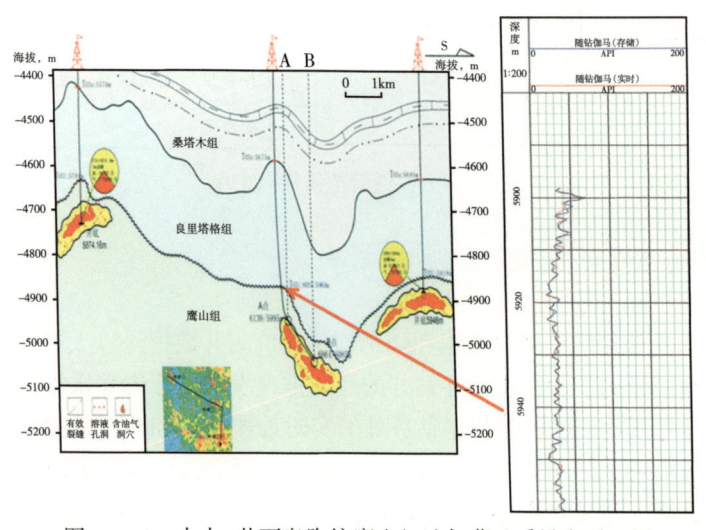

图3-100 中古×井下奥陶统鹰山组油气藏地质导向对比图

一口无导眼成功钻探水平井，开创了在不打导眼的情况下精确入靶的先例。

(2) 青海油田花×井。

青海油田花×井目的层的油藏类型为岩性圈闭控制的构造-岩性复合油藏，油层平均厚度3m，次生断层发育。

花×井位于花土沟油田，该油田构造是柴达木盆地西部坳陷区茫崖坳陷亚区狮子沟—油砂山背斜带狮子沟三级构造上的三个浅层高点之一，南北相邻的狮子沟和游园沟高点均已为探明油田。

利用常规地质导向技术及时进行跟踪对比分析，如图3-101和图3-102所示，在钻达目的层前，发现由于断层原因目的层垂深较设计提前6m，利用随钻测控技术进行实时地质导向，重新调整了井眼轨迹，避免了填井的风险。

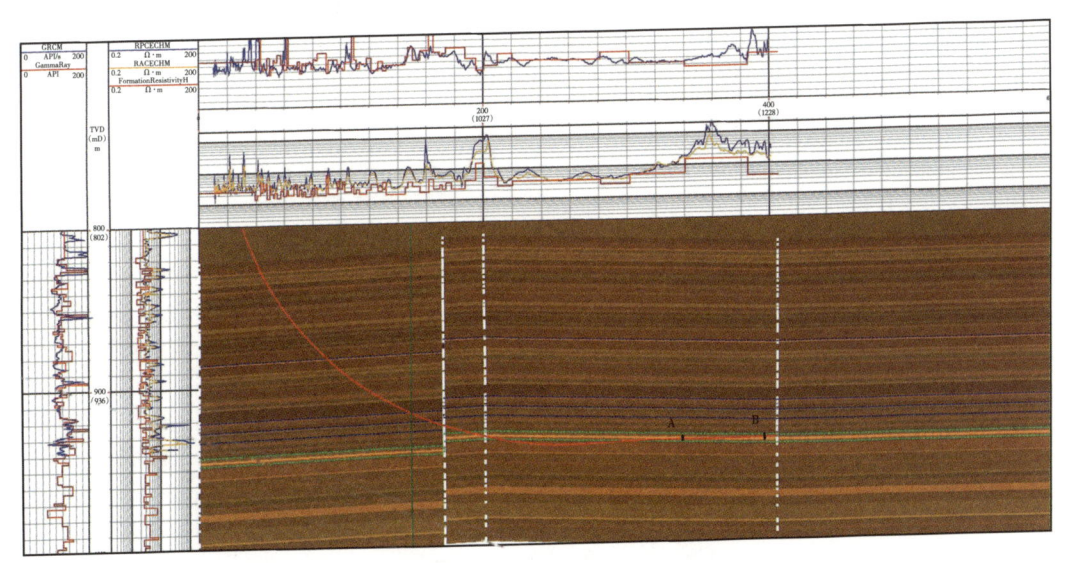

图 3-101 花×井随钻地质导向模型

3. 随钻成像地质导向

1) 地质导向方法

随钻成像测井仪器测量井周不同方位的地层参数，通过实时传输数据将带有方位信息的测量数据实时上传到地面用于地质导向，及时有效发现地层的变化，利用地质导向建模软件，分析仪器在钻遇倾斜地层、断层、不同倾斜角地层时仪器响应特征，为实时地质导向提供理论依据，控制钻具穿行在油藏最佳位置，保证钻头在油层中钻进，如图3-103所示。

随钻成像地质导向技术应用主要基于随钻测量系统（MWD）+伽马、电阻率、密度等成像组合，来优化水平井轨迹在储层中的位置，降低钻井风险，提高钻井效率。

2) 应用实例

乾×井是吉林油田的一口重点水平井探井，位于松辽盆地南部中央坳陷区长岭凹陷乾安构造南部，处于乾安油田，南部为大情字井油田。本区勘探的主要目的层为青一段高台子油层，油层分布主要受岩性控制，油藏类型为岩性油藏。该井针对青一段高台子油层Ⅲ砂组钻探，地震储层预测砂体连片发育，岩性圈闭落实，圈闭有效性较好。该井钻探的目的层为青一段高台子油层。青一段沉积时期，本区以三角洲外前缘席状砂沉积为主，砂岩

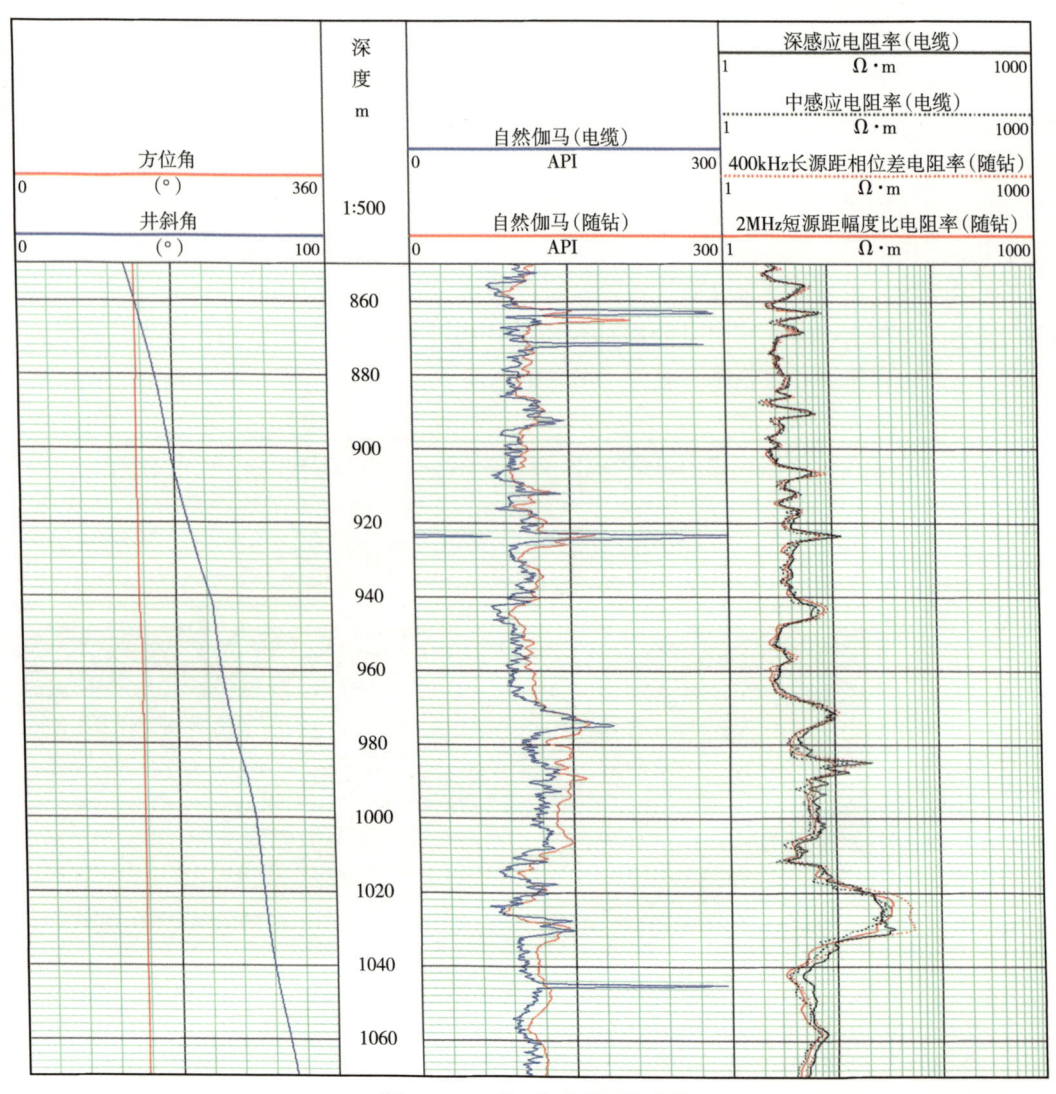

图 3-102　花×井随钻测井曲线

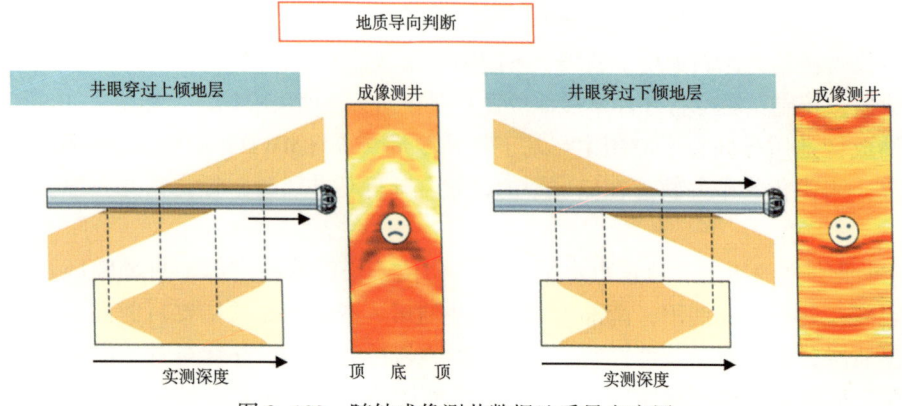

图 3-103　随钻成像测井数据地质导向应用

单层厚度一般在 2~4m，以粉砂岩为主，分选较好；储层主要由石英、长石组成，孔隙度一般为 6%~12%，渗透率一般为 0.01~1.17mD。

整个施工过程中为地质导向人员提供了准确的方位伽马测井资料，为井眼轨迹调整提供了可靠的依据，克服了参考邻井资料少、地震分辨低、地层薄以及水平段长等难题，充分发挥了随钻测井、录井和导向综合服务的优势，在目的层厚度不足 2m 的情况下，实现砂体钻遇率 90%，如图 3-104 所示。

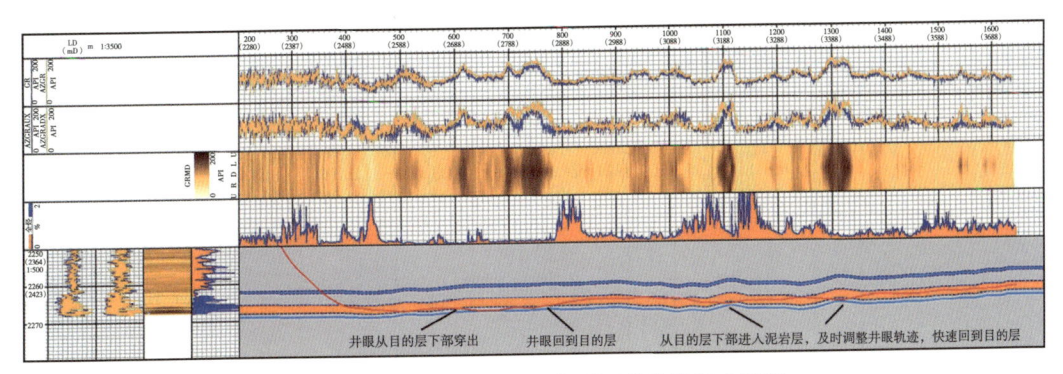

图 3-104　乾×井方位自然伽马测井曲线及成像图

4. 常规地层评价

1）技术原理方法

随钻测井由于是实时测量，地层暴露时间短，其测量的信息比电缆测井更接近原始条件下的地层，不但可以为钻井提供精确的地质导向功能，而且可以避免电缆测井在油气识别中受钻井液侵入影响的错误，获取正确的储层地球物理参数和准确的孔隙度、饱和度等评价参数，在油气层评价中有非常独特的作用。在井况复杂，电缆测井遇阻、遇卡无法正常获取地层资料时，或者在熟悉区块为了缩短建井周期而省略电缆测井时，可在通井过程下入随钻测井仪器，完成地质参数的测量，解决由于资料无法获取导致无法开展储层评价的难题。

选择随钻测量系统（MWD）+居中伽马（CGR）+电阻率（电磁波电阻率随钻测井仪 WPR/双感应电阻率随钻测井仪 GDIR/侧向电阻率随钻测井仪 GRT）+孔隙度（可控源中子孔隙度随钻测井仪 CNP/密度随钻测井仪 CSCD）组合可以实现常规储层评价应用。

2）应用实例

在英×井开展三参数实钻存储测井。

如图 3-105 所示，采用 CGR+GDIR+CNP 组合测井，在 405~1000m 测井段取得双感应电阻率、伽马和中子孔隙度曲线，测井曲线与电缆测井曲线整体一致。该系列可以提供可靠的随钻伽马、电阻率及孔隙度三个参数，具备了开展解释评价的基本数据。

5. 成像构造地质解释

1）方法简述

利用电阻率成像图像解释地质构造是基于地层产状的变化和套合特征。断层和褶皱、不整合面是地下地质构造中常见的构造。断层使地层产生位移，并使地层的产状发生突变，而褶皱使地层产状发生逐渐变化，不整合面造成区域性的地层产状不协调。

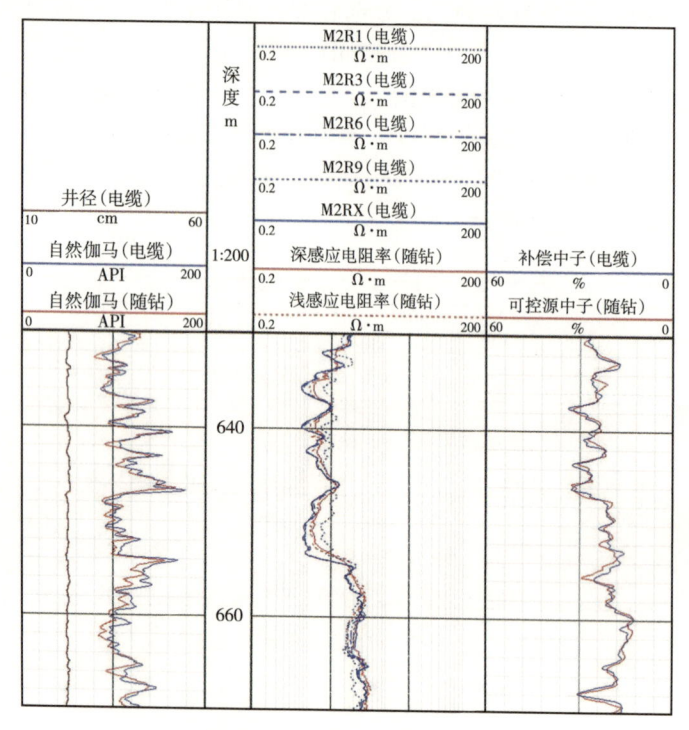

图 3-105 英×井成果曲线图

（1）断层。

小型断层不存在断裂破碎带，位移较小，在井壁图像上可以清楚地识别出小断层及其地层产状的牵引变化。但大型断层往往具有厚的牵引破碎带，断层面不是单个面状构造而呈不规则的复杂的断裂带。利用井壁成像图像结合地层倾角矢量图能够准确地判断断层的存在，确定断层的产状，结合地层对比和区域地质资料确定断层性质。

（2）褶皱。

褶皱的特征是地层产状连续的逐渐的规律性变化，地层倾角矢量模式是渐变的，在井壁图像上也具有相同的特点。但由于井壁成像测井图像一般采用 1:10 的深度比例尺显示，很难形象地看出大型褶皱样式。

（3）薄层分析。

井壁成像测井能够提供高纵向分辨率图像（FMI 为 5mm），比常规测井的分辨率要高出 30~40 倍，因此，理论上能够识别出 5mm 厚的薄层。在油田的开发过程中，识别薄层对研究储层的特性和划分渗透层、具有重要的意义。

对于厚泥岩层段中夹薄砂条时，泥质的图像通常呈暗色，而砂岩为浅色图像，具有清晰的薄层界面，很容易识别出来。

对于厚砂岩层段中夹薄的非渗透层时，有两种可能性：一种是高电导率的泥质夹层形成的非渗透隔层，另一种是钙质胶结的砂质夹层形成非渗透隔层。前者的图像是暗色或黑色，后者的图像是浅色或白色。

2）应用实例

青海油田英×井，进行了随钻测量+居中伽马+电阻率+成像组合测井施工。

通过对随钻成像测井资料进行分析，可以得到以下结论：

（1）成像图可以反映地层沉积特征，计算地层构造倾角。

如图 3-106 所示，可以清晰反映地层倾角和倾向，可以更为直观评价各种地质构造；识别岩性，可直观反映岩性粒度变化。

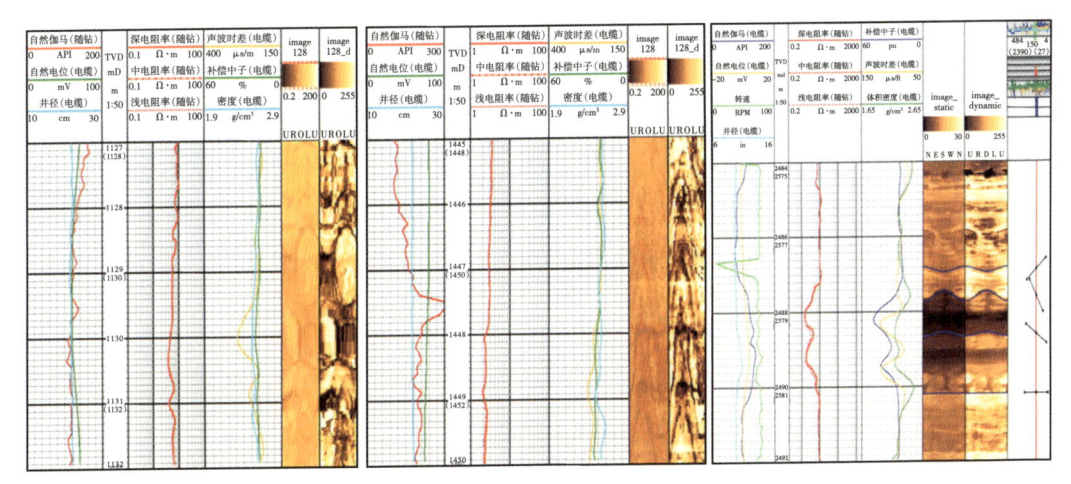

图 3-106　地层倾角分析图

（2）成像图可以划分地层界面，反映较薄的夹层等储层特征。

电阻率成像纵向分辨率较高，可以分辨出薄至 12mm 储层，对薄层储层的勘探开发具有重要意义。

（3）成像图识别所钻地层井壁坍塌位置以及井周应力方向。

现今地应力对于储层压裂改造以及开发设计等有重要意义，因此，油田勘探和开发过程中经常进行现今地应力方向和大小研究。地质应力学分析井眼周围的井壁剥落，已有研究表明现今地应力方向常常与有效裂缝展布方向一致。在成像图上，现今地应力方向与压裂诱导缝平行，与井眼崩落方向垂直。

（4）成像图有效地识别裂缝和地层破碎带，进行储层裂缝结构、裂缝类型等完井分析。

第六节　生产测井装备

"十二五"期间，中国石油在生产测井领域获得多项技术突破，取得多项创新成果。在产出剖面：创新开发出 HSR 七参数测井仪，基于仪器形成具有自主知识产权的生产测井平台；创新开发出分流法高分辨率产液剖面测井仪，将含水率的测量分辨率从原来的 5% 提高到 2%；创新开发出高含水油井电磁流量产液剖面测井仪，成功将电磁流量测量技术用于油水两相流产液剖面测井，实现流量测量无可动部件；开发出微波高含水持水率测井仪，实现 0~100% 的全量程测量，分辨率达到 2%；开发出阵列电磁波持水率测井仪，是一种用于大斜度井和水平井的产液剖面持水率测量仪器。在注入剖面：创新开发出双示踪相关流量注入剖面测井仪，该仪器仪器组合了放射性同位素示踪载体、液体示踪、电磁流量/超声流量及温度、压力、磁定位等多种参数，一次下井能进行超声/电磁流量、连续和点测示踪流量和同位素吸水剖面测井，多种测井方法综合运用，可获得更加全面、准确的测试资料。在工程测井方面：开发出扇区水泥密度成像测井仪，可精确测量套管外环空充填介质密度，提高了解释的准确性。在地层参数测井方面：开发出过套管电阻率测井仪，该仪器为水淹层的识别以及未动用与漏失油气层识别提供了具有自主产权的测井技术；开发出脉冲中子全谱测井仪，集成了中子寿命和碳氧比测井的优点，成为储层评价测井仪的一种趋势。

一、HSR 生产测井组合仪

20 世纪 90 年代以来，国内大多数油田进入后期开发阶段，在生产测井方面主要应用进口的生产测井系统及国内一些生产测井系统。其下井仪基本上是在 DDL 基础上改进或仿制，大多采用分离元件，仪器组合过长、精度低、容易出现故障，已经不能满足实际生产的需要。借鉴国内外在生产测井系统研制方面的经验，立足国内，开发了新一代的 HSR 生产测井组合仪。

1. 构成

HSR 生产测井组合仪由两个部分组成，即便携式地面系统、井下参数测量平台（井下仪器）。

2. 技术特点及创新点

HSR 生产测井组合仪形成了 一个平台——形成具有自主知识产权的生产测井平台，通信传输速率 20kbps；两个创新——快速响应温度探头研究应用、高精度石英压力传感器应用研究；三个特性——高可靠、高精度、仪器长度大大缩短。

3. 现场应用情况

2013 年底，HSR 系列仪器已经完成累计近 200 套生产应用，现场应用过万井次。

如图 3-107 所示，持水率曲线在第 5、第 6 层处升值变化，对应的流体密度曲线降

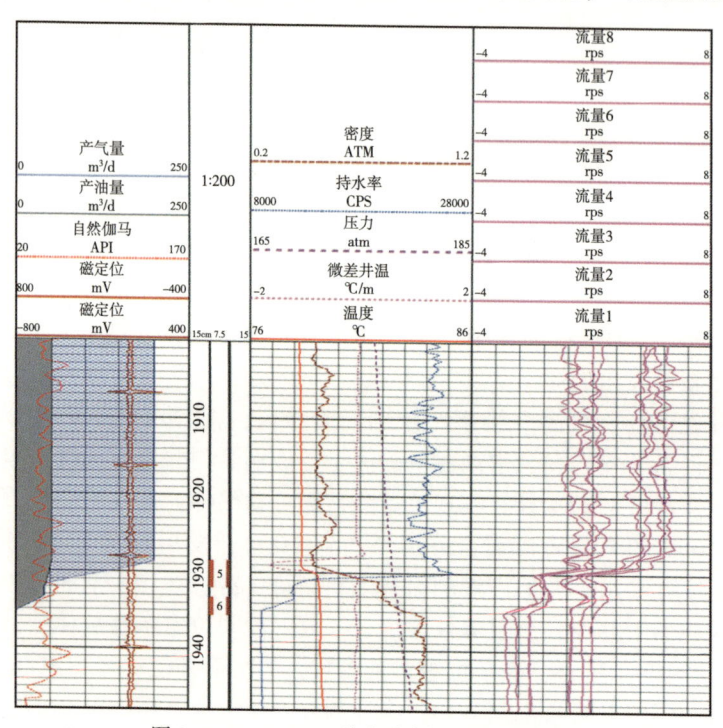

图 3-107　J×-320 井产液剖面解释成果图

值变化，流量在这两层处变化明显，井温在第5层降温，证实该层产气。各曲线对应关系良好。

二、分流法高分辨率产液剖面测井仪

各油田综合含水率逐年升高，"十一五"末，大庆油田主力油田的综合含水率已达90%以上，处于特高含水阶段，需要具有较高含水率分辨率和测量精度的仪器来准确测量高含水油井的含水率，因此为进一步提高测井仪器在高含水以及特高含水时测量分辨率，研制了分流法高分辨率产液剖面测井仪。该仪器上的含水率计利用低流速下油水的重力分异效应，对通过含水率计测量传感器的流体进行分流，增加了测量通道的油的比例，从而实现分辨率的提高，实现该仪器含水率的分辨率优于2%。自2013年推广应用以来，完成产液剖面测井495井次，为准确寻找主产油层、主产水层以及为油井采取有效增油降水措施提供可靠资料。

1. 工作原理

与原阻抗含水率计[38]一样，分流法高分辨率产液剖面测井仪[39]由涡轮流量计、阻抗含水率计以及相应的处理电路组成，如图3-108所示，主要不同之处就是在阻抗传感器内置分流管实现了含水率测量分辨率的提高，其工作原理：在阻抗传感器内部安装一个非导电分流管，该分流管向下延伸通过了伞内的上下两个进液口（图3-108中集流伞部位上下标有指示箭头的地方），上、下进液口中间通过封隔塞隔开，相互之间不连通上、下进液口中间通过封隔塞隔开，相互之间不连通。上进液口、分流管与阻抗传感器之间构成了新的环形测量通道，下进液口与分流管连通，构成了分流通道。由于水的密度大于油的密度，有部分水聚集于集流伞底部，从下进液口进入分流通道，其余的油水混合流体经上进液口进入测量通道，从而降低了流经阻抗传感器的流体中水的比例，提高了传感器对水的分辨能力。

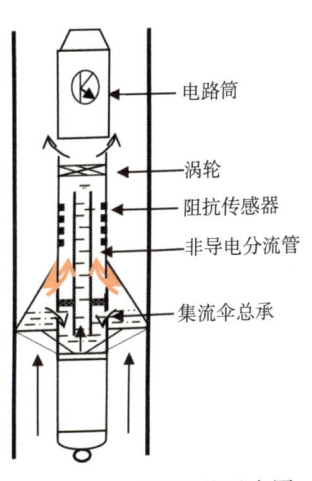

图3-108　仪器结构示意图

2. 含水率响应规律

为验证分流法高分辨率电导含水率计测量分辨率，对不同流量点进行了加密标定验证，如图3-109所示，各曲线自下而上，依次对应含水率80%、81%、100%，可以看出在含水率80%以上，含水率计可分辨1%的含水率变化，并且曲线无交叉、重叠。

3. 创新点及关键技术

在阻抗传感器内置分流管，利用低流速下油水的重力分异效应，对通过含水率计测量传感器的流体进行分流，增加了测量通道的油的比例，提高含水率测量分辨率是重要的创新。分流比的确定是关键技术，流体仿真与实验相结合来确定分流比，目前最佳分流比是30%[40]，总流量的30%分流走，这30%中大部分为水。通过分走一部分水使得流经传感器的流体含油率升高，从而相对提高了高含水条件下含水率测量分辨率。采用分流技术后，仪器在80%以上含水率时，对1%含水率变化有分辨率，曲线之间不交叉，而未采用分流技术的仅能达到2%。

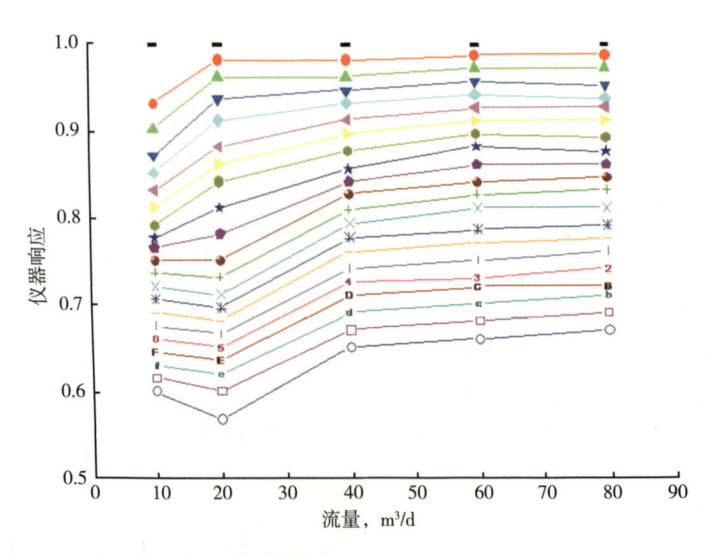

图 3-109　不同流量下含水率仪器含水率响应规律图版

4. 现场应用

对 B1 井进行产出剖面四参数组合测井，含水率使用分流法高分辨率电导含水率计。测井成果图如图 3-110 所示，B1 井 G21+2（1）~G24 层为主要产液层，G215~G216（2）层为主要产油层。合层含水率测量可以分辨含水率在 2% 差异，结果显示上部两个层为特高含水率层，含水 98% 以上；井口量油产液量 86.7m³/d，含水率（94.6%）与测量产液量、含水率差别较小。说明该仪器可以准确分辨高含水率层位，指导油田开发。

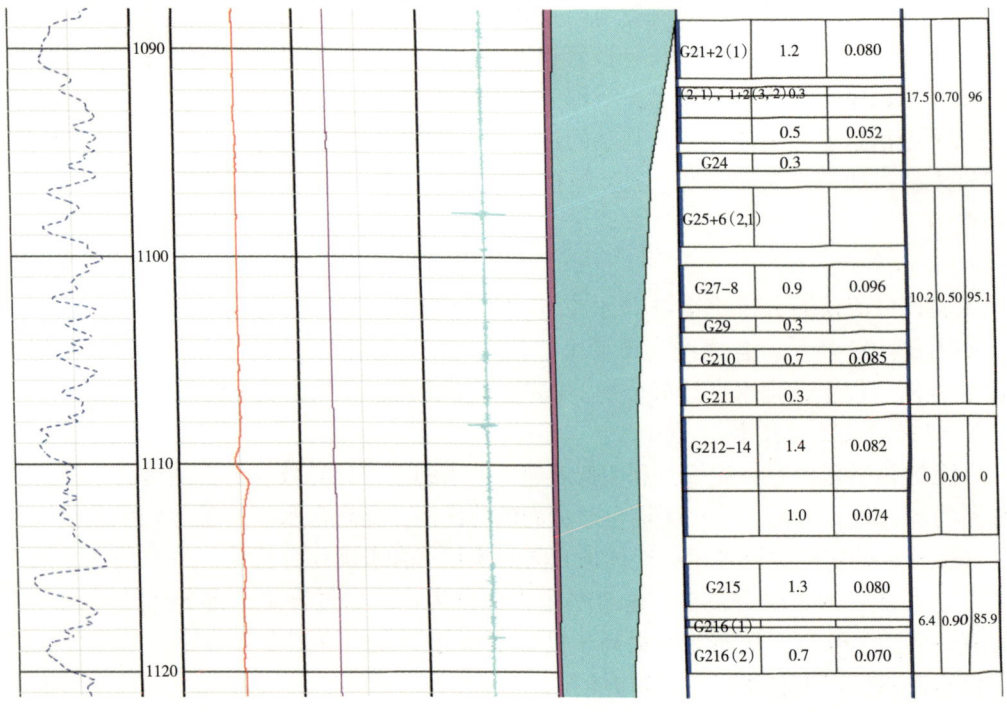

图 3-110　B1 井测井成果图

三、高含水油井电磁流量产液剖面测井仪

电磁流量计被广泛应用于油田注水井、注聚井的注入剖面测井，没有可动部件，并具有精度高好、测量准确可靠的优点。基于电磁流量计可以用于弱导电流体流量测量的基本原理，对其在高含水条件下测量油水两相流流量进行了研究，经理论仿真及在多相流装置上的实验证明，在高流量高含水条件下，应用电磁法进行油水两相流流量的测量，具有重复性好、测量精度高的优点，为此研制了小直径高含水油井电磁流量产液剖面测井仪[41]，该仪器采用电磁流量计测量两相流体流量。现场应用试验表明，该仪器流量测量由于无可动部件，适应于水驱、聚驱和三元复合驱产出井中油水两相流流量测量。

1. 工作原理及仪器结构

电磁流量计是依据法拉第电磁感应原理来测量导电流体体积流量的仪表，能够把流速线性地变换成感应电动势。管道采用非金属材料，导电流体在管道内流动。测井仪器内安置线圈，在流体内产生磁场，并且磁场方向与管道轴向（即流动方向）垂直。由于流体（水或聚合物水溶液或弱导电流体等）中含有大量的导电离子，离子与流体一同沿管道轴向移动时，其运动方向与磁场垂直，受到洛仑兹力的作用而偏离原来的运动方向，而且正负离子的偏离方向相反，因此在管道截面上就形成不同的电位分布。在与磁场垂直的径向的管道内壁上两侧安装与被测流体相接触的电极，则两电极之间的电位差严格正比于平均流速，而体积流量与平均流速存在正比关系，通过确定的流动管径尺寸建立了感应电动势与流量的关系式。图3-111给出电磁流量计电路工作原理示意图。图3-112是仪器结构设计图。

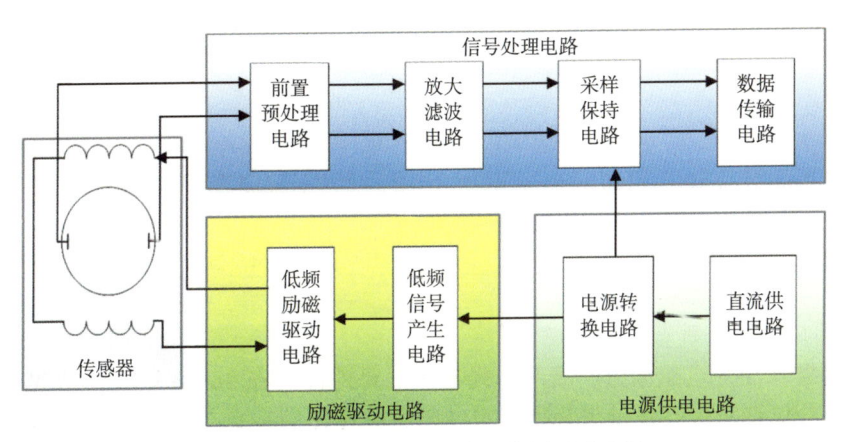

图3-111 电磁流量计电路工作原理示意图

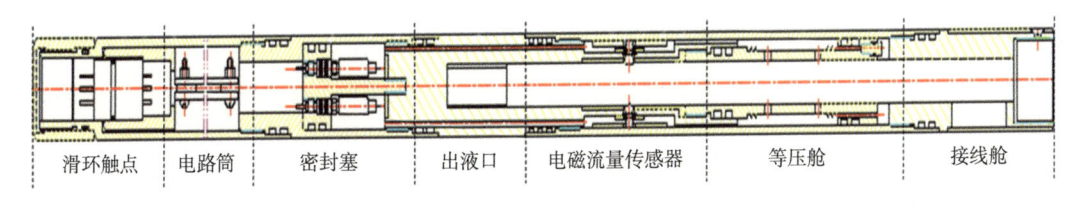

图3-112 仪器结构图

2. 技术指标及解释图版

室内实验在多相流实验装置上进行。实验中配给流量调节为 0m³/d、5m³/d、10m³/d

至60m³/d，调节流量以10m³/d的间隔增加。对于每一流量，含水从50%调节到100%，以10%的间隔增加。

经标定仪器的技术指标如下。

(1) 含水率测量范围和精度：(50%~100%) ±3%；

(2) 流量测量范围：3~60m³/d（含水率80%~100%）；

(3) 流量测量精度：±3%（20~60m³/d、含水率在90%以上），±10%（3~20m³/d、含水率在80%以上）；

(4) 外径：28mm。

图3-113、图3-114分别给出1#仪器及2#仪器在油水两相流中的标定结果，形成了解释图版。由图可知，当含水率超过60%，流量高于5m³/d时，同一流量时不同含水率下仪器响应频率接近，显示出在集流式电磁流量计在油水两相情况下标定结果不随含水率变化而变化，并与清水中标定结果基本一致；当含水率超过50%，流量超过30m³/d时，电磁流量计在油水两相情况下标定结果不随含水率变化而变化，并与清水中标定结果基本一致。

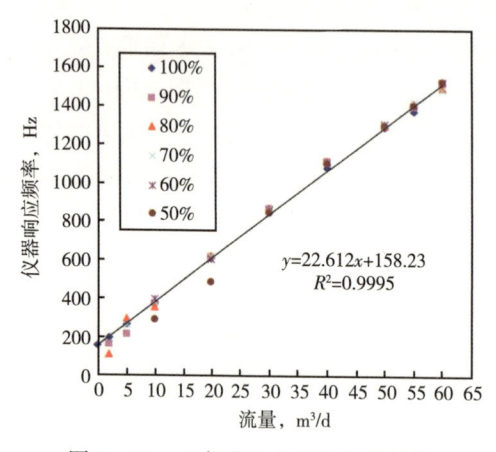

图3-113 1#仪器油水两相实验结果

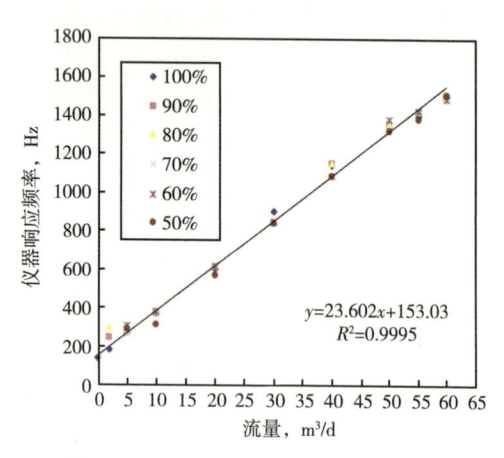

图3-114 2#仪器油水两相实验结果

3. 关键技术及创新点

以往高含水油井电磁流量产液剖面测井仪主要外径都在38mm以上，从38mm变成外径为28mm的仪器对仪器设计带来挑战定，电磁流量计的小直径设计的关键是需要对线圈尺寸、流动通道尺寸进行小型化设计，并调整相应的空间分布，为此进行了理论计算和电磁场仿真[42,43]，以及开展了大量的实验研究。该仪器创新点是通过集流方式以及流动通道缩径，实现油水两相流体更加充分混合，油水分布均匀，在高含水条件下形成接近弱导电流体的条件，实现了电磁法在油水两线条件流量测量。通过配接集流伞及流动通道缩径，仪器可实现在5~60m³/d流量测量范围进行流量测量，测量精度达到了5%，实现了电磁流量计在两相流下的应用，为油水两相流量测量提供了无可动部件的流量计。

4. 现场应用

X6-12-E12井井口化验含水98%，测井当天化验黏度13.8mPa·s。图3-115为合层产液测试结果，很好地显示了随抽油机冲程的变化情况。对比涡轮流量计及电磁流量计的测试结果，电磁流量计的测试结果均明显高于涡轮流量计的测试结果，见表3-9。

1023m涡轮流量计响应、全水值、混相值　　　　　　1023m电磁流量计响应

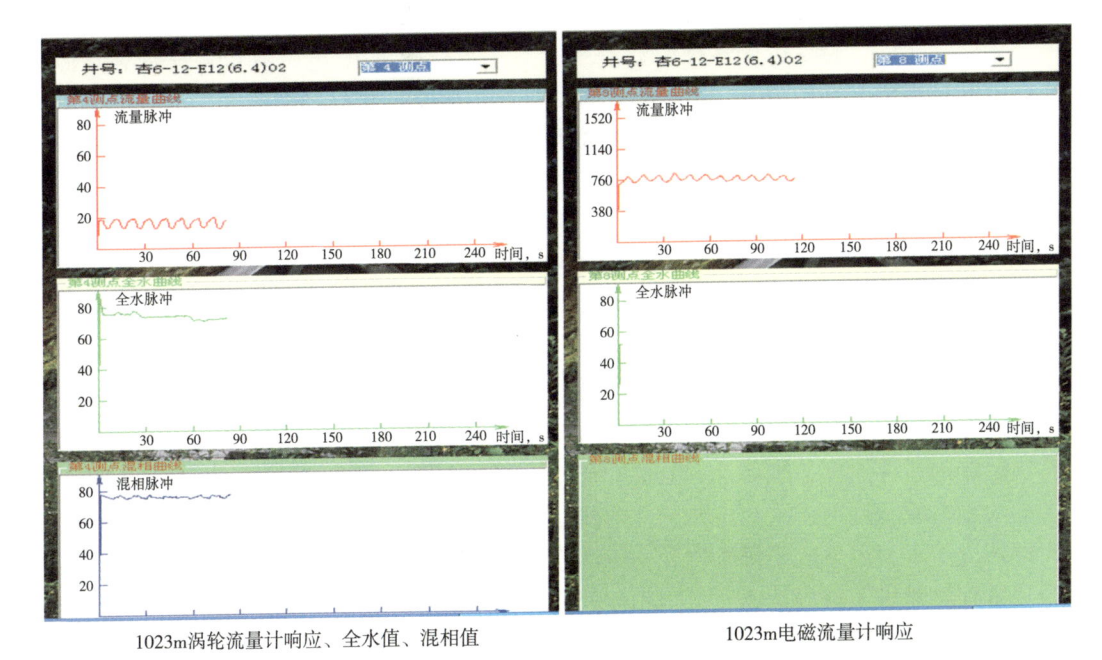

图 3-115　1023m 测井数据回放结果

表 3-9　电磁流量计测量结果

序号	测点深度 m	涡轮合层产量 m³/d	电磁合层产量 m³/d	分层产量 相对 %	分层产量 绝对 m³/d	全水频率 Hz	混相频率 Hz	合层含水 %	合层产水 m³/d	分层含水 %	分层产水 m³/d
1	1023	18.6	27.2	82.3	22.4	74.5	76.5	98.6	26.8	100	22.5
重复	1023	19.5	28.1								
2	1035	2.2	4.8	0.4	0.1	98.3	141.5	88.8	4.3	0	0
3	1038	2.2	4.7	17.3	4.7	101 5	130	92.5	4.3	91.5	4.3
4	1055	0	0	0	0	52	52	100	0	0	0

现场应用结果表明，高含水油井产出剖面测井仪适合应用于高含水油井两相流的测试，上测及下测结果具有较好的重复性，测井效果较好。在三元复合驱产出井中应用时，当产出液黏度较低时，涡轮流量计测量结果与电磁流量计测量结果接近，当产出液黏度较高时，由于流体黏度较大，涡轮流量计受流体黏度影响，测量结果低于电磁流量计测量结果，不能反映井的真实产出情况。因此，对于三元复合驱产出井，电磁流量计不受流体黏度影响，明显优于涡轮流量计，能准确可靠地进行测试。该仪器具有广阔的应用前景。

四、双示踪相关流量注入剖面测井仪

"十二五"期间，国内油田注入剖面测井普遍使用同位素示踪载体、电磁流量计、脉冲中子氧活化、示踪流量测井等技术，这些技术适应不同的流动介质（水、聚合物、三元等）及管柱结构（笼统注入和分层注入），流量测量范围和测量精度也不同，各有技术优势及局限性，单一的注入剖面测井技术受到局限。为此，发展出了双示踪相关流量注入剖

面组合测井技术，其测井仪器组合了放射性同位素示踪载体、液体示踪、电磁流量/超声流量及温度、压力、磁定位等多种参数，一次下井能进行超声/电磁流量、连续和点测示踪流量和同位素吸水剖面测井，多种测井方法综合运用，可获得更加全面、准确的测试资料。同时还研究了双示踪相关流量注入剖面组合测井的施工工艺、解释方法和配套的解释软件，使得该技术更全面、更完善。

1. 工作原理

双示踪相关流量注入剖面测井仪测量原理[44]如图3-116所示，液体同位素示踪载体被释放后，载体随注入流体（水、聚合物溶液、三元体系）进入油管，并通过配水器进入各个配注井段。示踪剂流经测井仪器时，两探测器采集到随时间变化的同位素强度曲线，当两个探测器距离合适，则两条曲线具有较好相似性，只是其中一路信号延迟了一定时间，称为渡越时间。渡越时间可以用互相关算法计算[45]。由于两探测器间距已知，可以计算出示踪剂运移速度，进而计算流量。释放示踪剂之后，仪器可以定点测量；也可上下连续移动，追踪示踪剂，采集多条测井曲线，大大增加了信息量。该方法的特点是适应性好，即适应于水，也适应于聚合物和三元体系等高黏滞流体；即适应于笼统管柱，也适合于分层管柱，流量下限可达 $3m^3/d$，并可以探测管外窜流、验证井内封隔器是否密封。

2. 解释方法

双示踪相关流量注入剖面测井是流速测量方法，结合流道面积计算合层流量，再采用递减法计算分层注入量。对于定点测量，两伽马探测器各探测到一个示踪峰，如图3-117所示。两个示踪峰时间差 τ_0（即渡越时间）处于两探测器间距 L 可计算水流速度。

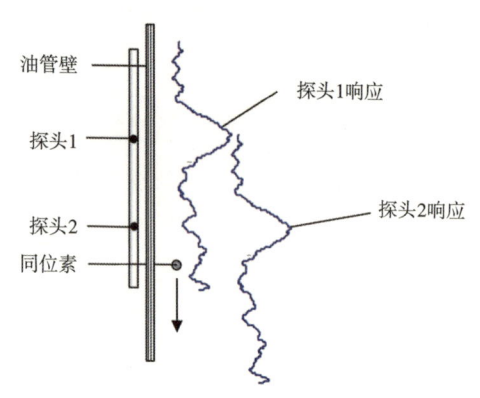

图3-116 双示踪相关流量注入剖面测井原理图

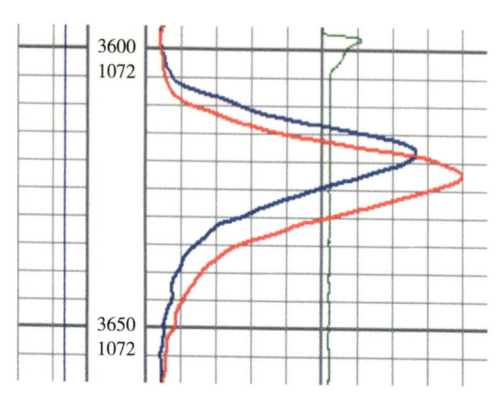

图3-117 定点测量双示踪相关流量注入剖面测井两个探测器录取的伽马计数率曲线

连续测量[46]是释放示踪剂后，将仪器进行快速下放、上提的连续测量。单个伽马探测器在目的层段先后追踪到不同时刻多个示踪峰，每两个峰值时间差结合深度差即可计算流速。计算渡越时间的方法有峰值法、中心法、重心法、相关法四种方法，根据伽马计数率曲线峰形特点择优采用。

3. 关键技术及创新点

液体示踪剂的配伍性是关键技术，主要通过选取喷射后抱团特性母液来实现。通过多种渡越时间计算方法，实现了不同形状示踪峰的流量解释。将相关的流量测量思路及方法与同位素示踪流量技术相结合是一个重大创新，双示踪相关流量注入剖面测井仪器上的释

- 146 -

放器释放出同位素示踪,通过移动仪器实现分别在不同时间内上游、下游伽马探测器对同一示踪的测量,经互相关运算测得渡越时间,再经电缆测速校正实现流量测量。

4. 现场应用

为检验双示踪相关流量注入剖面测井技术的适用条件、测量范围和实际应用效果,在大庆油田选取了不同流量范围、不同注入介质的分层注入井和笼统注入井试验 141 井次,均取得了合格的测井资料,综合测井成功率 100%,并且与电磁流量、脉冲中子氧活化测井方法进行了对比,效果良好。

针对射孔层纵向密集,多级配注井这些复杂疑难井的测试,先用连续示踪或点测示踪确定每一级配水器的吸入量。各配水器对应的射孔层的测量,用连续示踪相关的方法定量测出层间距大的射孔层吸液量,定性判断出层间距小的层是否吸液;对于配水器—地层、地层—地层间距大于 1m 的层进行点测示踪测量层间流量;对于层间距小于 1m 的射孔层,释放颗粒同位素,根据连续示踪相关和点测相关的测试结果,结合颗粒同位素的面积法,定量给出层间距小于 1m 层的吸液情况。

采用双示踪相关流量注入剖面测井仪测试×井的第一级配水器的部分测井示意图如图 3-118 所示,图中左上角和右上角的图分别是采用连续和点测的方法测试全井的总流量,

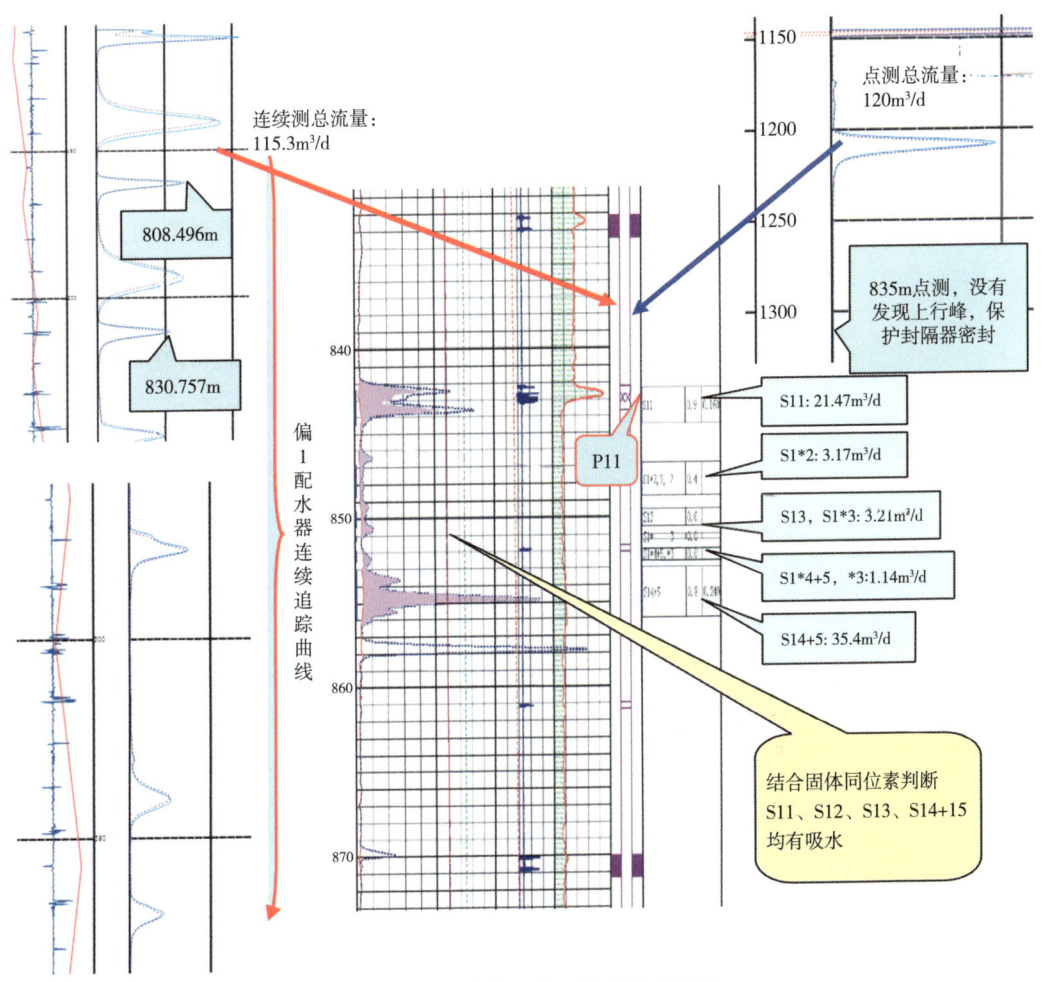

图 3-118 ×井偏一配水器解释成果图

再结合电测流量的测试结果得出全井的总流量。在右上角835m点测图中，没有发现上行峰，说明第一级封隔器密封良好。左下角图是连续测试第一级配水器对应的井段吸入量示意图，中间的图是采用同位素吸水剖面测试第一级配注段吸入量的示意图。将连续流量测试结果结合同位素示踪载体测试结果判断S11、S12、S13、S14+15均有吸水。

通过现场多井次的应用进一步证明双示踪相关流量注入剖面测井仪具有很好的可靠性、重复性，测量精度高、测量下限低，做到厚层细分；克服了同位素载体示踪法沾污、大孔道严重问题，同时还能检查井下管柱工具的深度，判断封隔器是否有漏失，为用户提供了信息丰富的资料。

五、微波高含水持水率测井仪

"十二五"期间，我国的大部分油田处于高含水期，传统的监测油井含水率的手段在解决高含水期油田的分层含水率测量问题时效果难以令人满意，微波持水率测井仪适用于高含水期油田的含水率的测量，可有效提高油井含水率的测量精度。

1. 工作原理[47,48]

微波高含水持水率测井仪设计原理如图3-119所示，将微波探头插入待测液体中，微波信号生成器产生一定频率和幅度的微波信号，微波信号通过功分器分成相位和幅度相同的微波1支路和微波2支路，微波1支路直接送到相位解调器的一端，微波2支路通过微波探头后送到相位解调器的另一端，相位解调器比较这两路信号相位差，将相位差送到单片机计算出微波2支路探头的传播常数，从而确定混合液体的相对介电常数，进而计算出油、水的混合比例。

微波高含水持水率测井仪探头[13]结构如图3-120所示，为保证微波探头与仪器流体通道中流体充分接触，必须将微波天线设计为U形结构，微波探头主要分为接头、密封体和微波天线，其中接头的作用是将微波探

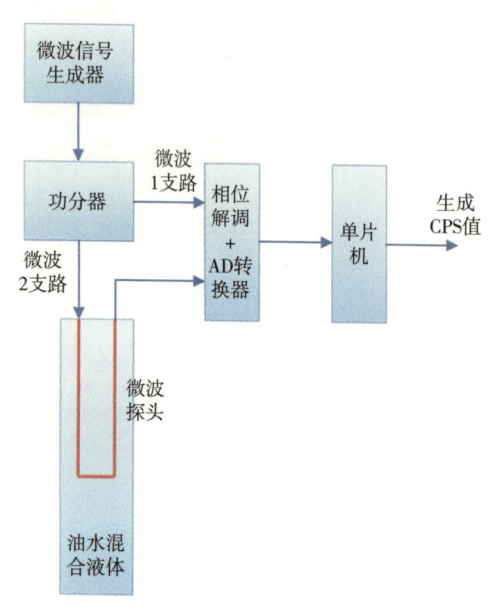

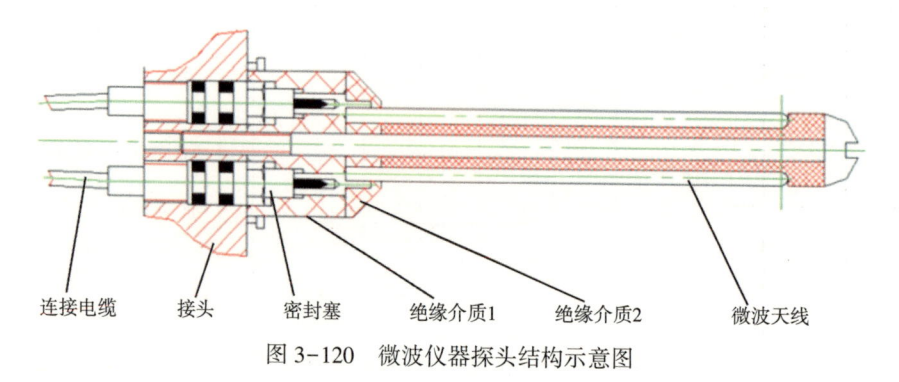

图3-119 微波高含水持水率测井仪测量原理框图

图3-120 微波仪器探头结构示意图

头安装在仪器上并通过同轴电缆与微波测量电路相连接，微波天线的作用是与通过仪器流体通道的液体接触并探测通过天线周围流体的介电常数，密封体包括密封塞、绝缘介质1和绝缘介质2，主要起承压和密封作用，保证仪器电路工作正常。密封塞与天线（材料为铜材）连接采用点焊技术，接头、外管、过线管及固定螺丝材料为不锈钢，绝缘介质材料为聚酰亚胺。

2. 技术创新点

微波高含水持水率测井仪开发完成后，对仪器性能进行测试，主要测试微波高含水持水率测井仪对不同配比含水的分辨能力，为便于对比，所有配比采用相同流量（20m³/d），含水从0%变化到100%，每隔2%测量一个点，共51点，实验结果如图3-121所示，可以看出微波高含水持水率测井仪有以下特点：

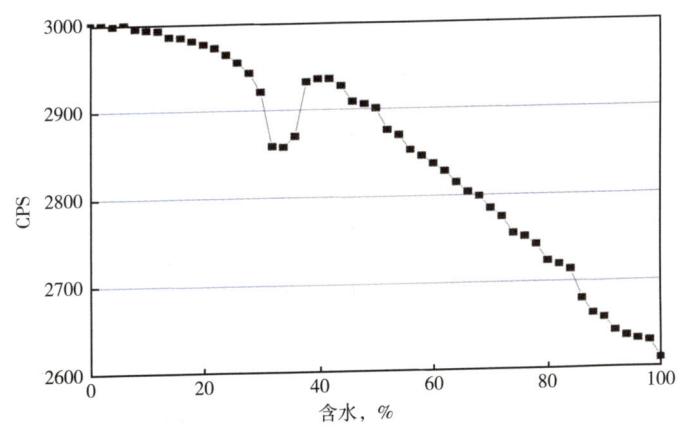

图3-121 微波高含水持水率测井仪探头分辨率测试

（1）微波高含水持水率测井仪分辨率达到2%。

从图3-121可以看出，当含水变化为2%时，微波高含水持水率测井仪输出CPS值都有变化，证明微波高含水持水率测井仪含水分辨率能够达到2%。

（2）高含水反应灵敏。

微波高含水持水率测井仪在高含水区域响应良好，当含水在50%以上时，微波高含水持水率测井仪输出CPS值基本呈线性变化，当含水值在50%以下时，仪器输出CPS值有多值现象，因此微波高含水持水率测井仪在高含水条件下有较高的响应能力。

3. 现场应用效果

生产中常用的持水率测井方法主要是电容法持水率计测井方法，在高含水油井中应用效果较差。微波高含水持水率测井仪的两相流实验和实际测井实验表明微波高含水持水率测井仪在高含水油井中有良好的分辨率，能够很好解决测量高含水油井产出剖面的难题，可与电容持水仪器产液剖面测井形成优势互补。在微波高含水持水率仪器研制和相关解释软件开发成果的基础上，进行了实际测井资料解释处理工作。

如图3-122所示，A井有3个射孔层，产液为19m³/d，综合含水率达到91%，属于典型的高含水油井。该井电容法的含水计数率显示总含水基本为100%，其定量解释结果也为99.7%，微波法显示有少量油产出。微波持水率解释表明，该井总产液量在16m³/d

左右，总含水为 84.68%，上部 2 个射孔层有少量油产出，其中第 2 层为主要产水层，第 3 个射孔层全部产水，未有产油显示。由两种方法的解释结果可以看出微波仪器在识别油井高含水方面具有明显优势。

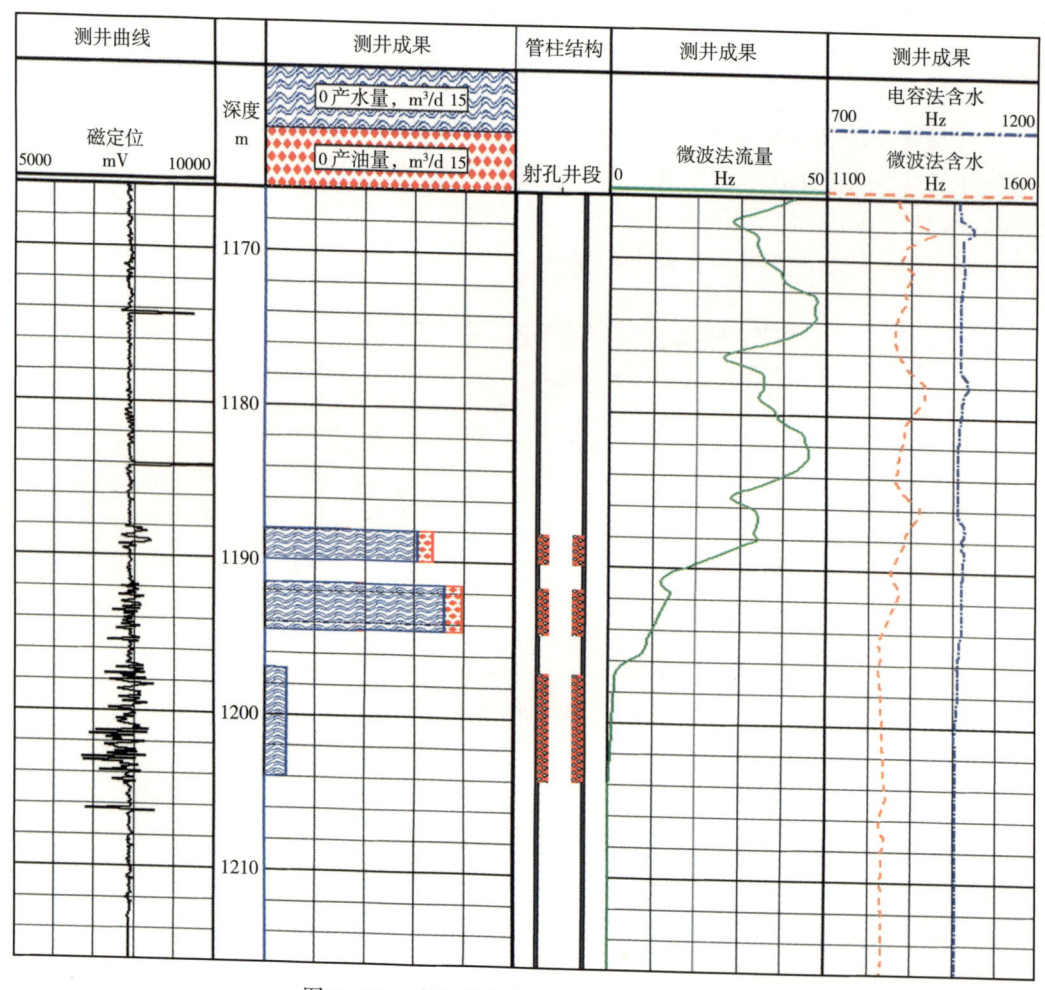

图 3-122 微波高含水油井产液剖面成果图

六、阵列电磁波持水率测井仪

阵列电磁波持水率测井仪是一种用于大斜度井和水平井的产液剖面持水率测量仪器。该仪器基于电磁波相移法原理，运用高速高精度检测电路，采用 12 支纵向均匀分布式阵列传感器，实现了业内首套基于电磁波的阵列成像产液剖面测井仪。现场测井证明仪器具备灵敏度高、动态响应范围宽等显著优势。

1. 仪器研制背景

油井中油水两相流的持水率在线检测可为地层资源评价、井下施工作业提供及时准确的依据。但是由于我国油田广泛采用注水开采方式和水平井技术以保证原油高产稳产，使得目前一些常规的持水率检测方法不能满足实际生产的需求。其主要原因在于：

（1）注水开采的方式引起井下流体含水率升高，导致传统电容式持水率检测方法失效；

（2）由于重力的作用会造成水平井或大斜井油井截面上油水分布的差异，用于垂直井中常规单探头的"以点代面"的持水率测量方法用于水平井或大斜度井测井时无法提供油井截面上持水率分布的差异信息。

因此，研究一种新型全程段、高精度、阵列式井下流体持水率检测方法与仪器具有重要的意义。

中国石油依托"十二五"科研课题"低渗透油田注产剖面测控仪研制"独立自主设计了基于电磁波相移法的阵列电磁波持水率测井仪，在现场开展了仪器适用性、稳定性测试，实验证明该仪器设计各项指标达到要求，适用于以长庆油田为典型的"三低"油田大斜度井和水平井产液剖面持水率检测。

2. 仪器系统组成

基于高频信号差频检测相差的原理，仪器的总体结构如图3-123所示。它由8个模块组成，分别是高频信号源、多路分接与多路复用模块、模拟信号调理模块、数字延时线、相移检测逻辑模块、鉴相/计数器模块、方位检测模块、处理与传输模块。具体功能分述如下。

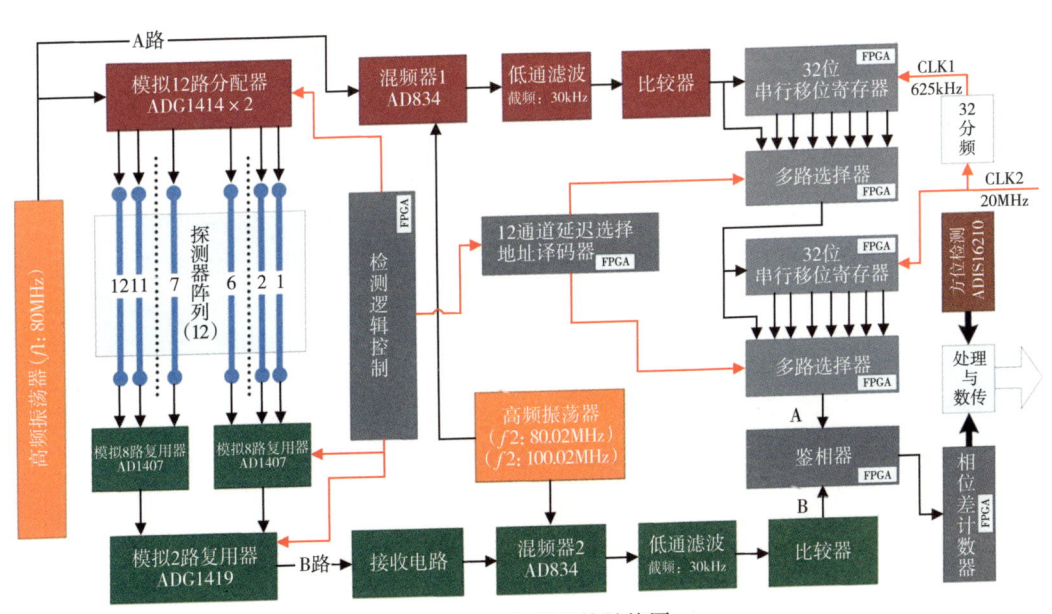

图3-123 仪器总体结构图

（1）高频信号源：分别产生两路高频信号，其中一路高频信号送入传输线传送，另一路用来与传输线两端的信号进行混频以获取差频分量。

（2）多路分配与多路复用模块：为了实现多探测器复用一路信号激励源和一路相移检测电路，以减小电路板尺寸，保证多道信号的一致性，采用多路分配与多路复用模块。

（3）模拟信号调理模块：由两组模拟信号混频、低通滤波和过零比较整形电路构成，一组用于对传输线输入的高频信号进行混频/滤波/整形，另一路用于对传输线输出高频信号进行混频/滤波/整形，分别获取不同的方波信号。

（4）数字延时线：实际12支探测器难免存在差异，为了保证12支探测器在持水率为0%的原油介质中具有相同的相移，设计了数字延迟线。当12支探测器都在原油介质中时，针对来自 B 路的每一个探测器信号，调整 A 路信号（C 处）经过的数字延迟线进行最佳延迟，使 12 路探测器在持水率为 0 的原油介质中传输的信号相对于 A 路经过得延时之后的信号（D 处）都具有相同的延时。

（5）逻辑控制模块：基于 FPGA 器件，产生仪器所需要的控制逻辑信号。

（6）鉴相/计数器模块：比较鉴别 A、B 两路信号的相差（相位延时），并对相移延时时间计数。

（7）方位检测模块：提供阵列检测面相对于重力方向的三分量方位信息。

（8）处理与传输模块：对相移延时数据进行校正和归一化处理，通过通信接口上传地面。

3. 主要技术指标

基于现场调研和测井要求的分析，对阵列持水率检测仪器的需求如下。

（1）阵列式探测器结构：仪器应在检测面布置多个探测器，形成一个平面探测器阵列，以获取检测面上持水率的空间分布信息。

（2）全程段的检测精度：仪器从持水率 0 到 100% 全程测量段应具有一致的测量精度，即测量误差小于±5%。

（3）探测器的姿态定位：为了对斜井和水平井测量的结果进行评价解释，仪器应提供阵列探测器检测面的姿态信息，即检测面 x 方向、y 方向和 z 方向与相对于重力矢量方向垂直的水平面的夹角。

（4）高温高压工作环境：根据井下实际高温、高压的工作环境，仪器应在温度高达 175℃，压力达 110MPa 的恶劣环境持续稳定可靠地工作（持续时间达 10 小时）。

（5）能过油管的仪器尺寸：仪器的弹簧臂收缩时直径应不大于 43mm。

（6）实时动态数据监测：仪器在测井工作时应能根据需求实时向地面传送检测数据。

仪器实际指标见表 3-10。

表 3-10 国内外阵列持水率测井仪指标对比

仪器名称	外径 mm	长度 mm	温度 ℃	承压 MPa	质量 kg	传感器数目	精度 %
阵列电容成像仪（通用电气）	43	1400	150	104	8.62	12	5（<50）
阵列电阻成像仪（通用电气）	43	1405	150	103	7.35	12	5（>50）
阵列电磁波	43	1980	175	110	8.9	12	3.6

阵列电磁波持水率测井仪如图 3-124 所示。

图 3-124 阵列电磁波持水率测井仪

4. 主要技术创新点

（1）高频信号相移高精度检测技术：利用混频技术，有效拓宽了 80MHz 信号相移时域信息，较未运用该技术前，相移检测精度提高了 4000 倍。

（2）矿化度校准技术：基于 BP 网络的矿化度校正模型，消除了矿化度引入的测量误差。

（3）高频信号抗干扰技术：12 道高频信号抗干扰技术，解决了 80MHz 模拟信号的窜扰及基带噪声干扰问题。

5. 应用效果

仪器在长庆油田庆阳采油区完成现场测井，其中江平某井测井曲线如图 3-125 所示。通过测井曲线可知：

（1）仪器对油水两相反应灵敏，具有很强的辨识能力。

（2）该井含水达 80%，与实际井况信息相吻合。

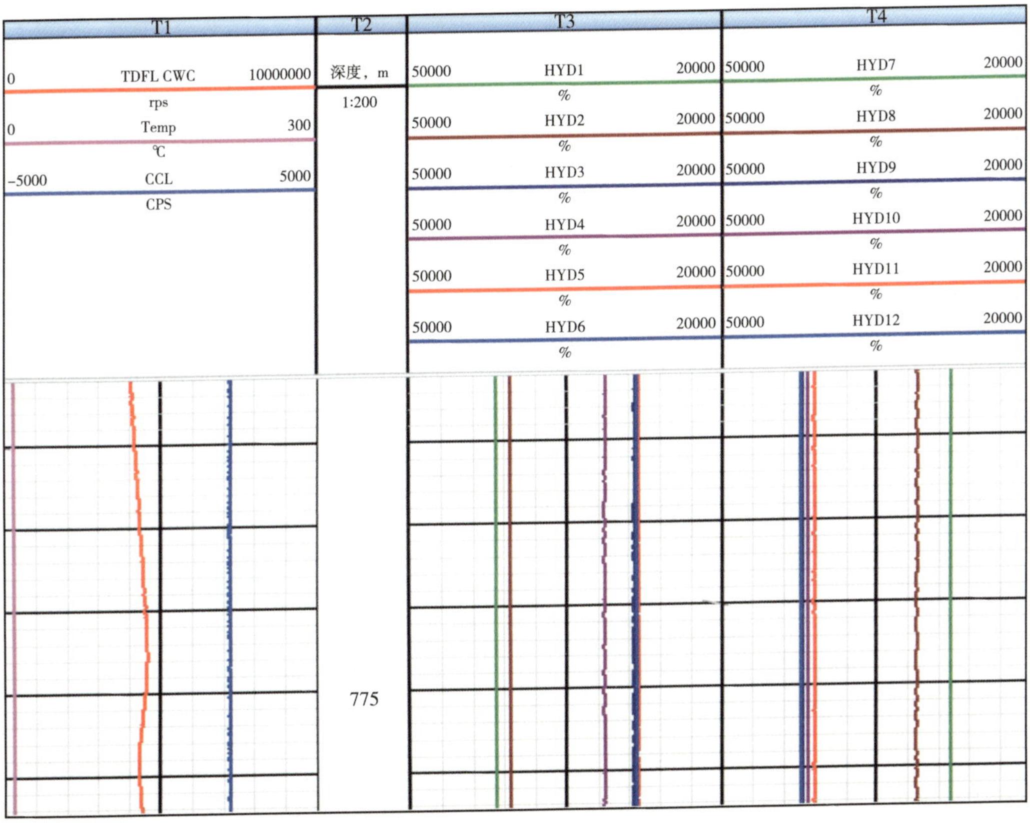

图 3-125 江平某井测井曲线

七、扇区水泥密度成像测井仪

1. 扇区水泥胶结/水泥密度测量原理

1) 扇区水泥胶结测量原理

扇区水泥胶结测井仪（Radial Cement Bond Tool，简写为 RCB）既具有常规声幅变密度测井仪的固井质量评价功能，还具有沿套管圆周以彩色成像方式直观显示水泥胶结质量,能够准确评价槽道、孔洞、微环等的位置、大小及分布情况,用于固井质量精细评价[50,51]。其测量原理如图3-126所示。

RCB的核心是1.5ft的八扇区探头组,由8个径向探头组成,每个探头覆盖套管周长的45°径向范围,将圆周分为八个扇区,其排列情况如图3-127所示。八扇区探头组采用高灵敏度的压电陶瓷材料制成,声电转换效率高,提高了仪器的信噪比。

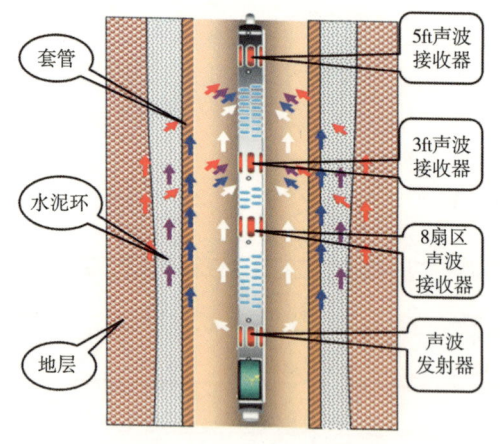

图3-126 RCB测量原理图

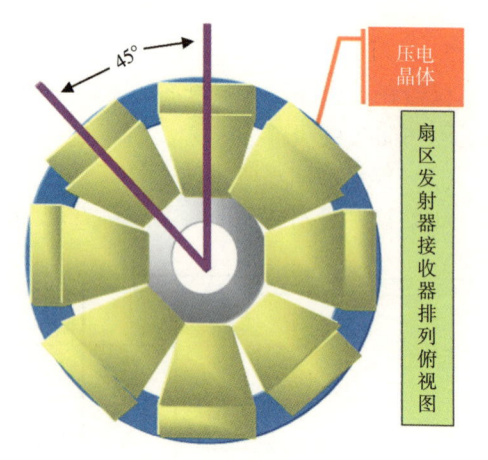

图3-127 八扇区探头排列图

RCB发射探头发射16.5kHz声波脉冲;3ft接收探头接收声幅(CBL)信号,用来反映第一界面的水泥胶结情况;5ft接收探头记录声波变密度(VDL)信号,可以定性分析反映第二界面水泥胶结情况;1.5接收探头组接收扇区声波信号,将不同幅度信号定义为相应的色调,形成彩色图像,用于固井胶结质量精细评价。

2)水泥密度测量原理

水泥密度测井仪(RCD)采用了信号成像技术,能够直观展示水泥填充效果。井下仪器采用Cs137伽马源,测井时,仪器在套管内居中,伽马源向周围介质发射0.662MeV的伽马射线,射线与套管内介质、套管、水泥环以及地层中的物质发生康普顿散射、光电效应及形成电子对等作用,放射性点源周围射线强度正比于点源周围介质的电子密度,而电子密度与物质的原子系数(或物质的密度)有着直接的关系。原子系数越大,对一定能量的放射性伽马射线的吸收就越大,既物质原子周围的底轨道电子受高能伽马射线照射后,上升为高能轨道电子的概率就越高,散射的伽马射线就越少,因此探测器接收到的散射伽马射线就越少。水泥密度测井仪就是利用此原理,通过建立套管井周围的不同介质(钻井液、钢套管、水泥环等)物理模型,通过不同源距探测器来测量散射伽马射线的响应计算出介质(套管、水泥环)的密度和厚度[52]。测量原理如图3-128所示。

2. 扇区水泥胶结/水泥密度测井仪结构

1)扇区水泥胶结测井仪结构

扇区水泥胶结测井仪由上、下电子线路和声系三部分组成。电路部分外壳采用沉淀硬化不锈钢。声系采用透声胶囊、刻槽不锈钢结构,声系为单发三收阵列模式,发射器XMIT由两个换能器组成,利用延迟触发束控技术控制临界角方向的入射声波能量,提高滑行波能量,从而提高探测质量。XMIT位于探头底部,减少了对上部接收信号的干扰。

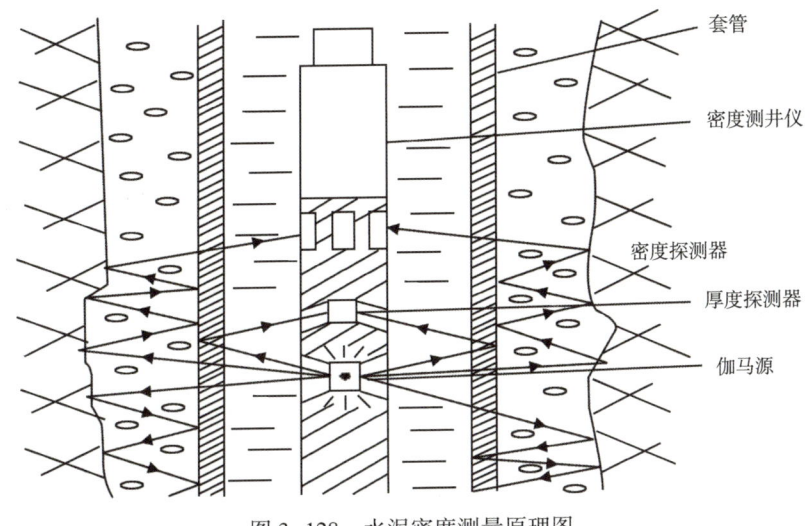

图 3-128 水泥密度测量原理图

接收换能器分别为：一个八扇区接收探头组 SECR 用于成像测量，源距为 1.5ft；R1 用于测量声幅（CBL）；R5 用于测量变密度（VDL）。仪器结构如图 3-129 所示。

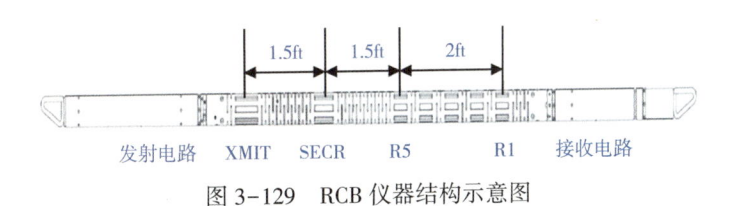

图 3-129 RCB 仪器结构示意图

发射探头 XMIT 由两个径向极化的全电极换能器组成。扇区接收探头 SECR 是由 8 对径向探头组成，每个探头覆盖套管周长的 45°径向范围，将圆周分为 8 个扇区。

2) 水泥密度测井仪结构

水泥密度测井仪包含两种探头装置，沿着井筒圆周和井身，用探测器来记录从伽马放射性源发射并经周围介质散射来的伽马射线，伽马射线源在轴向上平行，厚度探头包括一个沿仪器轴分布的探测器，在轴向上平行，密度探头包括 6 个探测器，在密度仪器的横切面上均匀分布，探测器之间被互相屏蔽，在轴向上平行。水泥密度测井仪如图 3-130 所示。

水泥充填精细评价（扇区成像+方位）；判断水泥孔洞、缺失、槽道及在井周的分布情况；低密度水泥固井质量评价；套管外结构或高密度物质识别；扇区成像直观显示井周的水泥分布状况；套管技术状况评价。

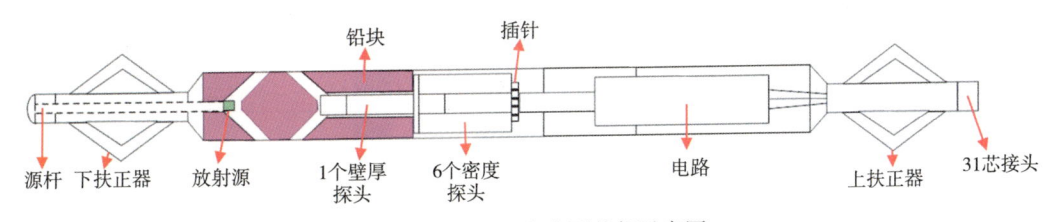

图 3-130 水泥密度测井仪示意图

3. 创新点

（1）水泥密度测井仪可精确测量套管外环空充填介质密度。

（2）扇区水泥胶结和水泥密度的组合测井，并可提供声波扇区和水泥密度成像。

（3）对扇区水泥胶结和水泥密度综合测井资料采用先进现代数学技术和分析方法地层波有效信息的提取与水泥胶和水泥密度计算，并考虑各种影响因素（套管、岩性、源距、水泥密度/厚度/候凝时间、流体环隙等），可精确测量套管外环空充填介质密度，提高了解释的准确性。

（4）扇区水泥胶结和水泥密度测井仪耐温达到175℃、耐压达到140MPa，并形成了系列化产品，可满足了国内深井超深井小井眼固井质量测井的需求。

4. 现场应用效果

RCB/RCD研发成功后，在新疆油田、塔里木油田、苏里格油气田投入现场实际应用，累计测井200多井次，为勘探井、疑难井的固井质量评价提供了直观、精确的解释结果，后续工程作业均证实了固井解释结果的正确性，受到用户的高度评价。

白×井是某油田一口开发井，固井水泥密度1.35g/cm³，属于低密度水泥固井，常规固井质量测井无法进行正确评价。使用RCB/RCD组合测井（图3-131），在目的井段声幅、变密度、RCB成像（不同颜色的色阶表示不同的水泥胶结情况，蓝色代表没有水泥胶结，黑色代表水泥完全胶结，这两种颜色之间的其他过渡颜色代表不同水泥胶结状况）反映第一、第二界面水泥胶结好且胶结均匀，RCD计算水泥密度为1.33~1.42g/cm³，RCD成像（不同颜色的色阶表示不同的水泥充填情况，蓝色代表没有水泥充填，黑色代表水泥完全充填，这两种颜色之间的其他过渡颜色代表不同水泥充填状况）反映水泥充填好且充填较均匀，射孔后未发生窜漏。

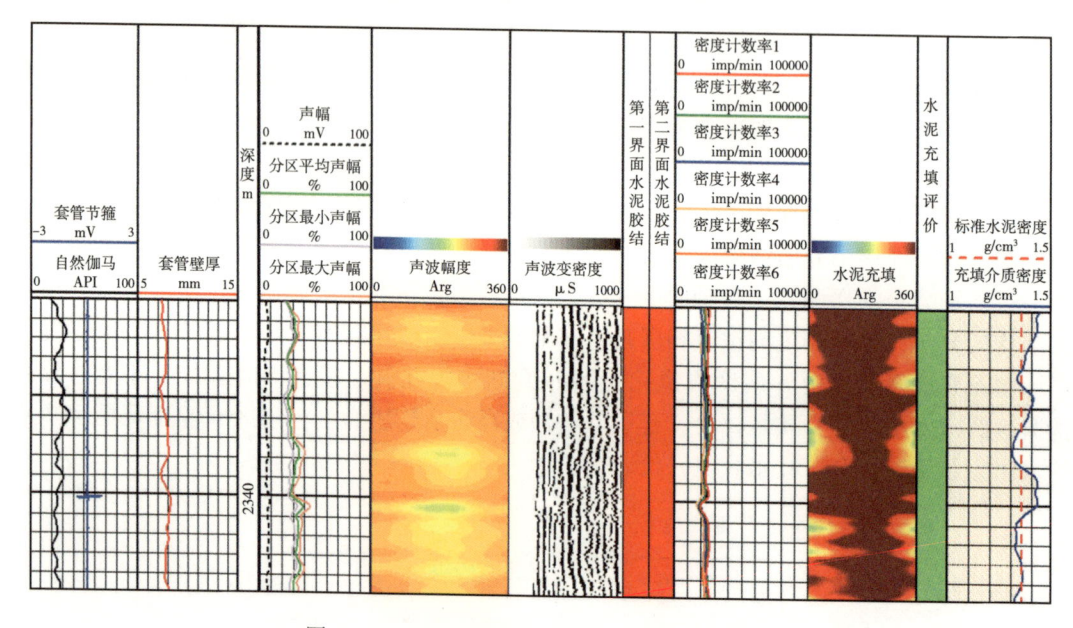

图3-131 白×井低密度水泥RCB/RCD成果图

八、过套管电阻率测井仪

过套管电阻率测井方法在老区开发、水淹层识别、油藏饱和度监测和剩余油分布计算等方面有着重要的作用,油田开发过程中,地层水性质会发生明显变化,油田开发中形成的电法评价地层含油饱和度的评价方法同样适用与同为电法测井的过套管电阻率测井资料,根据油田开发前后地层电阻率数值的变化,结合油田开发、动态监测、油藏研究工作的具体需求,能够对套后储层含油饱和度的变化情况进行精细评价,这些方面过套管电阻率仪器具有比其他仪器有更大的优势。尽管核测井已广泛用于储层含油气饱和度评价,但电阻率测井仍是储层含油气评价的主要手段,过套管电阻率测井仪器对老区开发具有重大应用价值。

1. 测量原理

套管本身即是一个巨大的导体,在套管中加电流时大部分电流会沿套管流动,只有一小部分泄漏到地层中,过套管电阻率测井就是测量由套管漏失进地层的漏失电流造成的电压差和电流强度来计算地层电阻率。如图 3–132 所示,以套管为导体,在井下向套管中注入测量电流 I,回路电极 B 在地面,这时电流 I 会沿着套管流动,最终返回回路电极 B,但 I 在沿套管流动时会有部分电流进入地层,称之为泄漏电流 I_L,根据电流流动的特点,地层电阻率的大小与泄漏电流成反比,因此只要测量出泄漏电流的大小就可以计算出地层电阻率的值[53,54]。I_1、I_2:经过一段距离后套管上流过的电流;U:仪器测量点相对于地面 B 电极的电位;K:仪器系数。

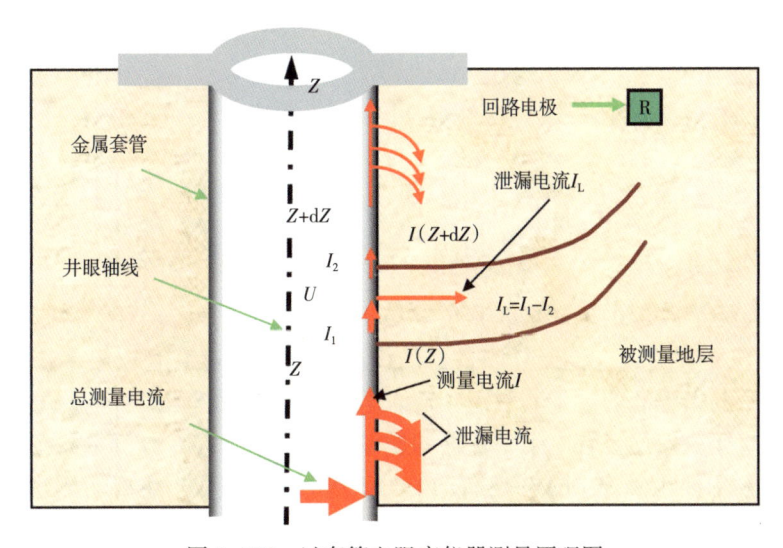

图 3–132 过套管电阻率仪器测量原理图

2. 过套管电阻率测井仪结构

过套管电阻率仪器主要包括数据采集系统和液压推靠系统,如图 3–133 所示。过套管电阻率井下仪通过发射电极 A1、A2 向套管上、下两方向轮流发送频率为 1~7Hz,大小为 5~10A 的测量电流,测量电流的回路 B 电极位于地面。为保证测量质量,需要尽量减小测量电极与套管之间的接触电阻,测量电极 M1、N、M2 必须紧贴套管壁;井下仪电子线路中的数据采集电路共记录5个采集数据，分别是上下两次测量电流的大小I_1和I_2、测量点相对于B电极的电位U，N与M1、M2之间的电压差DU1和DU2，以上采集数据通过遥测板调制为曼彻斯特码后上传至地面，地面软件解析上传数据后代入相应公式即可计算出仪器所处地层电阻率值。仪器采用点测方式测量地层电阻率，一般在测量井段要求每米测量一个地层电阻率值，关键层位可进行加密测量，如0.5m一点或0.25m一点，记录每次发射的数据后通过相应公式计算出该深度点的地层电阻率值。

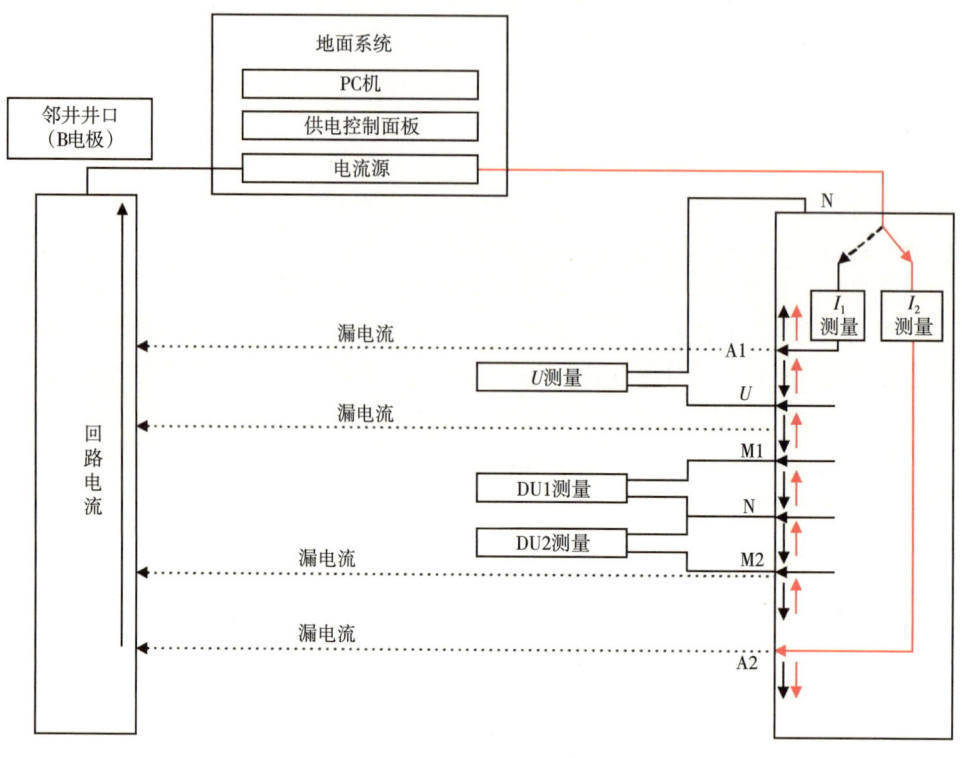

图3-133 过套管电阻率仪器系统框图

在过套管电阻率仪器的下电子线路中安装有两个差分测量器，用于测量M1N和M2N之间的电位差DU1和DU2，该差分测量器的设计和加工是过套管电阻率仪器的关键技术之一，这是由于漏失电流的数量非常小，输入电压差属于微弱信号，因此差分测量器的设计、加工水平直接决定过套管电阻率仪器的质量和测量精度，差分测量器主要由三部分组成：(1)电源：主要由隔离DCDC、2级LDO和基准电路组成，主要功能是为每块采集电路提供独立、稳定、无干扰的电源；(2)模拟放大电路：包括滤波和放大两部分，主要功能是将小信号放大到模数转换器可以采集的幅度；(3)数字电路：主要包括A/D采集系统、隔离系统和CPU控制系统，其主要作用是将模拟信号采集并上传，同时使用隔离系统保证数字信号不干扰模拟信号。

3. 现场应用效果

如图3-134所示，×1井生产层是克下组油藏，在测量井段394.0~396.0m、405.4~406.5m、407.4~1408.8m、411.0~412.8m、413.7~418.5m这五层过套管电阻率值同裸眼井深侧向值相比有稍微变化，显示为电阻率值降低，但降低幅度很小，说明这五层地层流体发生一定变化，但变化程度小，显示动用程度相对较低，定性解释这五层为未水淹—弱水淹层—中水淹，仍然具有比较高的开发潜力。

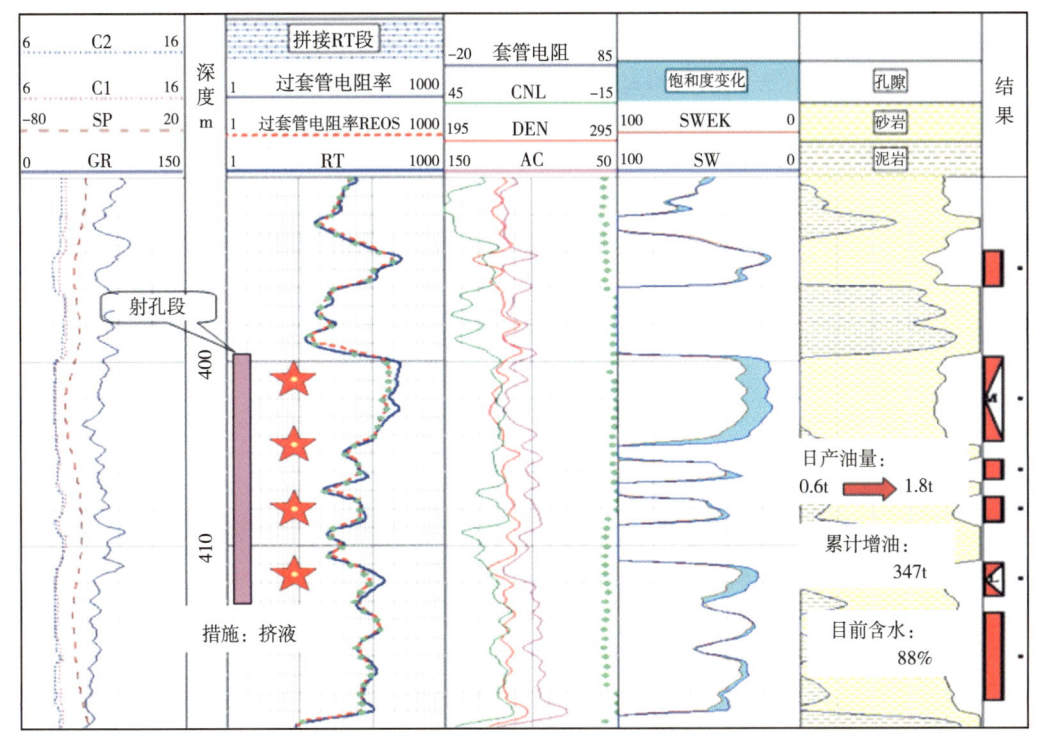

图 3-134　六中东区×1 井克上组过套管电阻率成果图

×1 井克下组的含油饱和度计算结果同原始地层含油饱和度相比有一定程度下降。下降幅度在 2.46%~14.63%，根据水淹层判断依据，394.0~396.0m、405.4~406.5m、407.4~1408.8m、413.7~418.5m 地层含油饱和度下降在 6% 以内，这四层定量解释为油层；本井只在克下组 S73 两层射孔生产，在射孔生产井段 411.0~412.8m 地层含油饱和度下降了 10.08%，这层定量解释为弱水淹层；在射孔生产井段 399.8~404.4m 地层含油饱和度下降程度在 14.63%，这层定量解释为中水淹层。

按照过套管电阻率分析结果，认为射孔井段虽然有一定采出，但剩余油依然丰富，产量低原因是供液不足，针对这种情况采用挤液措施，日产油量从 0.6t 上升到 1.8t，综合含水 88%，6 个月增产 347t，增产效果显著。

九、脉冲中子全谱测井仪

储层评价及动态监测是石油开发中至关重要的一个环节，对新的地质勘探及老油区进行二次、三次开发有着极其重要的意义，在已下套管和油管的生产井中，对储层的评价（主要是对含油饱和度的监视）及动态监测有两种常用核测井方法：热中子衰减时间（中子寿命）测井和脉冲中子伽马能谱（其中主要是非弹散射 C/O）测井。

在高矿化度地区，中子寿命测井能取得较好的定量解释效果，而且受井筒条件影响不大，其双探头方案还可提供孔隙度指示；在低矿化度或矿化度不明确区域，当孔隙度和井筒条件合适时C/O测井可提供较为可靠的解释，不过，C/O测井在低孔隙度地层解释结果的可信度不佳，受井筒条件影响也大。也正是由于这两种方法各自优点和局限性，将两种方法结合使用已成为储层评价测井仪的一种趋势。

1. 测量原理

当井下脉冲中子发生器向地层发射出快中子后，这些快中子与地层介质发生非弹性散射、弹性散射、俘获反应及活化反应。不同的核反应产生不同特性伽马射线，而这些伽马射线反映不同储层特性。在中子发生器发射中子后，这些快中子首先与仪器周围的介质发生非弹性散射、弹性散射，进而减速成热中子，这些热中子又被介质逐步吸收（既俘获反应），这就使得仪器周围的热中子密度开始快速增长，继而逐渐衰减。在这一过程中，不同的介质与中子发生非弹性散射和俘获反应产生具有不同能量特征的伽马射线，衰减的快慢取决于介质的热中子宏观俘获截面Σ，不同介质具有不同Σ，Σ越大，热中子密度衰减越快，即中子寿命越短。反之，则中子寿命越长。基于上述原理，通过测量、解析中子与地层发生非弹性散射、俘获反应所释放出的次生伽马射线以及记录热中子衰减特性即可评价储层流体性质[56]。

中子寿命测井记录上述过程中中子被地层吸收产生的俘获伽马射线，根据计数率随时间的衰减，算出地层的Σ或寿命τ。当岩石骨架中不包含热中子俘获截面大的矿物，地层水矿化度高且稳定时，利用这一测井方法，可在裸眼井特别是套管井中求出地层的含水饱和度、识别油水气层。

C/O测井是利用了上述过程中的非弹性散射和俘获反应，由于同一种原子核在与中子发生非弹性散射和俘获反应时，所放出的伽马射线的能量是一定的，通过能谱分析，可确定地层中存在那些元素的原子核及其含量。该方法应用于低矿化度（或未知矿化度）、高孔隙度地层中，在未射孔的套管井内探测油层、水层、水淹层，定量确定含油饱和度，划分水淹油层等级及区别岩性。该测井技术在水驱油田开发测井中，具有特殊的重要性。

氧活化测井是利用快中子激活氧原子，激发态的氧原子释放出高能伽马射线，通过对伽马射线时间谱的测量来反映油管内、油管/套管环型空间，以及套管外含氧物质特别是水的流动状况。通过解析时间谱可以计算出水流速度，进而计算水流量。对于其他测井方法无法测量的极低流速（小于0.01m/s）和极高流速（大于2.0m/s），测量效果明显。

利用上述测井方法，脉冲中子全谱测井仪器一次下井可采集俘获伽马衰减时间谱、非弹散射而产生的伽马射线能谱，从而获得热中子寿命、C/O、Si/Ca、流速等多项参数。用以进行油气饱和度评价、确定地层的流体界面、动态监测储层水淹的程度、查找漏掉的油气层、获得孔隙度、岩性和矿物成分、测量水流速度等，为储层进行优化管理提供依据，实现产量最大化。

2. 主要技术指标

（1）耐温/耐压：155℃/100MPa；

（2）中子寿命测量范围：7.6~91cu；

（3）中子寿命测量精度：相对误差小于±3%；

（4）含油饱和度解释精度：孔隙度大于15%，解释精度15%；

（5）中子产额：≥2×10^8n/s；

3. 仪器组成与结构

脉冲中子全谱测井仪由中子发生器、2个伽马探测器和1个热中子探测器和井下采集控制电路组成,如图 3-105 所示。中子发生器与伽马探测器组合实现双源距碳氧比、中子寿命、氧活化水流测井功能,中子发生器与热中子探测器组合实现脉冲中子—中子测井功能,仪器 1 次测井能同时记录这 4 种测井资料。

作为 EILog 成套装备的一种特种仪器,采用 EILog 系统井下仪器的 CAN 接口和标准机械接口,仪器通过 430k 遥测仪器与地面系统完成通信、控制等。

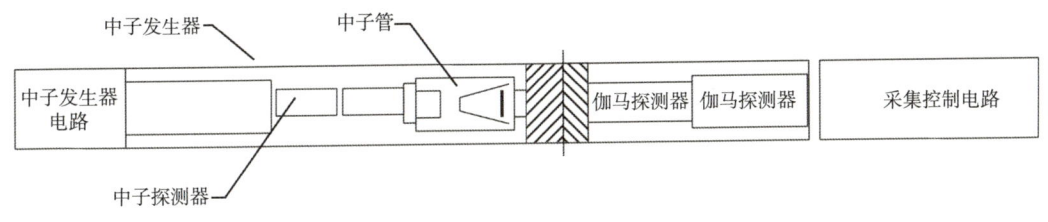

图 3-135 仪器总体结构示意图

1) 探测器

仪器采用多探头,同时对时间谱、能谱进行测量。仪器需进行高计数密度条件下的伽马谱探测,故对其时间分辨率、能量分辨率、探测效率、温度性能等有较高的要求,经过对比,伽马探测器采用 BGO 晶体加保温瓶方式,并在中子发生器中安装中子探测器,中子探测器使用 ^{3}He 管。

2) 采集传输电路

数据采集控制电路完成 2 路探测器的能谱信号的采集,3 路时间谱的采集,并且能够同时对温度、靶压、阳极电流、缆头电压、灯丝电流、CCL 接箍信号等采样监测。数据采集控制电路采用 DSP 和 FFPGA 联合设计为主控制器。

3) 工作模式

针对不同的测井需要,脉冲伽全谱测井仪仪器有 4 种测井方式:碳氧比方式、中子寿命方式、水流测井方式、组合测井方式,其中除碳氧比方式外,其他三种工作方式下又各有数种模式,工作方式与模式由地面命令控制。

碳氧比方式下,中子发射周期为 50μs,发射中子的时间为 10μs。同时采集远、近探头各自的总谱、俘获谱,共 4 张 256 道能谱;采集远探头、近探头、中子探头时间谱 3 路时间谱。具备能谱自动稳峰功能。

中子寿命方式和氧活化方式下,中子发射周期和发射中子时间是根据地层(或流速)情况在预设的多种模式中实时动态调整。

组合模式下可同时进行碳氧比、中子寿命测量,同样中子发射周期和发射中子时间是根据地层情况在预设的多种模式中实时动态调整。采集远、近探头各自的总谱、俘获谱,共 4 张 256 道能谱;采集远探头、近探头、中子探头、3 路时间谱。

4) 中子发生器

脉冲中子全谱测井仪具有碳氧比、中子寿命和氧活化等多种工作模式,这就要求中子发射器能够在 175Hz~20kHz 的范围内工作,为了更好地测量非弹谱,中子脉冲的下降沿限制在 2μs 以内。

4. 仪器刻度

在碳氧比井群、孔隙度井群中开展碳氧比测井,对比了不同能窗选取、不同井下仪器控制参数的选择对测量结果的影响，对比了不同岩性、不同孔隙度对测量值的影响，并得到了相应的图版。

图3-136是在30%孔隙度砂岩地层，测得的不同含油饱和度与C/O的关系，0含油饱和度与100%含油饱和度下C/O之差达到了0.32。

图3-137是根据实测数据计算绘制的砂岩、灰岩两种岩性下C/O与含油饱和度、孔隙度的关系。

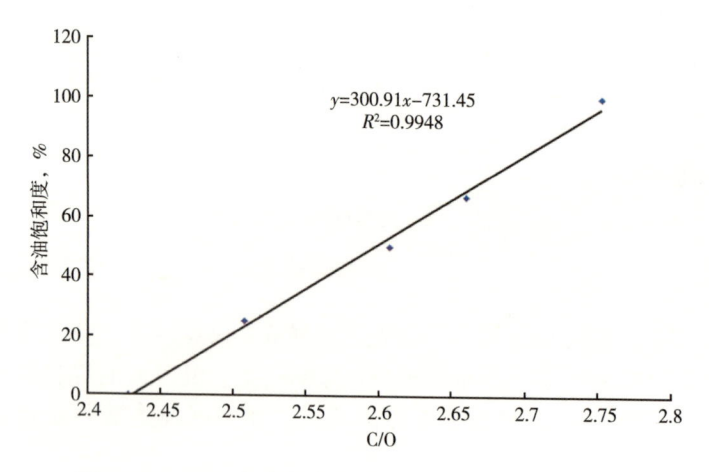

图3-136 30%孔隙度砂岩地层C/O—含油饱和度关系

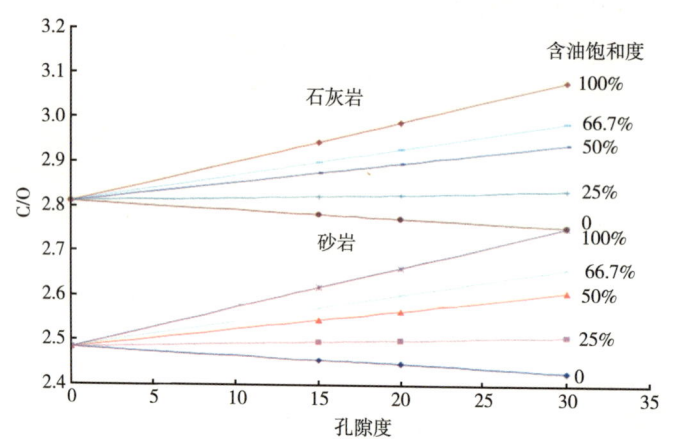

图3-137 两种岩性下C/O与含油饱和度、孔隙度的关系

5. 应用效果

仪器在吐哈、华北、塔里木、长庆等油田开展现场测井，完成中子寿命和C/O模式等测量，均一次下井测量取得合格数据。仪器中子俘获截面曲线与常规曲线和过套管电阻率对应关系良好，能较好反映地层岩性及流体信息；处理后的饱和度也很好反映了剩余油分布情况。

图3-138为西部某井解释成果图（局部），试油结果证实箭头所指层出纯油，与解释结论吻合。

- 162 -

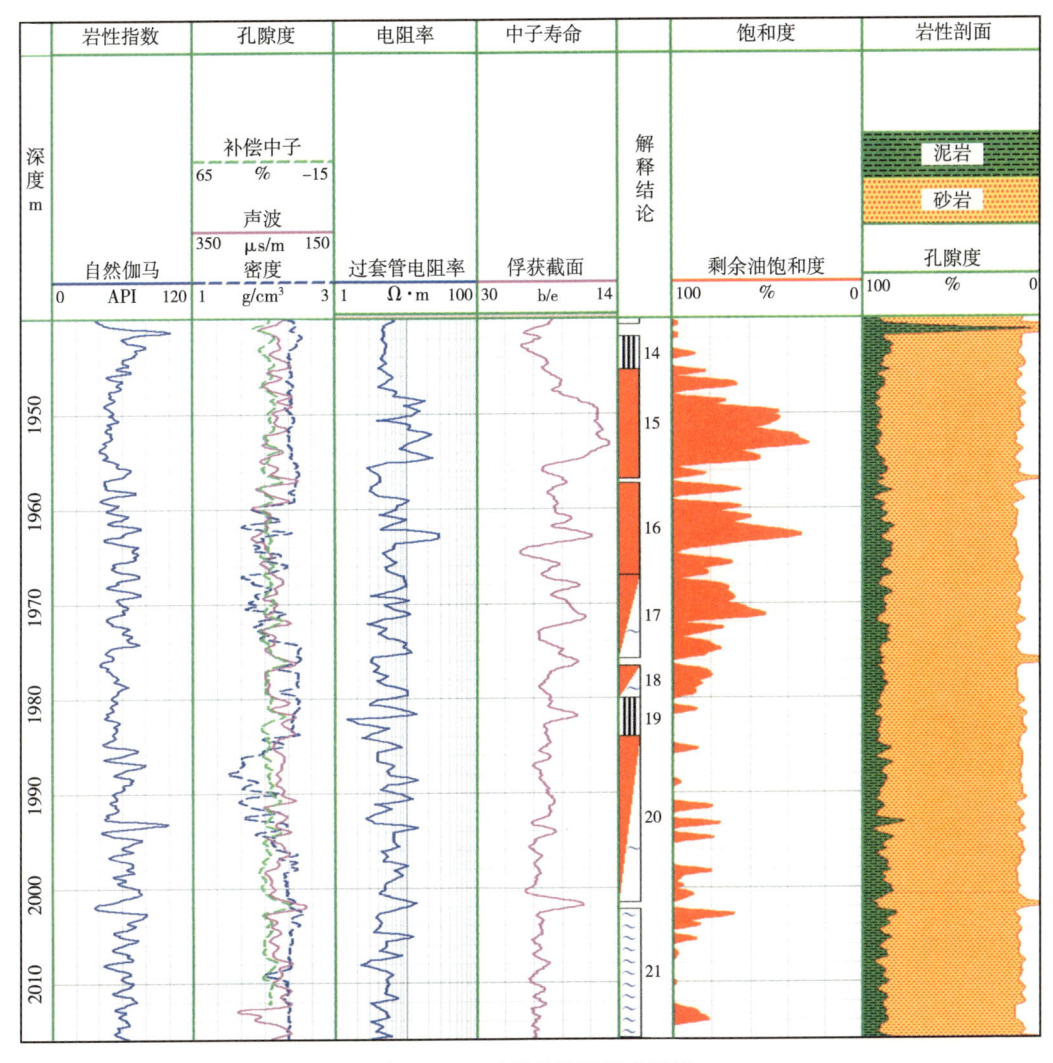

图 3-138 西部某井解释成果图

第七节　水平井测井工具与工艺

  国民经济的快速发展带动的能源消费的需求大幅增长，为了满足国家能源需求，天然气资源开发大规模地从常规油气转向非常规的致密气、页岩气、煤层气开发，涌现出大量的定向分支井、大斜度井、超长水平井，原有的测井工艺已不适应这些井眼轨迹变化多端、井身条件复杂、井壁地层极不稳定的疑难井的地质资料获取和固井质量检查。为此，"十二五"期间，针对这些新的测井环境条件，开发了过钻杆存储式测井、组合电缆输送测井等水平井测井新工艺新技术。

一、过钻杆存储式测井工具与工艺

  随着石油勘探难度加大，大斜度井、水平井和超深井越来越多，井身结构复杂，井眼条件差，特别是页岩气井井壁稳定性差，水平井段超长，井况更加复杂，测井难度越来越大，现有的测井方式已不能适应这一状况。针对这一难题，中国石油开发了过钻杆存储式测井技术，既可最大限度地降低施工安全风险，降低生产成本，又能及时采集地层信息，满足石油勘探提速和提效的要求。

1. 过钻杆存储式测井系统组成与功能

过钻杆存储式测井包括地面系统、井下仪器、悬挂释放系统和测井工艺技术，如图3-139所示。

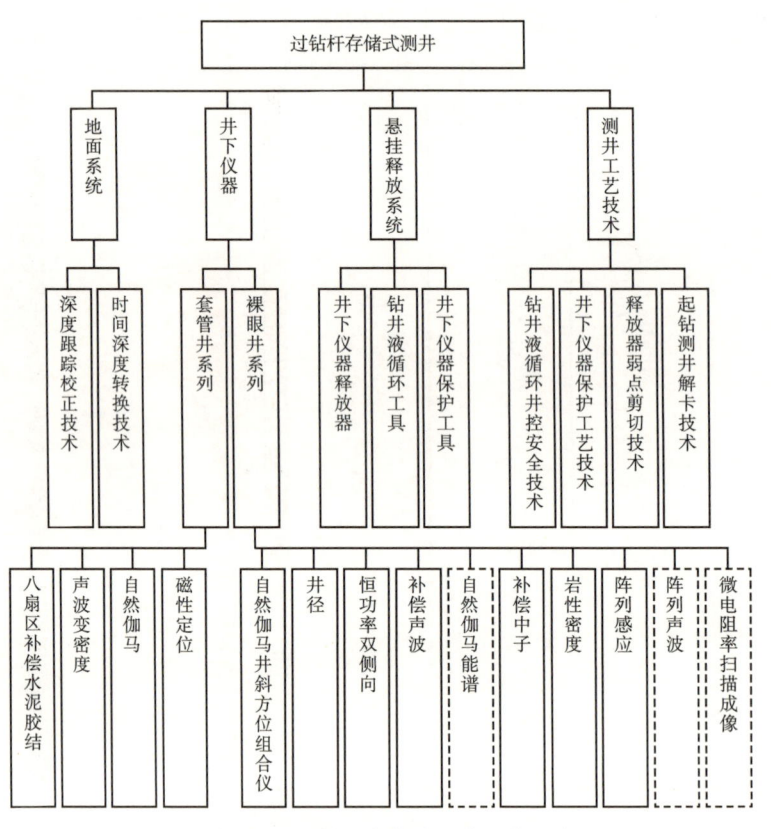

图3-139 过钻杆存储式测井系统组成

过钻杆存储式测井技术指标如下。

井下仪器外径：60mm；

仪器耐温/耐压：175℃/140MPa；

仪器悬挂释放系统。

夹持力：>29400N；

拉力：>29400N；

规格型号：3.5in、5in和5.5in。

1）地面系统

过钻杆存储式测井地面系统由电脑及测井软件、数据采集箱、绘图仪、绞车编码器、立管压力变送器、钩载传感器、线缆等相关配件组成。

地面系统主要功能：深度刻度；对测井仪器授时等初始化设置和刻度校验；实时记录

时间—深度数据；测量测井仪器下传深度；监测立管压力，显示立管压力随时间变化曲线，以判断测井仪器是否泵出水眼；读取井下仪器存储的时间—测井数据、结合时间—深度数据完成深度匹配；有效深度测井数据提取，工程值计算，测井数据回放，曲线编辑和测井报告打印输出。

2）井下仪器[57]

过钻杆存储式测井的井下仪器主要包括自然伽马+井斜方位组合仪、补偿声波测井仪、双侧向测井仪、阵列感应测井仪、补偿中子测井仪、井径测井仪、声波变密度测井仪、补偿扇区水泥胶结测井仪、岩性密度测井仪；辅助仪器包括：电池组、防转短节、扶正器、硬电极、隔离短节、柔性短节等。

2. 技术特点及创新点

过钻杆存储式测井工艺涵盖了施工前准备、施工流程、安全环保措施和质量记录等内容，经过大量现场试验、修订改进、总结优化、施工检验，工艺完全成熟，工艺流程具有易操作、易掌握和高可靠性等特点。

（1）较精准的深度跟踪与校正。

深度采集采用分段线性刻度，测井时采用单柱钻杆实时深度校正和地面采集信号与井下测井信号的关联校正技术，实现深度准确测量；时深转换以时间为桥梁，对地面系统记录的时间—深度数据和井下仪器存储的时间—测井数据进行匹配，保证了测井资料深度准确。

（2）可靠的仪器传输安全和井控安全。

仪器采用新材料对结构紧凑化设计，外径60mm，耐压140MPa，采用高温贴片器件、专用厚膜电路、低功耗电路小型化设计，实现耐温175℃。下井过程中，小型化的仪器置于保护钻杆水眼内，故不受钻杆遇阻遇卡影响，实现安全传输到目的地层；上提钻杆测井时，井下仪器处于裸眼井段中，仪器外径远小于钻具外径，不受井壁挂卡，仅悬挂在下部短节上，与钻具处于非刚性连接状态，若钻具遇卡，可缓慢旋转钻具和上下活动钻具解卡；同时，起下钻过程中随时可循环钻井液，保证井控安全。

（3）大容量的井下仪测井数据存储管理。

开发的仪器软件对大容量数据进行处理和存储，同时对存储器进行实时坏区管理，确保可靠存储数据。仪器最大数据存储容量32GB，一次下井最长持续工作时间超过100小时，满足测量井段超过3000m的超长水平井及其他复杂井施工作业。

（4）较高的测井施工时效。

过钻杆存储式测井施工工艺成熟，对于复杂井、测量井段长的长水平井，整串仪器一次下井就可完成释放及测井作业，相比传统的钻具传输测井，测井时效提高超过30%。

3. 应用效果与典型案例

过钻杆存储式测井施工工艺成熟、仪器性能稳定、工具机械结构完善。2014年以来，过钻杆存储式仪器在四川长宁—威远页岩气区块、陕北苏里格气田、湖南保靖页岩气区块实现了规模化应用，累计裸眼井测井作业130余井次，测井一次成功率超过93%，套管井测井在川渝地区使用300余井次，测井资料的合格率100%。该技术能解决当前复杂井、水平井的测井难题，能够满足储层解释及工程评价需要。

长宁×井是一口水基钻井液页岩气井，井深：4522m；测量井段：1599~4522m；套管程序：245mm×1599m；钻井液性质：水基；钻井液密度：2.2g/cm³；钻井液黏度：85s；

井底温度：128℃。测井项目为自然伽马、连斜、补偿声波、双侧向、岩性密度、补偿中子、井径。该井井下情况复杂，先后三次用电缆、钻具传输和过钻具存储式测井，由于下钻困难，钻具传输测井三趟，均未能取全资料，采用过钻杆存储式测井仪器施工，测井一次性成功，总测井时间为41.5小时，测井时效性较高，测井资料合格。根据测井资料，结合钻井、地质、录井资料构建了龙马溪组地质模型，部分储层综合测井图如图3-140所示。

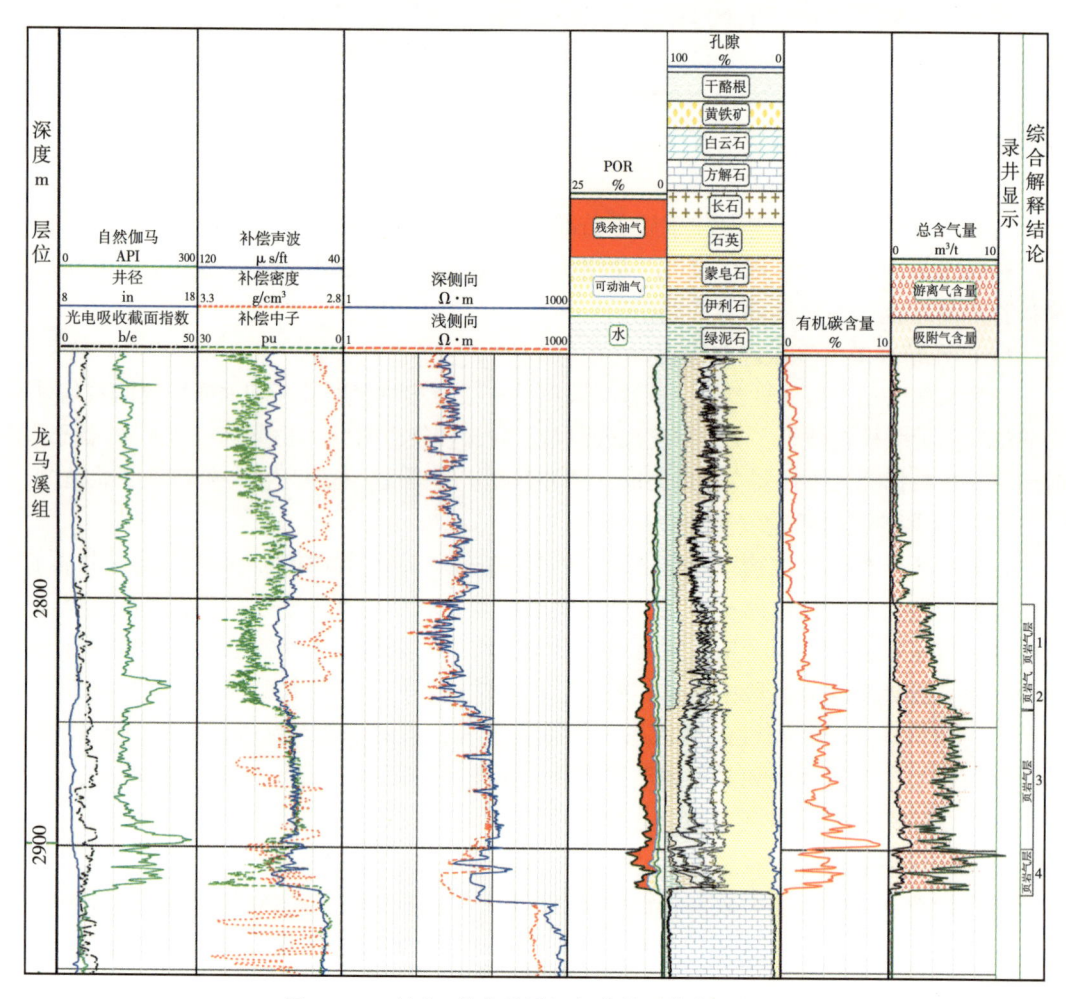

图3-140　长宁×井龙马溪组部分储层综合测井图

二、组合电缆输送测井工艺

随着油气田勘探开发的需要及水平井钻井技术的迅速提高，开展水平井测井新工艺技术研究、提高水平井测井时效成为面临的主要问题。普遍使用的钻杆（油管）输送测井虽然工艺成熟，但是需要钻井队配合，井眼占用时间较长；试验使用的挠性油管输送测井工艺成本高，施工烦琐；爬行器施工成功率及安全性较低，风险较大，均未能开展成规模应用。

2012年中国石油在国内首次引进硬电缆。硬电缆是一种可实现挠性油管功能、能在裸眼井、大斜度套管井或水平井中输送测井仪器完成测井作业的电缆设备。该特种电缆是在常规11.8mm电缆外铠装高强度硬钢丝（外加高强度钢丝铠装）及工程塑料使其外径达到

22~36 mm 的测井电缆。电缆采用多层结构，如图 3-141 所示。从内到外分别是普通测井电缆、工程塑料外皮、加重元件配重体、加固层、外部工程塑料绝缘耐磨层等。历时 5 年，自主完成技术创新及技术攻关，通过研究，创新应用软硬环境、装载方式、工具工艺，在常规测井绞车上形成了组合电缆高效测井技术：一是 ϕ34mm 硬电缆与常规电缆组合的大斜度固井质量缆测工艺——即 2 种直径、2 段电缆组合的大斜度、短水平段套管井缆测工艺；二是 ϕ22mm 硬电缆与常规电缆三组合的裸眼水平井旁通出表套、钻杆输送湿接头测井工艺——即 2 种直径、3 段电缆组合的裸眼水平井湿接头测井工艺；三是组合电缆常规井测井工艺技术。

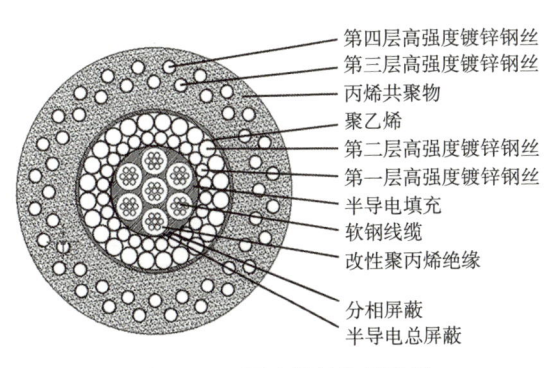

图 3-141 硬电缆结构示意图

组合电缆输送测井可根据作业需求来确定硬电缆直径，现有 20~36mm 直径的硬电缆。组合电缆测井技术具有低成本、高安全性、高时效的特点。组合电缆测井技术为中国石油特有技术，其工艺技术属于国内外首创。

1. 组合电缆测井设备设施配套技术

针对硬电缆的结构特点，借鉴国外硬电缆的测井配套技术，以降低成本、提高测井时效为原则，通过研究配套硬电缆测井系统，形成基于硬电缆测井配套技术。主要研究有：（1）普通测井电缆滚筒硬电缆缠绕技术；（2）直径为 11.8mm 的常规电缆与直径为 24mm、34mm 的硬电缆不同长度组合；（3）硬电缆使用寿命以及与油气井深度、测量段长度的关系；（4）槽径可变自适应天地滑轮，该天地滑轮可用于直径为 11.8mm 常规电缆和直径为 24mm、34mm 的硬电缆；（5）直径为 24mm、34mm 的硬电缆与直径为 11.8mm 的常规电缆智能深度丈量技术；（6）常规电缆、硬电缆的软硬接头连接技术；（7）硬电缆在大斜度和水平套管井中输送能力以及与电缆配重的关系；（8）硬电缆测井安全配套技术（张力短节、弱点设置、打捞工具）。

1）软硬电缆连接技术

常规电缆（ϕ11.8mm）与硬电缆（ϕ24~34mm）通过连接装置进行连接，该连接装置既要保证常规电缆与硬电缆在滚筒上有序缠绕，也要保障两种电缆的电气性能不受影响。经过研究，创新发明了柔性快速连接鱼雷，柔性快速连接鱼雷外壳采用高强度钢材做成 T 形软体结构，如图 3-142 所示。

2）智能马丁代克深度记录设备

硬电缆与常规电缆的直径不同。为实现两种不同直径电缆计量深度的统一，改进了原有马丁代克结构。将原有马丁代克的丈量机构加大，压紧机构的范围变宽；在底部设计硬

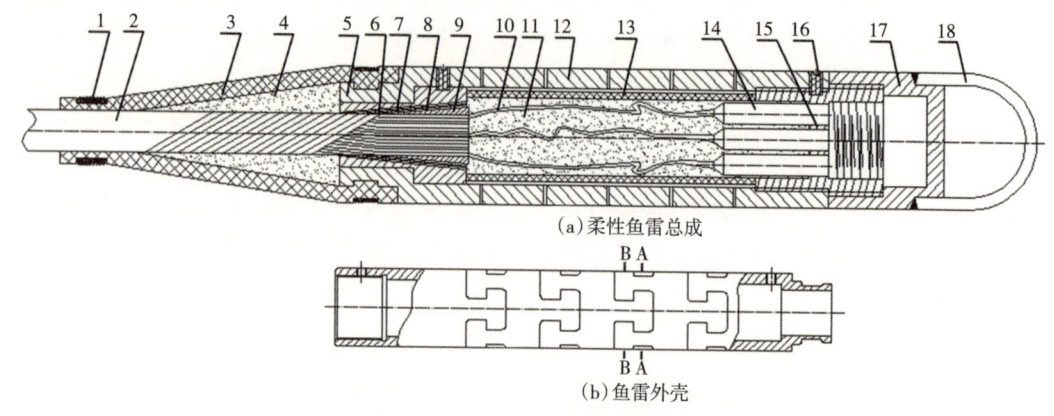

图 3-142 柔性快速连接鱼雷外壳

1—尼仑绳；2—电缆（φ11.8mm）；3—胶套；4—密封硅脂；5—外锥套；6—外层夹紧钢丝；7—中锥套；8—内层夹紧钢丝；9—小锥套；10—供电导线；11—绝缘硅脂；12—柔性鱼雷外壳；13—保护胶套；14—接线插孔总成；15—小接头；15—紧定螺钉；17—护帽；18—提手

电缆定向装置，可同时满足两种不同直径电缆使用；排缆器的限缆立柱间隙可以调节，限缆立柱上部的横杆改为带凹槽的轮子，使其同时具有辅助拉力功能，以利硬电缆收回滚筒时能缠绕整齐，形成了自适应马丁代克。

3）双槽天地滑轮技术

双槽天地滑轮直径为1m，既保证24mm、34mm直径硬电缆的通过，又保证常规电缆的顺利通过。双槽天地滑轮结构对于硬电缆与滑轮是两点接触，可能会缩短电缆使用寿命，应该改进滑轮槽，尽可能增加缆与槽接触面积。

4）组合电缆缠绕和装载技术

组合电缆缠绕：两种不同直径电缆同在一个滚筒上缠绕。在原测井绞车滚筒缠绕的φ11.8mm常规电缆与硬电缆这两种电缆需要连接起来，方法是缠绕φ11.8mm电缆至滚筒直径为0.8m，在电缆紧贴滚筒侧板处截断普通电缆，铆上锥套通过柔性鱼雷与硬电缆连接，接着缠绕硬电缆，直至缠满。

组合电缆装载：水平井的水平段长度基本为800~1000m，或者更长时，适合1500m硬电缆装入一台车上使用。但是因硬电缆对滚筒宽度和高度的要求，无法实现在现有绞车滚筒上直接安装。可行设计方案是用φ11.8mm常规电缆在现有绞车滚筒0.55m轴径上缠绕1735m，使轴径成为0.8m，再缠绕698m硬电缆。

2. 组合电缆大斜度井重力推送测井工艺技术

在大斜度套管井中依靠电缆自重、配重模块和硬电缆的刚性特点，利用硬电缆在垂直井段的自重及其在水平段的强度，克服仪器和电缆在水平井段与井壁的摩擦阻力，将测井仪器推送到目的层底部，达到输送测井仪器的目的，不需要钻井（试油）队配合，具有结构简单、操作方便、省时高效、成本低廉、安全可靠等优势。可以解决大斜度井测井供电和数据传输等问题，被誉为是大斜度井工艺技术的革命。

基于常规测井绞车滚筒的容量、电缆的不同直径，设计了软硬电缆匹配软件和组合电缆大斜度重力推送模拟计算技术。解决了硬电缆技术指标要求滚筒轴径不小于1000mm的问题，还解决了电缆总长度满足井深要求以及硬电缆推送力满足测井要求的问题，形成了组合电缆大斜度井重力推送测井工艺技术。

将软硬不同、直径不同的两段电缆连接，硬电缆在前、常规电缆在后，如图3-143所示。

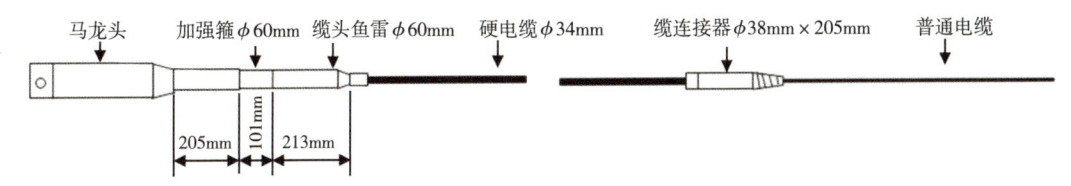

图 3-143 φ34mm 硬电缆与 φ11.8mm 常规电缆连接方式

3. 组合电缆旁通出套管湿接头测井工艺技术

在硬电缆抗挤压和耐磨性实验基础上，研发了适合于组合电缆的旁通、硬电缆橡胶电缆卡，形成了软硬软电缆连接旁通出套管湿接头测井工艺技术，解决了水平井测井多次对接或旁通出套管造成电缆损伤导致恶性事故的难题。

组合电缆旁通出套管湿接头测井工艺技术，即将不同长度的常规电缆、硬电缆、常规电缆按顺序连接在一起，如图3-144所示。用湿接头在井内与下井仪器对接，进行裸眼水平井测井的方法。硬电缆采用多层结构，从内到外分别为普通测井电缆、塑料外皮、二次铠装的两层钢丝、加固层、外部塑料皮等。这种结构特性决定了它的抗撞击性比常规电缆高。将软硬不同、直径不同的三段电缆连接，硬电缆贯穿了旁通和表层套管之间，利用硬电缆优良的抗撞击性和耐磨性，形成了旁通出套管一次对接测井工艺技术，实现了旁通出表层套管测井工艺技术的革命。

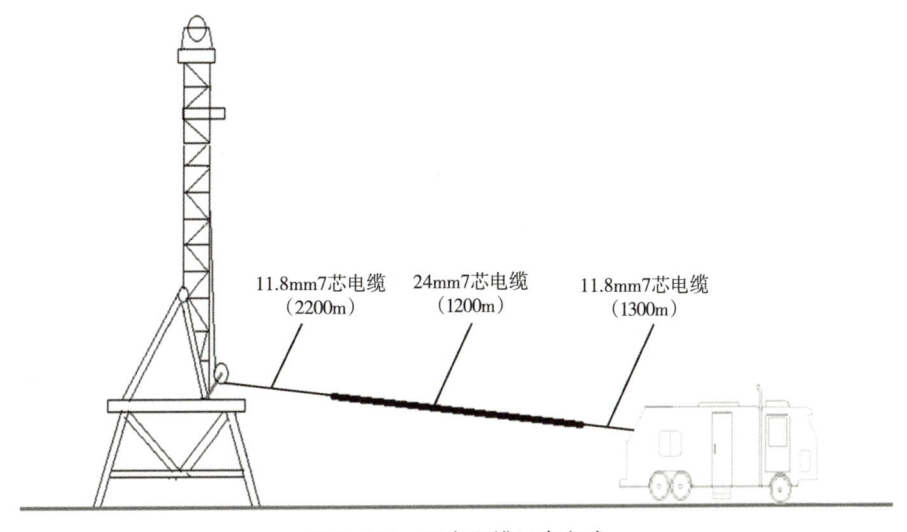

图 3-144 组合电缆组合方式

4. 组合电缆装载长度计算方法

现在普遍使用的直径11.8mm的5000~7000m的电缆其滚筒直径为0.55m，不能满足硬电缆的缠绕需求。根据缆长计算公式：

$$L_{缆} = \pi \left(D_{沿}^2 - D_{轴}^2 \right) L_{筒} / \left(4 d_{缆}^2 \right)$$

式中　$L_{缆}$——硬电缆装载长度，m；

　　　$L_{筒}$——滚筒的宽度，m；

　　　$D_{沿}$——滚筒的直径，m；

　　　$D_{轴}$——滚筒的轴直径，m；

　　　$d_{缆}$——硬电缆半径，m。

测量大斜度三样时，装备 3600m 的直径为 11.8mm 的常规电缆，500m 的直径为 34mm 硬电缆能满足测井条件。

测井水平井段完井时，按照电缆总长满足施工区块井深、硬电缆长度应等于水平段长度、前段软电缆长度等于或略小于仪器自重能到达的深度的原则配置硬电缆长度。

5. 应用效果

通过配套设施及其测井技术方案的不断应用和发展，组合电缆测井技术适合并满足了长庆油气田气井大斜度段固井质量测井与油水平井完井测井的生产需求，是一种新的革命性测井工艺，具有广阔的应用前景。

作业时效：硬电缆水平井测井占用井口时间较之常规电缆测井大幅缩短，作业时效明显提升。由于使用硬电缆测井工艺，水平井固井质量测井无须钻具推送和湿接头对接，施工平均单井用时约 10 小时，只占常规钻杆输送湿接头工艺作业测井时间的 1/3。硬电缆测井技术在裸眼水平完井测井对枪次数明显少于常规缆测，且硬电缆抗撞击性能良好，电缆损伤风险小，硬电缆测井时效平均为 30 小时（区域邻井常规电缆测井平均为 52 小时），提高时效 40%。

作业成本：气井大斜度固井质量测井采用硬电缆成本仅为钻具输送测井的 1/12。按照每年施工 120 井次计算，累计节约井上作业时间 1883 小时，节约成本约 660 万余元。

作业安全：通过撞击试验，硬电缆的抗撞、耐摩能力明显优于常规电缆，且通过柔性鱼雷等多种配套技术，硬电缆测井技术在裸眼井和套管井中均可安全作业，在水平井施工中夹伤挤伤电缆事故可减少 80%。

作业质量：硬电缆测井技术只是改变了测井工艺，测井仪器未发生变化，所以测井质量满足验收标准。

参 考 文 献

[1] 汤天知，陈鹏，陈文辉，等. EILog 快速与成像测井系统 [M]. 北京：石油工业出版社，2014.

[2] 郭嗣杰，刘东友，田彦民. 测井仪技术的发展趋势 [J]. 船舰防化，2006（2）：43-46.

[3] 路相宜. 863 计划发力钻井前沿技术——访中国工程院院士苏义脑 [J]. 石油石化，2007，16（1）：46-47.

[4] 张元中，肖立志. 新世纪第一个五年测井技术的若干进展 [J]. 地球物理学进展，2004，19（4）：828-836.

[5] 戴航，慕德俊. 网络化工业控制系统的研究进展 [J]. 测控技术，2008，27（1）：1-3.

[6] 陈文轩，裴彬彬，赵帅，等. 基于以太网技术的网络化测井系统研究 [J]. 测井技术，2012，36（3）：286-289.

[7] 肖加奇，陈文轩，白庆杰，等. 新一代网络化测井系统 LEAP800 [J]. 长城钻探科技，2010，1（1）：1-8.

[8]《测井学》编写组. 测井学 [M]. 北京：石油工业出版社，1998.

[9] Roger S. Pressman. 软件工程［M］. 北京：机械工业出版社，1999.
[10] 秦伟，王炜，陈鹏. 基于 OFDM 的高速遥传电缆调制解调器设计［J］. 测井技术，2006，30（5）：467-469.
[11] 张菊茜，卢涛，李群，等. 一种基于 OFDM 技术的 900kbit/s 测井数据传输系统［J］. 测井技术，2009，33（1）：84-88.
[12] 马顺元. LOG-IQ 成像测井系统培训手册［M］. 北京：石油工业出版社，2007.
[13] 胡海峰，陈喜. 局域网时钟同步机理的研究［J］. 微型电脑应用，2004，20（3）：46-49.
[14] 唐晓明，郑传汉. 定量测井声学［M］. 北京：石油工业出版社，2004.
[15] Brie A, Mueller M C, Codazzi D, et al. New Directions in Sonic Logging［J］. Oilfield Review. Spring 1998：40-55.
[16] Itskovich G., Corley B, S. Forgang, et al. An Improved Resistivity Imager For Oil-based Mud：Basic Physics And Applications［C］. SPWLA 55th Annual Logging Symposium, 2014, May 18-22, NN.
[17] Andrew J Hayman, Philip Cheung. Formation Imaging While Drilling In Non-Conductive Fluids［P］. US patent：7，242，194 B2，2007.
[18] Baker Hughes Inc, Method and Appratus for Tensorial Microresistivity Imaging In Oil-Base Muds［P］. WO2007/130480，2007-11-15.
[19] 翟金海，聂在平. 油基泥浆微电阻率扫描成像方法研究［D］. 成都：电子科技大学，2012.
[20] 陶宏根. 超薄层（0.2m）测井技术研究［D］. 长春：吉林大学，2012.
[21] 安丰全，唐炼，牛华，等. 利用常规测井资料进行薄层评价［J］. 石油学报，1994，15（4）：1-8.
[22] Rabinovich M, Tabarovsky L. Enhanced Anisotropy From Joint Processing Of Multi-component And Multi-arrays Induction Tools. 42nd SPWLA Annual Logging Symposium, 2001.
[23] 其木苏荣，汪宏年. 倾斜井眼中感应测井正演模拟与响应特征［J］. 计算物理，2003，20（2）：161-168.
[24] 汪功礼，张庚骥，崔锋修，等. 三维感应测井响应计算的交错网格有限差分法［J］. 地球物理学报，2003，46（4）：561-567.
[25] 荣海波，贺昌华. 国内外地质导向钻井技术现状及发展［J］. 钻采工艺，2006，29（2）：7-9.
[26] 史鹏程. 随钻测井技术在我国石油勘探开发中的应用［J］. 测井技术，2002，26（4）：441-445.
[27] 朱桂清，章兆淇. 国外随钻测井技术的最新进展及发展趋势. 测井技术，2008，32（5）：394-397.
[28] 中国石油勘探与生产公司，斯伦贝谢中国公司. 地质导向与旋转导向技术应用及进展［M］. 北京：石油工业出版社，2012.
[29] 蒋世全，等. 旋转导向钻井系统研究与实践［M］. 北京：石油工业出版社，2015.
[30] 李安宗，骆庆锋，等. 随钻方位自然伽马成像测井在地质导向中的应用［J］. 测井技术，2018，41（6）：713~717.
[31] 李安宗，朱军，李传伟，等. 随钻成像测井仪器的研制与应用//中国石油学会第十九届测井年会论文集［M］. 北京：石油工业出版社，2015.
[32] 李安宗，李传伟，朱军，等. Azimuth Gamma and Laterolog Resistivity Imaging Logging While Drilling［C］. 第九届中俄测井年会，2016.
[33] 李启明，李安宗，孔亚娟，等. 侧向类随钻测井仪器垂直分辨率分析［J］. 测井技术，2014，38（5）：541-546.
[34] 袁昭，李艳明，陶林本，等. 吐哈油田水平井随钻地质导向技术研究［J］. 石油钻探技术. 2008，36（3）：87-90.
[35] 张吉，陈凤喜，卢涛，等. 靖边气田水平井地质导向方法与应用［J］. 天然气地球科学，2008（2）：137-140.

[36] 闫振来，韩来聚，李作会，等．胜利油田水平井地质导向钻井技术［J］．石油钻探技术，2008，36（1）：4-8.
[37] 吴仕贤，马开良，张宗林，等．地质导向钻井技术在高7平1井的应用［J］．石油钻采工艺，2004，26（5）：19-22.
[38] 胡金海，刘兴斌，张玉辉，等．阻抗式含水率计及其应用．测井技术，1999，23（增刊）：511-515.
[39] 张落玲．分流法电导含水率计的研究及现场应用［J］．石油管材与仪器，2016，2（5）：51-54.
[40] 杨志刚．分流式电导含水率计测量区域流场分布与实验比较［J］．测井技术，2013，37（4）：364-367.
[41] 张玉辉，刘兴斌，单福军，等．电磁法测量高含水油水两相流流量实验研究［J］．测井技术，2011，35（3）：206-209.
[42] 孔令富，王月明，李英伟，等．两相流下电磁流量计感应电势仿真研究［J］．计量学报，2013，34（4）：339-344.
[43] 杜胜雪，孔令富、李英伟．电磁流量计矩形与鞍状线圈感应磁场的数值仿真［J］．计量学报，2016，37（1）：38-42.
[44] 张耀文，王金钟，夏慧玲，等．注入剖面放射性相关测量方法研究［J］．测井技术，2004，28（B02）：57-60.
[45] 胡金海，刘兴斌，黄春辉，等．电导式相关流量测量传感器．传感器世界，2001，7（12）：10-16.
[46] 李晓霞．注入剖面连续示踪相关测井技术的应用［J］．石油管材与仪器，2012，26（3）：70-72.
[47] 黄正华．用传输线法在线测量原油含水率［J］．油气田地面工程，1997，21（2）：49-51.
[48] 黄正华，等．利用微波驻波法测量石油中的含水率［J］．中国石油大学学报（自然科学版），1988，12（3）：278-282.
[49] 彭原平，何峰江，莫旭波．微波持水率测量方法研究［J］．测井技术，2011，35（B12）：725-727.
[50] 李强，等．声波—伽马密度测井综合解释方法研究及应用［J］．测井技术，2004，28（S1）：39-41.
[51] 戴月祥，何峰江，王存田，等．固井水泥在不同充填状况下的测井响应分析［J］．测井技术，2009，33（6）：579-583.
[52] 郑华．сгдт水泥密度—套管壁厚测井解释新模型［J］．测井技术，2000，24（4）：243-252.
[53] 孟凡顺，王再山，王渝明．过套管测地层电阻率的原理及应用［J］．测井技术，2001，25（2）：110-113.
[54] 吴银川．过套管地层电阻率测井技术综述［J］．石油仪器，2006，20（5）：1-5.
[55] 林旭东，谭辉江．过套管地层电阻率测井及其应用［J］．测井技术，2004，28（1）：65-74.
[56] 秦力，张秋建，鲁保平，等．PNMS脉冲伽马多谱测井仪研制//中国石油学会第十八届测井年会论文集［M］．北京：石油工业出版社，2014.
[57] 冯启宁，鞠晓东，柯市镇，等．测井仪器原理［M］．北京：石油工业出版社，2010.

第四章 测井处理解释软件

测井资料处理解释软件是测井技术体系的重要组成部分，是发挥测井采集装备作用、帮助专业人员进行油气层识别与评价的不可或缺的工作平台。近年来，勘探开发对象逐步向低渗透岩性油气藏、低幅度圈闭低电阻油气藏、复杂岩性与复杂储集空间油气藏以及高含水油气藏的转移，勘探开发工作节奏不断加快，这些都对测井解释评价工作提出了更大挑战，迫切需要具有多学科结合和网络协同进行油气藏综合评价能力的测井资料处理解释一体化软件系统。

CIFLog 软件经过多年的发展，不仅提供了完备的平台基本操作功能，还具有很强的测井资料特殊处理解释能力，形成了最优化处理解释、碳酸盐岩复杂储层评价、火山岩复杂储层评价等七大测井处理解释评价应用模块。基于数据库的 LEAD 测井数据资源应用平台解决了复杂油气藏测井评价中多学科数据高效管理和应用等关键技术问题，在多专业井筒数据融合、成像测井数据精细化处理、岩心—测井数据一体化应用、测井解释流程信息化升级等方面取得多项技术创新。

第一节 一体化网络测井处理解释平台 CIFLog

一体化网络测井处理解释平台 CIFLog 是依托国家油气重大专项开发的拥有完全自主知识产权的新一代大型测井处理解释软件平台，提供火山岩、碳酸盐岩、低阻碎屑岩和水淹层等复杂储层评价方法[1-3]。CIFLog 是在 20 世纪 90 年代研发的第一代工作站版 CIFSun 和第二代微机版 CIFWin 测井处理解释系统基础上发展而来。2011 年发布以单井处理解释为核心 CIFLog1.0 版本，2016 年发布以多井综合评价为核心的 CIFLog2.0 版本。

CIFLog 在全国多个油田安装千余套，年处理一万余井次。CIFLog 在中国石油海外哈萨克斯坦、伊朗、苏丹、伊拉克、土库曼斯坦、乍得和尼日尔等 7 个国家 41 个作业区全面投入使用，国内外已有 17 所大学用于科研与教学。

CIFLog 搭建了勘探—生产测井解释、单井—多井解释、大斜度井—水平井解释、本地—远程测井解释一体化基础平台，提供功能强大的数据格式转换、数据管理、资源管理、测井资料预处理、成果绘图、数据处理、应用开发和集成、多井预处理、多井地层对比、多井处理、参数等值预测、工区三维显示等工具和评价模块。还提供全套常规处理程序、元素俘获能谱测井、微电阻率成像测井、多矿物最优化方法、核磁共振测井处理解释、远探测声波成像处理等测井解释方法。

CIFLog 不仅可以对单井进行精细评价，也可以对区块进行综合评价，将单井解释与多井评价相结合，为解释人员提供更多储层参考信息，全面提高测井综合评价能力，为在复杂油气藏测井评价中遇到的难点问题提供更好的软件支撑。

CIFLog 平台具有高度的结构化、模块化、组件化和标准化特点，提供大量开发接口和组件，支持 Fortran、C/C++、C#、Java 及 Matlab 等常用语言编写的应用程序集成，实现了更高层次的代码复用及高效快捷资源共享，使 CIFLog 既成为全方位测井处理解释应用平台，也成为开放的测井专业软件开发平台，用户仅需投入最小工作量，就可以快速形成自己高质量的扩展应用系统[4,5]。目前已经形成多套油田特色应用系统，推动测井软件全面走向国产化。

一、分层式系统架构

CIFLog 平台完全采用面向对象思想设计和开发，设计并实现了可扩展的分层式体系结构，从上至下分为三层[6]。

1. 应用层

应用层位于最上层，直接面向最终的用户，用于显示和接收用户输入的数据，为用户提供一种交互式操作的界面。

应用层包括平台基础部分和平台扩展部分。平台基础部分是由平台开发人员提供的基础应用功能，包括数据管理、数据格式转换、测井绘图、图头图尾编辑、交会图分析等，这些工具辅助完成测井的处理解释。平台扩展部分是测井处理解释方法的扩充添加，允许不同处理解释人员根据实际需要编制程序，添加到平台中，从而逐步丰富平台的测井解释能力。平台在扩展处理解释功能时采用统一的处理模块数据接口，这样不仅使处理解释功能有统一的开发模式，实现规范式的功能扩展，也方便了平台对新增功能的管理。

2. 支持层

支持层在平台体系架构中的位置非常关键，处于应用层和数据层中间，是应用层和数据层之间沟通的桥梁。向上为应用层提供可扩展的服务，向下通过数据访问接口层屏蔽数据的来源和数据层中复杂的内部操作。

支持层的设计对于一个支持可扩展的架构尤为重要，其每个功能模块一旦定义好一个统一的接口，就可以被应用层各个模块所调用，不用为相同的功能进行重复开发，大大提高了代码的可重用性。其中，支持层为应用层中测井资料处理解释模块的扩展和集成提供了统一的模块挂接接口和缓存机制，使得应用程序可以采用统一的方式访问本地文件和网络数据。

3. 数据层

数据层位于最下层，负责实际的数据读写操作，满足应用层对测井数据的读写需求。包括本地文件和网络数据，其中，本地文件数据按照 Cifplus 文件格式进行存储，网络数据可以通过 http 协议从远程数据库获得。数据层是整个平台唯一的数据读写通道，可以有效地保证平台中数据读写的一致与协调。在该层中封装了许多对象类，通过这些类所提供的公有函数，可以屏蔽数据源不同所带来的数据读写调用的不便，也就是屏蔽数据究竟是来自网络，还是来自文件带来的差异，函数名不变，仅体现在函数参数值的不同，这样极大地方便了后续的平台功能开发。

各层之间松散耦合，保证了良好的可扩展性和可复用性。图 4-1 给出了 CIFLog 平台的总体框架结构。

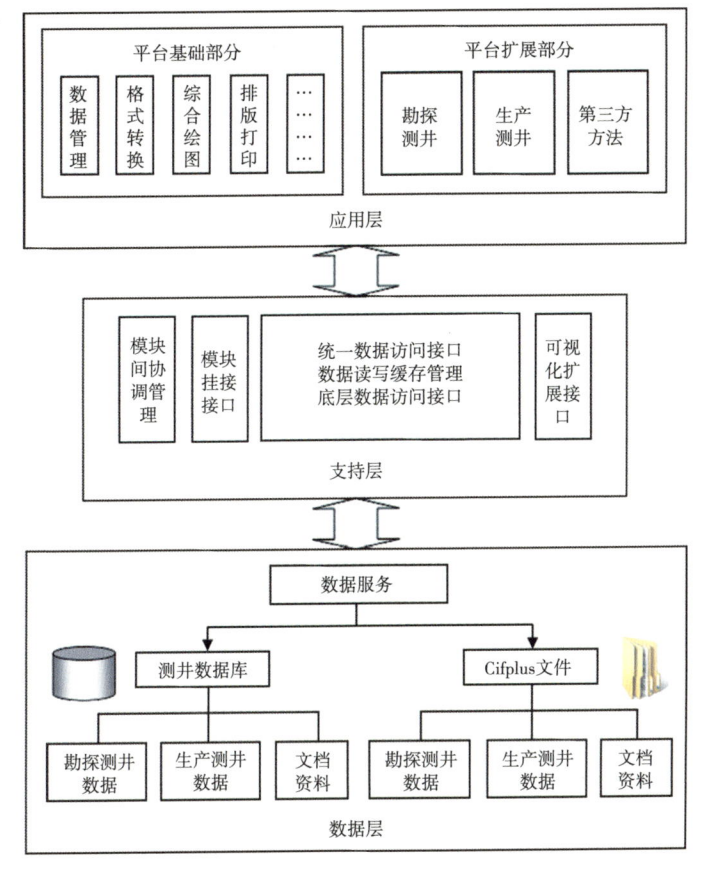

图 4-1　CIFLog 平台总体框架结构图

二、全交互测井处理解释基础平台

1. 单井—多井一体化数据管理

单井—多井一体化数据管理是平台核心功能模块之一，其提供对测井数据、层位数据、网格数据、解释结论数据、试油结论数据、工区卡片等工区数据的统一管理。模块具有如下特点：

（1）测井数据和工区数据统一管理。

平台数据管理功能按照管理数据类型分为测井数据管理和工区数据管理两个部分，测井数据管理主要是对曲线、表格、文档等测井数据进行管理，工区管理则是对分层数据、地质信息数据、网格数据等进行管理。这种设计方式，可以使得用户能够根据自己的应用需求，进行数据管理，同时，使得功能操作更加清晰，如图 4-2 所示。

（2）丰富的数据分析和管理工具。

数据管理模块提供了项目、工区、井、井次、曲线、地质分层、网格数据等数据的属性修改、重命名、新建、删除等数据操作工具，提供了曲线查找、曲线合并与拆分、曲线交会图与直方图分析、曲线数据统计、井属性编辑、表格批量转换、井属性批量导入等管理和分析工具。利用这些工具可以实现用户对数据的所有分析和管理工作。图 4-3 为数据分析与管理工具界面。

(a)测井数据管理界面

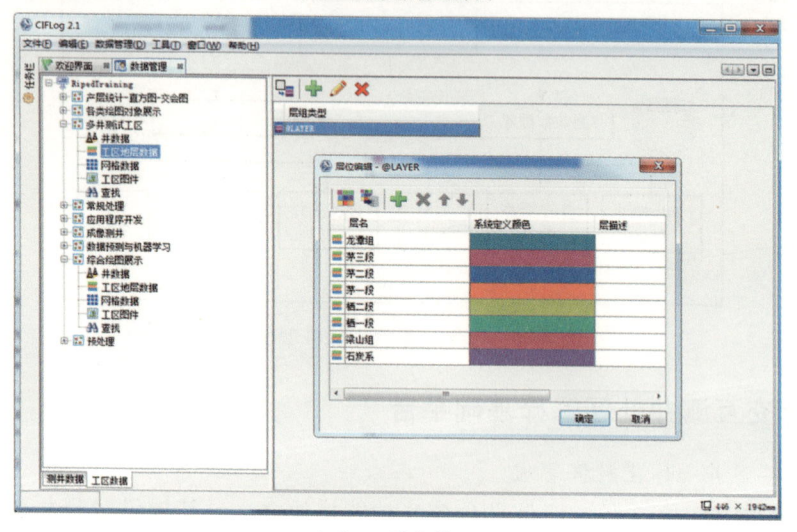

(b)工区数据管理界面

图 4-2　数据管理界面

(3) 从数据管理到解释分析模块的程序入口。

数据管理提供了交会图与直方图模块、标准化模块、井位图模块、多井处理模块、连井剖面模块、绘图模块等各种解释分析模块入口，实现了用户在数据管理过程中进行数据分析，更加符合测井数据分析流程。

(4) 数据实时更新与交互。

数据管理是整个项目的管理，平台基于支持层的数据通信框架，实现了在其他模块中操作数据过程中，数据管理模块数据列表、显示等能够实时更新，并与其他模块能够进行实时的交互通信。例如处理模块经过处理，结果中新增了井次和曲线，数据管理模块会对所管理项目实时更新，会实时显示新增井次和曲线，使得结果显示达到同步。

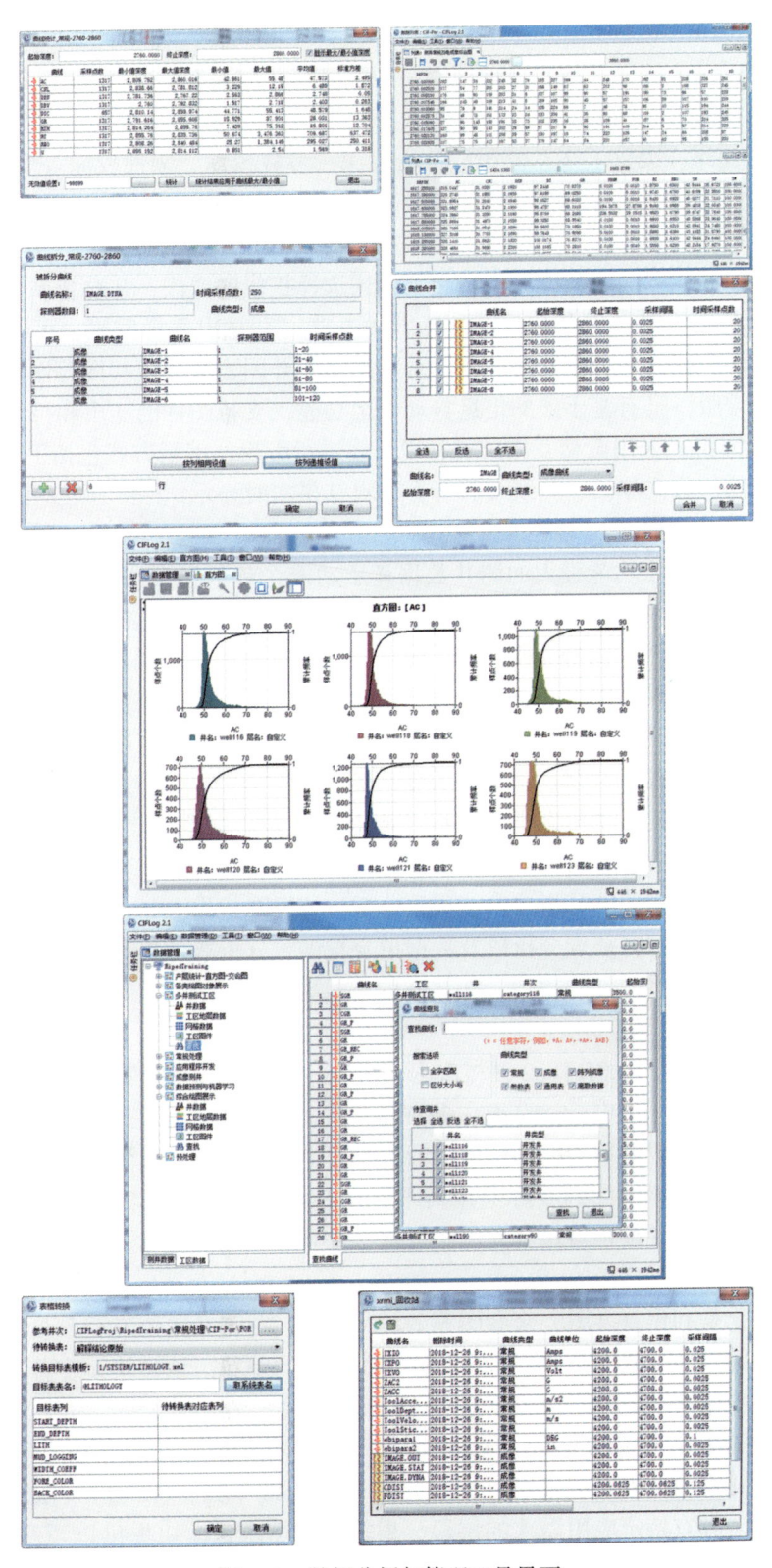

图 4-3 数据分析与管理工具界面

2. 全交互测井曲线预处理

CIFLog 提供了丰富的曲线预处理功能，能够对测井数据进行各种编辑，满足现场生产的应用需求，主要功能包括以下几个方面。

（1）曲线校深：提供了交互校深、自动校深、参数校深、刚性校深等多种校深模式，同时支持对常规曲线、成像曲线、离散曲线的深度校正。

（2）曲线拼接：提供统一拼接和分别拼接两种拼接模式，对多条曲线进行拼接，支持常规曲线、成像曲线等曲线类型，利用交互方式选择拼接曲线段，并对结果实时查看。

（3）井斜校正：提供多套狗腿度计算方法，自定义输出采样间隔，可绘制井口俯视图、井身东西侧向图、井身南北侧向图、垂直剖面展开图、垂深位移图等图件并对各种图件机型自定义排版，具有基于宏的信息自动标记功能，支持图件的导出和打印。

（4）曲线编辑：采用全交互方式对常规曲线进行编辑，编辑方式包括手工绘制、数值编辑、曲线拉伸、数据滤波、曲线计算等，编辑结果实时显示。

3. 勘探、生产测井数据综合显示

CIFLog 软件研发了功能强大的测井数据显示功能，其不但支持勘探测井、生产测井、水淹层测井解释等各种数据综合显示，而且支持单井、多井一体化的数据综合显示。与此同时，CIFLog 支持多图件综合排版打印、批量打印和多格式图件输出，同时支持各操作系统下光栅文件输出，并提供光栅文件浏览工具。提供可视化的图头图尾编辑，可以交互可视化编辑表格、图片、文字等各种图头图尾信息，简化图头、图尾制作流程。

CIFLog 基于平台绘图底层，提供了方便、灵活的交会图、直方图绘制功能，并涵盖全部测井交会图显示样式，支持多类型数据类型交会和多井多层段绘制，利用数据点大小、颜色扩展维度，具有数学表达式和数据多条件过滤功能，并提供了强有力的复杂储层分析工具，包括：多曲线相关性分析、产能预测分析、储层有效性分析、直方图统计分析、交会图与其他图件关联的特征点分析以及数据拟合与误差分析等。实现了交会图与其他图件间的通信，支持测井多图件的联动、交互分析。

4. 多井处理解释

多井处理解释系统是 CIFLog2.0 核心内容之一，多井处理解释系统是利用地质分层数据、井斜轨迹数据、井位坐标、海拔、多井测井数据、地震剖面等工区资料，对工区进行综合评价，实现多井辅助单井精细解释、油藏综合描述、储层参数预测分析等多井处理解释功能。根据平台总体设计和实际应用需求，多井处理解释系统功能包括多井标准化处理、多井批处理、多井综合对比、井位图管理、多井参数等值预测、油藏剖面绘制等。

1）多井标准化

多井标准化是利用直方图、交会图等工具和手段，对测井曲线进行预处理，消除不同时间、不同测井条件和地质条件下多井测井曲线之间的差异，该模块是多井资料预处理的重要内容，其主要有以下几方面特点。

（1）支持多种层段选取方法。

多井标准化操作选取标准层段是标准化效果的关键步骤，标准层一般选取稳定、具有典型特征的、具有特定应用需求的层段，根据用户需求，模块提供以下几种选层模式：①直接选层法，直接对所选井中的层位进行选取；②指定确切深度选层，即对于不同井，进行指定特定深度；③视标准层选取法，利用交会图，选择具有特征的区域的一系列深度段的集合作为标准层。

（2）支持自动校正和手工校正。

多井标准化模块提供了两种校正方式：一种为自动校正方法，采用均值方差法，求取各待校正曲线与标准曲线之间差异的加法因子和乘法因子后，计算机自动进行校正；另外一种校正方式是采用手工交互方式进行校正，通过交互改变待校正曲线的位移（代表加法因子）和形状（代表乘法因子）。实际操作过程中，一般采用两种校正方式混合应用，先利用自动校正，实现基本的位移和形状的校正，再通过鼠标操作，对加法因子和乘法因子进行微调。

（3）处理结果实时显示。

模块提供了实时显示校正后曲线的功能，经过校正操作后，实时显示界面会显示出曲线校正前后的状态，为用户提供进一步的校正结果参考。

2）多井批处理

为方便对大批量井的统一处理，平台提供分析工区储层参数分布、多井批处理模块，能够对多井进行按层段批量处理，并对处理结果进行等值图分析和对比分析，该模块大大缩减了处理的时间，提高了测井处理效率，模块具有以下几方面特点。

（1）分层段统一参数处理。

一般情况下，多井处理过程中，认为同一个层的测井处理参数相同，因此，多井批处理模块采用分层段统一参数处理模式，对于同一套地层，只需要一次设置参数，便可统一处理，并通过等值图功能查看处理之后参数结果的区域等值分布情况。

（2）兼容平台所有集成的单井处理程序。

CIFLog2.0对整个平台集成开发环境进行了升级，在兼容单井处理程序的同时，实现了多井批处理接口，可以实现原有程序的批处理运行。平台利用统一的集成环境，实现处理程序的单井处理和多井批量处理。

3）多井综合对比

多井综合对比是按照不同深度段，对多井的曲线或图像特征进行对比，从而实现储层特征识别、油水界面判别、井所在地质构造判断等。模块具有以下功能特点：

（1）多种井对齐方式。

多井综合对比提供了多种井对齐方式，包括层面对齐、按照测量深度对齐、按照海拔深度对齐、层顶对齐等。图4-4为相同井不同的对齐模式绘制情况。

（2）与单井绘图相同的交互与操作。

由于多井综合对比模块与单井绘图采用相同绘图底层，因此在交互操作上与单井绘图一致，包括添加曲线、道、辅助图元，支持所有曲线类型，包括成像、常规、核磁共振、二维核磁共振、波形等曲线，支持单井绘图模板和绘图卡片的加载、移动、删除、选择蒙板、格式刷等操作方式与单井绘图完全一致。这种设计方式使得用户很容易使用该软件，并且在成果输出和信息交互上，达到完全的兼容。

（3）全交互的多井对比。

多井综合对比采用全交互方式，用户可以通过鼠标拖拽方式进行对比，对不同井、不同层段、相同曲线进行比对，从而类比分析不同井的储层特征和曲线特征等。

（4）支持地层编辑功能。

多井综合对比模块提供了对地层的编辑功能，包括增加层、删除层、追加层等功能，

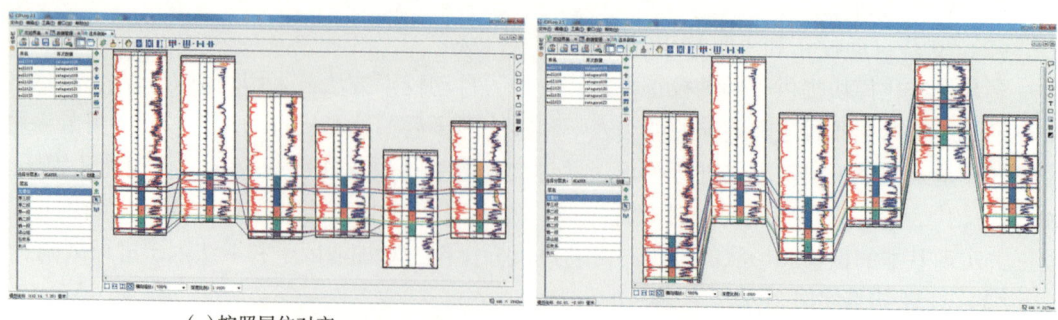

(a)按照层位对齐　　(b)按照海拔深度对齐

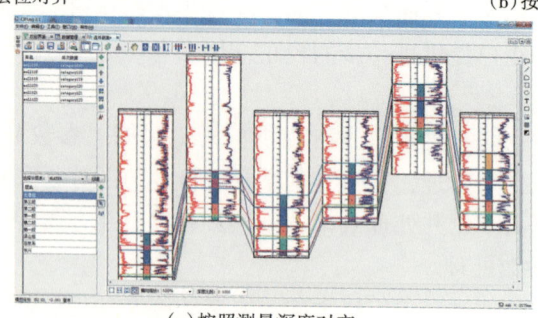

(c)按照测量深度对齐

图 4-4　多种对齐方式

实现用户在多井综合对比模块中，进行层对比。

4）多井参数等值预测

多井参数等值预测是利用井轨迹、井坐标、地质分层、测井属性参数值等数据，基于多种网格化方法，实现各种属性参数值的等值区域显示，从而有效表征区域参数分布特征。该模块具有以下几方面特点。

（1）灵活的网格化测井参数提取方式。

多井参数等值预测的数据支持从工区数据中获取，获取方式多样，包括地层深度数据、地层厚度数据、井中参数表格数据、井属性数据等，同时对于坐标的获取，可以获取不同地层深度下井的坐标来进行网格化，配置方式十分灵活。

（2）备常用的网格化方法。

等值预测模块目前支持常用的网格化算法，包括克里金方法、最小曲率法、B 样条法、高斯曲面法等，能够满足不同精度要求的参数网格化应用。

（3）支持断层和边界的绘制。

等值图模块同时支持断层和边界的绘制，可以采用交互方式进行断层和边界的绘制，也可以根据搜集的地质数据进行网格化后进行断层的绘制。目前模块支持断层的网格化算法有克里金、最小曲率方法。

5）油藏剖面绘制

油藏剖面绘制模块主要功能是基于多井分层结果、工区地质信息、测井曲线特征等资料，进行工区砂体和油层的分布特征的对比，从而分析油水关系、物性特征等。CIFLog 油藏剖面绘制模块具有以下几个方面的特征。

（1）支持尖灭、连层、分界线、正逆断层等地质图元的交互绘制。

油藏剖面的绘制模块采用全交互方式实现井间各种地质图元的交互绘制，可以在自动小层对比的同时，采用半交互的方式对图元进行调整，交互方式灵活多样。

（2）支持单井绘图模板的加载。

油藏剖面绘制模块采用与平台统一绘图底层，可以支持单井测井绘图的卡片和模板的加载，同时具有统一更换各井模板的功能。

三、高端成像与复杂储层测井处理解释系统

1. 多矿物最优化反演模型

基于广义地球物理反演思想，精细计算矿物体积、孔隙度、饱和度等储层参数，为解决复杂岩性储层评价有效技术手段。基于罚函数与 Levenberg-Marquardt 法的测井非线性问题迭代算法，受初始值影响小，速度快，计算结果准确[7,8]。支持元素俘获测井数据，实现常规测井与元素俘获能谱测井资料综合处理，更准确地计算复杂岩性地层矿物、流体组分含量。支持自定义响应方程，提供多种电阻率模型（Archie、Dual Water、Simandoux、Indonesia），同时基于表达式自动解析技术，可根据实验分析等资料自由定义更符合区域情况的响应方程，方法适用性更强，计算精度更高。

2. 微电阻率成像测井解释

微电阻率成像测井解释系统支持不同测井服务公司的仪器类型，包括 FMI、EMI/XR-MI、STAR、EI 等，采用统一标准处理流程完成资料处理解释。

高清晰图像预处理：基于精细深度校正与岩石结构动态增强的成像测井图像预处理技术，有效提升了图像的清晰度，为成像测井解释及特征分析提供了保障[9,10]。

全井眼图像生成：基于模式匹配的全井眼图像生成技术能够合理填补电阻率成像中极板间隙处的空白区域，从而达到裂缝特征自动拾取和高准确性定量分析的目的。

缝洞参数定量计算：自动/交互式拾取裂缝、孔洞、砾石特征，基于微裂缝模拟井实验刻度定量计算缝洞发育视地质参数，为储层评价提供重要依据。

成像谱分析：基于电阻率逐点刻度图像计算孔隙度谱、视地层水电阻率谱，实现储层有效性分析和流体性质识别。

3. 微电阻率成像沉积相/岩相分析

在高清晰成像测井图像处理的基础上，基于图像智能识别技术对地质特征进行自动提取和精细判别，同时提供了基于地质特征分析的全井段沉积相/岩相自动计算和交互校正功能，拓展了成像测井资料应用的深度和广度。

地层倾角自动计算：基于图像局部纹理检测的地层产状自动提取技术，自动、准确提取地层倾角。

地质特征识别：基于图像颜色、形态、纹理和空间属性的特征自动识别技术，对各类沉积、构造特征进行准确识别和分类，为沉积相判别提供了核心技术。

沉积相/岩相判别：利用成像特征识别结果和其他数据，采用多重神经网络实现全井段沉积相/岩相自动判别，并对判别结果进行交互修正。

岩心精细归位：提供了深度-方位双向成像、岩心精细归位及基于图像融合的照片级高真实感井壁图像合成功能。

4. 地层元素测井处理解释

可以处理国外 ECS、LithoScanner、GEM、FLEX 和国产 ETM、FCET 等地层元素测井资

料，实现了复杂储层岩性识别、岩石矿物组分含量计算以及连续的变岩石骨架参数计算。

岩性识别技术：岩性识别是储层测井解释评价的基础和关键，基于地层元素测井成果实现了从岩石组分方面进行岩性精细识别。

精准解谱技术：基于实验和蒙特卡罗模拟建立单元素标准俘获伽马能谱库，采用最小二乘法实现元素俘获能谱精确解谱，确保了元素干重计算精度。

元素和矿物含量计算：针对不同类型储层评价需求，提供了 WALK2、MG+和 ALKNA 氧闭合模型，在此基础上实现对石英、长石、方解石、白云石、黄铁矿等矿物的精确计算，对储层测井精细评价具有重要意义。

连续变骨架参数计算：突破了以往储层参数定量计算的理念，将给定的骨架参数值转变为随岩石组分含量变化的值，有效提高了非均值复杂储层孔隙度评价精度。

5. 核磁共振测井处理解释

提供一体化的核磁共振数据处理解释功能，全面支持国内外主流核磁共振测井仪器数据处理与解释，包括斯伦贝谢公司 CMR+型核磁共振测井仪、哈里伯顿公司 MRIL-P/C 型核磁共振测井仪、贝克休斯公司 MREx 型核磁共振测井仪、中国海油的 EMRT 型仪器和中国石油的 MRT 型核磁共振测井仪器。

特点是处理步骤规范，所有数据拥有统一的处理流程，支持单机并行计算，提供超快速解谱算法。优化的解释模型，提供了全面、准确的储层参数配置方案。

6. 阵列声波处理解释

不仅具有常规阵列声波处理功能，还具有远探测声波成像处理功能，主要包括时差提取、时差校正、波形衰减分析、岩石力学分析、斯通利波波场分离、渗透率计算、径向速度变化分析、远探测声波成像处理等功能。

采用统一的数据底层和处理解释框架，实现了常规阵列声波资料和远探测阵列声波的统一处理，主要包括时差提取、波形幅度衰减分析、各向异性分析、斯通利波波场分离、渗透率计算、径向速度变化分析、远探测声波成像处理（单级反射成像和偶极反射成像）。

时差提取：采用全交互的方式，可以进行单点的波形分析、频谱分析以及交互式滤波，并能交互式地提取阵列声波时差处理参数。

波形衰减：可以获得各道波形的模式波幅度，并根据每道的模式波幅度计算波形的衰减。

岩石力学分析：可以进行上覆地层压力、地层孔隙压力、岩石弹性模量参数、动静弹性模量参数转换、水平应力、安全钻井液密度窗口等的计算，并进行井壁破坏程度分析。

各向异性分析：可以快速从目前主流多极子阵列声波测井仪器测量的四分量偶极声波资料中提取地层的各向异性信息，包括地层快慢横波波形、快慢横波时差、地层时差各向异性、地层能量各向异性以及地层各向异性方位等。

斯通利波波场分离：通过对斯通利波不同振相的波场进行分离，可以得到直达斯通利波、上行反射斯通利波及下行反射斯通利波。

渗透率计算：采用简化的孔隙介质声波传播理论，可以快速计算地层斯通利波的衰减和渗透率。

径向速度剖面：利用不同接收器的模式波到时，计算模式波速度沿径向的变化，并生成一张反映模式波速度沿径向变化的图像。

单极反射成像：对纵波反射波进行提取和成像，从而描绘出井外十几米范围内的裂缝、洞穴等地质构造。

偶极反射成像：对偶极横波进行提取和成像，从而描绘出井外数十米范围内的裂缝、洞穴等地质构造，并具有一定的方位识别能力。

四、增强型组件式二次开发及应用

1. 基于 JNI 的多语言模块集成技术

多语言应用集成开发技术的基本功能是为不同测井应用程序的集成开发提供统一的解决方案，使得测井技术人员可以在不改变原有编程语言的基础上、用最小的工作量将 Fortran、C/C++及 C#等不同应用程序进行有效集成和二次开发。添加不限制开发工具和开发语言的处理解释方法，极大地提高了平台的适应能力和应用扩展能力。

由于一体化平台完全采用 Java 语言开发，已有的处理解释方法则主要采用 Fortran、C/C++或 C#等语言编写，因此，为了使应用程序能够方便地访问到平台数据，首先需要解决 Java 与其他编程语言间的数据通信问题。经过调研，选择了由 JavaSoft 公司提供的 JNI（Java Native Interface）技术，它是 Java 的本地编程接口，允许 Java 代码与其他编程语言（C/C++、汇编语言等）编写的库和应用程序间的进行双向交互。具体实现中的应用程序与平台间数据调用机制基本结构如图 4-5 所示。各层的基本实现过程如下。

（1）Java 数据访问接口层。

Java 数据访问接口层主要负责读写一体化平台中的本地文件和远程数据库数据，对外提供统一的数据访问接口，实现应用程序对一体化平台测井数据的透明访问。

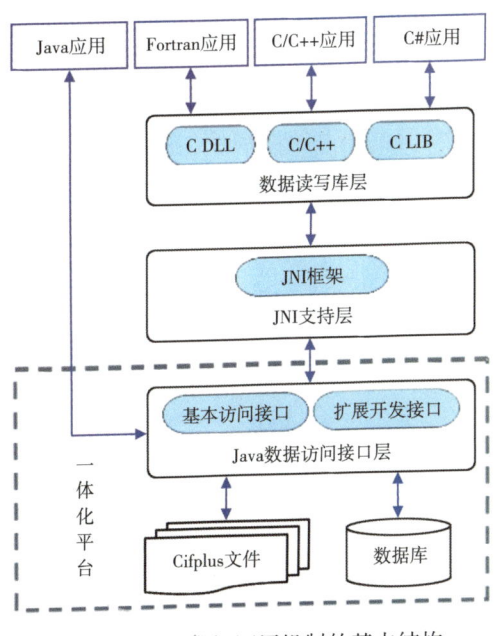

图 4-5 JNI 数据调用机制的基本结构

该层完全采用 Java 语言开发，在平台底层基本数据访问接口和缓存机制的基础上进行二次封装，创建出新的 Java 数据读写类。该类定义了对测井数据曲线、表格和文档的创建、查询和读写等基本操作，满足了用户细粒度操作平台数据对象的要求。

（2）JNI 支持层。

JNI 支持层主要负责处理和传递要读写的数据。利用 JNI 框架提供的双向通信通道，有效地屏蔽了 Java 与其他编程语言间的差异，实现了两种语言之间的互通，使得一体化平台与应用程序之间可以自由地进行数据交互。

通过 JNI 技术，Java 代码能够直接与本地方法进行交互，但这个交互过程必须发生在相同的 Java 虚拟机进程中，因此，本地代码在调用 Java 方法前必须先加载 Java 虚拟机。为了初始化 Java 虚拟机，JNI 提供了一系列的接口函数，通过这些 API 可以很方便地将虚拟机加载到内存中[13]。

（3）数据读写层。

数据读写层主要负责为不同应用程序提供输入/输出接口。CIFLog 平台为用户提供了

Java、Fortran、C/C++、Matlab 和 C# 5 种类型的数据访问接口，并分类进行了面向对象封装，可满足不同层次开发人员的编程需要。

由于已有的大量处理程序都沿用常规解释模型，该模型采用逐点方式整体读写测井数据，已不适应当前测井处理软件的要求。为此专门提供了一套复合数据访问接口。基于这些读写接口，以往采用这种模式编写的应用程序只需较少的改动就可以方便地挂接到一体化平台中，大大提高了用户的开发效率。

综上所述，采用基于数据调用机制的三层体系结构，使不同语言编写的应用程序具有统一的数据访问模式。基于多语言应用集成开发技术的一体化平台已经顺利集成包括常规处理、声电成像、阵列声波以及核磁共振等多种测井资料处理评价方法。

2. 平台组件封装与插件式开发技术

1) 组件化封装

平台搭建了可扩展的测井绘图框架结构，对各种测井图元进行组件封装，提供了可组装的测井绘图中间件（图4-6）支持和方便、灵活的二次开发接口。测井绘图中间件为单井处理解释的测井绘图模块，多井测井处理解释中的绘图显示模块及各类基于平台绘图的应用模块的快速高效开发提供了有力保障。

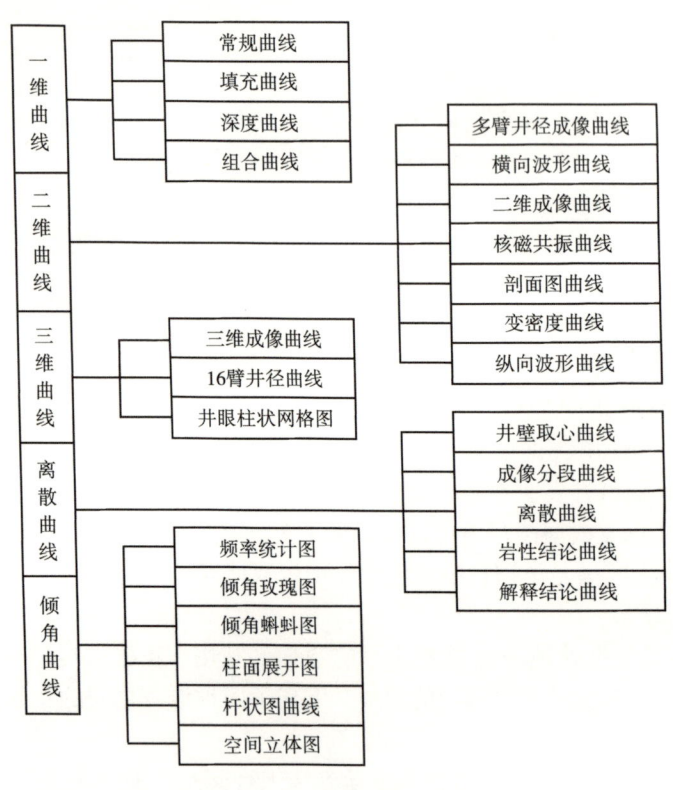

图 4-6 绘图曲线中间件

CIFLog 平台的测井绘图曲线是基于 MVC 模式进行封装和实现的。MVC 是一种业务逻辑、数据和视图分离的软件设计模式。其中 M 表示模型（Model），V 表示视图（View），C 表示控制器（Controller）。

通过 MVC 设计模式，可以实现绘图显示和测井数据分离，可以针对不同的测井数据提供不同的测井曲线显示样式。

图元对象是平台测井绘图的最基本组成单元，可以使用这些基本单元组合成满足不同需求的绘图对象。MVC 模型为 CIFLog 平台提供测井绘图图元对象，使一个模型可以为多个视图提供绘图显示，即同一个模型能被多个视图重用，因此提高了程序的可重用性和可扩展性。

视图是用户看到并与之交互的显示界面，并能接收用户的交互操作，但是它不能进行任何实际的业务逻辑处理，所有的业务逻辑处理都通过控制器发送给模型进行处理，视图只用来显示。视图可以向模型查询业务状态，但是不能改变模型。视图还能接受模型发出的数据更新事件，从而对用户的显示结果进行同步更新。

平台控制器用于接收绘图交互消息，控制器监听用户的操作并向模型和视图发送事件消息。控制器接收请求并决定调用哪个模型来进行处理。调用相应的模型处理请求后，控制器把显示结果返回给相应的视图，同时刷新视图显示更新后的数据，通过视图把模型处理后的结果呈现给用户。

2）插拔式开发技术

插拔式开发技术指将平台模块集成或功能进行抽象并形成接口，对于不同需求进行不同的实现，平台主程序通过接口对模块和功能组件进行调用，从而实现平台和模块功能的扩展和组织[9-11]。为了满足其他单位基于 CIFLog 研发特色测井处理解释系统的需求，CIFLog 软件建立了可扩展的框架结构，在平台制定了标准化接口，并采用动态查询加载机制的组件式开发技术，实现了应用模块可插拔式应用开发，极大地提高了平台扩展性能。

图 4-7 描述了将模块注册到平台中并提供平台调用的过程。整个注册过程包括以下几个步骤。

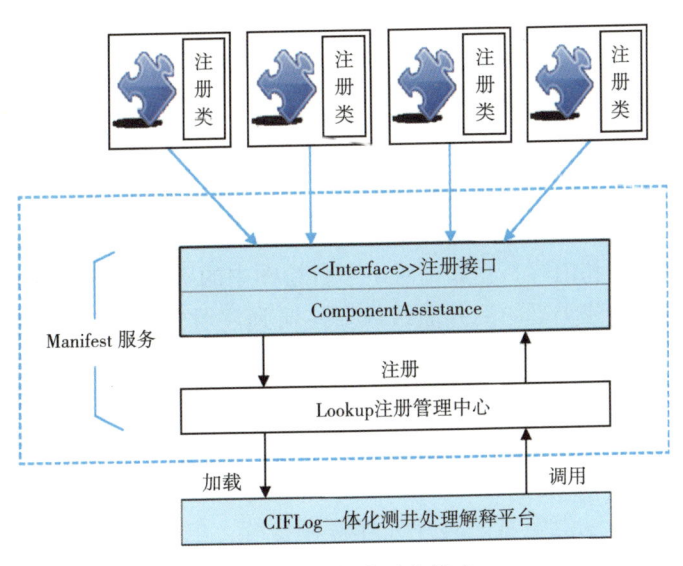

图 4-7　插件式开发模式

（1）首先在每一个需要注册到平台中的模块中增加一个注册类，平台将注册类名规范为"XXXAssistance"，其中"XXX"根据模块名称而定。如"DataManagerAssistance"为数据管理模块注册类，该类主要实现为平台提供统一的注册接口ComponentAssistance。主要的接口实现代码如下：

public interface ComponentAssistance {
//打开模块接口，为模块入口接口，平台调用该接口，实现模块主界面的打开操作。
void openComponent（Object [ ] args）；
//获取模块类名接口，为平台提供界面类名称。
String getComponentClassName（）；
//获取模块显示名接口，为平台界面显示中的模块显示名称，如插件中心、任务栏中模块的名称等。
String getComponentDisplayName（）；
//获取模块图标，为平台显示该模块时，提供显示图标信息。
String getComponentIcon（）；
//是否将模块加到任务栏中。
boolean isAddedToTaskPane（）；
//获取任务栏图标，当平台在应用任务栏中可以启动该模块时，调用该接口，获取任务栏中的图标，平台规定为32*32像素位图。
String getTaskPaneIcon（）；
}

（2）在每一个模块中添加manifest文件，并将步骤（1）中实现好的类路径写入该文件，进行声明式的注册。进行注册的类将由平台框架中的注册中心进行统一查找和管理。其中manifest文件是JDK提供的注册服务机制，这种服务机制能够使平台对服务中的各注册模块进行统一调用，同时，进行注册的类无须相互依赖即可通过接口实现相互通信，大大提高了平台开发的稳定性和并行性。

（3）在启动时，平台根据需求通过注册中心将所需模块装载到平台中，并依据接口将注册的模块添加到插件中心和应用任务栏中，用户可以根据需求，完成组件的安装和卸载操作，同时，开发人员也可以依据步骤（1）、步骤（2），建立自己的应用模块，安装相应的模块到平台中而不影响整个平台的稳定性。

以上介绍了平台模块插件式开发的主要步骤和原理，平台可以建立多个注册中心，管理不同类型的注册组件和内容。例如，对于平台绘图中的不同类型的测井曲线，可以建立一个曲线注册中心，新建类型的测井曲线只要注册到注册中心中皆可在绘图中进行绘制。平台已经建立好的注册中心包括模块注册中心、曲线注册中心、打印注册中心和数据格式注册中心等。利用这样一种注册机制，使得平台的功能得到了扩展，并且为平台的并行开发提供了强有力的技术保障。

3. 特色应用系统开发

CIFLog不仅是一个功能丰富的测井处理解释系统，也是一个强大的应用开发支持平台。为高效支持用户测井方法研发，CIFLog采用三层框架结构，为特色系统应用开发提供了稳健的数据底层、包含丰富组件的支持层和测井处理解释应用层，不仅保障了特色系统的稳定性能，还大幅减少了开发工作量、提高开发效率。自2011年以来，中国石油集团长城钻探工程有限公司、大庆测井等公司及长庆油田公司先后依托CIFLog研发了多套测井处理解释特色系统，并在相关测井处理解释领域得到了广泛应用。

1）CIFLog-GeoMatrix 海内外一体化应用系统

CIFLog-GeoMatrix 海内外一体化应用系统是长城钻探工程有限公司研发的海内外一体化测井解释处理软件系统。软件涵盖常规测井、成像测井、特殊测井、开发测井和 LEAP 测井 5 大系列 79 个解释处理方法模块，覆盖海内外裸眼测井全业务链，具备斯伦贝谢公司 P 包的全部处理功能。软件在分数维奇异值分解法求取 T_2 谱、井周 360 度成像、套损评价测井图像识别等多个方法处理上取得了重大技术突破，获得发明专利 5 项，软件著作权 13 项。

该软件具有高兼容性、高精准度的特点：实现了国产和进口多系列同类装备的统一处理，全面支持国际主流高端装备，可以快速完成在过去由多套软件组合才能完成的处理工作，实现了测井解释作业的海内外一体化；软件处理精度和效果得到了国外油公司的认可，获得了国内外多家油公司的进入许可，真正实现了完全取代国外测井解释处理软件的目的，并取得了 58 个国家承认的具有国际通行证之称的 CNAS 软件安全等级测评证书。

自 2013 年正式投产应用以来，先后在哈萨克斯坦、伊朗、苏丹、伊拉克、土库曼斯坦、乍得和尼日尔等多个国家和地区得到广泛使用，共装机 260 台套。截至 2015 年底，在生产科研中推广应用近 20000 井次，国内推广应用率达到了 100%，海外推广使用率已达到 90%。常规测井系列处理效率提高 36%，成像测井系列处理效率提高 20%，已经成为长城钻探在海内外开展测井解释处理工作的首选工具和主流平台，扭转了没有自主品牌软件海外测井作业严重受制受阻的被动局面。

2）CIFLog-Smart 生产测井系统

中国石油大庆油田测试分公司根据生产测井的业务需求，研发了生产测井系统 CIFLog-Smart。该系统提供全面的生产测井处理解释方法，集成了常规注入剖面、产出剖面、工程测井、地层参数解释方法，研发中置管导流高精度油水分离含水量测井评价方法、双示踪多参数注入剖面组合测井评价技术、测井多信息套管状况检测技术以及剩余油饱和度、气层评价等新方法、新技术，形成大庆油田特色的套后气层评价、过套管电阻率、中子寿命等解释系列方法。

该系统于 2012 年 8 月开始大庆油田软件部署及安装、推广工作，共搭建服务器 11 台，安装客户端 152 套。截至 2013 年底，大庆油田生产测井常规项目处理、解释已经全面使用 CIFLog-Smart1.0，累计处理 6.2 万井次。

3）CIFLog-GeoSpace 水淹层评价系统

CIFLog-GeoSpace 水淹层评价系统是大庆钻探工程公司测井公司研发的水淹层处理解释软件系统。该系统以 CIFLog 测井软件为基础，依托多年的水淹层测井处理解释和专业软件研发成果，集成挂接了丰富的水淹层处理解释方法，具有人机交互方便、图形界面清晰、解释模型精度高、解释方法易维护等特点。面向大庆油田水淹层测井的具体需求，CIFLog-GeoSpace 水淹层评价系统提供了数据提取、水淹层处理解释、图件编绘及交互修改等功能，包括曲线预处理（包括曲线标准化处理、曲线深度校正）、建立小层对比数据库、储层厚度划分、分层取值、岩性识别、水淹层交互解释、成果图绘制等模块内容。

截至 2015 年底，CIFLog-GeoSpace 水淹层评价系统已经在大庆油田内部与外围所有采油厂全面推广应用，安装软件 276 套，吉林油田部分井进行了推广应用，安装软件 11 套。目前累计处理生产井上万井次，其中水淹层综合解释厚层水淹程度判断符合率 87.1%、薄层 77.7%，全面达到计划指标该软件平台的推广应用，与完善前软件相比水淹层处理解释系统提高工作时效 3 倍，套后声波变密度模块提高工作时效 12 倍。

4）CIFLog-Insight 低渗透致密油气评价系统

CIFLog-Insight 低渗透致密油气评价系统是针对长庆油田低渗透致密砂岩和碳酸盐岩油气藏测井评价难题而研发形成的测井评价系统，由长庆油田勘探开发研究院和中国石油勘探开发研究院联合完成。系统研发中设计运用了测井模型多态封装技术，实现了同类测井方法模型的快速有形化和规范化，提高了系统研发效率。同时，结合长庆油田特点体现出可视化高、一致性强、多模板应用的突出特点。

CIFLog-Insight 低渗透致密油气评价系统包含了面向长庆储层测井解释的地层水电阻率计算、复杂油水层识、致密油评价、致密气识别评价等特有方法，并基于 CIFLog 提供的用户开发环境，实现了具有长庆特色的低渗透致密砂岩和碳酸盐岩油气藏测井评价系列专有技术的全面集成与应用。

2015 年 9 月，该软件在长庆油田勘探开发研究院正式投入应用。截至 2015 年底，CIFLog-Insight 低渗透致密油气评价系统已在长庆油田勘探开发研究院装机 21 套，安装应用率达到 75%，累计处理应用 110 余口井。

5）CIFLog-OGEL 工程测井系统

CIFLog-OGEL 工程测井系统是西南石油大学刘向君教授带领科研团队基于 CIFLog 开发的油气工程测井评价系统。刘向君教授及其科研团队历经 20 多年系统研究和科技攻关，在钻井剖面地层岩石力学测井动态响应机理、水敏性泥页岩地层测井资料"去水化"理论及校正方法，以及泥页岩地层钻井诱发"坍塌压力增量"预测方法取得突破基础上，逐步形成和建立了以支撑钻完井、储层压裂改造等工程技术安全高效实施为目标，以岩石强度、地应力、地层孔隙流体压力等地质力学参数测井及地震预测为基础，"三压力剖面"（坍塌压力、破裂压力和地层孔隙压力）预测为核心，从单井评价到区域预测，集工程优化设计和效果评价于一体的多学科交叉融合的工程测井全新理论、方法及应用技术体系。以此理论方法为基础开发完成的具有自主知识产权的工程测井软件系统（CIFLog-OGEL）包含了钻井剖面地层岩石力学参数评价、地应力剖面评价、复杂地层孔隙压力剖面评价、常规地层及泥页岩地层井眼稳定性分析、出砂预测以及完井方式优化等特色功能模块。

CIFLog-OGEL 工程测井系统及其理论、方法通过油田科研合作，已在四川、塔里木、塔河、胜利、渤海等多个油田的钻井完井优化设计中进行应用，取得显著的应用效果。该系统为工程测井理论、方法的推广和应用提供了良好的技术载体，拓展了石油测井的学科应用领域。

6）CIFLog-CBM 煤层气评价系统

CIFLog-CBM 煤层气评价系统由中国矿业大学（北京）煤炭资源与安全开采国家重点实验室研发。该系统面向煤层气储层测井处理解释，提供了"岩性分析""煤层工业组分分析""含气量计算""岩石力学""全波列声波处理""超声成像处理"等六大专有模块，全面满足煤田、煤层气测井的处理解释需求，并针对该实验室的全波列声波和超声成像仪器开发了相应的配套处理模块，处理效果较好。

CIFLog-CBM 煤层气评价系统是在 CIFLog 测井软件平台上开发的国内第一套先进的煤层气测井处理解释系统，为煤层气评价提供了有效的技术手段，充分体现了 CIFLog 软件从石油领域向邻近行业辐射、从服务生产应用向支持特色系统研发拓展的良好势头。

第二节 LEAD 测井数据资源应用平台

LEAD（Log Evaluation & Application Desktop）测井数据资源应用平台是中国石油依托重大科技专项研究建立的新一代基于数据库的测井数据综合应用平台。该系统解决了复杂油气藏测井评价中多学科数据高效管理和应用等关键技术问题，在多专业井筒数据融合、成像测井数据精细化处理、岩心-测井数据一体化应用、测井解释流程信息化升级等方面取得多项技术创新。

截至 2015 年底，LEAD 在国内长庆、塔里木等 16 个油田，中国石油大学（北京）、中国石油大学（华东）、长江大学、西南石油大学等 4 所大学，以及俄罗斯、加拿大等 6 个国家 10 多个地区规模推广过千套，其中商业应用 591 套，实现了海外销售。累计处理裸眼井测井资料 15 万井次，套管井测井资料 17.7 万井次，识别油气层 57 万层/369×10^4m，累计预测产能 6.5 万层，预测符合率 75%。通过提高测井服务效率，提升解释评价质量，指导工程作业优化设计，支撑勘探新发现。

LEAD 取得了多项创新成果：（1）创新数据库应用模式，在实现标准化数据存储的基础上，建立了基于数据库的多层次多模式应用软件系统，形成以测井资料库、解释评价库、实时数据库等 3 套测井数据库系统，成像测井数据处理系统、生产测井数据处理系统、随钻水平井数据处理系统、储层综合评价系统等 4 套应用软件工作包，全面支持采集、处理、解释、评价的测井全过程。（2）创新设计多学科数据模型，支持测井、录井、钻井、岩心、地质等多种井筒数据融合，在国内外完成了 17 万井次数据验证。（3）提升数据精细分析和处理能力，改善复杂井况环境下的资料质量，实现成像测井有效信息的深度挖掘，在偶极横波远探测分析、声电成像精细处理、核磁共振精细解释等方面实现了重大应用成效。（4）创新建立岩石物理—测井解释一体化工作模式，打通岩石物理研究与测井解释评价的数据和应用链路，全面提升工作效率与解释精度，建模效率提高达一倍，模型精度提高 7% 以上。

LEAD 的成功研制和工业化应用，为致密砂岩、深层碳酸盐岩等复杂油气储层测井综合评价提供了重要软件支撑，推动了测井处理解释工作的标准化、自动化升级，使我国测井数据资源建设达到国际先进水平。

一、测井数据库系统

测井数据库系统是提高测井装备数据采集与流转水平、增强测井数据管理与应用功能、提升油气层识别与评价能力的重要平台，始终是国外各大油田技术服务公司技术研发的重点和服务品牌的体现。测井数据库建设有助于提高数据资源整合和共享能力，满足加快的勘探开发生产节奏对测井解释工作的时效性和准确性要求。复杂勘探开发对象迫切需要发展多学科结合的综合数据库服务系统，以便于充分了解区域地质特点、油气藏压力分布、流体分布规律，深入研究储层岩石组分、孔隙结构、流体性质、侵入特性变化，进行储层精细解释和综合评价，提高油气层发现率和识别准确率。解释评价需要聚集解释模型、解释参数、解释标准、解释图版、地区经验等处于分散和隐性状态的宝贵数据资源，方能更好地指导测井解释工作[11]，如图4-8所示。

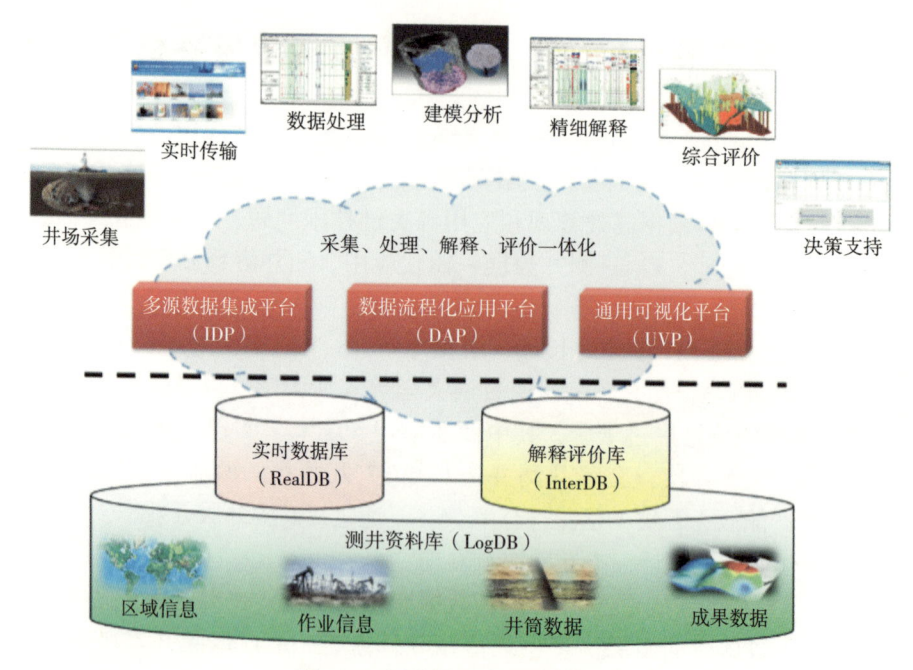

图4-8 测井数据库系统架构图

经过多年发展，中国石油集团测井有限公司自主研发了中国石油测井数据库系统，整个系统包括实时数据库、解释评价库、测井资料库三大子库，在测井及相关专业数据融合、多平台网络一体化访问、高级别数据安全策略等方面实现创新，改变了测井数据分散碎片化的现状，实现了高效、安全、集中、层次化管理，为测井全流程应用提供数据支撑。

实时数据库（RealDB）以数据实时采集传输为目的，将井场数据实时传输至解释中心，实现快速调度和实时决策。解释评价库（InterDB）以处理解释评价为目的，直接服务于测井解释与油气评价的各个环节。测井资料库（LogDB）以数据集中管理为主要目的，按井筒存储测井原始资料、处理解释成果资料、地质录井资料、试油分析资料等。

1. 数据模型

测井数据库数据模型充分吸收、借鉴了各地区公司在用数据库测井数据模型，其中包括中国石油EPDM2.0数据模型、中国石油统建A1、A7、A12数据库以及哈里伯顿EDM公司数据模型等。由于应用场景、数据规模、部署实施、应用方式均存在较大差异，测井数据库包含多个分数据库，但在数据组织和数据模型设计方面遵从一个总数据模型，分数据库根据业务特点分别构建与之配套的特色数据模型，整个数据库系统以区块和井为基本单元连通所有分数据库。

如图4-9所示，总数据模型在数据横向广度上，按国家、油田、区块构建多级区域分级组织，在数据纵向深度上，按照区块、层系、层组、层段、层分级组织。覆盖和结合了钻井、测井、随钻、录井、岩心、试油、油藏、生产动态、分析化验等九个专业学科。分数据库的特色数据模型，以解释评价库为例，不仅包括常规测井曲线数据、成像测井阵列数据、生产测井点测数据、解释结论、岩心分析模型等通用数据模型，还包括解释模型、解释知识、解释图版等特色数据模型。

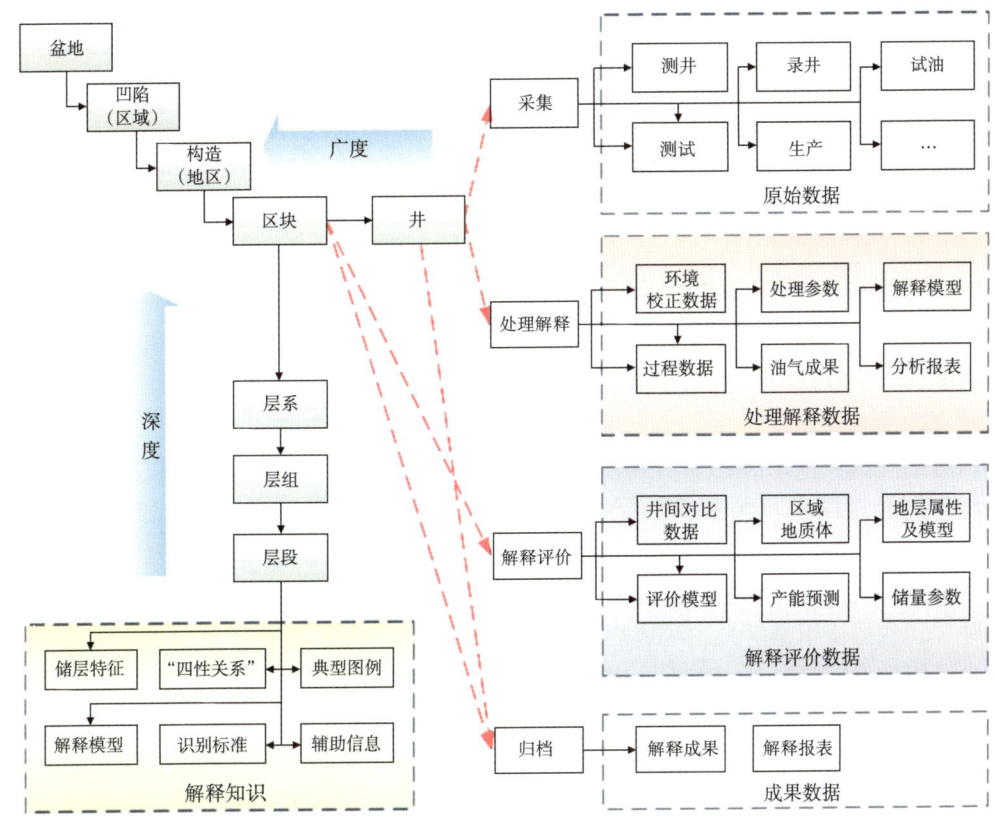

图 4-9 测井数据库系统数据结构

2. 数据云存储技术

数据云存储技术解决了数据存储服务、多源数据整合及数据访问服务等三大问题，数据库总分库体系架构提供了良好的多源数据整合方案。

测井数据库在物理存储设备基础上构建虚拟化存储，降低由于物理硬件存储变更带来软件变更损耗。系统采用分盘存储机制，能在磁盘容量不足时快速自动扩充，并实现井数据分盘快速定位访问，保证数据库稳定运行。同时，测井数据库系统支持分数据库分布式部署。通过裁剪，能够在事业部、前线指挥部等部署微型存储云，云数据通过定期与总部数据同步，保持数据的统一和安全。

数据访问服务采用统一接口（IDP）为用户的所有应用提供网络数据读写服务。通过中间件技术在 IDP 上实现统一数据访问接口[16]，可以快速满足基于 Java 语言的 Web 系统、基于 C/C++开发的客户端系统、基于 Android 开发的手机应用系统的数据访问请求。新格式的测井数据只需要编写配接到统一接口，所有功能模块都能够无缝访问新格式数据。

3. 权限统一认证技术

多个分数据库使得用户管理变得复杂，用户进入不同系统时都要提交自己的身份标识来认证，不仅降低了易用性，也增加了管理难度、维护成本及安全隐患。作为企业级应用系统，测井数据库必须整合各分数据库认证系统，这也是数据信息化建设的必经之路。

系统采用轻量级目录访问协议（Lightweight Directory Access Control，简写为 LDAP）进行用户的统一管理[12]。相对于普通关系型数据库，LDAP 可有效解决频繁的数据类型验证、事物完整性确认以及由于前端用户对数据的控制不够灵活，导致用户权限设置在表一级而达不到记录一级等问题。基于角色的访问控制（Role-Based Access Control），按照最小权限、责任分离和数据抽象原则，首先实现测井数据与用户分离，进一步引入了角色将用户和访问权限分开，实现对用户权限的独立访问控制，防止非法用户的侵入或者因合法用户的误操作造成的数据损坏，保障本地数据资源的安全。在数据、用户、权限隔离后，提供了一系列自定义手段支持定制化角色、用户权限分配。用户认证部分主体上由 LDAP 负责完成，用户的身份（ID）是全局唯一的，与具体软件系统无关。而软件系统的具体权限验证由软件系统自身的权限验证模块来完成，以最终确定某一用户是否具备操作某软件某一功能的合法授权。

4. 异地实时同步技术

针对测井资料库的数据管理需求，中国石油建立了西安、北京两地数据中心，自主攻克了数据异地同步、安全备份等技术难点，实施了"二地三中心"高级别数据安全策略。

当前中国石油内网和中国石油安全限制下的 Internet 网络均存在带宽限制，且中国石油测井日均数据使用量巨大，两地数据中心实现了数据分流，提升了访问效率。数据中心提供事务级数据同步服务，当某油田数据在西安数据中心进行变更，立即形成同步任务，以队列方式在网络闲置状态情况以区块或井为基本单位向北京数据中心自动进行数据同步，同步内容包括井信息、井原始数据、井成果数据以及处理解释过程数据等。数据传输采用断点续传技术，以全目录哈希散列值作为正确标志，保证事务级数据一致性。

两地数据中心实时同步方案能够有效解决数据带宽和异地容灾问题，但如果用户出现数据误操作，容易引起两地数据中心同时数据异常，因此在异地实时热备份基础上，增加定时冷备份方案。在西安数据中心部署备份存储，对在用测井数据库系统磁盘进行冷备份。系统设定自动采用增量备份，定时同步增加和修改数据。磁盘冷备份与异地实时备份系统共同构成了"二地三中心"高安全级别数据同步与备份系统。该套备份方案在启用三年连续"7×24 小时"的运转过程中，即使在断电、磁盘损坏、系统崩溃等异常情况下均未出现过数据安全问题。

5. 应用效果

测井数据库系统已经管理国内 16 个油田，超过 17 万井次的测井及相关数据，数据容量超过 20TB。

同时，测井资料库的海外版根据中国石油天然气勘探开发公司（CNODC）海外业务的需求进行了定制。针对海外数据特点，数据库以地理信息、地质信息作为主要索引条件，集中管理原始资料、成果资料、钻井、录井、取心、试油、解释知识等信息。目前已收录了 5 大合作区，包括尼日尔、乍得、苏丹等 20 多个国家的数据超过 13000 井次数据，为解释评价提供可靠的数据基础。

测井数据库系统研发与应用已成为中国石油测井的战略任务，在复杂勘探形势及低油价时期，以数据库为基础，整合数据资源，不断挖掘数据潜在价值是提高技术服务能力的有效手段。

二、成像测井数据处理系统

1. 阵列感应测井数据处理应用系统

阵列感应测井处理应用系统包括井眼校正、有效背景电导率计算、真分辨率合成、分辨率匹配和地层参数反演6个软件模块。井下测量到28个实部和虚部信号，首先进行井眼校正消除井眼影响。再经过真分辨率合成，同时消除二维环境影响和趋肤效应影响，得到5条不同探测深度的曲线。分辨率匹配将5条不同探测深度曲线匹配为3种纵向分辨率共15条曲线，可用于薄层分析和侵入评价，通过地层参数反演，得到地层侵入半径、冲洗带电阻率、过渡带电阻率和原状地层电阻率。

2. 微电阻率成像测井数据处理应用系统

微电阻率成像测井数据处理应用系统主要包括深度及速度校正、EMEX校正、坏电扣校正、数据规一化、电阻率标定、图像增强及色度标定、方位归位及图像显示等7个软件模块。电扣深度校正主要是消除因仪器设计导致的电扣深度错位，速度校正用来消除因仪器运动中速度不均匀而产生的图像错位。EMEX校正用来确保测值具有微电导率特征。坏电扣校正可消除测井中个别电扣失效引起的测值不正常现象。通过窗长统计技术进行数据归一化处理，可确保各电扣测值在一定窗长内具有一致的数学统计期望值，以改善成像效果。经发射电压校正后的电扣数据虽能准确反映所测剖面的微电阻率特征变化，但仍不能准确反映所测剖面的电阻率数值，要基于微电阻率资料进行裂缝参数评价，需结合常规LLS/SFL资料进行电阻率标定处理。图像增强目的是用有限色标更好表征图像并提高对比度，色度标定刻度可将电扣测值按一定关系刻度为像素的色彩等级，以实现图像显示。最后将经过预处理后的电扣数据根据方位信息及井径测量信息，计算出图像归北及带井径显示后的各极板各电扣的位置，按色度标定后的颜色值，以图像形式将数据显示在图形终端。

对砂泥岩剖面，系统可提供的分析成果包括微电阻率成像图像及人机交互解释成果、沉积或构造分析、地应力分析、沉积环境及古水流分析。碳酸盐及其他复杂岩性剖面除了提供以上成果外，还可提供裂缝孔洞评价、孔隙度谱分析、岩性识别等。

3. 阵列侧向测井数据处理应用系统

阵列侧向测井数据处理应用系统包括钻井液电阻率反演、井眼校正、三参数反演3个软件模块。钻井液电阻率反演利用事先确定的最浅探测模式 R_{a0} 与钻井液电阻率 R_m 之间的线性关系，对于各测井点，在给定井径条件下，由已知的最浅探测模式 R_{a0} 反算 R_m，实现逐点反演 R_m。井眼校正是为了消除井眼内钻井液对测井响应的影响，此部分处理程序主要是通过查找校正因子，对阵列侧向电极系各模式的曲线进行校正，使各模式所测得的曲线能够真实反演地层实际情况。反演可求取地层侵入半径、冲洗带电阻率和原状地层电阻率。

4. 阵列声波远探测测井数据处理应用系统

远探测声波成像测井数据处理包含数据准备、数据预处理和成像处理等3个软件模块。数据准备主要功能是声波数据组织、质量分析，其中质量分析具备快速质量分析、磁分量交会分析、四分量增益分析及频散分析等4种质量控制方法。数据预处理包括增益延迟校正、波形整形、模式波时差提取、直达波分离等数据处理[17,18]。成像处理分别可以对纵波和偶极子横波进行反射波成像、构造产状解释，并和井眼轨迹联合进行三维显示。

5. 核磁共振测井数据处理应用系统

核磁共振测井数据处理应用系统主要包括回波反演，T_1、T_2 搜索，TDA 孔隙度计算，标准 T_2 谱分析，优化处理，综合油气评价，孔隙结构分析等 7 个部分，提供地层孔隙度、孔径分布、束缚水与可动流体孔隙体积、渗透率以及储藏条件下流体的扩散系数和黏度等油气藏流体特性和储层参数。

三、工程/生产测井数据处理系统

1. 工程测井处理技术

工程测井处理技术包含多臂井径、超声成像测井、固井质量、井温评价、噪声井温测井、电磁探伤等，目前应用较多的是固井质量、多臂井径。

固井质量常用的是声幅变密度测井及多扇区测井。声幅变密度测井可以记录声波幅度、声幅传播时间和变密度曲线。用这三条曲线就可以判断一、二界面的水泥胶结质量，在识别微环及解决一些特殊的工程问题方面具有显著的优越性。多扇区处理模块支持水泥胶结测井（SBT）、RIB 等仪器，对测量的多扇区声幅或衰减系数进行处理，提供全方位井眼水泥分布分析。多臂井径用于检查套管变形、破损、扭曲变形、内壁腐蚀等现象。利用最小二乘法对多臂数据进行拟合处理，计算出偏心率、中心位移，从而评价套管的变形程度。

2. 注入剖面解释模块

注入剖面解释模块可以处理同位素注入测井资料[13]，包含预处理、沾污校正、手动校正、处理解释 4 个部分。在解释参数设置中考虑了各种测量方式的需要，由用户设置资料处理方法、注水方式、电磁流量解释图版等选项。解释模块自动判断用户所作选择与资料的匹配或合理程度。

在正常注水条件下，同位素 ^{131}Ba 微球注入井中后，随注入水同时向地层运移，各小层在吸水的同时也吸收 ^{131}Ba 微球并滤积在井壁上。吸水量越多，滤积在井壁上同位素越多，放射性强度也相应增高。所以，地层的吸水量与同位素滤积量放射性强度成正比关系。但是，在接箍、偏心配水器、封隔器以及不同井段上，存在放射性沾污引起的异常高峰。这些高峰的存在并不反映该地层吸水，而是一些多余的"干扰高峰"。这些"干扰高峰"的存在，给资料解释带来困难，使得求取分层相对吸水量精度大大下降，故必须对同位素沾污曲线进行校正。

沾污校正的基本方法是基于 GR 本底曲线和同位素曲线。将无放射和沾污深度段范围和 GR 对齐，将吸水层进行乘加校正，并在保持面积不变的情况，应用正弦函数的特征，实现边界处缓慢过渡。

处理解释的方法是，在各个吸水层利用校正曲线 XIT 和 GR 的差值，进行面积积分，得到各个吸水层的吸水面积，所有层相加，得到总的吸水面积。结合总的吸水量，计算各个吸水层的吸水量。

3. 产出剖面解释软件

产出剖面解释软件可处理自然伽马、磁信号、温度、压力、密度、持水、流量等多参数组合所测产出剖面资料。由用户选择测井解释模型（气井、油井、水井、油水井、气水井、油气井等)、持率计算方法、解释方法或解释图版等。在测井曲线取值过程中，实现了集流式测井资料和连续测井资料两个模块解释层测井数据的自动提取和存储表格的统一。

在计算流量、持水率、滑脱速度、地表和井下流量换算时，需要油气水的高温高压物性参数。由于每个解释层的温度和压力不同，因此严格讲每一层都应对这些参数进行计算，并在整个生产层段使用计算结果。

解释层总流量的计算方法与流量计的类型有关。当采用集流伞式流量计测量时，则可直接用查图版的方式计算出总流量。当采用示踪流量计或连续流量计测量时，首先要计算视流体速度，然后计算速度剖面校正系数，最后计算流量。

计算油水两相流动各相的表观速度的解释模型有三种：滑脱模型、漂流模型、均流模型，此外可以根据实验解释图版确定。

涡轮分析模块根据电缆速度和涡轮转速，通过最小二乘法逐点计算视流体速度。

持率分析模块使用密度或持率计算油气水含量，根据输入的油气水密度测量值，进行线性计算。当采用井下刻度进行计算，需要应用到地面油气水产量、物性参数等进行计算。

4. 水平井流动成像解释技术

该小节下全部文字内容替换为：

近年来，水平井、大斜度井产出剖面生产测井是一个研究热点。水平井与垂直井相比，由于井身结构的不同，流体在垂直井和大斜度井、水平井中具有不同的流体速度分布和介质分布，从而导致仪器测井响应规律存在较大差异。与直井相比，中心式生产测井仪器 PLT 在水平井中的测井资料代表性差。与 PLT 相比，MAPS 阵列测井仪更适合水平井生产测井。

目前，水平井解释比较复杂，还没有成熟的解释模型，一般借鉴直井的解释方法。

水平井流动成像解释技术包括阵列涡轮分析、阵列持率分析、水平井产出剖面解释等。阵列涡轮分析模块使用 6 涡轮测量的转速和流量分别计算出视流体速度。通过最小二乘法，计算出 6 条视流体速度。

阵列持率分析模块对测量电容和电阻分别测量的 12 条曲线进行持率分析。高含水通过线性刻度，低含水通过特殊公式。

水平井产出剖面解释模块对计算出的流速曲线、持率曲线及输入的解释参数，进行综合分析处理，最后得到各个产出层的油气水产量。

四、随钻水平井测井数据处理系统

随钻测井凭借其在经济和技术上的优势，在大斜度水平井（HA/HZ 井）的技术服务中发挥了巨大作用[19]。随钻水平井测井数据处理系统由水平井轨迹设计、水平井地质导向、水平井钻后处理解释三部分构成。在实时数据库、解释评价库、测井资料库构成的网络化测井数据系统的支撑下，能够进行基于区域资料的地层模型建立、水平井轨迹设计、基于实时数据的地质导向、钻后随钻水平井测井资料处理解释等。

LEAD 随钻水平井测井数据处理系统主要在随钻成像精细处理、水平井地层精细建模、水平井过井剖面分析等方面取得了技术突破。

随钻成像精细处理建立在电缆测井声电成像处理功能之上，依据随钻成像资料在应用过程中的实际应用问题，研发了随钻测井图像高分辨率处理技术，解决了随钻成像测井数据异常，图像分辨率低等问题，提高了随钻成像的图像质量，凸显地层本身的地质特征。

水平井地层精细建模支持根据获取的水平井测录钻数据及邻井资料建立井眼轨迹及地层模型，通过二维、三维可视化技术对仪器实时钻进状态及地层进行显示，协助解释人员进行轨迹与地层关系分析，为水平井地质导向提供指导。其主要具备如下特色功能。

（1）地层模型二维分析功能。在水平井目标区域井网密度低，邻井少的情况下，采用有限的目标储层顶面构造图及邻近井测井资料进行地层模型的精细分析，主要分析技术如下：地层产状分析，根据目标储层的顶面构造图进行交互式分析，确定图中水平井轨迹最大位移方向上储层的倾角，为后续过井剖面分析提供准确的地层信息；地层模型生成，根据地层倾角数据及东西位移、南北位移和垂深曲线三条曲线，结合层位，对选中的目标井生成地层模型，并对邻井在水平井轨迹最大延伸面上的投影位置进行校正，得到准确的地层模型。

（2）地层模型三维分析。在目标区域井网密度高，邻井资料丰富的情况，采用尽可能多的信息进行地层三维模型构建及分析。从多井测井资料中提取目标储层的构造信息和测井属性信息进行三维模型的构建和交互式可视化分析。支持按水平井最大投影方向的地层切片分析，获得水平井过井剖面的二维地层模型，如图4-10所示。

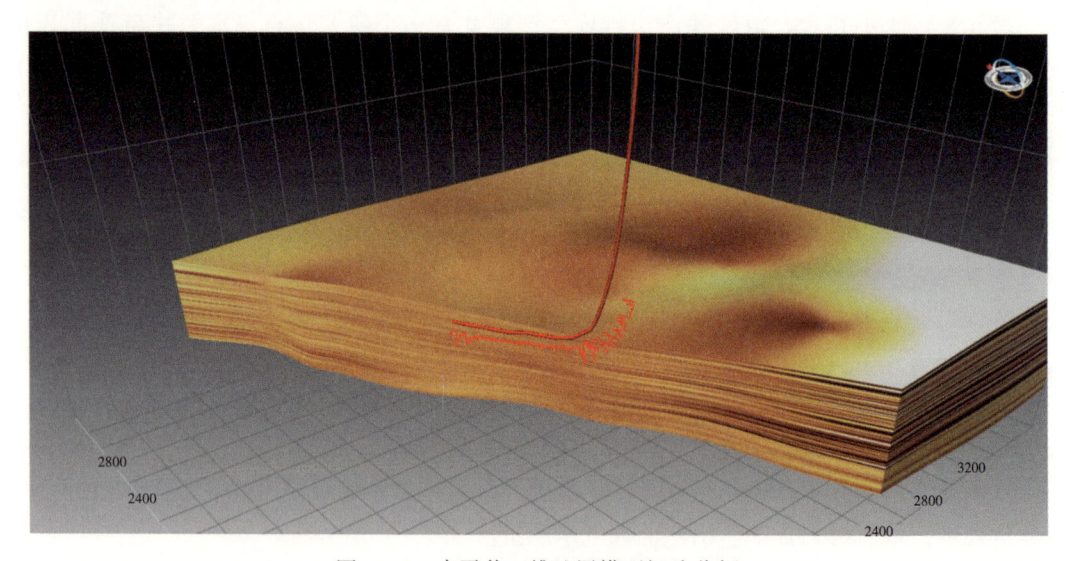

图4-10 水平井三维地层模型切片分析

水平井过井剖面分析是结合过井地层模型及水平井的测井响应，进行水平井轨迹与地层模型的关系的交互式分析，支持模型的绕点旋转、平移、地层厚度调整等功能，提供了无限次的Redo和Undo功能，提高了过井剖面分析的效率。

五、储层综合评价系统

随着测井采集信息及测井数字处理技术的不断发展，测井解释技术逐渐由单井解释向多井解释方向发展，由单纯油气水流体识别发展为研究整个油田的油气水在平面和空间的分布，利用所有可用的资料求出油气层的基本参数，并对油气藏的基本形态、几何特征、油气水的空间分布等进行描述。

储层综合评价技术是一项综合解释方法，是油藏描述的重要研究内容之一，不仅要有效地充分利用测井信息，而且要结合地质、地层测试、岩心实验等资料，分析各种岩石物理实验数据与测井数据的关系，准确求取地质参数，得到更全面准确的地层信息[14]。储层综合评价系统主要在交互式解释图版、动态化解释模型、多井地层对比分析等方面取得了技术突破。储层综合评价系统总体框架如图4-11所示。

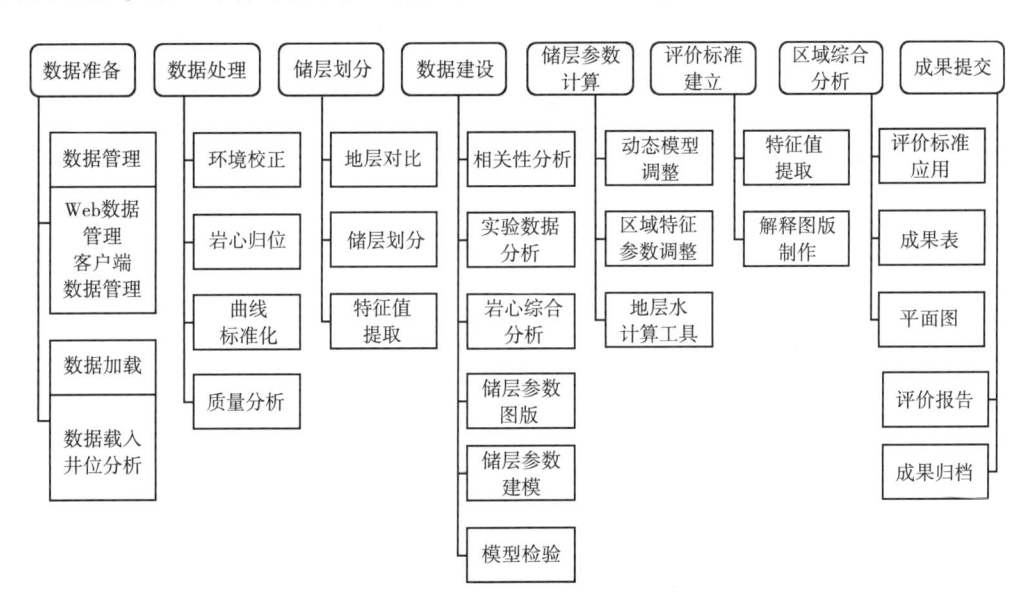

图4-11 系统总体框架

交互式解释图版技术是一种测井资料统计分析技术，通过多种测井参数的交会分析，发现其中的规律，进而辅助解释人员进行岩性识别、流体判别、产能解释及储层判别等，是测井解释中必不可少的强有力的工具[15]。主要包括如下功能：

（1）特征值提取。从测井曲线或离散岩心数据中提取目标层位或目标深度点的储层的特征值，支持最大、最小、算术平均、几何平均、半幅点、1/3半幅点、2/3半幅点共7种取值方法。

（2）曲线标准化。利用同一油田或地区的同一层段具相似的地球物理特征。消除不同仪器所测量的测井资料之间存在的系统误差，支持直方图法和趋势面法两种方法。

（3）图版生成。支持一键式分析和用户自定义两种方式。采用一键式分析方式时，用户只需选择正确的数据源，设置主类别、辅类别和数据分类模式后，可以制作出相应的模板。采用自定义方式时，用户可自由配置X轴、Y轴、图符列等数据源，可以通过属性框修改刻度、网格、显示和数据属性。

（4）图版应用。在解释过程中，解释人员可直接调用解释图版辅助解释人员进行油气水解释。同时支持动态添加典型样本点，建立新版本的图版。

建立了特征值提取、图版生成、图版应用、样本点追加一整套动态化图版应用技术，变传统的静态图版为动态图版，提高了解释图版的使用的效率和精度。

动态化解释模型技术采用岩心刻度测井的思路，主要包括岩心与测井数据加载、层位数据加载、特征值提取、解释模型分析与制作、解释模型调用等模块。主要具备如下功能：

（1）岩心数据处理功能。支持岩心数据的筒次反转、自动归位、按筒归位、交互归位、筒内微调，保证岩心数据准确性。

（2）模型分析功能。支持储层参数的一元回归、多元回归建模，支持按井区、结论等多种方式进行数据的筛选等功能，支持自动化的逐步线性回归功能，提高分析效率。

（3）建立了一套基于数据库的按区块、分层系的解释图版调用及管理系统，方便用户进行解释图版的灵活调用。

多井对比分析系统支持利用钻井、录井和测井等各项地质资料进行地层对比分析，生成各种连井剖面图，帮助勘探开发地质工作者以及解释人员进行砂体侧向变化规律、剖面油气分布规律、油气水系统关系等分析。主要包括多井数据加载、基于井位图的井选择、层位选择、自动连层、断层绘制、层界面平滑等功能，支持图件的快速生成。

第三节　测井远程控制与实时传输系统

一、测井数据链技术

测井数据链[16]就是一个测井数据网络，将整个测井业务流程的业务系统链接起来，使业务数据和生产信息能够自动流转或推送到下一个业务单元。经过授权的数据终端可以从测井数据链中获得自己所需要的测井数据和生产信息，也可以将产生的业务数据上传到测井数据链。测井数据链是测井作业链的基础，其工作原理如图4-12所示。

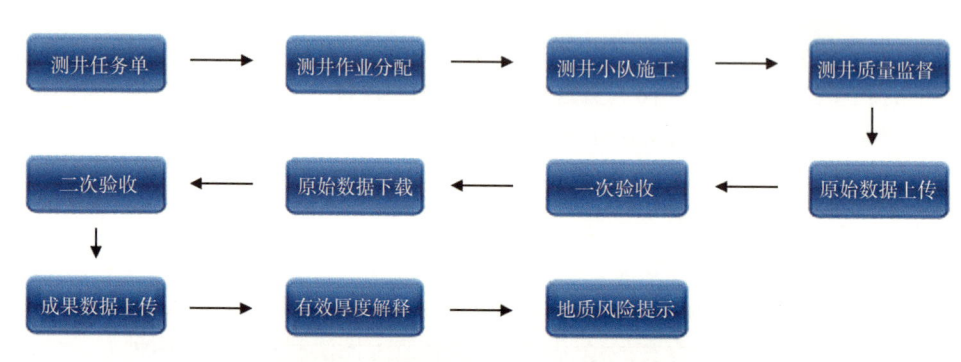

图4-12　测井数据链的业务链流程图

与传统的离散型测井业务模式相比，基于数据链技术的测井作业链具有自动化、协同化、效率高等优点。

传统测井业务模式中，存在着诸多独立的数据流，如井下仪器数据流、采集处理数据流、处理解释数据流等。这些数据流之间彼此独立，不能互联，无法共享。测井数据链以异构网络为手段，连接测井装备、采集系统、处理解释系统、数据中心、ERP信息系统等业务单元，使原先众多独立、分散的数据流形成一条完整的测井数据网络。测井数据链具有实时性、完整性和自由流转的特点，是测井作业链的基础。测井数据链为实现协同工作、资源共享、和远程技术支持的提供了底层技术基础，如图4-13所示。

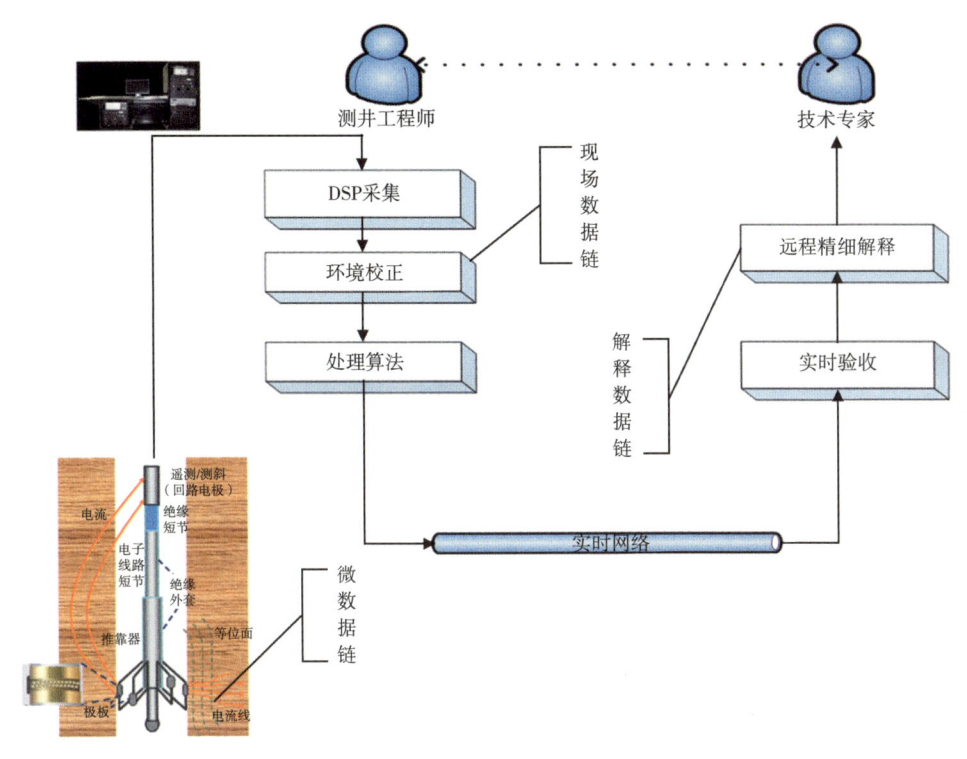

图 4-13　测井数据链工作原理

测井数据链工作原理是井场测井采集系统利用远程传输单元，把测井实时数据和动态信息同步上传到基地数据中心，并经由测井协同平台的 Push 推送机制，通报其他测井业务单元"新测井数据到达"信息，各业务单元从数据中心获取自己需要的数据和信息进行处理加工，并将处理成果回传数据中心。数据中心触发成果发布系统，将解释成果传递到各相关油田公司的业务系统中。

测井数据链将采用统一的标准信息交换协议在各业务单元之间进行信息交换，其优势体现在：一是提高了信息交换效率，使各业务单元只需专注于自身的业务处理；二是为各业务平台的集成奠定了基础，为信息在各业务系统之间自由流动创造了条件；三是为信息在不同数据链之间的传输、转接、处理提供便利，为信息数据的无缝链接提供了前提条件。

二、测井远程控制系统

测井远程控制是从支持中心为作业现场提供快速技术支持的最有效手段，同时也可用于支持测井仪器远程调试维修，基于快速成像测井系统标配的全网络架构的采集控制软件可便利的实现测井远程控制。

图 4-14 说明了 ACME 采集控制平台[17]"采集—控制—显示"三层架构模块以及它们的运行位置和网络连接形式。ACME 采集控制软件不但可以在一套地面系同上运行，而且由于采用了全网络化的采集控制架构，它还可以方便高效的支持不同功能模块的分布式部署运行。

- 199 -

测井远程控制系统采用测井数据链技术提供的安全数据链路来传输控制命令和测井数据，在此基础之上软件模块之间还采用定制的专用通信协议来传输数据，以此实现加密、压缩传输以及断点续传技术，保证了数据传输的安全性、完整性和较低的带宽资源占用。

远程控制网络链路一般都采用 3G/4G 或卫星，链路的稳定性受外界因素影响较大，因此基于此链路上的数据传输稳定性也会受到影响，极端情况下可能导致网络完全断开，对测井装备控制来说这种情况是不可接受的。

为防止由此导致的装备运行失控情况发生，在远程控制命令的发送端和接收端增加网络状况检测和心跳验证功能。网络状况检测功能实时测试网络通路延迟及带宽使用情况并对操作人员发出预警；心跳验证功能通过双向数据包的发送和接收来直接判断网络的联通状况，如果在测井过程中发生网络断开的情况，在现场运行的采集模块软件就会采取相应措施来保证绞车和仪器串不失控。

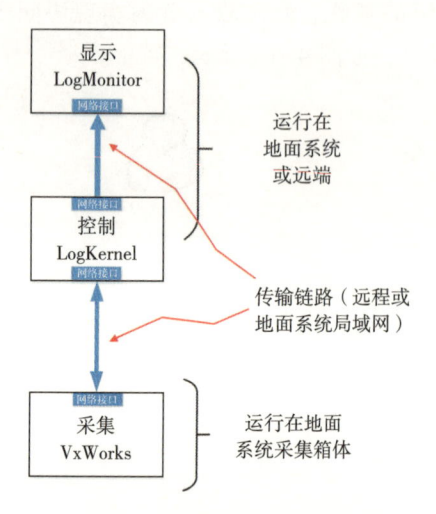

图 4-14　采集软件总体架构

三、测井实时传输与协同工作平台

测井实时传输[18]与协同工作平台[19]利用宽带卫星、3G/4G 和油田数字专网等通信方式，将井场的测井装备、采集软件与基地的处理解释软件"融合"起来，实现各类测井信息的自动采集、远程传输、在线处理分析和实时决策，从而快速准确地发现和识别油气层，为油气田勘探开发提供高效全方位测井技术服务，如图 4-15 所示。

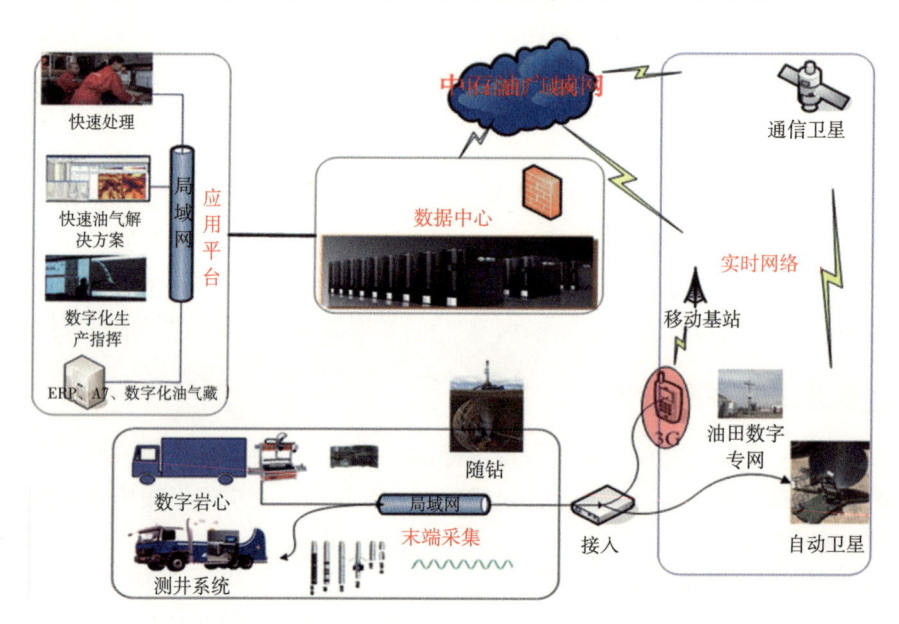

图 4-15　测井实时传输与协同工作平台拓扑结构图

通过数据链技术将地理位置上分散的、相互独立的业务单元集成在一个有机的网络中，使数据生产者能及时更新和发布信息、数据消费者能方便快捷地获取输入信息、生产管理者随时随地跟踪和掌控测井生产动态，油公司用户可以在最短的时间内获得处理解释成果。从而实现了测井数据的自动流转，优化了新的测井业务流程。

测井实时传输与协同工作平台是基于中国石油广域网环境下的松耦合体系结构，各业务系统在物理位置上仍相互独立，在业务逻辑上相互依赖和统一。这种松耦合的模式有两大优点：一是各系统的发展具有相对独立性和可持续性，不受其他系统影响；二是稳定性好，在松耦合的系统中，一个业务单元即使崩溃了，能够快速恢复，重新从网络上获取处理数据重新开始，不会影响到整个体系的工作。

测井人员和油田用户通过测井实时传输与协同工作平台，浏览测井曲线、解释成果、电子蓝图浏览等资料和图件，实现各测井公司、油公司和其他专业协同工作（图4-16）。

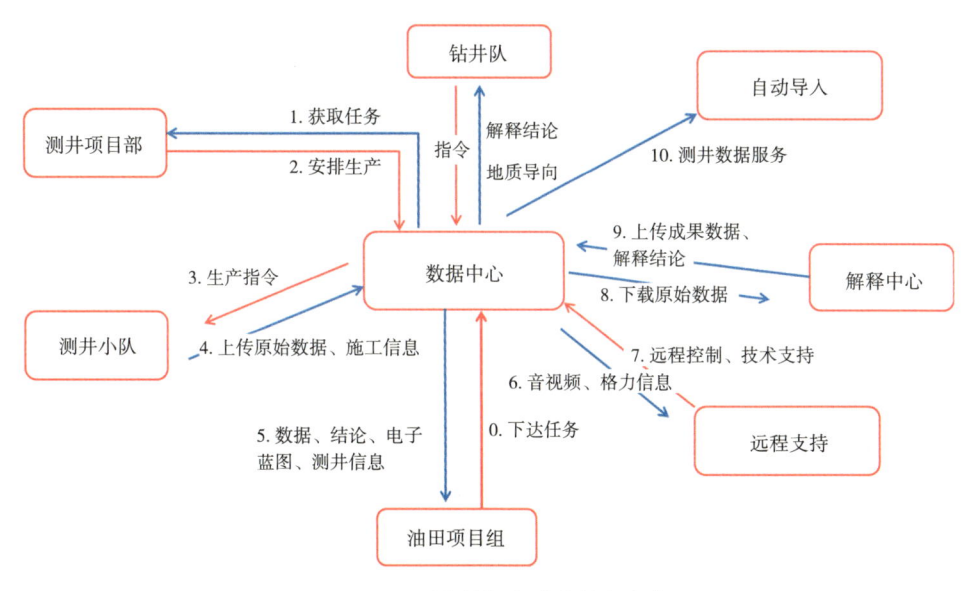

图4-16 测井数据自动流转与发布

测井协同平台通过优化现有业务流程，实现测井数据快速流转和自动分发，使油服单位和油田公司能够协同工作，降低了勘探开发风险，提高了测井服务效率和资料质量。

参 考 文 献

[1] 王才志，李宁，刘英明. 组件开发技术在大型测井软件平台研制中的应用 [J]. 石油学报，2014，35（2）：402-406.

[2] 陈春. 中国石油新一代测井软件CIFLog [J]. 石油勘探与开发，2011，38（3）：281.

[3] 李宁，王才志，刘英明，等. 一体化网络测井处理解释软件平台CIFLog [J]. 石油科技论坛，2013，32（3）：6-10.

[4] 张宫，何宗斌，樊鹤，等. MREx核磁共振测井数据处理解释系统研发及应用 [J]. 测井技术，2015，39（5）.

[5] 佟爱辉. Matlab应用程序在CIFLog平台上的挂接实现 [J]. 石油工业计算机应用，2018，26（1）：28-31.

［6］张志杰.基于分层结构的管理信息系统架构设计［J］.计算机技术与发展,2010,20（10）:146-149.

［7］冯周,李心童,武宏亮,等.自定义响应方程的测井最优化处理方法［J］.测井技术,2017,41（3）:286-291.

［8］冯周,李宁,武宏亮,等.缝洞储集层测井最优化处理［J］.石油勘探与开发,2014,41（2）:176-181.

［9］柴华,李宁,夏守姬,等.高清晰岩石结构图像处理方法及其在碳酸盐岩储层评价中的应用［J］.石油学报,2012,33（A02）:154-159.

［10］冯周,武宏亮,郭洪波,等.电成像测井图像微锯齿精细校正方法研究［J］.测井技术,2017,41（4）:423-427.

［11］周军,等.测井数据库系统的研发与应用［C］.2016年中国石油石化企业信息技术论文集,2016:313-320.

［12］陈小磊,周军,杜钦波,等.测井数据库统一认证及权限管理系统设计与开发［J］.微型电脑应用,2014,30（6）:49-52.

［13］李长文,余春昊,等.LEAD测井综合应用平台［M］.北京:石油工业出版社,2011.

［14］雍世和.测井数据处理与综合解释［M］.山东:石油大学出版社,1996.

［15］曾文冲.测井地层分析与油气评价［M］.北京:石油工业出版社,2000.

［16］张娟,周军,余春昊,等,语言混编技术在测井统一软件中的应用［J］.测井技术,2011,35（B12）:677-680.

［17］Bolshakov A O, Patterson D J, Lan C. Deep fracture imaging around the wellbore using dipole acoustic data［C］. SPE Annual Technical Conference and Exhibition, 2011.

［18］Tang X M, Cao J J, Wei Z T. Shearwave radiation, reception, and reciprocity of a borehole dipole source: With application to modeling of shear-wave reflection survey［J］. Geophysics, 2014, 79（2）: T43-T50.

［19］司马立强,李扬.随钻地层评价技术面临的问题、现状与展望［J］.测井技术,2012,36（1）:8-14.

第五章 射孔新技术

射孔用于建立井筒与目的层之间的油气通道，作为油气勘探开发的临门一脚，直接影响油气产量。近年来，随着油气勘探开发的不断深入发展，尤其是页岩气、致密油气等非常规资源勘探开发的推进，射孔技术得到了大力发展，射孔工艺、器材等不断丰富和完善。"十二五"期间，针对深层、非常规等热点油气藏，形成了深穿透射孔弹、电缆分簇射孔技术、多级脉冲射孔技术、定面与定向射孔技术、8000m 超深井射孔技术等射孔新技术。

第一节 深穿透射孔弹

"十二五"期间，深穿透射孔弹取得重大进展，研制并定型了"先锋"超深穿透射孔弹和自清洁射孔弹，其中"先锋"超深穿透射孔弹在 API 19B 混凝土靶上的最高平均穿孔深度为 1730mm，创国内同类型深穿透射孔弹最高穿深纪录，达到国际先进水平；自清洁射孔弹突破常规深穿透射孔弹制造和爆炸后自清洁反应方式技术，研制出含能金属药型罩，既实现常规深穿透射孔，同时反应药型罩中含能金属材料在射孔孔道内发生强烈的放热反应并产生较高的侧向压力，清除了孔道压实带并迫使射孔残留碎屑离开射孔孔道进入井筒，最终实现清洁射孔孔道、提高导流能力。

一、"先锋"超深穿透射孔弹

1. 技术背景

随着勘探开发的不断深入，我国的油气资源储量产量进入高位增长期，但是新增的油气资源储量品位下降，油藏类型复杂，勘探开发难度和复杂程度加大；且随着低渗特低渗油气藏、致密油气、页岩气等非常规油气资源的开发，需要实施增产改造措施。射孔，作为现代完井工程的重要组成部分和试油技术的重要环节，承担着打开套管和水泥环，重新建立井筒与地层之间的连通通道的重要任务[1]。作为射孔技术的核心器材——深穿透射孔弹，需为后续增产改造和油气流出创造良好孔道条件，并满足新型压裂工艺的要求。

经过几十年的发展，我国在深穿透射孔弹的设计与制造技术上得到快速发展，已形成系列化产品，穿孔深度迈上了新台阶，较好地满足了各种地质条件下的射孔技术需求。"十一五"末，国内 73 型射孔弹的平均穿孔深度约 450mm，89 型射孔弹平均穿深约 570mm，102 型射孔弹的平均穿深约 695mm，127 型射孔弹的平均穿深约 800mm。但是与国外同类型射孔弹产品相比，穿孔深度还有较大差距，如美国欧文公司的 89 型射孔弹的 API 注册穿孔深度为 1075mm，114 型射孔弹的 API 注册穿孔深度更是超过了 1600mm，达到 1632mm。

"十二五"期间，通过技术攻关和室内试验优化，突破了射孔弹结构设计、粉末药型罩材料与制备等制约提高射孔弹穿孔深度技术难题，研制并定型了"先锋"超深穿透射孔弹，经美国石油学会检测、认证，"先锋"超深穿透射孔弹在 API 19B 混凝土靶上的最高平均穿孔深度为 1730mm，创国内同类型深穿透射孔弹最高穿深纪录，达到国际先进水平。

2. 技术组成和功能

1) 射孔弹结构数值仿真设计技术

石油射孔弹由药型罩、壳体、高能炸药三部分组成（图 5-1），作为新型射孔弹的设计，重点是加强药型罩结构及与之匹配的装药结构设计，才能使射孔弹发挥最大效能。由于射孔弹的高能炸药爆炸、射流的形成、侵彻过程是一种高速、动态的非线性动力学过程[2]，采用经典的理论模型和计算方法十分复杂，手工计算难以进行，且与实际差距较大。为突破传统设计局限，应用爆炸流体力学计算程序，针对射孔弹作用目标特点，建立了射孔弹数值仿真计算模型，在计算机上进行了模型试验，对比分析了数十种药型罩结构和与之匹配的装药结构，创新出一种锥形曲线变壁厚金属药型罩结构和与之匹配的分段分区装药结构，优化了炸药爆轰波形状。计算结果表明：射孔弹爆炸后，转化为有效射流的质量从原有的 27% 提升到 45%，增加了 18%；射流头部速度从 7100m/s 提高到 7800m/s，提高了近 10%；射流断裂时间从 130μs 增长到 200μs，延长了 54%，极大地提高了射流的侵彻能力。

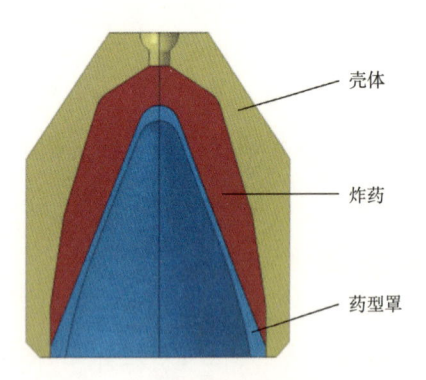

图 5-1 超深穿透射孔弹结构剖面图

2) 药型罩粉末冶金材料与制备技术

药型罩材料是聚能效应的载体，其性能直接影响着射流质量的优劣，如射流密度、射流速度和连续射流长度等。作为射孔弹最核心组成部件的药型罩，其材料性能直接影响聚能效应的发挥，其物理化学性能直接决定了射孔弹的穿孔性能。

目前，药型罩材料采用两种或两种以上金属粉末混合而成，由于粉末的颗粒度、密度等差异，在药型罩压制时造成因粉末颗粒之间比重差异巨大而产生分离现象，而且也因粉末粒度差异形成宏观偏析，导致粉末罩的宏观密度与成分分布不均匀，从而药型罩成品密度分布不均匀，导致射孔弹穿孔性能差且质量不稳定。

为解决上述技术难题，通过大量的试验，研究形成了一套多组元复合金属粉末制备工艺[3]，将混合好的多元组分混合粉末中添加一定比例的高分子黏结剂，使粉末颗粒之间形成复合颗粒。具有这一结构的复合颗粒，一方面可保证在药型罩压制时造成粉末颗粒产生偏析，另一方面，由于黏结剂的作用使粉末颗粒尺寸粗大与球形化，与未添加黏结剂混合粉末相比较，极大地降低粉末颗粒之间的摩擦力而提高粉末的流动性，便于旋压时粉末颗粒在模腔中的均匀分布。采用多组元复合金属粉末材料的药型罩密度分布更为均匀，平均密度为 10.51g/cm³，相对密度达到 86.14%。而常规混合金属粉末的相同成分药型罩的平均密度为 9.86g/cm³，相对密度为 80.8%。

多组元复合金属粉末材料制备技术解决了因比重、颗粒度差异大的各单质粉末在压制过程中产生的层析、偏聚现象，提高药型罩的成型密度，有效改善药型罩密度分布均匀性。采用该方法制备的复合粉末应用于射孔弹制造，提高了射孔弹的穿孔深度和穿深稳定性。

3）药型罩成型后处理技术

由于多组元复合金属粉末材料制备过程中添加了一定比例的高分子黏结剂，但由于其质量较轻，在药型罩中占有较大的体积，它的存在会影响射流形成质量，严重时会降低射孔弹的穿孔深度。为将药型罩中的高分子材料去除，必须对药型罩采用高温热处理，去除高分子材料。由于粉末材料中含有不同的金属粉末，其热胀系数不同，若高温热处理温度过高，必将造成药型罩的变形，严重影响射孔弹的穿孔性能。

为研究形成多组元复合金属粉末药型罩高温热处理工艺，通过试验研究，优化了不同工艺参数，形成了一套高温热处理工艺，去除了多组元复合金属粉末药型罩中的高分子材料。并且，药型罩经过高温热处理后，消除了药型罩在高压力压制时粉末的加工硬化，晶格畸变得到修正，金属粉末的微观结构得到回复，有利于在爆轰条件下产生连续拉长的金属射流，进而提高射孔弹的穿深性能。

3. 技术特点和创新点

（1）比常规深穿透射孔器穿深提高50%以上，射孔孔道有效穿透钻井污染带，最大限度地沟通天然裂缝，有效消除钻井、地层及射孔器本身对油气产能的不利影响；

（2）特殊的药型罩材料，射孔后射孔孔道干净、无杵堵，降低了射孔对地层的伤害；

（3）与常规射孔枪与射孔工艺兼容，无特殊工艺要求，现场操作简单；

（4）射孔后对射孔作业管柱、井筒、套管伤害小，保证射孔作业安全；

（5）有效穿透多层套管，实现储层沟通。

4. 应用效果

"先锋"超深穿透射孔弹解决了油藏埋藏深及低丰度、低渗透、低孔隙度、致密油气层的射孔完井难题，成为塔里木油田、涪陵焦石坝国家级页岩气示范区唯一指定用射孔弹产品，并广泛应用于国内的中国石油、中国石化、中国海油、延长石油及叙利亚、土库曼斯坦、伊朗、阿塞拜疆等国际市场。

在四川油气田L002-H2井珍珠冲组，使用SDP89型"先锋"超深穿透射孔器射孔后酸化测试获得日产气 $31.253\times10^4m^3$、无阻流量 $48.49\times10^4m^3$ 的高产工业气流；在JM102井须三段，使用SDP89型"先锋"超深穿透射孔器射孔后酸化测试获得日产量 $101.49\times10^4m^3$、无阻流量 $569\times10^4m^3$ 的高产工业气流；在壳牌公司反承包市场的小井眼射孔完井作业中，使用SDP73型"先锋"超深穿透射孔器，完成了JH-1井、JH-2井、JH-3井、阳101井、镇101井和秋林1井等20余井次的射孔作业，并获取显著的作业效果，如JH-3井地层破裂压力由原来的13000psi降低至8000psi，降低了38.5%，大大降低了"三低"油气井后续增产措施的井口施工压力；在青海油田YD105井第一层组，使用SDP102型"先锋"超深穿透射孔器射孔后自喷，日产原油 $100.34m^3$、天然气 $10998m^3$ 的高产工业油气流；在塔河油田TK7214井补孔改层施工中，首次使用"先锋"超深穿透射孔器射孔获得成功，显著改善了近井筒地带供液环境，从不见一滴油到日增油5t；在冀东油田NP306X1井，用国外某公司的射孔弹进行射孔，当时有油气显示，但5天后井口压力回零，油气断流，使用SDP102型"先锋"超深穿透射孔器进行射孔改造取得成功，5天试油结果显示，在井口压力为10MPa的情况下，日产天然气超 $9\times10^4m^3$、原油56t，远远超出预期目标。

二、Torch 超深穿透射孔弹

"十二五"期间,大庆油田射孔器材有限公司通过加强基础理论研究、提高产品性能、开发特种射孔弹等一系列的举措,实现了在超深穿透、自清洁、复合射孔等技术的新突破,为油田持续稳产、增产提供了有力的支持。

1. 技术背景

从研究射孔器聚能效应入手,着重研究射孔弹的装药结构、粉末罩结构及配方等对产品性能的影响,将新结构与药型罩新配方有机结合,提高了射孔弹的射流速度和速度梯度,实现了射流的高速、高凝聚、高准直和长拉伸,提高了射孔弹的侵彻效果[4]。

2. 主要技术特点

1) 射流初始头部速度明显提高

通过对射孔弹装药结构和药型罩结构的整体设计,实现了射流初始头部速度的较大提高,射流头部速度达到了 9700m/s,较高的头部速度为射流梯度的提高、射流长度的增加提供了保障,同时也成功实现了减小炸高的目的。

2) 高密度新型合金粉材料

建立了一种高密度新型合金粉材生产线[5],该材料通过化学镀法,能够制备均匀分散、细小的金属包覆型复合合金粉,用于深穿透射孔弹药型罩配方,该方法具有较高的技术含量,形成了工厂发展的核心竞争技术,成为提高射孔弹穿深的利器。

复合粉末的形貌如图 5-2、图 5-3 所示。

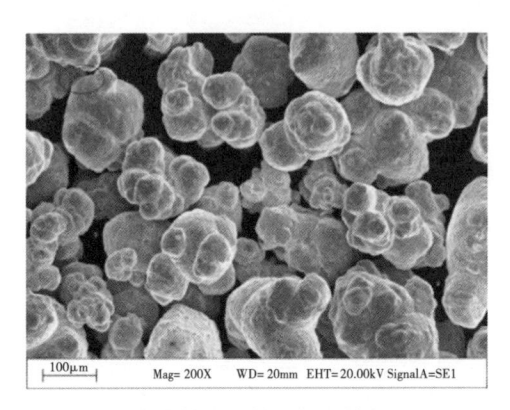

图 5-2　复合粉化学镀后的形貌图(SEM) 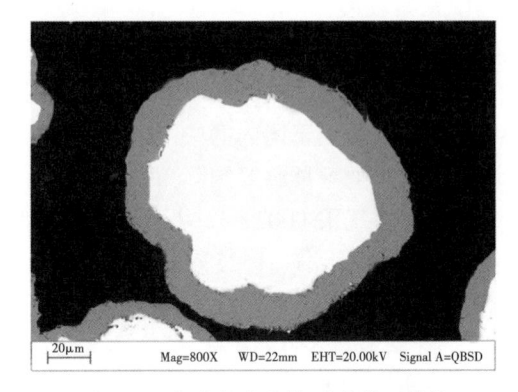　　图 5-3　复合粉化学镀后的截面形貌

3. 超深穿透射孔弹穿深指标及应用

在石油工业油气田射孔器材质量监督检验中心检测的射孔器中,大庆油田射孔器材有限公司的 89 型、102 型、127 型超深穿透射孔器穿深分别为 1046mm、1464mm、1522mm。

其中 SDP45RDX45-1 型射孔弹在大庆油田得到了广泛应用,研发初期经现场试验,在同一区块同一物性条件下,同周围油井(应用 DP44RDX39-5 型射孔弹)对比,平均单井日增油 3.7t,取得了显著的增产效果,很快得到了大批量推广应用,应用井数达到近千口井。

三、自清洁射孔弹

1. 技术背景

常规深穿透射孔弹最大的缺陷在于射流在穿孔时会损害油气层岩石结构,射孔所形成的孔道内残留物的存在和岩石结构的破坏将造成孔道附近岩石结构渗透率的下降,形成"压实损害区"或"射孔损害区"[6]。射孔损害区的存在将严重影响油气井的石油和天然气生产率。

2017年,美国GEODynamics公司推出了自清洁聚能射孔技术——ConneX射孔技术,该技术采用了新的开发与质量控制方法和反应药型罩概念,使射孔孔道的几何形状和流动性能得到极大的改善[7]。实验测试和实际应用表明,ConneX射孔技术能够产生清洁的孔道,大幅提高(30%以上)油井产量。

通过试验、数值模拟及理论计算,中国石油建立活性射流作用机理、储层岩石响应机理对石油射孔完井效率影响因素的系统认识,研制并定型了3种自清洁射孔弹,改变了常规深穿透射孔弹制造和点火后的反应方式,既实现常规深穿透射孔,同时反应药型罩中含能金属材料在射孔孔道内发生强烈的放热反应并产生较高的侧向压力,清除了孔道压实带并迫使射孔残留碎屑离开射孔孔道进入井筒,最终实现清洁射孔孔道、提高导流能力。

2. 技术组成和功能

自清洁射孔弹与常规深穿透射孔弹结构构成一致,也是由金属壳体、高能炸药和药型罩三个部分构成,唯一区别在于自清洁射孔弹的药型罩是由含能药型罩材料制成。因此,自清洁射孔弹技术包含了含能金属材料与制备、含能药型罩结构与制造等技术。

1) 含能金属材料与制备技术

含能金属材料是化学能和动能综合利用的用于提高金属射流毁伤效能的新型材料,指将一种金属或多种金属以一定的工艺方法组合形成的具有一定强度、硬度和密度的多功能结构材料,在一定条件下(特别是在高速冲击作用下)可产生反应生成新的产物并伴随强烈的放热过程,这种金属聚合可以是铝热剂、金属间化合物、金属聚合物、亚稳态分子化合物、矩阵材料及氢化物等材料。

通过对含能药型罩材料反应机理分析,以常规深穿透射孔弹药型罩粉末材料(W/Cu)为基础,设计了W/Cu/Al/Ni、W/Cu/Al/Ni/Zr、W/Cu/Al、W/Cu/Ni、W/Cu/Mo及W/Cu等6种金属粉末材料配方,并将含能材料压制成圆柱形弹丸,应用弹道炮发射对靶板进行高速冲击试验判定是否发生化学反应现象[8]。试验表明,W/Cu/Al/Ni金属粉末在高速冲击作用下,有明显且持续时间长的火光产生,而且穿靶后的火光更大,表明该材料弹丸在穿靶过程中伴随有强烈的放热反应。

2) 含能药型罩结构与制造技术

自清洁射孔弹既要实现常规深穿透射孔,同时反应药型罩中含能金属材料在射孔孔道内发生强烈的放热反应。为简化药型罩制造工艺,将W、Cu、Al、Ni金属粉末以既定配比混合制成含能金属材料,以现有的粉末冶金设备和工艺压制出含能药型罩,并药型罩应用于射孔弹而成自清洁射孔弹。

应用多种试验方法对自清洁射孔弹射流形成与侵彻进行了试验。射流在真空环境中发光特征来表征冲击反应特征的高速摄影实验表明,反应药型罩材料在射流形成时即已开始化学反应;在相同装药条件下的穿孔性能试验,89型、102型、127型三种自清洁射孔器,平均穿孔深度分别为714mm、724mm、1069mm，套管平均孔径分别为12.4mm、16.8mm、15.8mm；对射孔后的孔道周围的岩石微观电镜扫描分析，自清洁射孔弹射孔后，近射孔孔道区域内各试样裂缝均较为发育，呈现矿物颗粒的断裂破坏；而常规射孔弹射孔后，近射孔孔道区域内各试样均无明显的裂缝的发育。

3. 技术特点

（1）自清洁射孔弹的药型罩由特殊的含能药型罩材料制成，既实现常规深穿透射孔，同时反应药型罩中含能金属材料在射孔孔道内发生强烈的放热反应并产生较高的侧向压力，清除了孔道压实带并迫使射孔残留碎屑离开射孔孔道进入井筒，最终实现了清洁射孔孔道、提高导流能力；

（2）与常规射孔枪、射孔工艺兼容，无特殊工艺要求，现场操作简单；

（3）射孔后对射孔作业管柱、井筒、套管伤害小，保证射孔作业安全。

4. 应用效果

自清洁射孔弹已在重庆涪陵焦石坝国家级页岩气示范区、大庆油田采油五厂杏区进行了100余井次的现场应用，射孔后有效降低了地层破裂压力，单段注液量、加砂强度等均得到明显提升，在同一区块相同物性条件下与常规射孔相对比平均产液强度提高45%。同时，自清洁射孔弹也应用于海上油田，满足了低孔渗大位移深井射孔作业需求。

第二节 电缆分簇射孔技术

非常规油气藏在全球油气资源领域异军突起，成为勘探开发的新亮点。页岩气、煤层气等非常规油气藏对改变我国油气资源格局，缓解我国油气资源短缺、保障国家能源安全、促进经济社会发展，具有十分重要的意义。近年来，电缆分簇射孔技术已成为非常规油气藏高效开发的利器，以下将对其核心技术分别进行介绍。

一、电缆泵送技术

电缆泵送技术是在水平井井筒和地层有效沟通的前提下（前期通过连续油管射孔或压裂启动滑套成功建立了井筒与地层间的流体通道），采用井口电缆防喷装置，运用电缆输送方式将射孔管串和桥塞下入井内。入井管串在直井段依靠重力下行，到达一定井斜后，压裂车和测井绞车按照泵送设计程序将入井管串泵送至目的层，校深定位后，依次完成桥塞坐封和多簇射孔[9]。

泵送管串前进动力来源于泵送液体流过管串与套管之间的间隙所产生的压差推力和泵送液体流经管串表面产生的黏附力。泵送液体一般为清水，其动力黏度小，且管串表面积也很小，因此，黏附力可以忽略不计。如图5-4所示，泵送过程中管串紧贴套管内壁，泵液在套管与管串间隙中的流动为偏心圆环间隙流，间隙流在管串上下两端产生压降，从而产生泵送推力[10-12]，泵送推力F_p为：

$$F_p = p_1 A_1 + p_2 A_2 + p_3 A_3 + p_4 A_4 - p_5 A_5 \tag{5-1}$$

式中 p_1，A_1——分别为管串顶部的压力及横截面积；

p_2，A_2——分别为加重与射孔枪串台阶处的压力及面积；

p_3，A_3——分别为射孔枪串与桥塞工具台阶处的压力及面积；

p_4，A_4——分别为桥塞工具与坐封筒台阶处的压力及面积；

p_5，A_5——分别为桥塞底部的压力及横截面积。

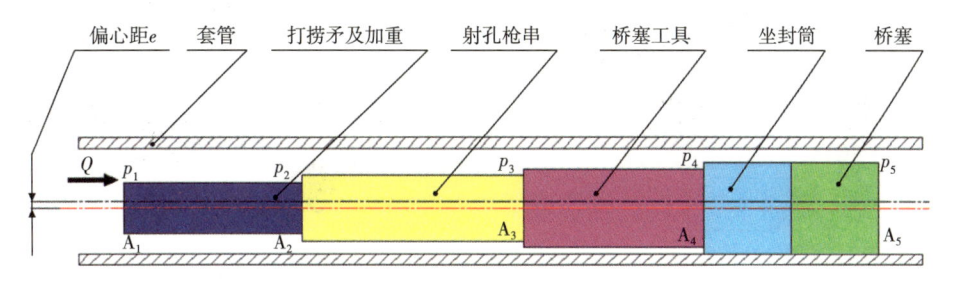

图 5-4 泵送分簇射孔管串示意图

为了确保电缆分簇射孔泵送作业安全、顺利，根据施工井、分簇射孔管串组成、泵送流体等参数，利用泵送排量计算软件设计泵送程序（排量）尤为关键。

一般的泵送作业遵循以下流程：

（1）开井后以不超过 600m/h 速度下放约 100m。

（2）下放至离井口 100m 时，进行射孔枪串的功能测试；确认正常后以不超过 4000m/h 速度下放。

（3）电缆下放至直井段校深短节时，进行校深作业，然后对射孔枪串进行功能测试，确认正常后继续下放。

（4）下放电缆至预定深度后，指挥开泵、提排量，开始泵送作业，根据泵送程序设计的排量和实际泵送情况（速度、张力、管串运行情况、井口压力变化等），合理地调整泵送参数（排量和电缆下放速度），要求操作平稳、快速、准确。

（5）若泵送过程中，射孔管串停止下行或前进，上起到直井段，重新开始泵送。

（6）根据 CBL 测井曲线上的套管深度和套管程序表确定泵送目标深度。

（7）电缆泵送下放测出桥塞坐封位置以下一个套管接箍后停泵、停绞车（要求做到及时停泵、平缓停绞车），完成泵送作业。

二、电缆多级点火控制技术

多级点火控制技术是指采用点火控制器来控制每级（簇）射孔器，点火控制器配有选择性和对应性的检测或起爆控制装置。根据点火控制原理的不同，可以分为机械式多级点火控制技术和电子式多级点火控制技术[13,14]。

1. 机械式多级点火控制技术

1）技术原理

核心技术为机械式多级点火控制器，该控制器是由压力开关和极性供电开关组成，如图 5-5、图 5-6 所示，通过冲击压力实现线路接通，再由二极管选择进行正电、负电供电到各级射孔器，每次供电激发都会产生冲击压力，从而保证了线路畅通和供电激发连续性。

电缆桥塞与分簇射孔联作管串入井后，第一次供正电激发桥塞点火器，使桥塞坐封，二极管阻止电流激发射孔器雷管；第二次供负电激发射孔器 1#，爆炸所产生的冲击压力推动接头触点连接下一级开关，射孔器 2# 处于待激发状态；第三次供正电激发射孔器 2#，

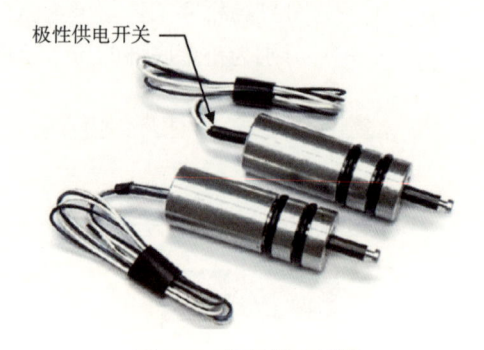

图 5-5　压力开关　　　　　　　　图 5-6　极性供电开关

爆炸所产生的冲击压力推动接头触点连接下一级开关，射孔器 3#处于待激发状态。以此类推，通过正、负交替供电，依次完成各级点火激发。

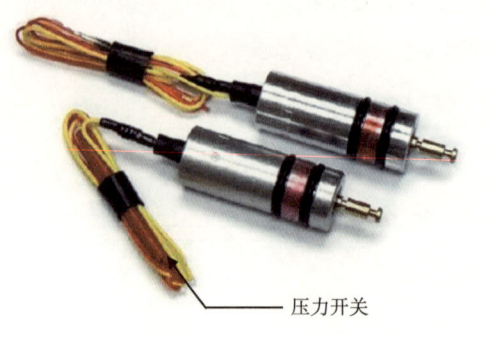

　　2）技术特点

（1）压力开关和极性开关共同作用实现多级点火控制；

（2）控制器采用正电、负电交替供电，实现多级供电激发，理论激发次数不限；

（3）只能由下至上依次连续供电激发，不具备选择激发；

（4）每次激发只有一条接通的供电线路，保证激发相对应的射孔器；

（5）点火控制器一次性消耗；

（6）操作简便，时效高，成本低；

（7）某级激发失败，后续射孔器无法正常激发。

　　3）技术指标

技术指标见表 5-1。

表 5-1　机械式多级点火控制器技术指标

耐温 ℃	耐压 MPa	最大供电电流 A	最大供电电压 V	接地电阻 Ω	绝缘电阻 MΩ	最多井下 开关数
204	140	2	600	<1	>20	无限制

　　4）适用范围

适用于 4½~7in（114.3~177.8mm）套管直井/水平井电缆输送多级点火分簇射孔作业。

2. 电子式多级点火控制技术

1）技术原理

电子式多级点火控制系统是一个能实现电缆一次下井多次选发射孔点火的智能控制系统，该系统的地面硬件主要由一台笔记本电脑和一个遥测控制面板组成，如图 5-7 所示。遥测控制面板通过 2 根缆芯和井下的电子式多级点火控制器相连，至多可以接 20 级点火控制器，每一级都可以单独寻址和选发。

每个电子式多级点火控制器有一个区别于其他控制器的唯一地址，每级点火由一个点火控制器单独控制。

控制器可以和地面设备进行双向通信。一方面，它在电源接通的几百毫秒时间后，将

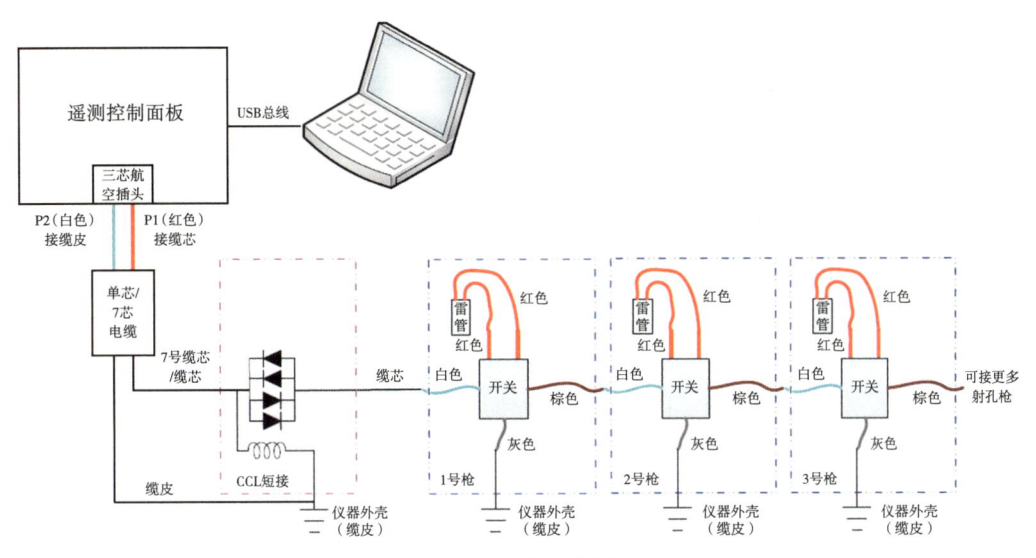

图 5-7 电子式多级点火控制系统示意图

自己的状态及地址发送给地面系统；另一方面，它可以接受地面系统的指令。

每一个控制器要对和它相连接的雷管点火，该控制器都必须要收到来自地面的带有响应地址的点火指令，否则，即便是很高的直流电压也无法使该电压加到雷管的两端，这使得误点火的可能性基本得以杜绝。

电子式多级点火控制器由电子元件构成，如图 5-8 所示，通过软件进行程序编译，即每级控制器都具有独立的数字地址，每级点火控制器与射孔器相对应。在输入地址信号后，通线就和相对应地址信号的点火控制器相连，保持接通状态；供电后，激发射孔器，同时该级报废，重新输入地址信号，选择激发其他相对应的射孔器。

2）技术特点

（1）通过对应信号地址编译实现多级点火控制；

（2）每级射孔器有相对应的点火控制器，每级点火控制器具有独立的数字地址，整个多级点火系统一一对应，实现多级点火激发功能；

（3）可由下至上依次连续供电激发射孔器，也可选择激发某级射孔器；

（4）每次激发只有一条接通的供电线路，保证激发相对应的射孔器；

（5）电子点火控制器一次性消耗；

（6）井下运行中，可全程监控每级点火控制器的工作状态；

（7）全软件界面，操作简便，成功率高，时效高，成本低；

（8）具有选择激发功能。某级射孔器激发失败，通过重新输入其他地址信号，仍然可以激发上部的其他射孔器。

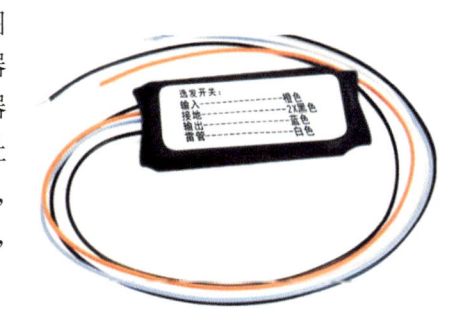

图 5-8 电子式多级点火控制器

3）技术指标

技术指标见表 5-2。

表 5-2　电子式多级点火控制器技术指标

耐温,℃	耐压,MPa	最大供电电流,A	最大供电电压,V	最大通信电流,mA	最多井下开关数
150	140	1.5	400	70	20 级

4）适用范围

适用于 4½~7in（114.3~177.8mm）套管直井/水平井电缆输送多级点火分簇射孔作业。

三、高压电缆动密封技术

电缆分簇射孔一般是在井口带压的情况下完成的，为安全地进行井口带压射孔作业，就必须对下井电缆实施可靠密封。分簇射孔采用的承荷探测电缆为铠装电缆，电缆主要由缆芯导体、绝缘层、保护层、内层钢丝、外层钢丝组成。铠装电缆的外表面是由旋向相反的螺旋状内外层钢丝缠绕而成，因此不像钢丝那样光滑，而且电缆内外层钢丝之间存在微小的间隙，钢丝之间的缠绕接触不具备密封性。常规密封方法如 O 形圈、U 形环、密封盒等接触性密封难以要实现带压作业井口电缆的动密封，常规的接触性密封不仅难以密封带沟槽的电缆外表面，对电缆内外层钢丝之间的微小间隙更是无能为力。为此，采用电缆防喷系统可为电缆在油气井中起下提供必要的安全性和可靠性，使该油气井时刻处于压力控制中，常见的电缆防喷系统如图 5-9 所示。电缆由上至下穿过防喷盒、阻流管。控制头以

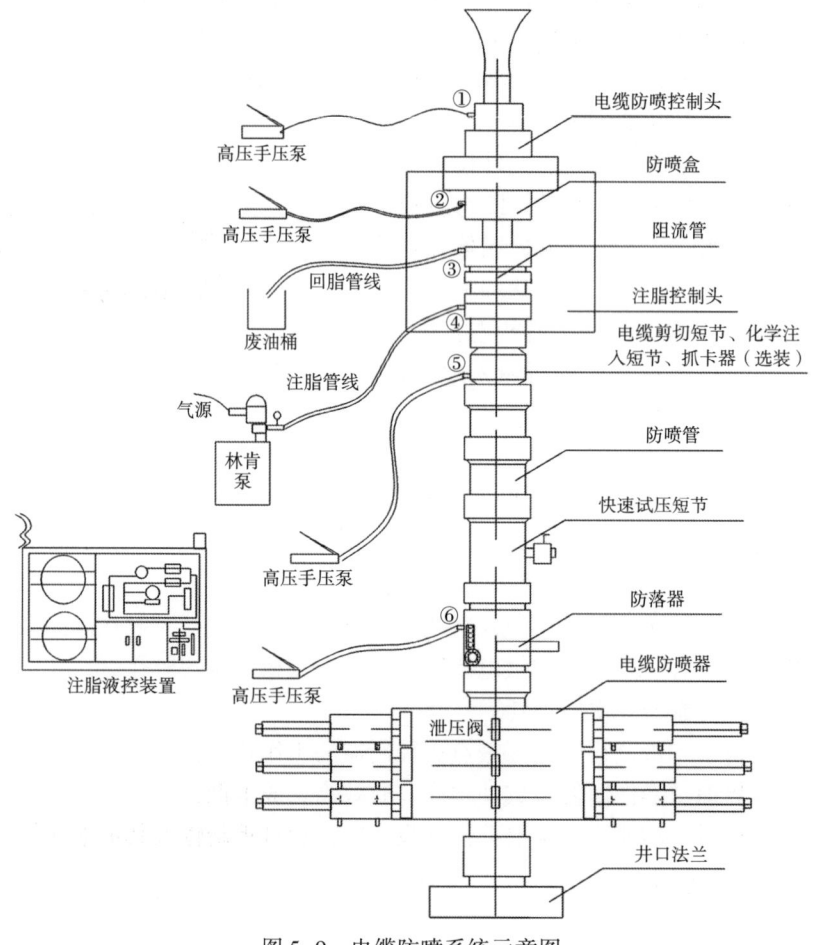

图 5-9　电缆防喷系统示意图

下依次与抓卡器、防喷管、快速试压短节、防落器（捕集器）、电缆防喷器、井口法兰相连接[15]。

高压电缆动密封的技术原理是通过注脂液控装置中的林肯泵（注脂泵）经注脂管线和注脂头，以一定的排量和压力向阻流管与电缆之间的微小间隙（0.10~0.25mm）泵注密封脂，在阻流管和电缆间隙形成一个"高压带"来平衡井口压力。最终，一部分密封脂从阻流管与电缆间隙进入防喷管，另一部分则从阻流管与电缆间隙经回油管排至废油桶。

1. 电缆防喷器

电缆防喷器通常称为封井器，是电缆防喷系统的一个重要组成部分，主要用于各种规格的电缆封井、盲闸板封井及剪断电缆等功能，可有效地防止井喷事故发生，实现安全施工。常见电缆防喷器型号见表5-3。图5-10为三闸板电缆防喷器结构示意图。

表5-3 电缆防喷器型号

序号	规格型号	通径，mm	工作温度，℃	工作压力，MPa
1	3FZ 160-70	160	-15~121	70
2	3FZ 140-70	140	-15~121	70
3	3FZ 140-105	140	-15~121	105
4	3FZ 76-70	76	-29~121	70
5	3FZ 105-105	105	-15~121	105
6	3FZ 102-70	102	-15~121	70

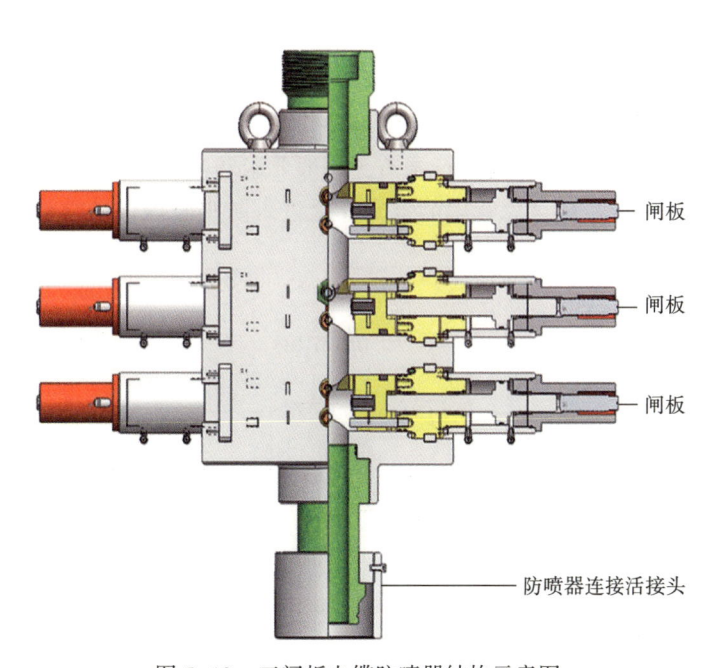

图5-10 三闸板电缆防喷器结构示意图

2. 捕集器

捕集器又称防落器，是一种安装在电缆防喷器上方的安全装置，其作用是防止电缆头意外脱落造成管串掉井。捕集器落器一般根据防喷管和防喷器型号进行选择。其结构示意图如图 5-11、图 5-12 所示。常见捕集器型号见表 5-4。

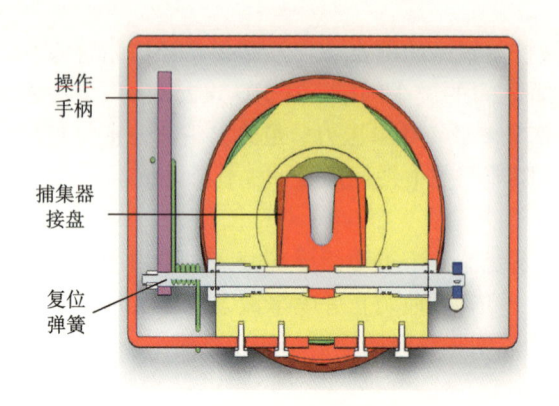

图 5-11 捕集器横剖图

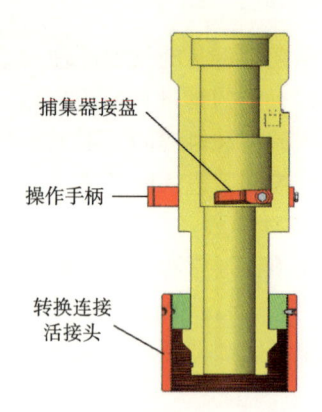

图 5-12 捕集器纵剖图

表 5-4 捕集器型号

序号	规格型号	通径，mm	工作温度，℃	工作压力，MPa
1	BJQ160-70	160	-29~121	70
2	BJQ140-70	140	-29~121	70
3	BJQ76-70	76	-29~121	70
4	BJQ105-70	105	-29~121	70
5	BJQ140-105	140	-29~121	105

3. 防喷管

防喷管安装在防落器上方，既用于容纳下井管串，又起到井口密封作用。防喷管串的总长度可以根据下井管串组合长度进行调节，一般要求防喷管串的总长度至少比下井仪器和射孔器连接长度大 1m，以确保管串能全部安全进入防喷管内。防喷管剖面图如图 5-13 所示。

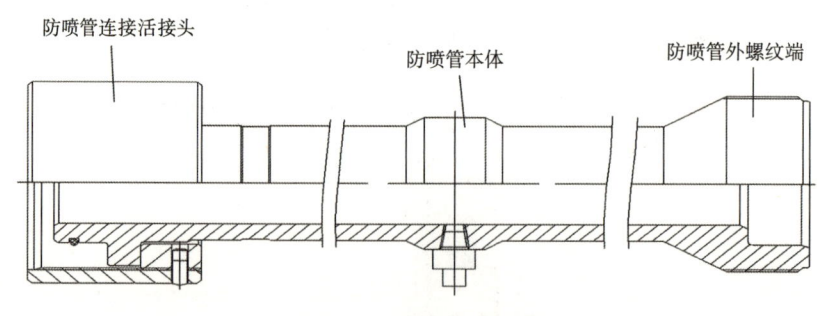

图 5-13 防喷管剖面图

另外受井况条件与提升设备高度限制，防喷管连接长度一般不超过 20m。防喷管有耐压 70MPa、105MPa、140MPa 三种规格。

4. 井口法兰

井口法兰是将射孔专用的压力控制系统与电缆输送射孔带压作业井口防喷系统对接的

井口装置。

5. 注脂密封控制头

注脂密封控制头安装在防喷管上方，由防喷盒和阻流管等部件组成。由注脂泵通过高压注脂管线向阻流管与电缆之间注入高黏度密封脂，以平衡井口压力，防止井内流体泄漏，从而实现电缆动密封。其结构示意图如图 5-14 所示。

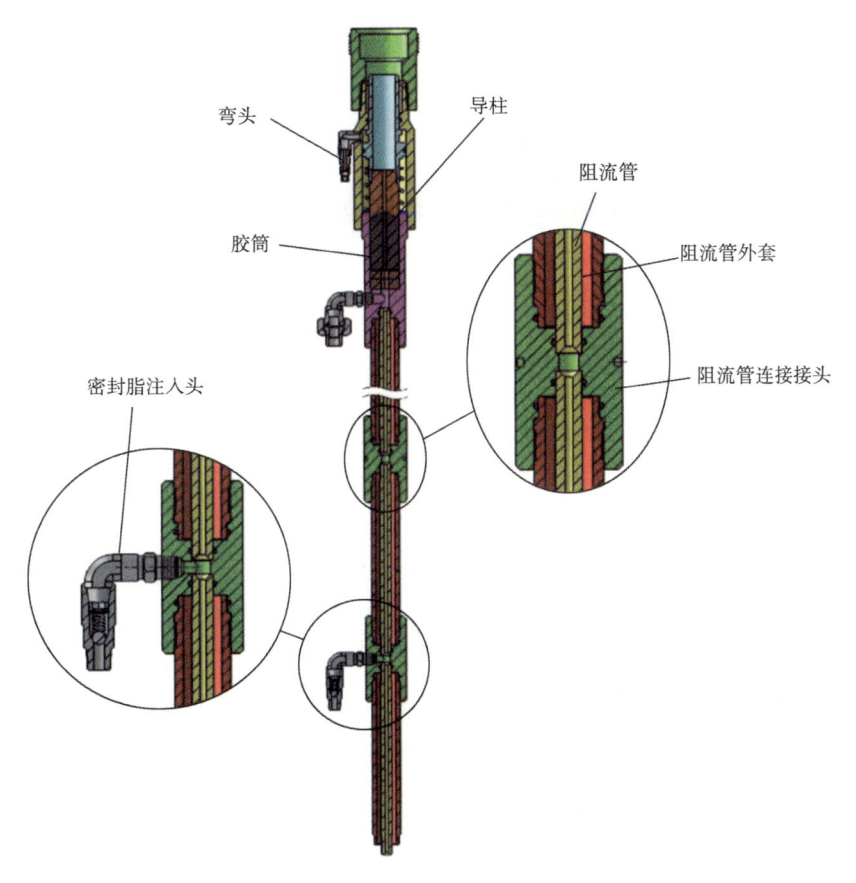

图 5-14　注脂密封控制头结构示意图

注脂密封控制头中的阻流管根据密封电缆尺寸进行选配，见表 5-5。

表 5-5　阻流管选配推荐参数

电缆外径，mm	流管内径与电缆外径之差，mm	流管数量，根	注脂泵
11.8	0.15~0.25	8	双泵注脂
8、5.6	0.10~0.15	8	双泵注脂

6. 注脂液控装置

注脂液控装置由注脂泵通过高压注脂管线向注脂密封控制头的阻流管与电缆之间输送高黏度的密封脂。其结构如图 5-15 所示。通过该装置将密封脂注入密封脂控制头，能在高压力状态下密封电缆，对井内流体或溢流进行可靠密封。

图 5-15 注脂液控装置

7. 抓卡器

抓卡器是安装在防喷管上部的一套安全装置，其主要用途是在井口带压情况下进行电缆射孔时，可有效地防止因意外事故将电缆拉断时导致的管串落井。其结构如图 5-16 所示。根据作业需要，也可用抓卡器将管串抓住，以备维修或释放。

8. 电缆防喷控制头

电缆防喷控制头安装在防喷系统的最上方，利用手压泵控制液压，使液压推动控制头内的外密封，挤压内密封，从而实现密封电缆的作用。其结构如图 5-17 所示。

在井口带压电缆分簇射孔作业中，影响井口电缆动密封效果的主要因素有注脂泵注脂压力、密封脂黏度、阻流管与电缆间隙、上阻流管与下阻流管长度比、注脂管内径、注脂级数（一级、二级、三级）等，为确保良好的电缆动密封效果，必须根据每口井的具体井况合理选择和调整以上参数。

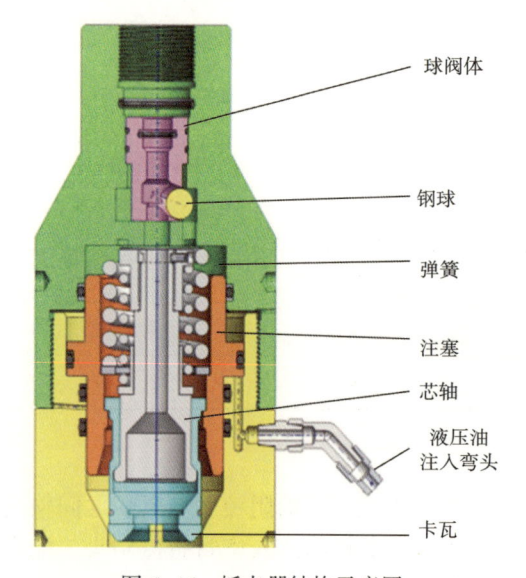

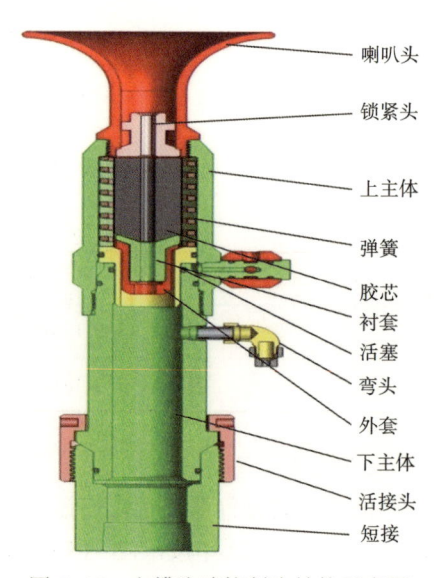

图 5-16 抓卡器结构示意图　　图 5-17 电缆防喷控制头结构示意图

四、应用实例

1. 施工井井况

足 201-H1 井为页岩气勘探水平井，构造上位于川中台拱龙女寺台弯弥陀场内斜，钻探目的层为龙马溪组—五峰组，目的层垂深在 4366~4372m，属于深层页岩气藏。人工井底 5977m，水平段长 1503m，全井最大井斜位于井深 5915.97m（垂深 4364.44m），井斜角 92.23°，闭合距 1676.10m，闭合方位 211.89°。

为达到最大效率的改造页岩储层，该井选用了分段加砂压裂工艺，射孔工艺相应使用分簇射孔。该井为 5.5in 套管完井，射孔采用 89 型射孔枪，等孔径射孔弹，总共施工段数为 24 段。由于该井垂深大，井温高，为了给后续施工创造良好条件，选用了可溶桥塞作为封隔工具。

2. 施工工艺

整个试油气工序为：试油前准备、探人工井底→刮管、通井、洗井、井筒试压→装连续油管及压裂井口、接管线、试压→连续油管通洗井、替射孔压井液→连续油管射孔第 1 段、起枪检查→加砂压裂第 1 段、微地震监测→换装电缆作业井口、逐段电缆下可溶桥塞/射孔联作、加砂压裂→拆井控装置、换装采气井口、接管线、试压→排液、关井→试油收尾。

分簇射孔工艺为：第一段采用连续油管传输射孔。待所有设备到场后，开始压裂，后续层段采用井口带压电缆泵送桥塞和射孔枪一同下井，泵送到预定深度，上提校深，先点火坐封桥塞再分簇射孔的工艺逐段完成。

3. 施工器材

1）射孔器

（1）射孔枪。

外径：89mm；孔密：16 孔/m；许用工作压力：140MPa；相位：60°。

（2）射孔弹。

型号：MaxForce 210；平均孔径：10.9mm；耐温：170℃/24h，154℃/100h。

（3）导爆索。

型号：80HMXLSHV；外径：5.3mm±0.2mm；爆速：7400m/s；耐温：170℃/24h，160℃/48h。

2）桥塞坐封工具

足 201-H1 井施工选用贝克 20#加强型桥塞坐封工具。工具参数见表 5-6。

表 5-6　贝克 20#桥塞坐封工具参数

参　　数	数　　值
最大工作压力	170MPa
最大坐封力	55000lb（24.948tf）
最大外径	4.125in（104.8mm）
最高工作温度	400℉（204.44℃）
长度（不含点火头）	74.84in（1900.94mm）
长度（含点火头）	83.59in（2123.19mm）

3）桥塞

足 201-H1 井采用可溶桥塞，如图 5-18 所示，桥塞具体参数见表 5-7。

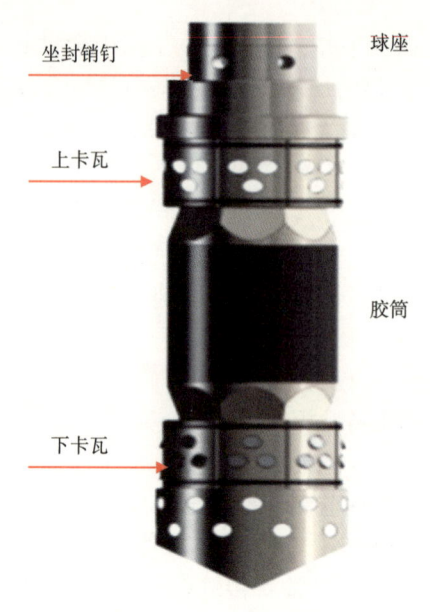

图 5-18　可溶桥塞

表 5-7　可溶桥塞参数

参　　数	数　　值
桥塞最大外径	4.15in（105.41mm）
桥塞长度	14.56in（369.82mm）
桥塞内径	1.3in（33.02mm）
桥塞内径流通截面积	1.327in^2
桥塞压力等级	10000psi（69MPa）
配套可溶球	2in（50.8mm）
可溶球相对密度	1.9
适用套管尺寸	139.7mm，壁厚 12.7mm，钢级 V140

4）多级点火控制器及配套接头

足 201-H1 井采用 MCP-73 型多级点火系统，耐温 150℃，耐压 140MPa，一次下井最多可以完成 20 级点火。

5）井口防喷装置

选用内通径 140mm，耐压 105MPa 的井口压力控制设备。注脂设备配备液压泵和空气泵各一套，使用夏季密封脂。

6）下入设备

足 201-H1 井选用 8mm 单芯电缆，液压绞车施工，能满足井控和作业的需要。

4. 施工管柱

足 201-H1 井施工采用多级点火选发系统，一次下井完成可溶桥塞坐封和 3 簇射孔，施工管柱结构如图 5-19 所示。分簇射孔管串规格参数见表 5-8。

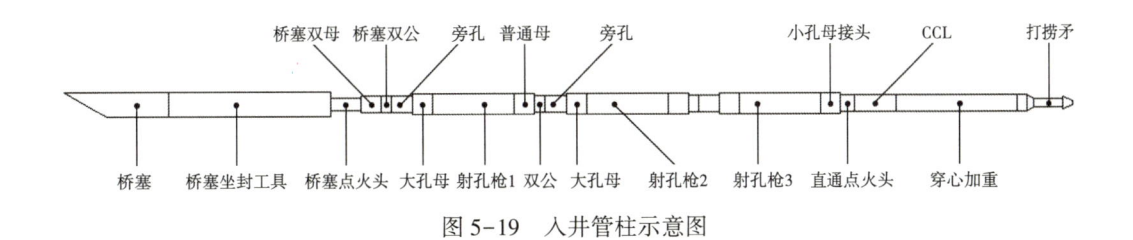

图 5-19 入井管柱示意图

表 5-8 足 201-H1 井分簇射孔管串规格参数

序号	名称	外径，mm	长度，m
1	打捞头	43	0.7
2	穿心加重	89	2.3
3	加强套	73	0.5
4	磁性定位器 CCL	73	0.44
5	直通点火头	73	0.135
6	小孔母接头	89	0.113
7	89 射孔枪（3#）	89	1.3
8	大孔母接头	89	0.113
9	旁通母接头	73	0.18
10	双公接头	73	0.05
11	普通母接头	89	0.113
12	89 射孔枪（2#）	89	1.3
13	大孔母接头	89	0.113
14	旁通母接头	73	0.18
15	双公接头	73	0.05
16	普通母接头	89	0.113
17	89 射孔枪（1#）	89	1.3
18	大孔母接头	89	0.113
19	旁通母接头	73	0.18
20	桥塞双公接头	73	0.05
21	桥塞双母接头	73	0.17
22	桥塞点火头	104.8	0.268
23	桥塞坐封工具	104.8	1.901
24	推筒及适配器	105.41	0.43
25	可溶桥塞	105.41	0.37

5. 模拟计算

为了确保施工作业的安全顺利进行，对泵送排量、管串通过能力等参数通过软件模拟计算，获得相关数据，使作业参数更合理。

1）泵送排量模拟

根据套管数据、井深井斜数据、泵送分簇射孔管串结构等参数，采用软件对泵送排量进行了模拟，如图 5-20 所示。

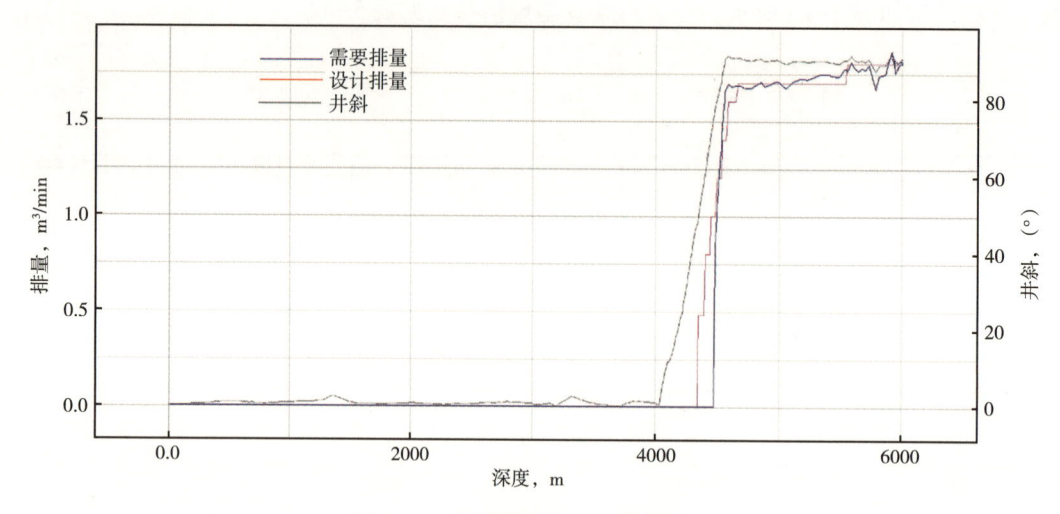

图 5-20 泵送排量设置及模拟对比

对比排量设置曲线和模拟曲线，发现二者吻合程度较高，说明上述排量设置可满足本井的电缆泵送分簇射孔与桥塞联作要求，因此，本井泵送推荐排量为 1.8m³/min。

2）通过能力模拟

根据管串长度、直径，采用软件对入井管串在井内的通过能力进行模拟。

按桥塞外径 105.4mm（4.15in）进行管串通过能力模拟，如图 5-21 所示。模拟结果显示井眼最大狗腿度在 4301.6m 处，最大狗腿度为 7.98°/30m，该处的 105.4mm 刚性管串最大通过长度为 4.0m。综合分析，该井分簇射孔管串满足下入要求。

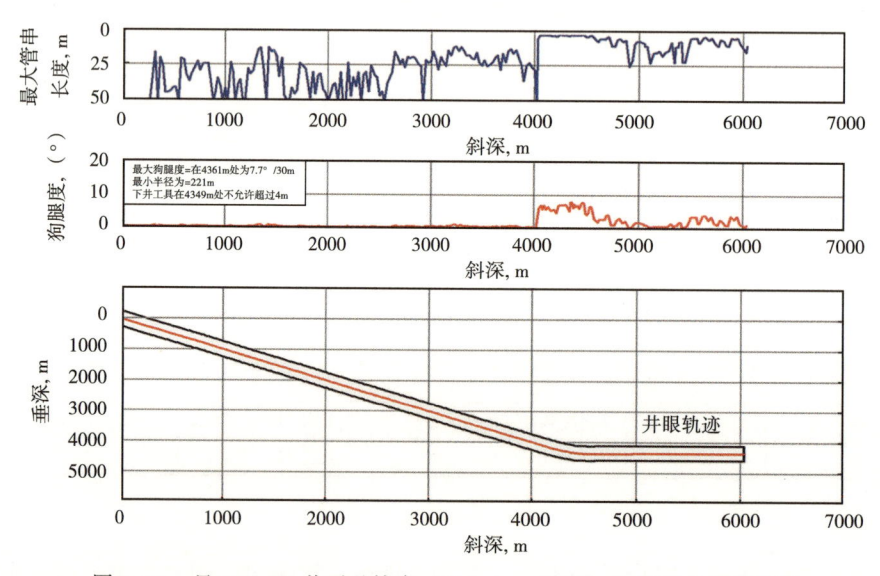

图 5-21 足 201-H1 井泵送管串（105.4mm 桥塞）通过能力模拟计算

6. 施工过程

具体施工流程为：组装电缆防喷设备→地面组装入井管串→下入分簇射孔管串→水平段泵送→上提至预定位置依次完成桥塞坐封和多簇射孔→起出入井管串→等候压裂→重复

进行各段施工。

该井每天进行两段施工，总共用时 13 天完成所有分簇射孔和储层改造施工。之后经过后续测试，获得 $10.05×10^4 m^3/d$ 的页岩气产量，实现了储层有效改造，达到了页岩气勘探建产的目的。

第三节　多级脉冲射孔技术

随着油田开发的不断深入，"三低一薄"油层逐年增多。常规射孔技术已不能很好满足油田开发的需要，以"提高射孔完井效果，满足油田精准开发、效益开发"为目标，通过自主创新和联合攻关，持续发展完善系列化增效射孔技术，见到了较好的效果。下面将针对系列增效射孔技术做详细介绍。

一、投放式多脉冲高能气体压裂技术

多脉冲高能气体压裂是利用不同燃速、特殊装药结构的发射药或火箭推进剂装药在油水井中按一定规律燃烧，产生多个高压燃气脉冲，燃气脉冲对目的层反复多次加载，压裂油气层，使油气层产生多方位的辐射状的裂缝，这些裂缝又和天然裂缝相沟通，形成裂缝网格，从而有效地改善了油气层的渗透性和导流能力，降低油流阻力，达到油水井增产增注效果[16,17]。

随着油田开发深入，大庆油田需解堵改造的老井日渐增多，近几年平均每年约有 1000 多口。针对老井采出、注入难等问题，采用多脉冲高能气体压裂技术初步实现了老井增产、增注目的，见到了明显效果。但在实际应用过程中，发现仍然存在一些不足。一方面，采用油管输送施工方式时，高能气体压裂药柱燃烧时产生的高压容易损伤油管，使油管弯曲变形，造成施工管串卡井事故；另一方面，采用电缆输送方式进行施工时易出现电缆上窜打结、烧蚀电缆情况，并且电缆上窜对井口施工人员存在一定的安全隐患，同时采用该方式施工，施工准备时间较长。为了解决这些问题，开发了投放式多脉冲高能气体压裂技术。

1. 原理及特点

投放式多脉冲高能气体压裂技术通过电缆将投送回收工具、火药悬挂器、长延时起爆器、不同燃速解堵火药下入目的层段，采用上提下放方式将火药悬挂器锚定在套管壁上；然后通过投送回收工具地面仪的控制，实现投送回收工具井下仪与火药悬挂器的脱手，同时打开火药悬挂器内部通道。起出电缆及投送回收工具同时，井内静液柱压力通过火药悬挂器内部通道，触发长延时起爆器，经过一定时间的延时，起爆器发火引燃不同燃速解堵药柱，完成对目的层的压裂解堵，在起爆器延时时间内可将井内电缆全部起出，保证了压裂药柱点火时井内无电缆；最后，下入电缆、投送回收工具回收井下相关工具，完成施工。施工管串如图 5-22 所示。

该技术火药点火时井内没有电缆，不会出现烧

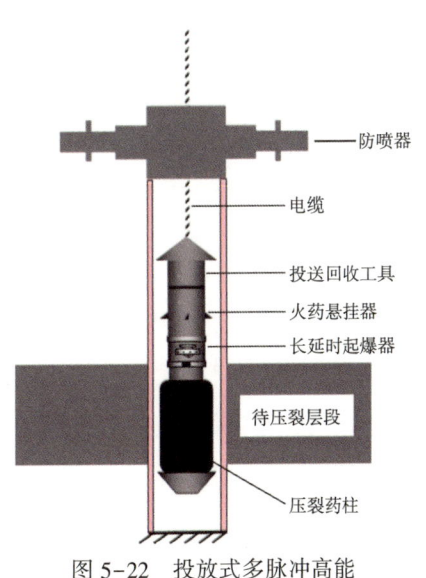

图 5-22　投放式多脉冲高能气体压裂技术管串结构

蚀电缆情况，也不会出现电缆上窜打结折断缆芯情况；同时，施工工具串连接方便快捷，大大缩短了地面施工准备时间。

2. 现场应用

通过现场应用，取得了较好效果，油井单井平均提高产液强度可达0.8~2倍，水井单井提高注水强度可达1.0~2.5倍。截至2015年底，该技术平均每年在大庆油田应用200口井以上，已成为油水井增产增注的主力技术。

1）新井效果分析

高357-斜595井进行高能气体压裂施工后，与附近同区块同层位同期射孔井对比，截至2015年底，产液强度提高0.85~1.58倍，见表5-9。

表5-9 采出井试验效果对比

井号		砂岩厚度，m	目前产液强度
G357-S595	高能气体压裂	2.0	4.806
G357-S59	对比井	2.2	2.595
G360-S595		5.5	1.858
G358-59		2.9	2.392

南1-331-75井和南1-331-斜71井是两口注水井，采用高能气体压裂工艺施工后，截至2015年底，平均注水强度提高1.36倍，视吸水指数平均提高1.73倍，见表5-10。

表5-10 注水井施工前后对比

井号		砂岩厚度 m	油压 MPa	套压 MPa	注水强度 $m^3/(d·m)$	视吸水指数
南1-331-75	施工井	2.8	11.4	0	8.056	0.707
南1-331-斜71		4.2	11.2	0	6.323	0.565
高159-60	对比井	4.2	13.0	11.5	1.560	0.120
高145-535		6.7	13.7	0	3.025	0.221
高145-555		10.8	12.8	10.5	3.371	0.263
高145-56		8.7	12.8	0	4.161	0.325
高145-565		6.2	13.4	5.5	3.131	0.234

2）老井效果分析

树36-30井是一口老井、水井。施工前，该井地层堵塞较严重，渗透性及导流能力较差，几乎无法注水，采用高能气体压裂施工后，日注入量可以达到12m^3，取得了明显的增注效果（图5-23）。

二、复合分体式动态负压射孔技术

动态负压射孔技术是在射孔后快速形成大负压差，减小孔道及周围压实带污染的"负压清洗"增效射孔技术[18]。而近年来，复合射孔技术在大庆油田得到广泛应用，覆盖率达60%以上，在应用过程中取得了非常好的效果，其原理是破坏孔道周围压实带为目的的"正压造缝"射孔技术。为将二者有机的结合，实现先正压造缝，后负压清洗的目标，开

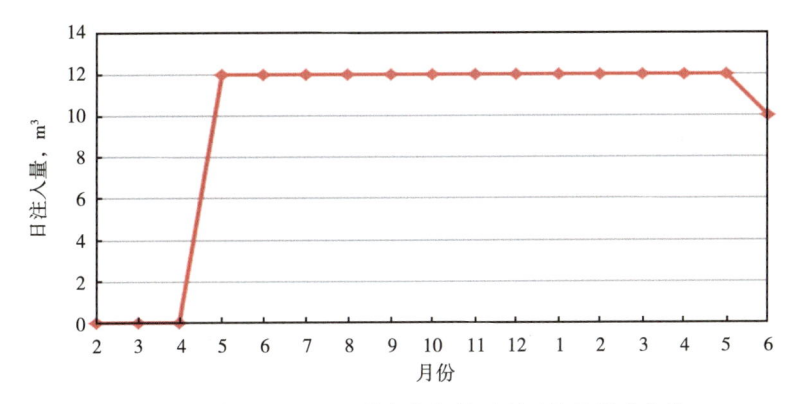

图 5-23　树 36-30 注入井高能气体压裂后效果跟踪曲线

发了复合分体式动态负压射孔技术，从而更进一步的提高施工效果。

复合分体式动态负压射孔技术的原理是以射孔枪内的爆轰能量作为动力，触发撞击杆运动，通过撞击杆推动阀芯组件换位，实现延时开孔。通过调整撞击杆的行程，实现不同的延迟时间。利用点火延时机构，在射孔压裂后一定时间内作用开孔，实现 20~50ms 的延时。

该技术在大庆油田平均年应用 2000 口井以上，工艺成功率 100%。如图 5-24、表 5-11 所示，通过现场实测的压力数据曲线，可以明显看出在复合火药作用完毕后，瞬间形成了负压效果，由此验证了该技术的可靠性及有效性。

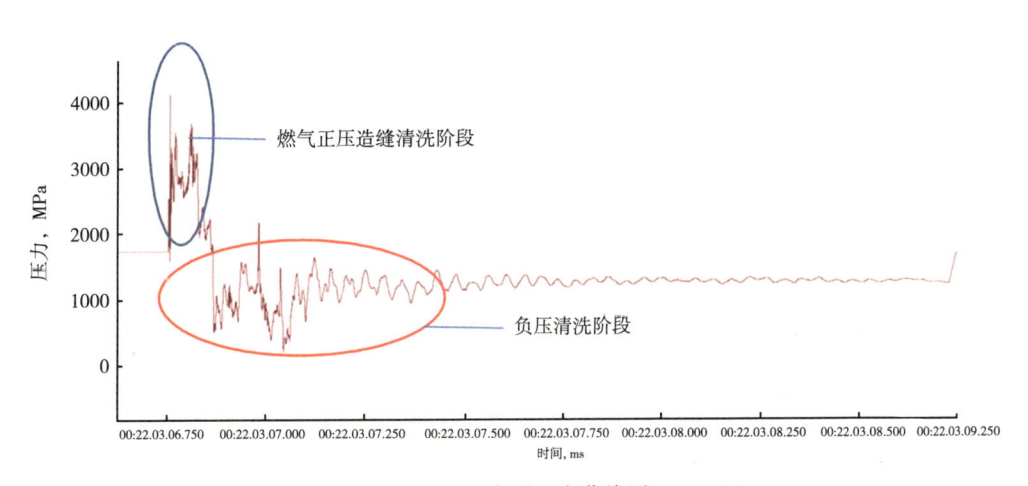

图 5-24　实测压力曲线图

表 5-11　实测动态负压负压值

射开厚度 m	射孔弹 型号	射孔弹 数量，发	装药量 g	套筒长度 m	初始压力 MPa	动态负压值 MPa
0.7	DP44RDX-5	11	429	1.5	11.90	8.59
0.9	DP44RDX-5	14	546	1.5	11.98	8.36
1.5	DP44RDX-5	24	936	2	10.38	8.12

续表

射开厚度 m	射孔弹 型号	射孔弹 数量,发	装药量 g	套筒长度 m	初始压力 MPa	动态负压值 MPa
1.8	DP44RDX-5	29	1131	2	12.35	7.46
2.4	DP44RDX-5	38	1482	2	9.83	6.45
3.0	DP44RDX-5	48	1872	2.5	9.77	6.29
4.0	DP44RDX-5	64	2496	3	10.32	5.68

通过对已投产井的效果对比分析，平均采液强度较同区块常规射孔提高19.26%，注入井视吸水指数提高11.76%，见到了良好的应用效果，见表5-12。

表5-12 应用效果对比

施工方式	井数 口	砂岩 m	有效 m	日产油 t	日产水 m³	日产液 m³	采液强度 m³/(d·m)	提高 %
复合分体式动态负压射孔	10	21.77	9.02	0.806	27.34	28.146	1.29	10.26
复合射孔	28	18.67	8.37	0.358	21.52	21.88	1.17	

三、多脉冲射孔技术

多级脉冲射孔技术是集深穿透射孔、压裂于一体的射孔新技术，它利用两级火药与射孔弹的合理组合，以及不同火药燃速的差异性，通过火药控制技术，形成多个脉冲峰值压力，反复动态作用于地层，延长作用时间，以达到解堵、造缝、延缝、扩缝的目的，可有效改善近井带地层渗流条件，提高油气井的产能[19-21]。

1. 工作原理

多级脉冲射孔技术的两级火药均采用枪内装药方式，不同于复合射孔技术，该技术是一种动态的压力变化，射孔弹成孔后，同时一级火药燃烧，产生脉冲压力作用于孔道与地层，进行解堵、造缝，随着压力下降又形成负压，再次冲洗孔道，随后二级火药燃烧，再次形成脉冲压力作用于孔道和地层，进行延缝和扩缝，这样经过正压—负压连续压力变化，达到清洁孔道、解堵、造缝、延缝、扩缝的目的，如图5-25所示。该技术不影响射孔弹射流及穿深，整个装置采用有枪身设计，操作安全可靠，产生的裂缝面之间剪切错动不易闭合，提高射孔完善程度。

图5-25 多级脉冲作用效果图

2. 技术指标

型号：89型/102型/127型/178型+

两级火药 13/16 孔/m；

  耐温：180℃/48h；

  耐压：105MPa；

通过了大庆检测中心 6m 混凝土靶打靶测试，造缝延缝深度大于 3m。

3. 技术创新点

1）分级点火技术

射孔弹和两级火药的组合，完成分级点火是实现多级脉冲射孔的前提。

2）峰值压力控制技术

（1）峰值压力控制是实现增产、安全施工的关键；

（2）峰值压力大于地层破裂压力；

（3）峰值压力不破坏井下工具及井筒；

（4）峰值压力不能叠加；

（5）井筒压力超过设计安全值时启动压力控制装置，及时降低井筒压力，保证管柱和井筒安全[20]。压力控制技术示意图如图 5-26 所示。

3）射孔器内过压控制技术

枪串采用贯通技术，某单元出现非正常工作时，枪内压力能够及时释放，防止射孔器落井[20]。其技术示意图如图 5-27 所示。

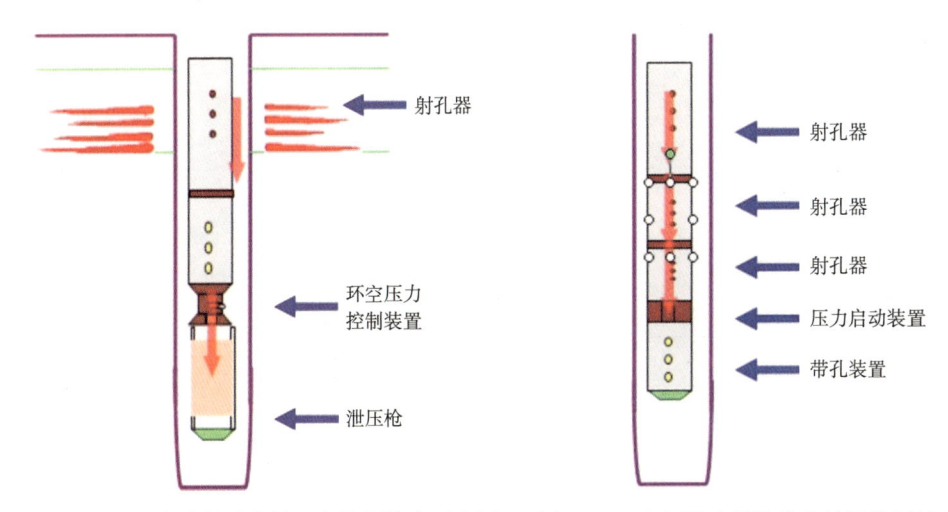

图 5-26 多级脉冲射孔井筒压力控制技术示意图　　图 5-27 多级脉冲射孔枪内过压控制技术示意图

4. 现场应用

多级脉冲射孔技术是一种改善近井带液体流动性能的射孔技术，适用于低孔低渗地层及需要解堵的地层，射孔后可以提高油井产量。截至 2015 年底，该技术在大港、新疆、冀东和中海油湛江等共应用 500 井次以上，射孔发射率为 100%，一次成功率为 100%，应用效果显著。

QKXX 井是中国海油的一口关停井，2003 年明化镇组、沙河街组合采时地层供液不足关井。2008 年 8 月实施 127 多级脉冲深穿透聚能射孔作业后，单日最高产液量 159m³，单日最高产油量 128.85m³，4 个月后稳产油 42m³。

第四节 定面与定向射孔技术

随着页岩气、致密油气等勘探开发的不断增长，常规的射孔技术已经无法满足大排量、大液量下水平井体积压裂形成复杂裂缝的需求。在页岩气、致密油气等水平井钻井工艺上，由于受地质条件、工艺水平等限制，导致井眼轨迹偏离油气层，若采用常规螺旋射孔，一方面会引起出水等复杂情况；另一方面会导致压裂时部分缝网向偏离油气层以外方向延伸，造成压裂后部分缝网系统无效，使压裂后产能贡献率降低。而且常规螺旋射孔体积压裂后不能形成复杂的裂缝网络，体积压裂时破裂压力较高，近井筒摩阻大等矛盾突出，迫切需要新型的压裂用射孔技术[22-24]。

一、定面射孔技术

1. 定面射孔技术原理

定面射孔技术是一种采用特殊的布弹方式，射孔后能在垂直于套管轴线的套管同一横截面上形成三个射孔孔眼且相邻孔眼与轴心连线最大夹角不大于90°的射孔技术。其原理如图5-28所示。

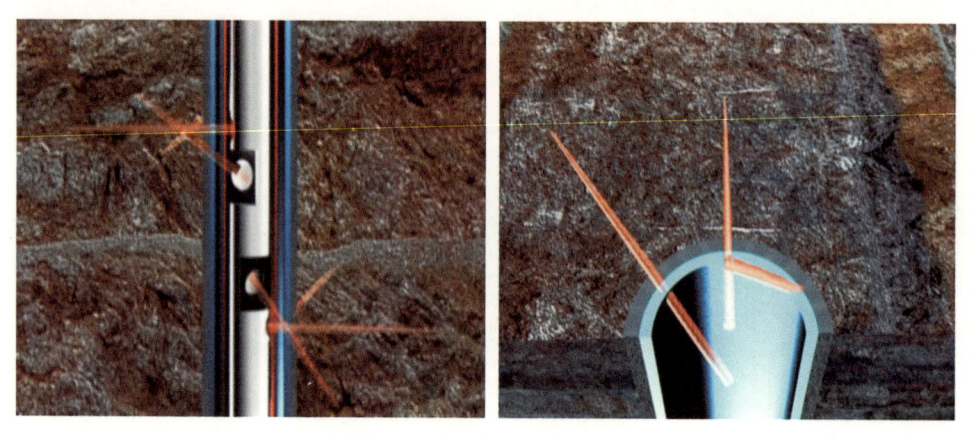

图5-28 定面射孔原理示意图

2. 定面射孔器材和技术指标

定面射孔器主要有塑料弹托式、焊接弹托式等多种类型定面射孔器。下面将以焊接弹托式定面射孔器为例介绍定面射孔器的组成。焊接弹托式定面射孔器由定面射孔枪、射孔弹、弹架组件、焊接弹托组件等组成，如图5-29所示通过调整焊接弹托组件的角度，改变射孔弹射流方向。弹架组件由固定环、活动环、弹架根据一定参数和要求焊接或装配而

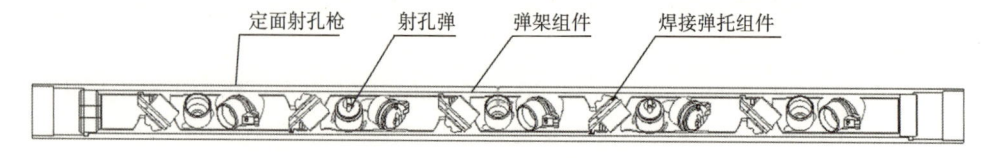

图5-29 定面射孔结构简图

成。焊接弹托组件由弹托上块、弹托下块、弹托中块和弹托定位斜块焊接而成，通过螺钉固定在弹架组件的相应位置。每 3 发射孔弹为一组，射孔后每一组射孔孔眼落在套管轴向同一横截面上，达到定面射孔的目的。当定面射孔器用在分簇射孔作业中时，只需在射孔器内布置一根导线，通过连接模块化的分簇射孔工具，即可实现定面分簇射孔功能。

定面射孔器有 68 型、73 型、89 型、102 型、114 型、127 型等。具体参数如表 5-13 所示，适用于 4½~7in 套管的直井或水平井定面射孔作业。

表 5-13　定面射孔器技术参数

型号	孔密 孔/m	射孔相位 (°)	面相位 (°)	工作温度 ℃	工作压力 MPa	适用套管尺寸 in
68 型	3、6、9、12、15、18	60	180	火工品耐温	105	4½
73 型	3、6、9、12、15	60	180	火工品耐温	105	5
89 型	3、6、9、12、15、18	60	180	火工品耐温	105	5、5½
102 型	3、6、9、12、15、18	60	180	火工品耐温	120	5½
114 型	3、6、9、12	60	180	火工品耐温	105	7
127 型	3、6、9、12	60	180	火工品耐温	105	7

3. 技术特点和优势

定面射孔可以采用油管或钻杆、连续油管、电缆等输送方式射孔完成。电缆输送分簇定面射孔管柱一般包括复合桥塞、桥塞坐封工具、多套选发短节、多套定面射孔器、直通接头、磁性定位器、加重、打捞头等，具体管柱结构可根据实际射孔参数进行增减。主要技术特点及参数如下：

（1）适用于 4½~7in 套管水平井定面射孔作业；

（2）最高耐温 150℃，最高耐压 120MPa；

（3）面相位 180°；

（4）一次下井可实现 20 级定面射孔作业。

通过 ANSYS 模拟分析发现，定面射孔技术对于降低破裂压力和改善裂缝走向具有较好的效果。

4. 应用效果

"十二五"期间，定面射孔技术已经在吉林油田、西南油气田、长庆油田等得到推广应用，为页岩气、致密油气的勘探开发提供了有效的技术支撑。

在威远—长宁国家级页岩气示范区，5in 套管多采用 73 型定面射孔器，5½in 套管多采用 89 型定面射孔器。长宁区块第一段射孔采用定面射孔较多，与相邻的层段螺旋射孔相比，长宁 H3-4 井、长宁 H2-7 井表现在排量一致的情况下，定面射孔起裂压力比螺旋射孔要低 3~8MPa；而其他长宁区块应用的油气井，在排量一致的情况下，长宁 H6-3 井、长宁 H2-6 井、威远 204H1-3 井定面射孔起裂压力普遍要比螺旋射孔高 1~12MPa 不等。部分应用井后续改造中的排量不一致，导致起裂压力也不一样，威远 H3-1 井排量比邻层高 3m³，但起裂压力却要低 3MPa，威 202H3-1 井和威 202H3-2 井定面射孔技术效果较好，如图 5-30 所示。

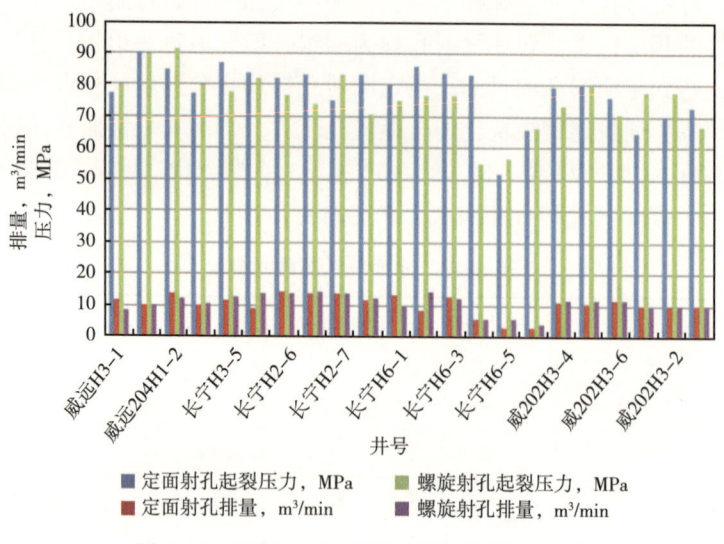

图 5-30 威远—长宁页岩气定面射孔对比图

定面射孔在长庆油田致密气现场推广应用，5½in 套管采用 102 型定面射孔器。其中定面射孔的李 10 井和螺旋射孔的李 8 井相邻，均为太原组，李 10 井应用定面射孔后起裂压力要比李 8 井低 5MPa，且产量高 3 倍左右，如图 5-31 所示。

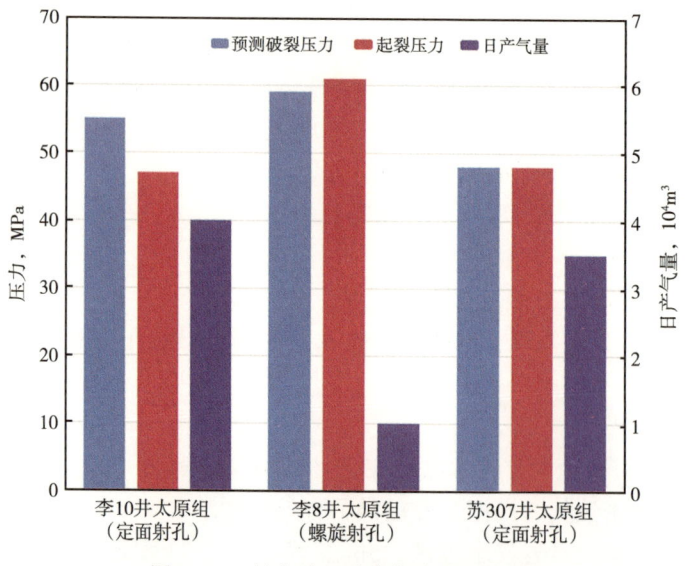

图 5-31 长庆油田致密气应用对比图

总体来说，定面射孔在页岩气、致密油气等非常规油气藏射孔中的应用效果较好，均能为后续储层改造形成有效的流体通道，有利于形成复杂的压裂改造缝网。

二、定向射孔技术

定向射孔技术是一项较为成熟技术，主要应用于沿最大水平主应力直井定向射孔和水平井射孔，在直井采用主动定向，如电缆配旋转短节；在水平井则采用被动定向，如射孔器材偏心设计或配重设计。"十二五"期间，为了满足日益扩大的页岩气水平井定向需求，研制和发展了新型的水平井分簇定向射孔技术[25]。

1. 定向射孔技术原理

分簇定向射孔技术是在原有水平井分簇射孔技术和水平井重力定向射孔技术的基础上，采用特殊的动态导电装置，既能实现水平井电缆一次下井分簇射孔，又能达到定向射孔目的的一种新型射孔技术。其原理如图 5-32 所示。

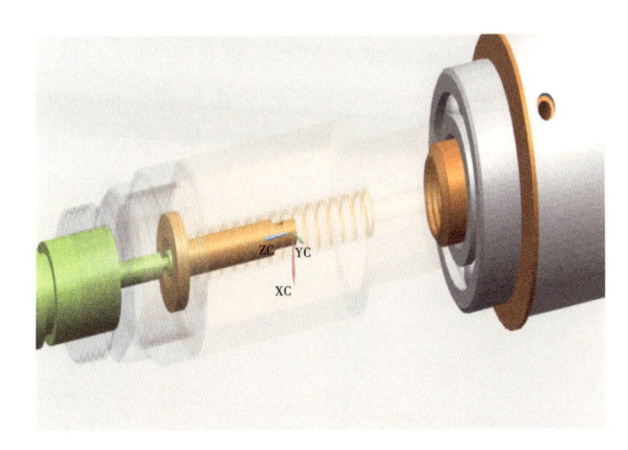

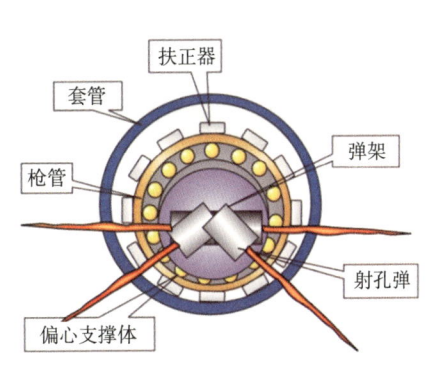

图 5-32　分簇定向射孔技术原理示意图

2. 定向射孔器材和技术指标

水平井分簇定向射孔器有轴向传导分簇定向、侧向传导分簇定向、滑环导电分簇定向等多种类型，现场应用较多的是轴向传导分簇定向射孔。该技术整合了分簇射孔与定向射孔技术优势，能够实现一次性下井完成多级分簇定向射孔作业，为水平井射孔完井提供一种新技术。

"十二五"期间，已经形成 73 型、83 型、89 型、102 型等多套水平井分簇定向射孔器材，具体技术参数见表 5-14。

表 5-14　水平井分簇定向射孔器材技术参数

型号	弹型	最大孔密 孔/m	相位 (°)	定向精度 (°)	耐温 ℃	耐压 MPa
73 型	SDP30XXX16-1	16	根据需求加工	≤5	火工品耐温	105
83 型	SDP35XXX25-4	16	根据需求加工	≤5	火工品耐温	105
89 型	SDP39XXX25-4	16	根据需求加工	≤5	火工品耐温	105
102 型	DP41XXX38-1	16	根据需求加工	≤5	火工品耐温	120

3. 定向射孔特点和优势

水平井分簇定向射孔技术能够解决因井眼轨迹偏离气层而导致的产层窜层或出水等一些复杂的工程情况，并且能控制压裂时缝网向气层方向延伸，提高缝网对产能的贡献率，在水平井泵送电缆分簇射孔中具有显著的经济效益和广阔的应用前景。该技术具有以下特点：

（1）射孔器动态定向与静态分簇选发，实现供电信号不受射孔器材转动影响，保证分簇射孔点火功能正常；

(2) 有效实现级间密封，上一支射孔枪射孔后，其余射孔枪密封、寻址等互不影响；

(3) 射孔器重心偏移定向，定向精度小于5°；

(4) 适用于水平井分簇定向射孔作业。

4. 应用效果

"十二五"期间，水平井分簇定向射孔技术已经在西南油气田、长庆油田、山西煤层气、青海油田等得到广泛推广应用，为页岩气、致密油气的勘探开发提供了有效的技术支撑。如威204H1-2页岩气井，其水平井巷道轨迹距离下端宝塔组顶界不到2.5m，若采用常规螺旋射孔和体积压裂完井工艺，很容易导致产层窜层或出水等一些复杂的工程情况，并且会降低缝网对产能的贡献率。为解决上述问题，采用了89型水平井分簇定向射孔技术，成功避免了射开下端水层。在山西煤层气桃-平01井、桃-平03井、桃-平04井和乔-平2井，为了防止煤层垮塌，采用水平向下的分簇定向射孔方式，成功完成了所有井段射孔作业。在青海油田扎平4井，为了获得更好的压裂裂缝网络，首次在致密油中采用水平井分簇定向射孔技术，成功完成射孔作业。

三、定面定向射孔技术

1. 定面定向射孔技术原理

定面定向射孔技术是一种既能实现定面功能，又能实现定向功能的射孔技术。传统定面射孔技术面相位是固定的，不能根据定向需求设计，定面定向射孔技术克服了传统定面射孔技术的不足，采用重力旋转定向的方式，面相位可在0°~360°范围内自主调整。其原理如图5-33所示。

图5-33 定面定向射孔技术原理示意图

2. 定面定向射孔器材和技术指标

水平井定面定向射孔器材包括水平井定面定向射孔枪、定面射孔弹、焊接弹托组件、独特设计的弹架结构、偏心配重块等，可采用压力起爆和电起爆方式。

水平井定面定向分簇射孔器材包括双公接头、分簇射孔级间隔离装置、绝缘触点组件、水平井定面定向射孔枪、电子选发块等。水平井定面定向射孔枪包括轴承焊接组件、射孔枪、悬臂梁式定面结构、螺钉、独特设计的弹架结构、大孔径射孔弹、偏心配重块等。导线从枪内穿过分别连接在绝缘触点组件导电桩上。

目前，已经形成89型定面定向型、89型定面定向分簇型等多套水平井分簇定向射孔器材，具体技术参数见表5-15。

表 5-15　水平井分簇定向射孔器材技术参数

型号	弹型	最大孔密 孔/m	射孔相位 (°)	面相位 (°)	定向精度 (°)	耐温 ℃	耐压 MPa
89 型	定面射孔弹	12	60	根据需求加工	≤5	火工品耐温	105
89 型分簇	定面射孔弹	12	60	根据需求加工	≤5	150	105

3. 定面定向射孔特点和优势

定面定向射孔技术既具有定面射孔技术降低破裂压力和改善裂缝走向的优势，又具有定向射孔技术可以解决因井眼轨迹偏离气层而导致的产层窜层或出水等一些复杂的工程情况，并且能控制压裂时缝网向气层方向延伸，提高缝网对产能的贡献率的优点。其主要技术特点如下：

1）适用 5~7in 套管定面定向射孔作业；
2）最高耐温 160℃，最高耐压 105MPa；
3）定向精度<5°；
4）面相位可根据需求加工；
5）既可用于管柱传输作业，又可用于水平井定面定向分簇射孔作业。

第五节　8000m 超深井射孔技术

塔里木油田库车山前克深—大北区块、西南油气田高石梯—磨溪区块等油气藏地层温度、压力异常，克深—大北区块油气埋藏深度 6500~8220m、温度 150~190℃、地层压力 115~140MPa；川渝地区高石梯—磨溪区块、元坝、九龙山、龙岗等是典型深层油气藏，双鱼石构造尤为显著，茅口组地层压力 123MPa，地层温度 157℃，这对射孔器材和射孔技术都提出了更高的要求[26-29]。

一、超高温超高压射孔器材与装备

超高温超高压射孔器材设计包括以下关键技术：

（1）超高压射孔器材结构仿真优化设计技术。

超高压射孔器材工况条件复杂，如何保证射孔枪及配套工具在超高温超高压条件下不发生变形、破裂甚至断裂失效显得尤为重要。通过对材料特性、加工过程、井下的爆炸载荷和冲击响应等影响射孔枪承载能力因素进行仿真分析，在此基础上开展射孔枪管材原料、密封结构、传爆结构、安全泄压结构等设计，从而研制出满足超高温超高压条件下的射孔枪。

（2）射孔枪成型质量控制技术。

为最大限度保证射孔枪的质量，对射孔枪的生产过程进行成型控制。从管材入厂，加工工艺到成品检测，每一个过程都制定严格的质量控制规范，形成一套包括管材原料质量控制技术，机械加工工艺控制技术、成品检测控制技术的射孔枪成型质量控制技术，保障生产出来的射孔枪满足设计要求。

（3）超高温射孔弹设计及制造技术。

在温度高于 160℃的超高温长时间环境下，对射孔弹的性能及整体指标提出了更加严苛的要求。超高温炸药 HNS、PYX 相比 RDX 普通炸药、HMX 高温炸药整体性能下降。为了弥补超高温炸药性能缺陷,一方面需要加强炸药性能的深入研究,另一方面要对射孔弹内腔结构、炸药配方、药型罩结构与配方、制备工艺、成型工艺、过程控制等技术进行创新,提高超高温射孔弹整体性能。特别是针对超深井 4½in 和 5in 套管用 73 型射孔枪和 86 型射孔枪如果需要能够承受 175MPa 的压力,其枪体内径必然减小,射孔弹尺寸也相应减小,炸药量也必然减小。炸药量的减小意味着射孔弹穿孔深度不可避免的降低。

(4) 超高温超高压射孔工艺优化技术。

超高温超高压射孔往往面临负压过大、冲击压力过大等难题,也会带来油管弯曲、套管变形等一系列工程问题,影响后期试油完井的顺利进行。通过优化射孔作业层段、采用合理的射孔工艺来解决上述难题。在超深井 4½in 和 5in 套管射孔中,由于套管空间小、枪体空间小,射孔弹爆炸所带来的冲击载荷会相应增大,影响后期试油完井的顺利进行。只有通过合理的空间布局,优化的射孔弹孔密,方能减小枪体内炸药爆炸导致射孔枪变形过大等一系列问题。

(5) 超深井射孔起爆井口监测技术。

重钻井液、超深井射孔与测试联作工艺条件下的射孔起爆井口监测技术一直是射孔作业中的一大难题。常规的人为判断井口震动、有线压力与震动监测无法满足上述条件下的射孔作业需求,为此发展了超深井射孔作业无线监测技术。该技术采用高频采样和无线传输监测方案,能有效满足上述条件下的监测作业。

(6) 超深井射孔酸化测试联作技术。

超深井射孔酸化测试联作是提高试油完井效率的一个重要措施,但在射孔联作过程中,射孔冲击载荷容易导致封隔器失效、测试工具受损、测试工具与射孔枪在压力操作上相互制约、射孔联作时间过长影响超高温射孔弹性能等一系列不利因素。只有通过研发新型减振工具、优化作业流程及程序来解决上述问题。

"十二五"以来,通过对上述关键技术持续攻关研究,超深层射孔及配套技术取得重大突破:(1) 解决了射孔器材抗高压及密封技术难题,研发了 175MPa、210MPa 全系列射孔器材;(2) 解决了超高温起爆、传爆及射孔成套火工技术,在射孔弹结构、药型罩结构与配方、成型及制备工艺等取得重大技术创新,超高温射孔弹穿深指标提高 40% 以上;(3) 在射孔爆炸载荷输出机理、射孔爆炸载荷输出经验数学模型、非线性爆炸载荷动力学响应方法等方面取得重大技术创新,形成一套射孔爆炸管柱及套管动态响应软件和完善的深井射孔作业工艺及技术;(4) 定型了 73 型、86 型、89 型、121 型等系列化超高温超高压射孔器材,其主要技术参数见表 5-16。

表 5-16 射孔器材主要技术参数

射孔枪型号	射孔弹型号	API 柱混穿深,mm(标准要求穿深,mm)	API 柱混孔径,mm(标准要求孔径,mm)	耐压指标 MPa	耐温指标	适用套管类型 in
73 型	SDP30HNS15-1	633(300)	7.6(5.25)	175	210℃/170h	4½
86 型	SDP35HNS25-4	846(390)	10.1(5.6)	175	210℃/170h	5
89 型	SDP35HNS25-4	846(390)	10.1(5.6)	175	210℃/170h	5、5½
89 型	SDP35HNS25-4	846(390)	10.1(5.6)	210	210℃/170h	5、5½
121 型	SDP44HNS45-4	1029(600)	11.2(7.0)	175	210℃/170h	7

二、超深井管柱设计及优化

根据超深井射孔完井的特点和要求，设计了三种射孔施工作业管柱满足不同井况下的射孔完井需求。如图 5-34 所示，包括钻杆（油管）传输射孔管柱、射孔完井管柱和射孔酸化测试联作管柱。

钻杆（油管）传输射孔管柱主要由钻杆（油管）、减振器、筛管、压力起爆器、射孔枪等组成。考虑到试油安全，在重钻井液或有机盐压井条件下，常采用钻杆（油管）传输射孔作业，射孔后再单独下测试管柱进行测试。该套管柱在塔里木油田库车山前区块、西南油气田磨—高区块应用较多，具有结构简单、可靠性高等优点。

(a) 钻杆（油管）传输射孔管柱　　(b) 射孔完井管柱　　(c) 射孔酸化测试联作管柱

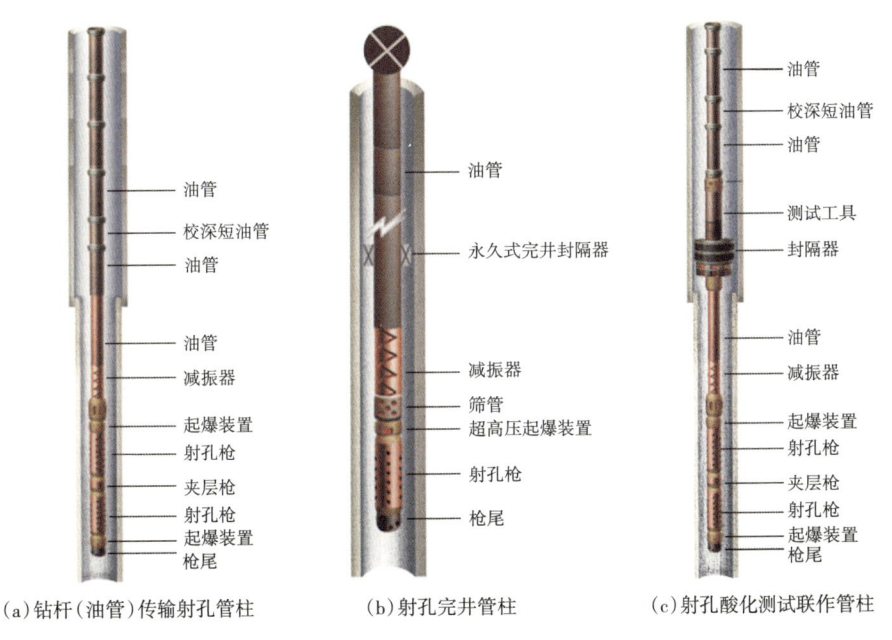

图 5-34　超深井射孔作业管柱

射孔完井管柱主要由油管、永久式完井封隔器、减振器、筛管、压力起爆器、射孔枪等组成。射孔器输送到目的层位后，坐封封隔器，验封合格后，加压引爆射孔枪，然后进行改造和放喷求产。具有提高完井效率，避免压井造成的二次污染的优点，适用于超深高产、高酸性、高压气田。

射孔酸化测试联作管柱主要由油管、测试工具、封隔器、减振器、筛管、压力起爆器、射孔枪等组成。射孔器输送到目的层位后，坐封封隔器，从油管内打压激发起爆器，完成射孔作业后转入酸化测试流程。应用该管柱具有提高时效、测试效果好等优点。

三、超深井射孔起爆与监测

在重钻井液、超深井射孔与测试联作工艺条件下，常规的人为判断井口震动和有线压力与震动监测方法无法准确监测井底射孔起爆情况。超深井射孔起爆井口无线监测技术利用安装在井口的高灵敏度震动传感器采集射孔起爆数据，用无线射频方法把采集数据实时传输到地面接收装置来判断射孔是否发生，还可直接把模拟信号转换成数字信号存储起来，便于后期对射孔起爆情况回放分析。其主要技术参数见表5-17。

表 5-17 无线监测主要技术参数

型号	监测信号源	最大无线传输距离，m	监测频率，Hz
Probe	声音、震动	120	10~2500

四、应用实例

8000m超深井射孔技术在川西北双鱼石构造、塔里木库车山前等成功应用100余井次，创下了克深901井集射孔井深7930m、井温184℃、井底总压力175MPa于一体的综合难度最大施工纪录，克深134井5½in套管作业最高井底压力183.5MPa，大北304井7in套管作业最高井底压力165MPa，双探1井最高井温180℃/108h（射孔—测试—酸化三联作）等7项国内射孔纪录，并创造产值上亿元。

如LT1井龙王庙组射孔，在射孔前拟采用3种不同方案进行射孔完井作业，见图5-35、表5-18。

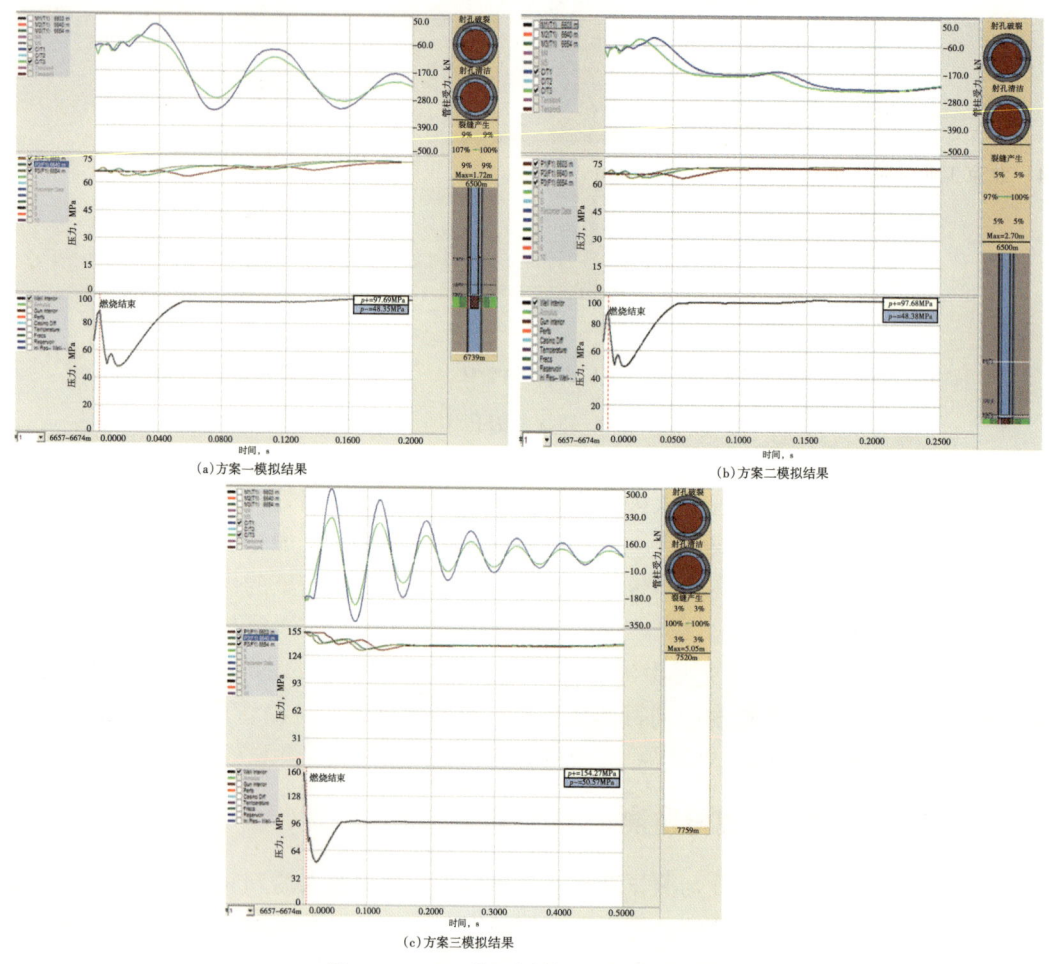

(a) 方案一模拟结果

(b) 方案二模拟结果

(c) 方案三模拟结果

图 5-35 LT1井不同射孔方案模拟结果

表 5-18 不同射孔方案模拟结果

方案	钻井液密度 g/cm³	油管壁厚 mm	封隔器位置 m	射孔最大负压 MPa	管柱最大受力 kN
方案一	1.0	5.51	6600	81.65	-350
方案二	1.0	5.51	5830	81.62	-260
方案三	2.28	5.51	无	79.43	500

若采用钻井液条件下射孔作业，冲击力较大。若采用射孔测试联作，封隔器坐封在小套管内，最大冲击力可达-350kN，封隔器坐封在大套管内，最大冲击力可达-260kN。最终综合各种方案的优缺点，优先采用射孔测试联作，封隔器坐封在小套管内的作业工艺完成龙王庙组试油作业。

参 考 文 献

[1] 刘合，王峰，王毓才，等. 现代油气井射孔技术发展现状与展望 [J]. 石油勘探与开发，2014，41 (6)：731-737.
[2] 恽寿榕，赵衡阳. 爆炸力学 [M]. 北京：国防工业出版社，2005.
[3] 特深穿透射孔弹的药型罩制备方法 [P]. 中国发明专利. ZL201110022721.9
[4] 北京工业学院. 爆炸及其作用：下册 [M]. 北京：国防工业出版社，1979：84-110.
[5] 大庆石油管理局射孔弹厂. 一种工业化批量生产铜钨合金生产方法：中国，201410283291.X [P]. 2104-06-23.
[6] 李东传，唐国海，等. 射孔压实带研究 [J]. 石油勘探与开发，2000，27 (5)：112-114.
[7] Bates Leslie Raymond, Bourne Brian. Oil well perforators：U. S. Patent 20070056462 [P]. 2007-03-15.
[8] 陈朗，张寿齐，赵玉华. 不同铝粉尺寸含铝炸药加速金属能力的研究 [J]. 爆炸与冲击，1999，19 (3)：250-255.
[9] 任国辉，唐凯，李妍僖，等. CQ-MCP 分段多级分簇射孔工具 [J]. 石油科技论坛，2015 (S1)：15-17+24.
[10] 陈锋，杨登波，唐凯，等. 上倾井泵送分簇射孔与桥塞联作技术 [J]. 测井技术，2018，42 (1)：117-121.
[11] 朱秀星，薛世峰，仝兴华，等. 非常规水平井多簇射孔与分段压裂联作管串泵入控制模型 [J]. 测井技术，2013，37 (5)：572-578.
[12] 焦国盈，裴苹汀，唐凯，等. 水平井泵送射孔影响因素分析 [J]. 重庆科技学院学报（自然科学版），2014，16 (1)：71-73.
[13] 刘腾，慕光华，成随牛，等. 编码式多级点火分簇射孔技术 [J]. 石油管材与仪器，2016，2 (6)：70-74.
[14] 康斌. 浅谈国内水平井电缆分簇射孔新技术 [J]. 江汉石油职工大学学报，2017，30 (3)：62-64.
[15] 杨登波，陈锋，唐凯，等. 分簇射孔电缆两级注脂动密封分析研究及应用 [J]. 测井技术，2017，41 (5)：611-615.
[16] 王安仕，吴晋军. 射孔—高能气体压裂复合技术研究 [J]. 西安石油学院学报，1997，7 (4)：12-18.
[17] 吴晋军，马荣华. 复合射孔压裂技术的应用研究 [J]. 石油矿场机械，2000，29 (2)：31-33.
[18] Eel co Bakker，等. 动态负压射孔新技术 [J]. 油田新技术，2003/2004：54.

[19] 张维山, 王朝晖, 等. 多级脉冲深穿透聚能射孔技术 [C]. IADC/SPE SPE-156236-PP.

[20] 王朝晖, 张维山. 多级脉冲深穿透聚能射孔技术研究 [J]. 钻采工艺, 2010 (3): 57-60.

[21] 孙新辉, 刘辉. 复合射孔技术综述 [J]. 爆破器材, 2007, 30 (5): 32-34.

[22] Fisher M K, heinze J R, Harris C D, et al. Optimzing horizontal completion techniques in the Barnett shale using microseismic fracture mapping [C]. the SPE annual technical conference and exhibition, 2004.

[23] Andy Martin, Larry Behrmann. Perforating requirements for Fracture Stimulation [C]. 2012 International Perforating Symposium, 2012.

[24] Lan Walton. Optimal perforating design for hydraulic fracturing and wellbore connectivity in gas shales [C]. 2009 International Perforating Symposium, 2009.

[25] 陈华彬, 唐凯, 陈锋, 等. 水平井定向分簇射孔技术及其应用 [C]. 天然气工业, 2016, 36 (7): 33-37.

[26] 唐凯, 陈建波, 陈华彬, 等. 超高压射孔枪结构设计及数值分析 [C]. 测井技术, 2012, 36 (1): 73-77.

[27] 唐凯, 王海东, 彭建新, 等. 8000m超高温超高压超深井射孔配套技术 [J]. 钻采工艺, 2018, 41 (2): 57-60.

[28] 李奔驰, 唐凯, 陈华彬, 等. 210MPa射孔枪耐压性能影响因素分析及现场应用 [J]. 测井技术, 2016, 40 (3): 377-381.

[29] 陈华彬, 陈锋, 唐凯, 等. 射孔对油层套管动态力学研究进展 [J]. 测井技术, 2016, 40 (5): 650-653, 658.

第六章 测井数据处理及解释评价技术

随着油田勘探与开发工作的不断深化和对油气层认识的不断加深，我国油气探明储量构成及未来剩余油气资源预测研究均表明，低渗透碎屑岩油气藏、碳酸盐岩等缝洞型油气藏、致密油气、煤层气逐渐成为油气发现和油气产出的重要领域。相应地，特低孔渗、致密砂岩/砂砾岩等复杂碎屑岩、碳酸盐岩和火山岩等缝洞型储层、煤层气等非常规储层精细评价就逐渐成为测井专业的核心任务。我国特有的陆相碎屑岩储层与海相缝洞碳酸盐岩储层所表现出来的测井岩石物理与解释评价难题，一直是困扰测井界的技术瓶颈，长期以来都充满着挑战，而国际上基本没有可借鉴的成熟经验。

为了解决以复杂碎屑岩、碳酸盐岩、煤层气为代表的复杂储层油气测井数据处理及解释评价的瓶颈问题，"十二五"期间，在深入储层品质评价、配套成像精细处理技术、油气解释评价技术和重点探区应用4个方面开展技术攻关。形成了成像测井精细处理技术、基于均质化地层电磁场泥的含水饱和度和油气含量计算技术、低孔低渗储层测井评价技术、非均质复杂缝洞储层测井评价技术、致密油气储层测井评价技术、煤层气储层测井评价技术六大技术系列。以六大技术系列为基础，构建形成了复杂碎屑岩、碳酸盐岩和煤层气测井解释评价技术体系，并在松辽、鄂尔多斯、塔里木、四川、渤海湾等盆地重点探区得到广泛的应用，为"十二五"期间储量高峰期工程提供了重要的技术支撑。

第一节 成像测井精细处理技术

成像测井资料处理技术对发挥以及提升成像测井装备价值意义重大。有效快速的处理技术，能推动测井装备现场快速推广以及基于采集资料挖掘更多的地质信息，帮助地质分析家进行储层分析、油气识别以及为后期储层改造提供有价值的信息。本节介绍了阵列感应、微电阻率成像、远探测声波、核磁共振以及地层元素测井配套的特色校正、精细处理技术以及在生产中的典型应用。

一、复杂井眼阵列感应处理技术

复杂井眼阵列感应处理技术主要包括自适应井眼校正、合成处理、斜井校正和电阻率反演等技术。井下测量原始信号首先进行井眼环境校正，消除井眼影响。真分辨率合成模块同时消除二维环境影响和趋肤效应影响，得到5条不同探测深度电阻率曲线。分辨率匹配将5条不同探测深度曲线匹配为3种具有统一分辨率的15条电阻率曲线，用于薄层分析和侵入评价。电阻率反演模块实现了三参数、四参数和五参数快速反演，反演得到侵入半径、冲洗带电阻率和地层电阻率等参数。

1. 自适应井眼校正

阵列感应成像测井的测量信号会不同程度地受到井眼环境的影响，近接收子阵列受到的影响较大，为准确获取地层电导率信息，首先应对各接收子阵列测量信号进行准确的井眼环境校正，消除井眼环境影响以获取地层的真实信息。阵列感应仪器的优点是短子阵列多，井眼附近信息丰富，当短子阵列测量准确时，可以准确反演井眼模型，从而实现井眼校正[1]。

井眼响应是关于井眼半径 r_h、偏心半径 r_{ecc}、钻井液电导率 σ_m 和地层电导率 σ_t 四参数的函数，具体表达式为：

$$\sigma_{ma} = f(r_h, r_{ecc}, \sigma_m, \sigma_t) \tag{6-1}$$

针对上述四个参数采用有限元正演模拟方法，计算出原始信号在不同仪器状态及井眼环境下的响应数据库[2]。井眼校正的目的就是消除由于井眼钻井液电导率与地层不一样产生的影响，从测量信号中减去井眼影响就实现了井眼校正。

自适应井眼校正基于预先计算好的井眼响应数据库，通过短子阵列测量值与井眼模型预测响应的最佳适配，实现对井眼影响参数的组合或优化调整，实现快速自适应偏心井眼校正。井眼模型参数的反演就是根据 8 个子阵列的 14 条测量信号确定 4 个井眼模型参数。

基于海量数据库的快速自适应偏心井眼校正功能，大幅降低对测量参数的依赖及人为因素的影响，同时将钻井液电阻率下限可达 $0.01\Omega\cdot m$，增强了仪器对大井眼及井眼垮塌等复杂井况的适应能力，保证了测井资料的可靠性及准确性。

2. 合成处理

阵列感应测井仪器的测井信号经过井眼校正得到 8 组线圈系的 28 条虚实信号，合成处理的目的就是将这些信号合成为测井分析家所需的信号。根据感应测井的物理原理，原始未聚焦合成的测量信号的探测深度与分辨率之间是矛盾的。探测深度深必定分辨率低，探测深度浅则分辨率高[3]。因而在信号合成时，需要增加深探测的高分辨率信息。阵列感应测井合成处理分两步来完成信号合成工作。首先是满足物理条件的真分辨率合成，不同探测深度合成出相应分辨率的曲线。其次是分辨率匹配，实现不同探测深度具有同样分辨率的测井曲线。

阵列感应测井真分辨率合成得到的 5 条不同探测深度曲线 0.25m、0.50m、0.75m、1.50m 和 2.25m 分别对应 5 种分辨率 0.3m、0.6m、1.2m、1.5m 和 1.8m。分辨率匹配就是使不同探测深度曲线具有相同的分辨率，对于 5 条不同探测深度曲线的纵向分辨率匹配，滤波出相邻两条曲线的差值信息，然后根据所需的分辨率匹配到相应的曲线上。一旦得到了相邻两条曲线间的差值信息，就可实现五条不同探测深度曲线间的分辨率匹配。分辨率匹配可得到 3 组分辨率（1ft、2ft 和 4ft）曲线，每组曲线有 5 条探测深度（10in、20in、30in、60in 和 90in）曲线。

3. 斜井校正

斜井中，测井响应除了受与直井环境相同的井眼钻井液、滤饼、冲洗带、过渡带、上下围岩、井眼偏心、井洞、井的粗糙度等影响外，还受倾斜角度的影响。理论分析表明，当地层面法线与井眼轴线的夹角小于 30°时，可以忽略井斜对阵列感应合成处理结果的影响；当井斜逐渐大于 30°时，发射线圈在井眼周围产生的关于仪器轴旋转对称的电流线，将穿过地层界面，在不同地层电导率表面发生折射，表面形成电荷堆积，夹角越大，这种现象越严重，导致电流线不再关于仪器轴旋转对称，而是沿空间复杂轨迹流动，使阵列感应测井合成处理结果异常[4]。

斜井校正模块首先根据仪器斜井正演响应特征设计井斜校正滤波器库，开发了井斜校正软件，斜井信号处理分为两步：斜井校正消除斜井和直井的偏差，得到与直井完全相同的测井曲线，再以直井信号处理方法消除除倾角以外直井中的环境影响。

阵列感应斜井测井资料，经自适应斜井校正处理，曲线响应与声波、伽马等一致，符合地层特征，储层反映关系明晰正确，实现了井斜80°以内基于滤波器库的快速斜井校正功能，增强了阵列感应测井仪器对大斜度井的适应能力。斜井校正流程如图6-1所示。

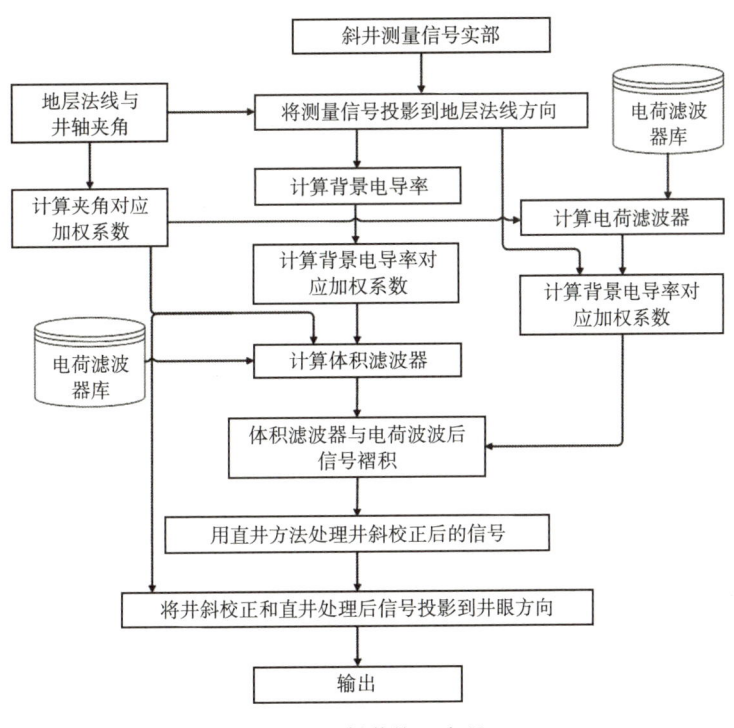

图6-1 斜井校正流程

4. 电阻率反演

传统的反演算法大都依据三参数阶跃侵入模型，即认为地层由侵入带（侵入深度 r_i、冲洗带电阻率 R_{xo}）和原状地层（电阻率 R_t）组成，而常规的双侧向或双感应测井响应只能提供两条不同探测深度的测井曲线，只能进行双参数（r_i 和 R_t）反演，而 R_{xo} 则由探测深度更浅的电阻率测井仪器读数直接给出。双参数反演受理想化阶跃侵入模型及有限测量数据的限制，其精度受到一定的影响。考虑实际侵入过程的特点，充分利用阵列感应测井提供的丰富数据，构造三参数（r_i、R_{xo}、R_t）正反演数值计算模型[5]，四参数斜坡侵入带地层模型（冲洗带深度 r_{x1}、冲洗带电阻率 R_{xo1}、过渡带深度 r_{x2} 和原始地层电阻率 R_t）[6]及五参数冲洗—过渡带侵入模型（冲洗带电阻率 R_{xo1}、冲洗带深度 r_{x1}、低阻环带（或过渡带）电阻率 R_{xo2}、低阻环带（或过渡带）深度 r_{x2}、原始地层电阻率 R_t）[7]，用二维几何因子理论方法和数值模式匹配法对阵列感应测井数据进行了反演计算[8]。

二、微电阻率孔隙度谱处理技术及微电阻率成像视地层水电阻率谱处理技术

1. 微电阻率孔隙度谱处理技术

复杂储层普遍具有组分多样、非均质强、缝孔洞并存等特点，常规测井资料难以有效

判断这类储层的储集空间类型,导致储层有效性评价难。高分辨率井周微电阻率成像测井可精细反映碳酸盐岩储层周向电性非均质性变化,为复杂储层储集空间与储集类型描述提供了新手段[9]。

微电阻率成像孔隙度谱处理原理[10-12]是:基于井周成像储层非均质性测量,实现复杂储层储集空间与类型定量表征,用于分析储层原生次生孔隙配置关系和发育情况、识别储层的孔隙类型、研究碳酸盐岩储层孔隙结构,为储层有效性提供评价支持。该方法适用于复杂储层双孔隙介质系统孔隙非均质分析。其技术流程是:先对微电阻率图像进行电阻率刻度,再利用阿尔奇公式将电成像图像转换为孔隙度图像,基于对孔隙度图像小层段窗长上的自动直方图分析和量化特征提取,提供一个连续的能反映原生和次生孔隙组分结果输出。对于缝洞型碳酸盐储层,该直方图经常显示出双峰、或展布很宽的分布特征;通过分析孔隙度直方图的分布特征,可确定一个连续的截止值用来分离出原生和次生孔隙,小于门槛值的部分为原声孔隙部分,其他的则为次生孔洞部分。孔隙度转换基于阿尔奇公式:

$$\phi_i = \left(\frac{aR_{mf}}{S_{xo}^n}C_i\right)^{1/m} = \phi_{ext}(R_{xo}C_i)^{1/m} \qquad (6-2)$$

式中 ϕ_i——计算出的成像单电扣孔隙度;

a——阿尔奇公式的地层因子参数;

R_{mf}——钻井液滤液电阻率;

S_{xo}——冲洗带含水饱和度;

n——阿尔奇公式中饱和度因子;

m——阿尔奇公式中的孔隙度指数;

C_i——微电阻率成像测井仪器经电阻率刻度后的单电扣电导率;

ϕ_{ext}——另外一种常规孔隙度曲线;

R_{xo}——冲洗带电阻率曲线。

式(6-2)中可用一个额外的常规孔隙度参数(如密度孔隙度或交会出来的孔隙度、或任何已和岩心匹配的交会孔隙度)和一个冲洗带电阻率曲线来代替,应用研究[12]表明:经以上转换后的计算结果优于不进行刻度转换的结果。"十二五"期间,微电阻率成像孔隙度谱处理技术已成功地被应用于大量常规资料评价经常失效或核磁难以有效应用的碳酸盐地层评价中,目前在国内已成熟应用于塔里木、四川、长庆等油田,应用效果良好。

2. 微电阻率成像视地层水电阻率谱处理技术

流体识别一直是复杂储层测井评价研究和关注的核心之一。最能有效揭示流体性质的测井资料是电阻率测井资料。微电成像测井资料是一种电性测井测量,原理上成像资料经浅侧电阻率测井资料刻度后应可用来识别流体性质。

微电阻率成像视地层水电阻率谱处理技术[13,14],类似于孔隙度谱分布计算,先定义成像每个电扣邻域地层范围内的视地层水电阻率为成像电扣像素孔隙度除以成像各电扣刻度后的电导率,再采用窗口统计技术依次计算出成像每个像素点的视地层水电阻率值,并统计出窗口内的视地层水电阻率统计直方图谱,导出视地层水电阻率谱特征参数,用于碳酸盐岩储层流体识别和分析。视地层水电阻率谱[15-19]反映储层中不同位置等效流体导电性分布情况，视地层水电阻率的物理意义是单位体积内导电能力。对于水层，视地层水电阻率分布图上其主峰向小的方向偏离且相对集中；对于油气层，由于油气充注非均质性差异导致其视地层水电阻率值数值偏大且变化范围宽，故其主峰值将向大的方向偏离。实际资料中，可根据成像资料导出的视地层水分布情况推测储层是含油气层还是含水层。

每个单电扣定义的视地层水电阻率如下公式：

$$R_{wai} = \phi_i/C_i = \phi_{ext}(R_{xo}C_i)^{1/m}/C_i \tag{6-3}$$

式中 ϕ_i——计算出的成像各像素孔隙度；

C_i——成像各电扣的电导率；

R_{wai}——每个电扣对应的视地层水电阻率。

3. 应用效果

目前，微电阻率成像视地层水电阻率谱处理技术已成功地应用于塔里木、四川、长庆等油田的碳酸盐岩储层测井评价中，实际应用效果良好，提供了一种新的气水识别方法和手段。图6-2为鄂尔多斯盆地苏×井区一口预探井，3970~3993m层段为马5^5储层段，岩性为细晶白云岩。该井进行了孔隙度谱、视地层水电阻率谱成像精细分析，储层上段3972~3982m层段视地层水电阻率为宽谱特征且视地层水电阻率谱呈现从右向左移动，3982m以下孔隙度谱整体偏窄且偏左，说明该层段下部含水，3982m基本为气水界面；静态图像从电性非均质强逐渐过渡到下部的含有纹理的岩相特征，反映出沉积微相变化。综合分析，二次精细解释将3982m确定为气水界面，下段分别解释为气水同层和水层。试气结果日产气$223×10^4m^3$，后有水产出，该井后期产水与底部含水和合层测气有关。

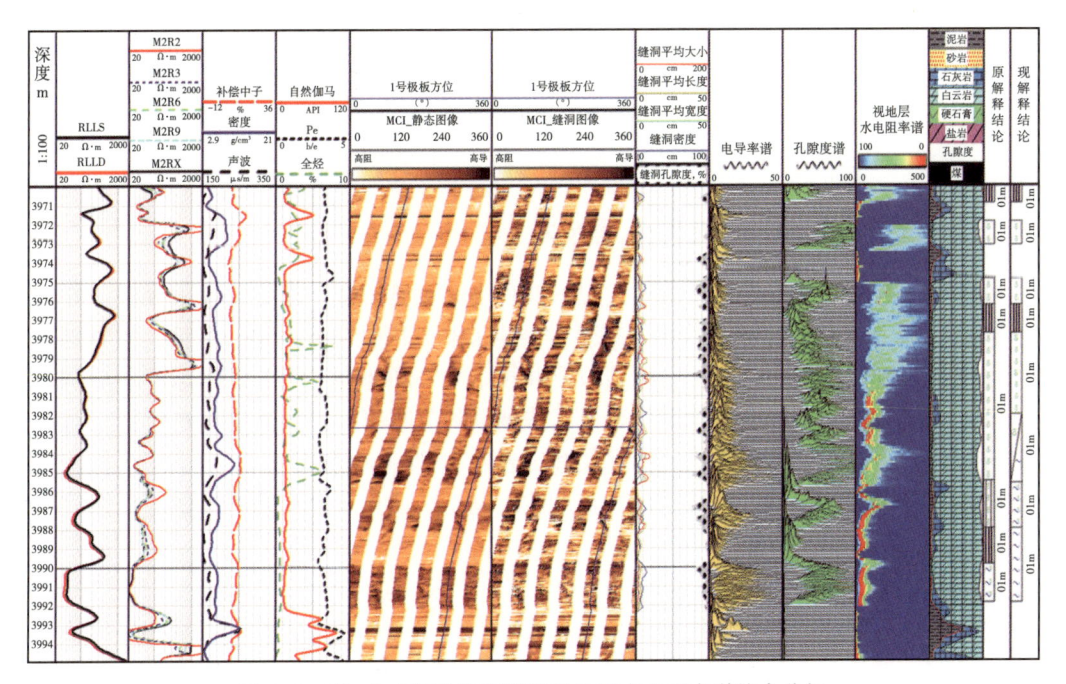

图6-2 苏×井成像孔隙度谱与视地层水电阻率谱综合分析

桃×井为鄂尔多斯盆地桃×井区一口预探井，该井钻探主要目的是落实马家沟组古风化壳储层、中组合储层发育及含气性，3620~3647m层段为马5^{5}储层段，如图6-3所示。其中，3620.5~3625.5m层段为微裂缝—孔洞型储层，其孔隙度谱近正态拖尾逐渐左移，视地层水电阻率谱为宽谱右偏，解释气层。3627~3631m、3638~3645m层段，成像纹理相对发育，孔隙度谱为窄谱靠右、视地层水电阻率谱为窄谱靠左，说明储层含水，解释为气水层与含气水层。试气结果日产气10824m³/d，排少量水，该井产量偏低与底部含水和合层测气有关。

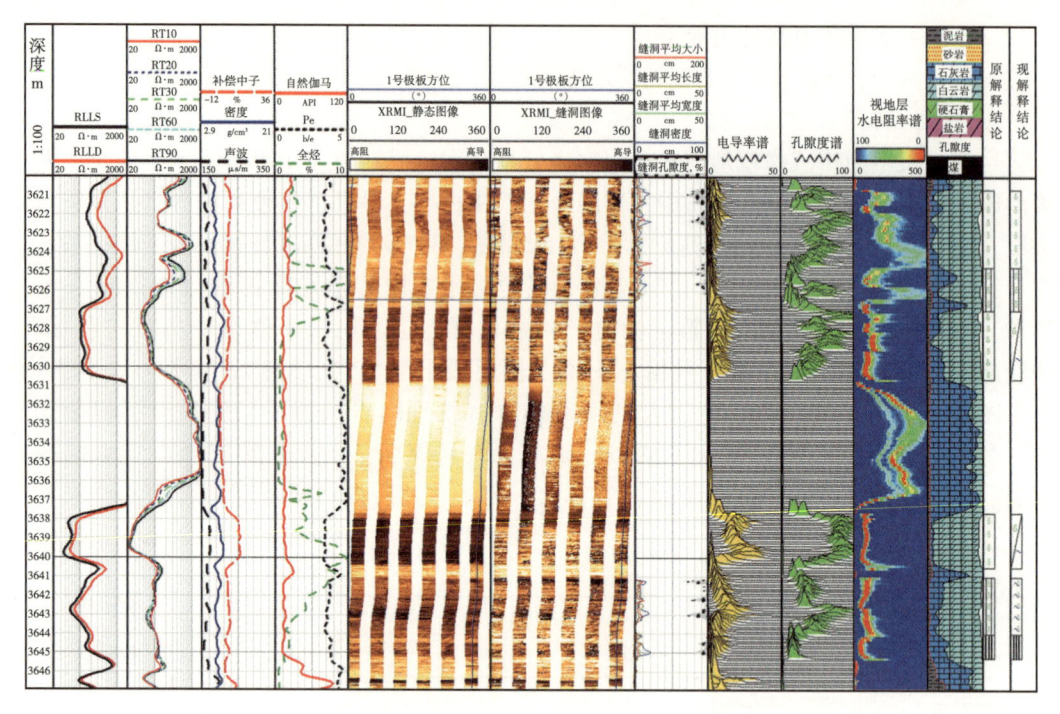

图6-3 桃×井成像孔隙度谱与视地层水电阻率谱综合分析

三、阵列声波远探测成像处理技术

阵列声波远探测成像处理技术通过提取波列中反射波信息，进行成像来分析井外构造（裂缝、孔洞、断层等）。该项技术保持了常规声波测井高纵向分辨率的优势，同时将径向探测深度扩展到几十米，填补了常规声波测井技术与井间地震之间的探测深度和分辨率空白。阵列声波远探测可以在其他勘探手段无法达到的分辨率上提供地层构造特征，对井旁构造进行成像，该项技术仍在进一步发展和完善之中[20]。

阵列声波远探测成像处理技术包括直达波压制、波场分离以及偏移成像等成像等处理方法。

1. 直达波压制

直达波压制利用维纳滤波器和最小二乘匹配方法实现对直达波初至能量和直达波振动周期的压制。通过对直达波子波的压制，减少震荡周期，减小直达波对后续反射波分离以及成像的影响。

2. 波场分离

波场分离是将时差校正后的具有近似到时和初振相位的直达波通过中值滤波等方法进行消除，由于反射波与直达波一般情况下具有不同的同相轴，在滤波过程中反射波能够保留下来。

常用的反射波分离方法主要有中值滤波，频率—波数域滤波，Radon 变换等方法。但这些方法有以下局限：中值滤波的一个缺点是窗函数长度的选取困难，窗函数选取过小，达不到滤波效果，窗函数选取过长，会严重影响处理效率；频率—波数域滤波方法虽然处理效率高，但对直达波到时有着严格的一致性要求，受到采样定理的限制，实际资料处理过程中由于频率—波数域滤波器影响，极易造成吉博斯现象，频谱泄漏以及"RieberMixing"现象（假波现象）；Radon 变换方法伴有假频和端点效应，并且计算量庞大，难以应用与大量实际资料的高效处理。实际测井资料中，直达波初至和振动周期随深度变化较大，以上方法的鲁棒性不能达到现场资料的处理要求。为了克服现有技术的缺陷，根据多极子阵列声波测井井壁直达波和井旁构造反射波的传播规律，结合信号时频分析处理方法，采用一种井旁构造反射波与井壁直达波的分离方法，用于提取井旁构造反射波，抑制井壁直达波，为进一步进行井旁构造成像和井旁构造特征解释提供基础[21]。

通过分离直达波，能得到信噪比更好的反射波信息，为偏移成像准备高质量的基础数据。

3. 偏移成像

从全波数据中分离出上行反射波和下行反射波之后，然后，分别对其进行偏移处理得到地层反射体的图像。地震勘探中偏移成像，通常分为叠后偏移和叠前偏移两种，用以精确得到井旁反射体的"真实"位置。目前来说，常见的几种偏移成像有绕射偏移叠加法、广义 Radon 变换的回传偏移法等[22,23]。

在进行偏移成像过程中需要一个随深度变化的地层速度模型，来确定井旁反射体在地层中的真实位置。通常情况下，采用声波测井所得到的随深度变化的速度曲线，建立偏移成像中所需的速度模型。经偏移叠加之后，反射波数据被变换到二维空间坐标系中，其中一维是从井轴开始向外延伸的径向距离，另一维是测井仪器的深度。从成像图中可以直观地看出井旁反射体从井轴向径向范围延伸的距离和反射体的形态等基本信息。

绕射扫描偏移叠加方法是建立在射线理论基础上的一种偏移方法，偏移剖面上的任何一个点都可以对应叠加剖面上的一条绕射双曲线，该方法可以使反射波自动归位到其所在空间的真实位置上。首先，将所要成像的偏移剖面进行离散，空间中的每一个网格都假设为反射点，如图 6-4 所示。图中 Z 为垂直于井轴的径向方向，X 为仪器移动方向。井旁存在一反射界面，D 为井旁反射界面上的某一点，当源距固定时，每个发射器 T 唯一对应一个接收器 R，并且得到一道波形，根据射线理论计算出从发射器 T 到接收器 R 反射波的旅行时：

$$t = \frac{1}{v}(\sqrt{(X_i - X_T)^2 + Z_j^2} + \sqrt{(X_R - X_i)^2 + Z_j^2}) \quad (6-4)$$

式中　　v——波速；

X_j——井旁反射点仪器移动方向上的位置；

Z_j——井旁反射点径向方向上的位置；

X_T——发射源的位置；

X_R——接收源的位置；

t——反射波到时。

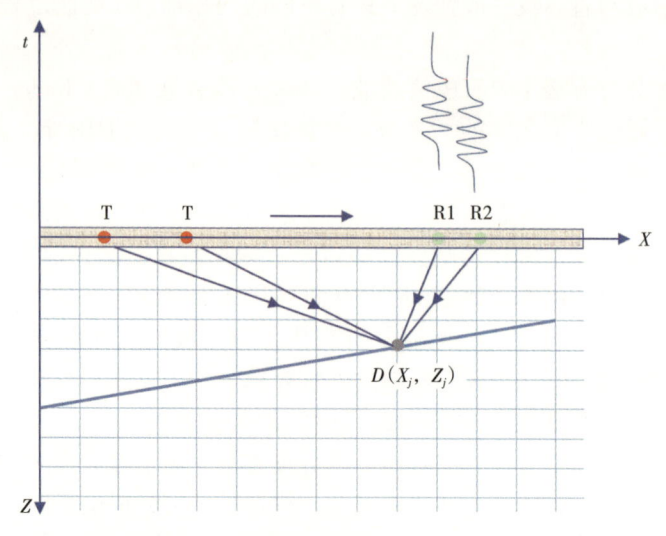

图6-4 井旁反射界面上的反射点D

然后，对整个网格进行扫描，对于任何一个空间网格点D，如果它恰好位于反射界面上，可以按照式（6-4）计算所有的可能反射波到时。假设测井仪器移动了N个位置，那么对于某一源距下，就可以得到N道全波波形，从而计算得到这些位置处所对应的反射波到时，根据到时从波形中取出对应位置处的振幅值A_i，将N个点所对应的N个振幅值累加$A = \sum_{i=1}^{N} A_i$来表征网格点D。如果D点恰好通过了反射界面，对应的振幅值A_i是接近同相的，叠加之后，A必然会很大。反之，如果D点不在反射界面之上，那么得到的对应N个振幅值A_i将不再是同相的，而是随机的振幅值，将其叠加之后，必然会使得振幅值互相抵消，得到一个较小的振幅A。采用这样的方法，可以得到所有网格点上叠加的振幅值，将其显示出来，就得到偏移之后的反射体剖面。

绕射扫描叠加法既能保证反射波能量收敛，也同时使反射波同相轴自动偏移归位，因为可以将反射波同相轴看作许多个绕射同相轴的渐进线，沿渐近线得到的振幅值是相干的，这样就可以获得同相的叠加，然后将得到的叠加值放置在各个绕射双曲线的顶点处，最后将各个顶点用平滑连接起来，就得到了所需的反射界面真实位置。

4. 成像增强

直接成像结果往往噪声干扰较多，成像结果中沿井壁反射回来的界面，及层间非均质地层产生的反射，均会对井旁有效的裂缝、断层构造反射解释产生干扰，不利于构造解释，通常还需要进行成像增强。其中，基于FK（F为频率，K为波数）视速度滤波，将时间、深度域的波形数据通过两次傅里叶变换，将数据转换到频率波数域。

在FK域，选择不同的视速度范围，实现对干扰反射和噪声的压制。

5. 缝洞识别及产状分析

1）构造识别

从理论上讲，常规声波与多极阵列声波测井适合的岩性、构造、环境都适合阵列声波远探测成像处理技术。但是，由于井旁的反射信息又相对较弱，浅层砂泥岩地层速度又相对较慢，对反射波信息衰减较大，记录到的反射波相当微弱很难识别出来。所以，阵列声波远探测成像处理技术不建议在浅层砂泥岩地层中应用。阵列声波远探测成像处理更适用于相对致密，且储集空间类型以裂缝、孔洞为主的碳酸盐岩、火成岩等快速地层。

通过研究分析，阵列声波远探测成像处理地层岩性、物性适用性结论如下：

（1）适用于碳酸盐岩、火成岩等快速地层；
（2）井壁附近储层物性越差，反射信息越可靠，应用效果越好；
（3）适用于常规测井资料评价的干层、三类储层、二类储层和部分一类储层；
（4）井壁为好物性的孔洞型储层对阵列声波远探测测量结果有一定的影响，但影响程度应视储层物性、阵列声波远探测成像资料情况而具体分析。

根据反射体模型实验研究、数值模拟结果，分析、总结实际井阵列声波远探测反射波响应特征，并结合电成像等测井资料的特征，建立不同储集空间类型的阵列声波远探测反射波响应图版，为利用阵列声波远探测测井资料进行井旁储集空间识别和评价提供依据。

过井裂缝型储集空间在阵列声波远探测反射波成果图上显示上行波、下行波都比较明显，反映存在一组声阻抗界面，且在一条直线上，在电成像成果图上对应井段存在与井眼相交的裂缝，其反射波响应特征见图6-5。

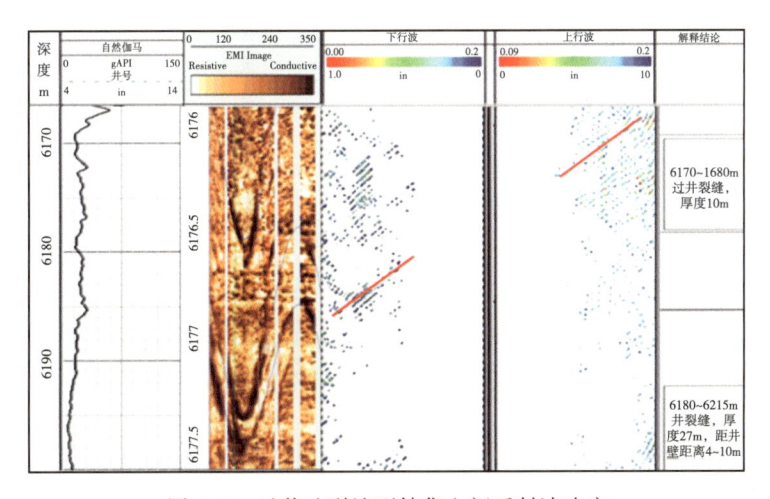

图6-5 过井壁裂缝型储集空间反射波响应

井旁裂缝型储集空间在阵列声波远探测反射波成果图上显示较强的上行波、下行波信号，上行波、下行波为分布在距井壁3m外一定位置上的一组反射，呈条带状，在发育井旁裂缝地层的上下段电成像成果图上可能显示有伴生的过井壁裂缝，其反射波响应特征见图6-6。

溶蚀孔洞或网状裂缝型储集空间在阵列声波远探测反射波成果图上显示上行波、下行波信号较明显，上行波、下行波呈分散的斑点状或斑块状分布，无规则，在电成像成果图上对应井段一般有溶蚀孔洞或网状裂缝特征，其反射波响应特征见图6-7。

洞穴型储集空间在阵列声波远探测反射波成果图上显示"很强"的上行波、下行波信号，上行波、下行波呈"弧"状特征，在电成像成果图上对应井段有大的暗色斑块或较宽的暗色条带，井径扩径明显，常规测井资料计算孔隙度高，其反射波响应特征见图6-8。如果对阵列声波远探测原始资料进行去增益处理则洞穴型反射波信号很弱。

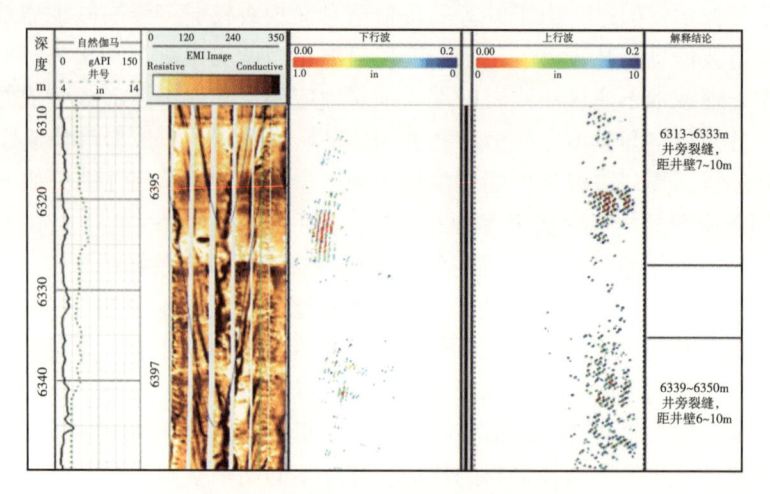

图 6-6 井旁裂缝型储集空间反射波响应

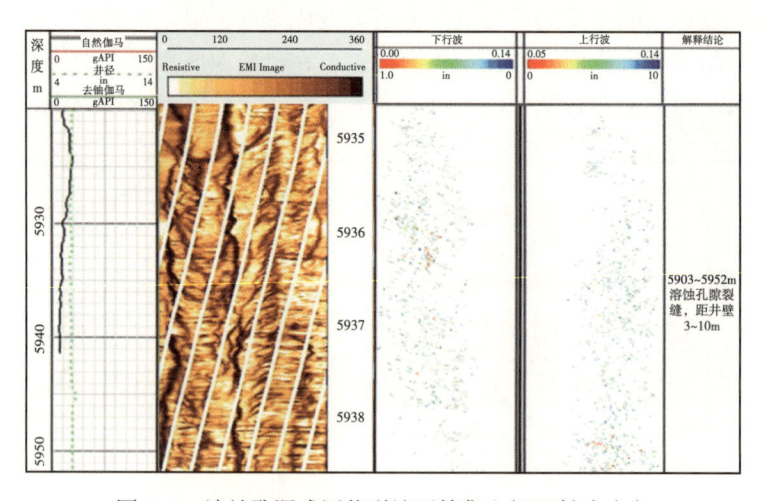

图 6-7 溶蚀孔洞或网状裂缝型储集空间反射波响应

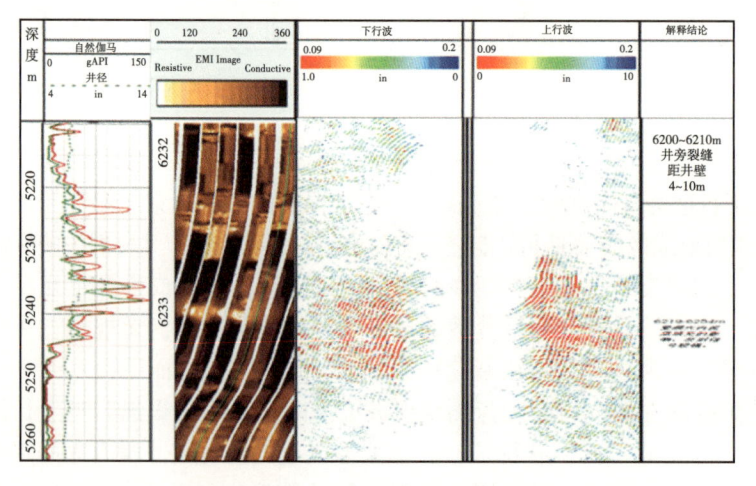

图 6-8 洞穴型储集空间反射波响应

2）产状分析

构造产状分析是基于多角度成像处理成果，对每个方位，通过控制单深度方位成像图，选择成像最佳方位，进而对井旁构造进行交互勾选，提取裂缝的产状及延伸长度等参数。

6. 应用效果

2013—2014 年，阵列声波远探测处理解释软件主要在塔里木油田、华北油田、玉门油田、川庆钻探公司等以及中国石油集团测井有限公司塔里木、吐哈、青海、华北、长庆等事业部应用。累计处理 100 余井次，根据有产液的井统计，处理解释结论与产业符合率超过 80%。

华北油田隐蔽型潜山成藏条件复杂，储层非均质性强、组合复杂。常规测井响应规律不明显，勘探难度大，无法建立区域准确的裂缝分布，直接影响到酸化、压裂等施工方案的效果和新的井位部署。针对华北潜山碳酸盐岩储层的地质特点和区块特征入手，采用最新研发的远探测处理软件模块进行参数优化，对华北潜山碳酸盐储层井旁地质构造特征进行评价。其中风险探井 at1x，中间完井的远探测对井筒及井旁的裂缝分析结果为加深钻进决策、发现了更多储层起到了推动作用，为潜山地区裂缝系统建立提供了准确的裂缝参数，如图 6-9 所示。目标层井段大型酸压后：产油 57.85t/d、气 40.8819×10^{4}m^3/d。后续两口井安探 2×井和安探 3 井的应用，均取得了工业油气流，该技术为华北油田增储上产贡献了力量。

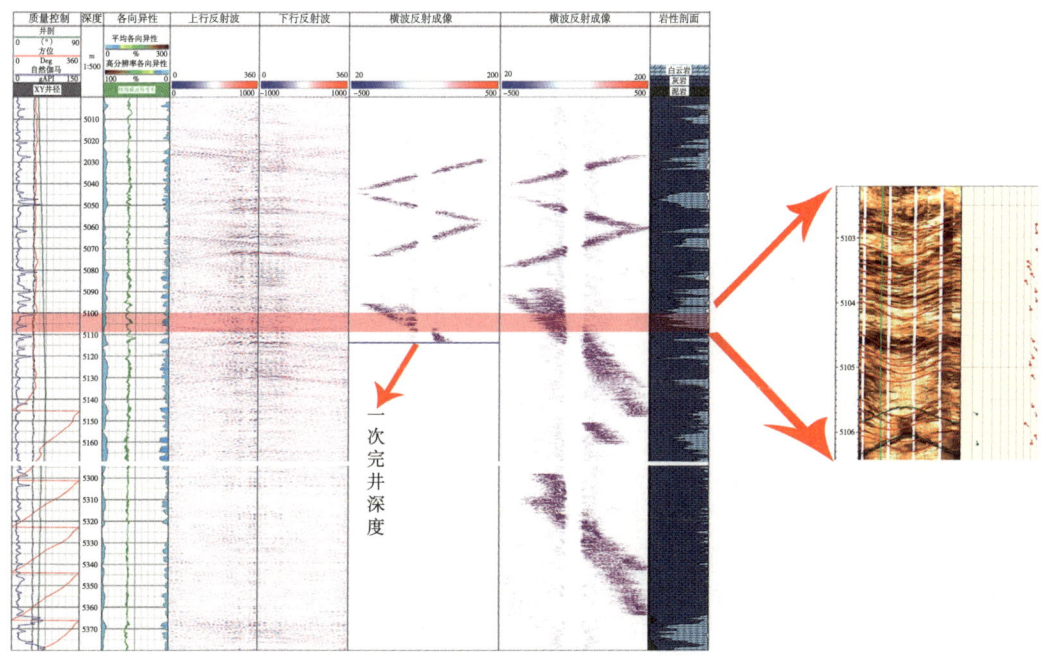

图 6-9 at1x 处理解释成果图

四、核磁共振回波数据处理技术

本部分介绍了 NMR 弛豫信号多指数反演方法，时域分析孔隙度校正以及孔渗饱计算方法，同时也对 MRT 核磁共振测井资料处理解释软件[24]的处理流程以及测井资料应用效果进行了详细的介绍。

1. 回波数据处理方法

1）核磁共振回波反演

回波信号是孔隙系统共同作用的结果，可以用如下的方程进行表示：

$$M(t_i) = \int_{T_{2\min}}^{T_{2\max}} f(T_2) \exp(-t_i/T_2) \mathrm{d}T_2 + \varepsilon_i \tag{6-5}$$

式中 $M(t_i)$——经过预处理的 t_i 时刻核磁回波信号；

$T_{2\max}$ 和 $T_{2\min}$——分别表示流体最长和最短横向弛豫时间；

$f(T_2)$——不同 T_2 对应的孔隙度；

ε_i——t_i 时刻的回波噪声。

核磁共振测井仪器采集的回波串是不同 t_i 的一系列线性方程。采用反演方法进行 $f(T_2)$ 求取，得到不同 T_2 时孔隙所占的份额，称为回波反演。

式（6-5）为第一类 Fredholm 积分方程，噪声信号的加入使回波信号反演的结果出现多解性。对方程进行离散化，表示为如下形式：

$$M(t_i) = \sum_{j=1}^{m} a(T_{2j}) \mathrm{e}^{\frac{-t_i}{T_{2j}}} + \varepsilon_i \tag{6-6}$$

式中 T_{2j}——横向弛豫时间，

m——布点数；

$a(T_{2j})$——横向弛豫时间下孔隙度分量。

求解 $a(T_{2j})$ 的过程就是反演的过程。

对于式（6-6）的求解，目前主要有奇异值分解法、模平滑法、曲率平滑法、联合迭代法（SIRT）、BRD 变换反演等，其中奇异值分解法[25]比较常见，在低信噪比的条件下，具有反演速度快、精度高的特点。

奇异值分解法是求解线性方程组基本方法。具体做法是对方程组 $AX=Y$ 的系数矩阵 A 做奇异值分解：$A=UWV^{\mathrm{T}}$，其中 U 和 V 分别为正交矩阵，W 为对角阵，对角线上为依次递减的奇异值。满足 $\|AX-Y\|_2$ 最小意义下的最优解可以表示为：

$$X = V \mathrm{diag}\left(\frac{1}{\omega_1}, \frac{1}{\omega_2}, \cdots, \frac{1}{\omega_r}, 0, \cdots, 0\right) U^{\mathrm{T}} Y \tag{6-7}$$

式中 $\omega_1, \omega_2, \cdots, \omega_r$——奇异值。

最大奇异值和最小奇异值之比反映了 A 的病态程度，被称为 A 的条件数，记作 $\mathrm{cond}A = \omega_{\max}/\omega_{\min}$。通过去掉小的奇异值，可以降低条件数，使方程的解趋于稳定。

2）核磁共振时域分析

核磁共振时域分析方法是应用长短等待时间采集到的核磁共振回波信号进行储层流体识别和孔隙度的校正，可以进行油气层的识别，定量计算油气含量。在得到油气含量的前提下，进行含氢指数校正和极化校正。

在核磁共振磁体完成对储层孔隙流体的极化后，流体的磁化强度的衰减呈单指数衰减规律，回波信号幅度可以表示为：

$$M(t) = M(0)\exp(-t/t_{2w}) \tag{6-8}$$

式中 $M(t)$——经过预处理的 t 时刻核磁共振回波信号；

$M(0)$——零时刻的回波信号；

T_{2f}——水的横向弛豫时间。

实际地层中信号为多种流体的组合，回波串信号幅度表示为多种流体信号组合：

$$M(t) = M_{wtr}\exp(-t/t_{2w}) + M_{oil}\exp(-t/t_{2o}) + M_{gas}\exp(-t/t_{2g}) \tag{6-9}$$

式中 t_{2o}，t_{2g}——分别为地层中油、气的横向弛豫时间；

M_{wtr}，M_{oil}，M_{gas}——分别为水、油、气零时刻对应的回波信号。

假设水完全被极化，回波信号差 EDIF 的计算公式变为：

$$\text{EDIF} = \sum \begin{Bmatrix} M_{oil}(0)[\exp(-t_{ws}/t_{1o}) - \exp(-t_{ws}/t_{1o})] * \exp(-t/t_{2o}) \\ + M_{gas}(0)[\exp(-t_{ws}/t_{1g}) - \exp(-t_{ws}/t_{1g})] * \exp(-t/t_{2g}) \end{Bmatrix} \tag{6-10}$$

式中 t_{wl}，t_{ws}——分别为长、短等待时间；

t_{1o}，t_{1g}——分别为油和气的纵向弛豫时间。

回波信号差 EDIF 通过刻度可以转换成孔隙度，表示为：

$$\Delta\phi = \phi'_{oil}\exp(-t/t_{2o}) + \phi'_{gas}\exp(-t/t_{2g}) + \text{noise} \tag{6-11}$$

式中 noise——噪声信号；

$\Delta\phi$——含烃孔隙度的差值；

ϕ'_{oil}——视含油孔隙度；

ϕ'_{gas}——视含气孔隙度。

对信号差 EDIF 进行拟合，可以得到 ϕ'_{oil}、ϕ'_{gas}，其真孔隙度与视孔隙度的关系可以表示为：

$$\phi'_{oil} = \phi_{oil} I_{Ho} \Delta ao, \quad \phi'_{gas} = \phi_{gas} I_{Hg} \Delta ag \tag{6-12}$$

式中 I_{Ho}——油的含氢指数；

I_{Hg}——气的含氢指数。

Δao，Δag 已知。计算即可得到经过极化校正和含氢校正后的含烃孔隙度：

$$\phi_{oil} = \phi'_{oil}/(I_{Ho}\Delta ao), \quad \phi_{gas} = \phi'_{gas}/(I_{Hg}\Delta ag) \tag{6-13}$$

图 6-10 为时域分析采用时域分析处理前后对比效果图。图中第 8 至第 11 道分别为总孔隙度、有效孔隙度、渗透率以及含水饱和度对比结果（蓝色为处理前，红色为处理后）。通过对比不难看出，经过时域分析处理后，孔隙度、渗透率与岩心分析数据更加吻合，处理效果有明显改善。

3）标准 T_2 谱分析

从核磁共振反演 T_2 谱分析得到岩石孔隙度，并实现孔隙度的细分，区分黏土束缚水、毛管束缚水，可动流体孔隙度和渗透率等储层参数称作标准 T_2 谱分析。

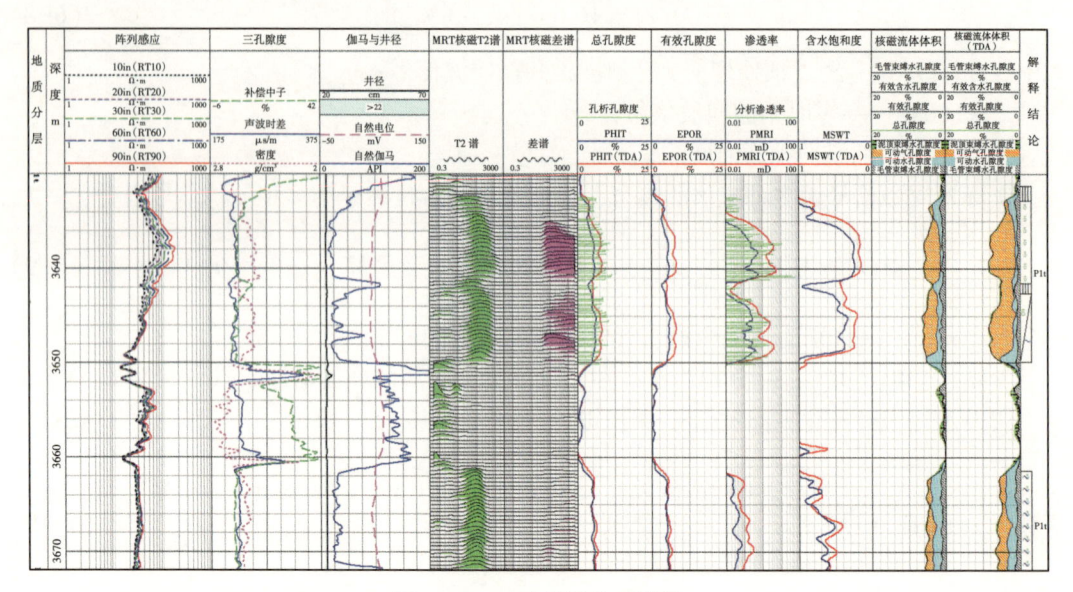

图 6-10 时域分析处理结果

核磁总孔隙度的积分表现形式为：

$$\phi_t = \int_{t_{2\min}}^{t_{2\max}} M(t_2)\,\mathrm{d}t_2 \tag{6-14}$$

式中 $t_{2\max}$ 和 $t_{2\min}$ ——分别为反演布点的最大横向弛豫时间和最小横向弛豫时间；

$M(t_2)$ ——对应于 T_2 谱的幅度。

进行核磁共振孔隙度划分基于一种假设：T_2 的大小与孔隙尺寸正相关，这样设定一个值，小于该值的为小孔隙中的水为束缚水，大于该 T_2 截止值对应的孔隙度为可动流体。这样的话，可以对 T_2 谱进行孔隙度划分如下。

通过 T_2 截止值进行孔隙划分称为 BVI 截止值方法。T_2 截止值的准确选取很关键，需要通过岩心实验，给出该地区的 T_2 截止值，在资料处理解释的时候进行分层设定。

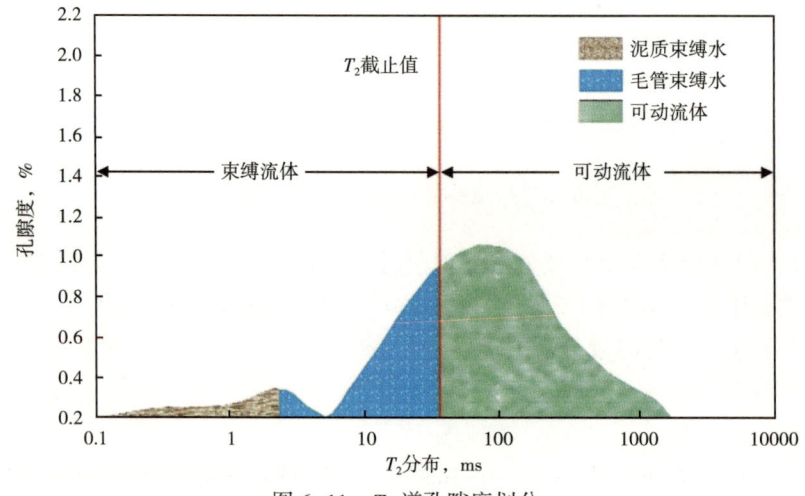

图 6-11 T_2 谱孔隙度划分

4）优化处理

为了将核磁共振共振测井作用发挥得更加充分，在进行核磁共振测井解释和分析时通常会结合常规测井资料，尤其在油气定量评价时，仅使用核磁共振测井资料尚存在局限性，因此需要将常规测井资料结合在一起，更大限度地发挥资料的作用。优化处理包括总孔隙度优化和束缚水饱和度优化两个部分。

总孔隙度优化的总体思路是根据三孔隙度测井和核磁共振测井分别计算出地层的总孔隙度，测井解释人员根据地区经验优选合适的孔隙度曲线作为地层总孔隙度。其中孔隙度计算主要涉及中子孔隙度、声波孔隙度、密度孔隙度、中子—密度交会孔隙度、中子—声波孔隙度等。束缚水饱和度优化的总体思路是利用常规测井曲线以及核磁共振测井曲线计算束缚水饱和度，对所得的饱和度进行优选，得到适应的地层的饱和度。

5）综合油气评价

综合油气评价主要涉及渗透率的计算和含烃饱和度计算两个方面。

（1）渗透率计算。

进行核磁共振渗透率计算的模型主要有 SDR 模型[26]、Coates 模型。大量的解释处理和实验数据表明，固定指数的 Coates 模型计算出来的渗透率与岩心结果匹配率并不高，引入变量 m、n 发展拓展的 Coates 模型：

$$K = \left(\frac{\phi}{C}\right)^m \left(\frac{FFI}{BVI}\right)^n \qquad (6\text{-}15)$$

式中　ϕ——核磁共振有效孔隙度；

　　　BVI——束缚流体体积；

　　　FFI——可动流体体积；

　　　C——常量。

通过岩心数据对 m、n 进行标定，用于实际井的解释处理。

（2）含烃饱和度计算。

核磁共振测井资料采用双水模型进行含油饱和度的求取。Coates 引入了改进了原有的双水模型，为了减小 m、n 的不确定性，引入 w 因子，发展新的双水模型的计算表达式为：

$$C_t = (\phi_t S_w)^w \left[C_w \left(1 - \frac{S_{wb}}{S_w}\right) + C_{cw} \frac{S_{wb}}{S_w} \right] \qquad (6\text{-}16)$$

式中　C_t——地层水电导率；

　　　ϕ_t——优化后的孔隙度；

　　　C_w——地层水电导率；

　　　S_{wb}——束缚水饱和度；

　　　S_w——含水饱和度；

　　　C_{cw}——黏土束缚水电导率。

其中 w 的计算方法为：

$$w = \frac{\lg(\phi_t^m S_w t^n)}{\lg(\phi_t S_w)} \qquad (6\text{-}17)$$

式中 m——胶结指数；

n——饱和度指数。

6）孔隙结构分析

核磁共振测井资料可以评价孔隙的结构，通过 T_2 分布可以反映岩石孔隙结构。孔隙结构分析主要是储层孔隙结构参数的计算，对 T_2 谱不同孔隙区间所占比例进行统计，同时计算孔隙毛管压力曲线特征参数，包括中值压力、均值系数、平均孔喉半径、相对分选系数、均值半径、峰态、最大孔喉半径、排驱压力、中值半径、歪度、分选系数、T_2 几何平均等。

2. 应用效果

MRT 核磁共振测井仪现已在长庆油田、华北油田、青海油田、吐哈油田得到推广应用。应用 LEAD 软件对 MRT 核磁共振测井资料进行处理，取得良好的应用效果。核磁共振测井资料主要用于孔渗计算和流体类型识别等方面。

1）孔隙度和渗透率的计算

图 6-12 为×井 LEAD 软件孔隙度和渗透率计算结果，其中第 5 道为渗透率，第 6 道为孔隙度。通过岩心得到的孔隙度、渗透率（对应图中的物性分析孔隙度和物性分析渗透率）同核磁共振计算得到的孔隙度和渗透率有较好的吻合。

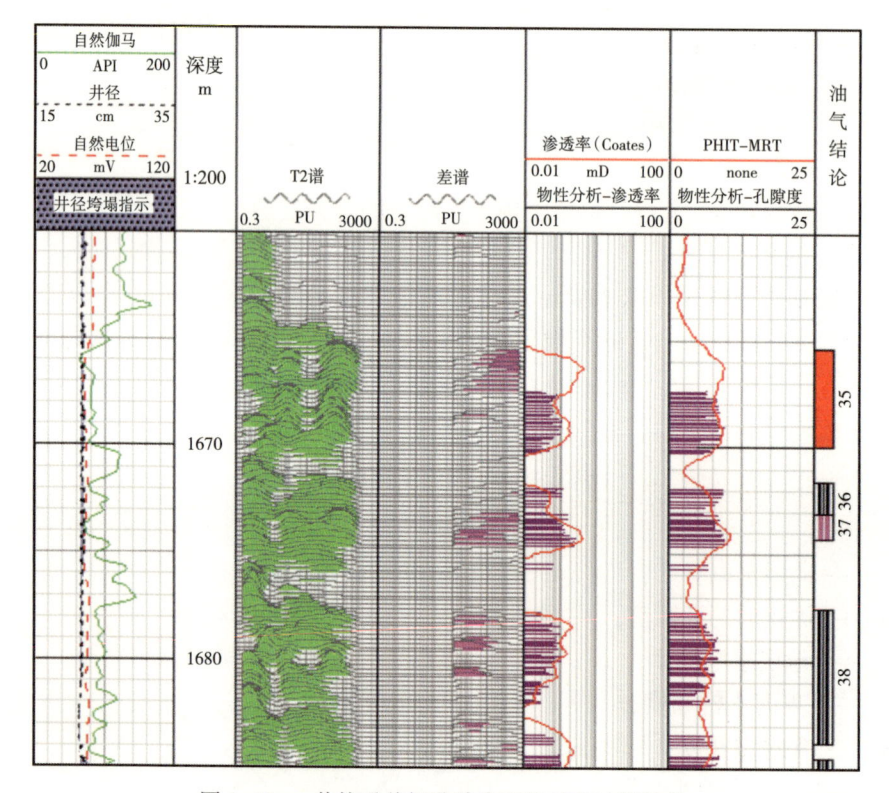

图 6-12 ×井核磁共振孔隙度和渗透率计算结果

2）流体类型识别

不同流体的纵向弛豫时间、横向弛豫时间、扩散系数都有所不同，通常天然气的 T_2 差异很大，但 T_1 很接近，盐水和石油具有相近的 T_2 与扩散系数 D，但 T_1 差异很大，通过分析地层核磁共振特性就可以识别其流体类型，应用最多的识别方法有差谱法和移谱法。

（1）差谱法。

在进行差谱识别时，应该满足如下条件：①油气和水之间需要由足够大的 T_1 差异。如果差异不大，常常会导致差谱信号很弱，在 T_2 谱上没有反映。②地层水需要完全极化。③油必须为轻质油。

（2）移谱法

移谱法是利用流体类型之间的扩散差异，采用长短不同的回波间隔测量自旋回波串，回波间隔的加大会使得流体的横向弛豫时间减小，在 T_2 谱上的表现是油、水的峰值会向左移动。由于流体类型的扩散系数的差异，水的 T_2 谱的峰值的移动比油的移动要快，这样就达到了分离油水的目的。移谱法可以作为一个定性识别油气的手段。

五、地层元素数据处理技术

地层元素测井技术通过准确测定地层元素，实现复杂岩性剖面精细扫描，为油气识别提供关键支持[27]，并可用于烃源岩和沉积环境分析[28]，同时，还可以为压裂和射孔作业提供地层脆性和塑性参数，是解决复杂岩性和非常规勘探难题的测井利器[29-33]。该技术主要利用快中子发生非弹性散射［图2-8（a）］后形成的热中子与地层各种元素的原子核发生辐射俘获核反应［图2-8（b）］所瞬发的伽马射线能量不同，通过BGO晶体探测器探测和记录地层中元素对热中子的俘获特征伽马能谱，从而定性、定量确定地层中的元素成分和含量[34-42]。

1. 元素含量数据处理

FEM地层元素测井仪首先对测量得到的能谱数据进行预处理，包括自适应滤波（减小或消除统计涨落）、能谱的归一化、地层谱的漂移校正（消除测井过程中由于温度及仪器稳定性等因素引起的地层实测谱漂移）、标准谱的谱形校正等。

地层元素的数据处理过程主要包括以元素标准谱为基础，采用加权最小二乘法进行能谱分析求取各元素的产额；利用模型井进行刻度确定各元素的灵敏度因子；利用氧化物闭合模型确定标准化因子，进而确定各元素的含量。

1）元素标准谱的制作

FEM地层元素测井仪实测谱的能谱分析是地层元素数据处理方法的重要环节。从数学角度，仪器实测谱可以看成是不同元素标准谱的线性组合，所以元素标准谱是进行能谱分析的基础。FEM地层元素测井仪创造性地采用Monte Carlo数值模拟[43]和实体模型试验相结合的技术制作了12种元素标准谱[44]（图6-13）。

2）解谱计算产额

在测井过程中，仪器所测的地层谱可以看作是不同元素标准谱的线性组合，通过加权最小二乘法可以得到各种元素的产额。

地层谱各道的计数率可以用下面的线性统计模型表示：

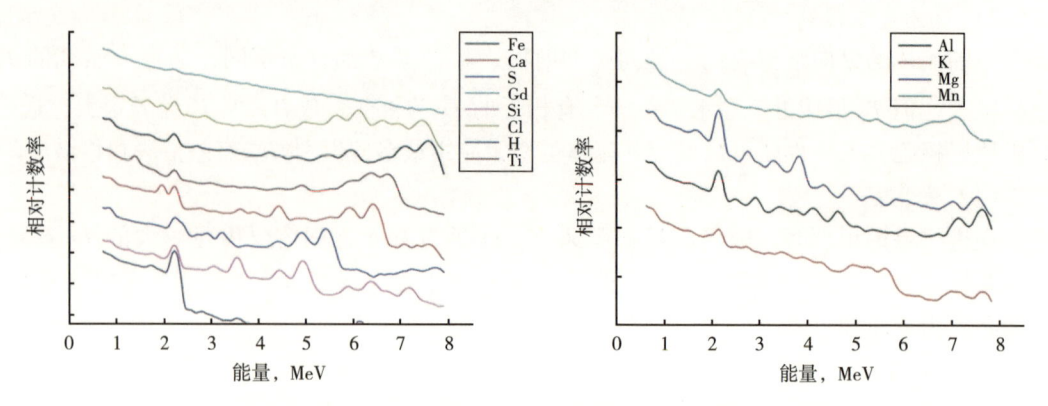

图 6-13　元素标准谱

$$c_i = \sum_{j=1}^{m} a_{ij} y_j + \varepsilon_i \quad i = 1, 2, 3, \cdots, n \tag{6-18}$$

式中　c_i——仪器所测的地层谱的第 i 道计数；

　　　a_{ij}——由元素的标准谱得到的 $n \times m$ 阶响应矩阵 $\boldsymbol{A}$ 的 (i, j) 元；

　　　y_i——第 j 种元素的产额；

　　　ε_j——误差；

　　　m——元素总数；

　　　n——总道数或道区数。

采用加权最小二乘法求解可以得到比较精确的元素产额的解。

设：

$$R = \sum_{i=1}^{n} w_i \varepsilon_i^2 = \sum_{i=1}^{n} w_i (c_i - \sum_{j=1}^{m} a_{ij} y_j)^2 \tag{6-19}$$

当 $\dfrac{\partial R}{\partial y_j} = 0$ 时，R 最小，由此可以推导出正则方程：

$$\boldsymbol{A}^{\mathrm{T}} \boldsymbol{W} \boldsymbol{A} \boldsymbol{y} = \boldsymbol{A}^{\mathrm{T}} \boldsymbol{W} \boldsymbol{C} \tag{6-20}$$

则：

$$\boldsymbol{y} = [\boldsymbol{A}^{\mathrm{T}} \boldsymbol{W} \boldsymbol{A}]^{-1} [\boldsymbol{A}^{\mathrm{T}} \boldsymbol{W} \boldsymbol{C}] \tag{6-21}$$

其中：　　　　　　　$\boldsymbol{C} = (c_1, c_2, \cdots, c_n)^{\mathrm{T}}$，$\boldsymbol{y} = (y_1, y_2, \cdots, y_m)^{\mathrm{T}}$

式中　$\boldsymbol{A}$——以每种元素标准谱为列向量组成的矩阵；

　　　$\boldsymbol{y}$——由元素产额组成的列向量；

　　　$\boldsymbol{W}$——权矩阵；

　　　$\boldsymbol{C}$——仪器归一化后的各道计数率组成的列向量。

3）氧化物闭合模型

元素的相对产额反映了元素对测量能谱的贡献，不能直接用来进行岩石物理评价，在实际测井中要使用氧化物闭合模型将元素的产额转化为元素的含量。

氧化物闭合模型的基本思想是所有元素的重量百分含量之和为 1，同时，地层所有矿物都可以认为是由氧化物或碳酸盐组成，组成矿物的氧化物、碳酸盐含量百分数之和为 1。该方法的核心就是用独立的方式对通过热中子辐射俘获核反应测得的每种元素的相对产额重新归一化，从而求得每种元素的百分含量。此模型的优点在于，克服了难以定量描述骨架中 C、O 两种元素的问题，能够直接计算岩石骨架主要元素含量。

氧化物闭合模型可以用如下的方程来表示：

$$F\left[\sum_j X_j \frac{y_j}{S_j}\right] = 1 \qquad (6-22)$$

式中　F——随深度变化的标准化因子，也称为归一化因子；
　　　X_j——元素 j 对应的氧化物或碳酸盐重量与元素 j 的重量比，定义为元素 j 的氧化物指数；
　　　y_j——测量到的元素 j 的相对产额；
　　　S_j——元素 j 的灵敏度因子。

元素 j 的含量可以由下式计算

$$W_j = F \frac{y_j}{S_j} \qquad (6-23)$$

式中　W_{tj}——地层中第 j 种元素的重量百分含量；
　　　y_j——第 j 种元素的产额，即第 j 种元素中子俘获伽马谱对混合谱的贡献份额；
　　　S_j——第 j 种元素的相对灵敏度因子，它与具体元素、探测器有关，与中子源强度、中子输运、地层密度无关。

F 与单种元素无关，只与仪器和仪器所处的地层有关的量，所以在地层变化的时候 F 也随之变化。

FEM 地层元素测井仪数据处理过程中，采用基于闭合模型标定的多尺度优化算法，既提高了元素含量的计算精度，又最大限度地提升了算法的稳定性。

2. 矿物含量定量解释

地层元素测井的处理解释方法采用基于地层体积物理模型的组分最优化实现测井岩性剖面的精细处理。即在对研究区地层基本地质特征和矿物类型了解的基础上，可以将地层元素测井和常规测井等各种测井响应方程联立求解，计算各种矿物和流体的体积。实际应用过程中，利用最优化技术，通过调节各种输入参数，如矿物测井响应参数、输入曲线权值等，使方程矩阵的非相关性达到最小。它可同时求解多个模型，按照一定的组合概率，组合得到最终模型，最终获得地层骨架矿物、黏土矿物和孔隙流体的体积，并计算得到储层参数。该方法可以用于精细储层参数计算、单井分析与多井评价等，对于复杂岩性地层和非常规油气评价中的地层组分计算有更好的适用性。

基于最优化的组分分析方法数学原理主要是基于体积模型加权原则，将地层组分 V、矿物响应 P、测井响应 t 按设定的分析模型组织成为一系列线性方程和约束条件，这样将组分优化求解问题转换为有约束的大型线性/非线性规划问题。图 6-14 给出了该方法处理流程。由图中可知，当已知 t、P 信息求解 V 时，该数学问题为测井分析；已知 V、t 求 P 则转换为参数刻度；已知 V、P 求 t 则化为模拟数据建立。通过组分反演流程研究，深度理解矿物测井解释流程，引入 XRD 约束可形成不同区域下的地层元素解释模型建模方法，以规范元素处理流程和参数选择原则，提升矿物组分解释结果的准确性和一致性。

3. 应用效果

FEM 地层元素测井仪器在长庆、华北、吐哈、浙江等油田进行了 30 多口井的现场试

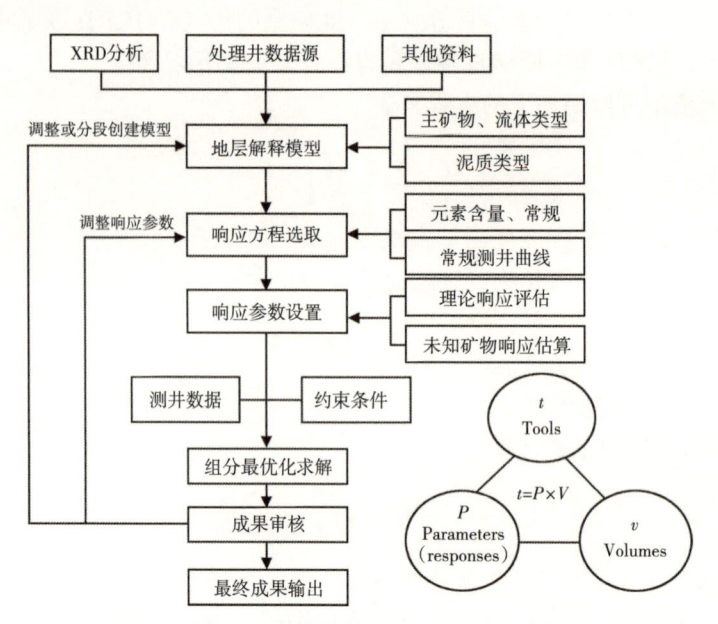

图6-14 基于最优化的地层组分分析解释流程

用[45]。通过在不同地层特征的复杂岩性条件下的应用表明，仪器的测量结果符合理论设计要求，探测特性与理论模拟相吻合，仪器性能稳定、可靠性高，自身重复性、与国外同类仪器测量结果及岩心物理实验分析结果一致性良好，可以获得准确的地层元素含量信息。

图6-15为华北油田二连地区致密油复杂岩性储层的测井解释结果，可以看出，利用

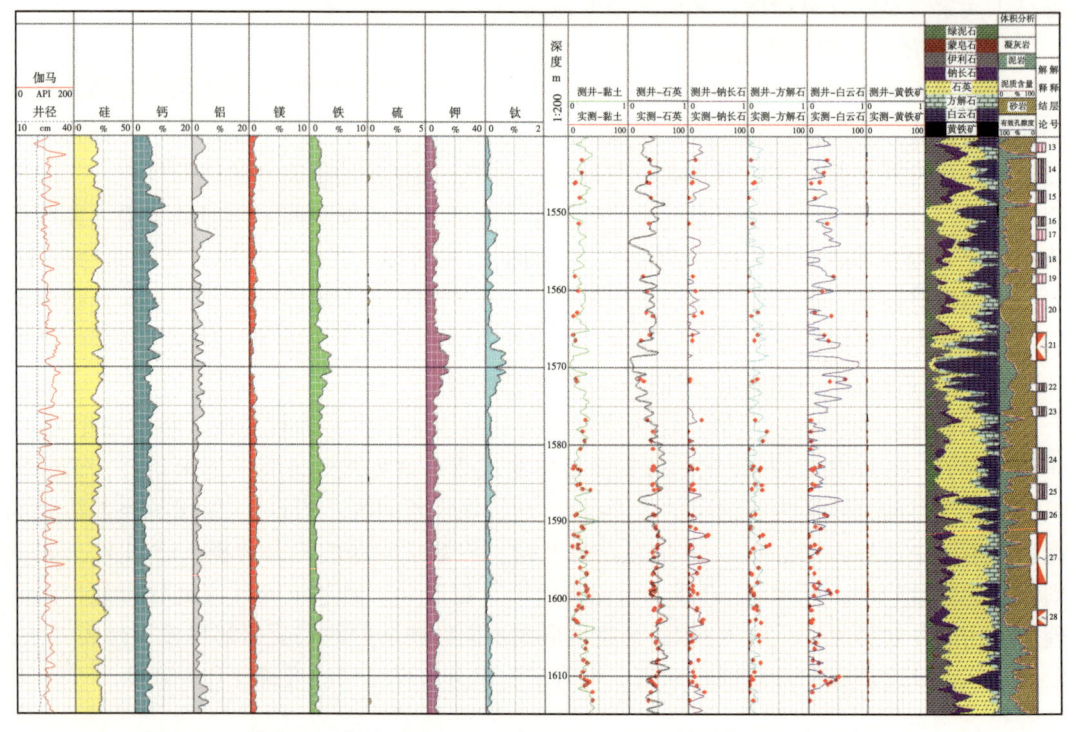

图6-15 华北油田某井FEM地层元素测井矿物解释结果与取心分析结果对比

FEM 地层元素测井仪器获得地层中的主要元素含量和矿物含量，在储层段得到的矿物含量与 X 射线衍射岩心分析结果基本一致，测井应用效果良好。

第二节　基于均质化地层电磁场论的含水饱和度和油气含量计算方法

在地层条件下电磁场的研究中，发现了三个基本事实：一是电场格林函数中的传播系数是场点坐标的函数，二是岩石颗粒面电荷与电偶极子等效，三是混合物场点上的电流密度与成分上的电流密度等效，总结形成了"均质化地层电磁场论"。以此为基础，研究提出了用地层真电导率和孔隙度谱计算油气含量的成像测井应用理论。对泥质砂岩地层，用感应测井和核磁共振测井融合计算含水饱和度和油气含量；对碳酸盐岩地层，用侧向测井和电成像测井融合计算含水饱和度和油气含量。

一、油气含量计算的理论基础

根据"均质化地层电磁场论"，可以测量地层局部区域的真电导率和孔隙度谱，并计算含油饱和度和油气含量。

1. 导体和绝缘体混合物电导率新公式

在泥质砂岩当中，有导电的地层水和泥质，有不导电的油气和骨架。对这样一种有导电介质和不导电介质组成混合物，文献［46］中提出一个观点，就是颗粒面电荷与电偶极子等效。根据这一观点，修正了地层条件下电场强度的方程：在真空中电场强度的散度为 0（$\nabla \cdot E = 0$），在均匀介质中电感强度的散度为 0（$\nabla \cdot D = 0$）。对泥质砂岩地层，联合电场强度的散度为：

$$\nabla \cdot L = 0 \tag{6-24}$$

式中　∇——哈密顿算子；

L——联合电场强度。

式（6-24）可以直接求解，从而得到泥质砂岩地层模型整体电导率与地层水电导率、孔隙度分布的公式为：

$$\sigma_M = \sigma_c \phi S_w \frac{\lambda_M}{\lambda_M \langle \sin^2(m, n) \rangle + \lambda_c \langle \cos^2(m, n) \rangle} \tag{6-25}$$

$$\frac{1}{\lambda_M} = \sum_i \frac{\phi_i}{\lambda_M \langle \sin^2(m, n) \rangle_i + \lambda_i \langle \cos^2(m, n) \rangle_i} \tag{6-26}$$

$$\lambda = \varepsilon(1 - a)$$

式中　σ_M——岩石整体电导率；

σ_c——地层水电导率；

ϕ——孔隙度；

S_w——含水饱和度；

λ_M——岩石整体的 λ 值；

λ_i——第 i 种成分的 λ 值；

$\langle \cos^2(m, n) \rangle_i$——第 i 种成分的结构参数；

n——电场 E 的方向；

m——岩石各点的 λ 变化最大方向；

ε——介电常数；

a——形成电偶极子的部分表面占颗粒表面的比率，在导体颗粒上 $a=0$。

这样处理泥质砂岩模型，实际上也是把泥质砂岩均质化。所得到的结果是泥质砂岩整体的电场强度、电流密度之间的关系，其系数就是所得到的地层的整体电导率。该电导率是对电场和电流强度的平均，但是对电导率来讲是一种均质化的电导率。在这一均质化电导率方程中，可以用测井的方式得到各个物理量。

2. 导体和导体混合物电导率新公式

碳酸盐岩地层可以看作是两种导体相互掺杂的模型，主要是针对原生孔隙、次生孔隙导电的模型。为了处理这样一个模型，文献[47]中提出一个观点，地层中的每一个颗粒都处在具有整体电导率的均匀介质中。从这个观点出发，通过场论推导，得到电场增量方程为：

$$\sigma_M \nabla^2 \langle \delta E_n \rangle + \frac{\partial^2}{\partial n^2}(\Delta\sigma \langle \delta E_n \rangle) = -\frac{\partial^2 \Delta\sigma}{\partial n^2}|\overline{E}| \tag{6-27}$$

式中　δE_n——电场强度的变化量在 n 方向上的分量，N/C，符号"$\langle\ \rangle$"表示求平均值；

$\overline{E}$——电场强度的平均值，N/C；

$\Delta\sigma$——岩石整体电导率变化量，S/m；

σ_M——整体电导率；

E——电场强度；

E_n——E 在 n 方向的分量。

对式（6-27）电场增量方程求解，可以直接写出导体混合物电导率公式为：

$$\frac{1}{\sigma_M} = \sum_i \frac{\phi_i}{\sigma_M \langle \sin^2(m, n) \rangle_i + \sigma_i \langle \cos^2(m, n) \rangle_i} \tag{6-28}$$

式中　σ_i——第 i 种成分的电导率。

在式（6-28）当中，真电导率、地层水电导率与孔隙度、饱和度、地层水电导率相联系。

二、地层含水饱和度和油气含量计算

1. 感应测井和核磁共振测井联合计算泥质砂岩地层含油饱和度

用测井参数计算地层油气含量的基础是阿尔奇公式。在阿尔奇公式中，知道岩石电导率、地层水电导率、孔隙度、胶结指数、饱和度指数，就可以求得地层含油饱和度。在实际测井过程中，用侧向测井和感应测井求得地层电导率，通过试水资料求得地层水电导率。但是，饱和度指数、胶结指数只能靠实验获得。在简单岩性，就是孔渗条件比较好的砂岩，胶结指数、饱和度指数都用岩石物理实验得到；在泥质砂岩、碳酸盐岩等复杂岩性条件下，胶结指数、饱和度指数变化比较大。

经过长期的研究，发现测井和油气的关系还可以有新的表达方式。由阵列测井曲线得到地层真电导率，由成像测井得到孔隙度谱，包括用核磁共振测井得到可动流体孔隙度和不可动流体孔隙度，用地层电成像测井得到原生基质孔隙度和次生孔隙度，在这样的情况下就可以不用地层的胶结指数和饱和度指数。从这个意义上讲，成像测井就相当于在地下地层当中进行的岩石物理实验。

第六章 测井数据处理及解释评价技术

从式（6-25）、式（6-26）可以看出，在泥质砂岩地层求油气含量，需要 σ_M、a、地层水电导率 σ_c、ϕ、V_{sh}、$\langle \cos^2(m,n) \rangle_i$。通过阵列感应测井和其他新的测井方法可以得到地层的真电导率，同时用核磁共振测井得到孔隙度谱，包括可动流体孔隙度和不可动流体孔隙度两部分。这样就可以在实际测井过程中或测井以后，算出油气饱和度，油气饱和度与孔隙度相乘得到油气含量，达到测井直接显示油气的目的。

这种方法的特点是不需要根据试验或经验设定测井解释参数，直接把核磁共振测井微观孔隙结构测量结果用作饱和度计算的解释参数，从而实现了地层宏观电阻率和孔隙结构微观参数的直接结合，相当于在地层中为地层进行了实验室水平的整体电阻率测量和整体核磁共振测量。

盐×井是位于宁夏盐池地区的一口预探井，地面钻井液电阻率、温度分别为 $0.45\Omega \cdot m$/25.4℃，计算层段 2399.0~2422.0m，属三叠系延长组长 6_1，岩性为疏松细砂岩，岩心分析孔隙度 8.75%。对 2404.0~2409.0m 层段射孔压裂，日产纯油 6.72t，不产水。图 6-16 是成像测井联合处理计算成果图，同时给出了综合解释含水饱和度和油气结论，计算中地层水电阻率为 $0.065\Omega \cdot m$。

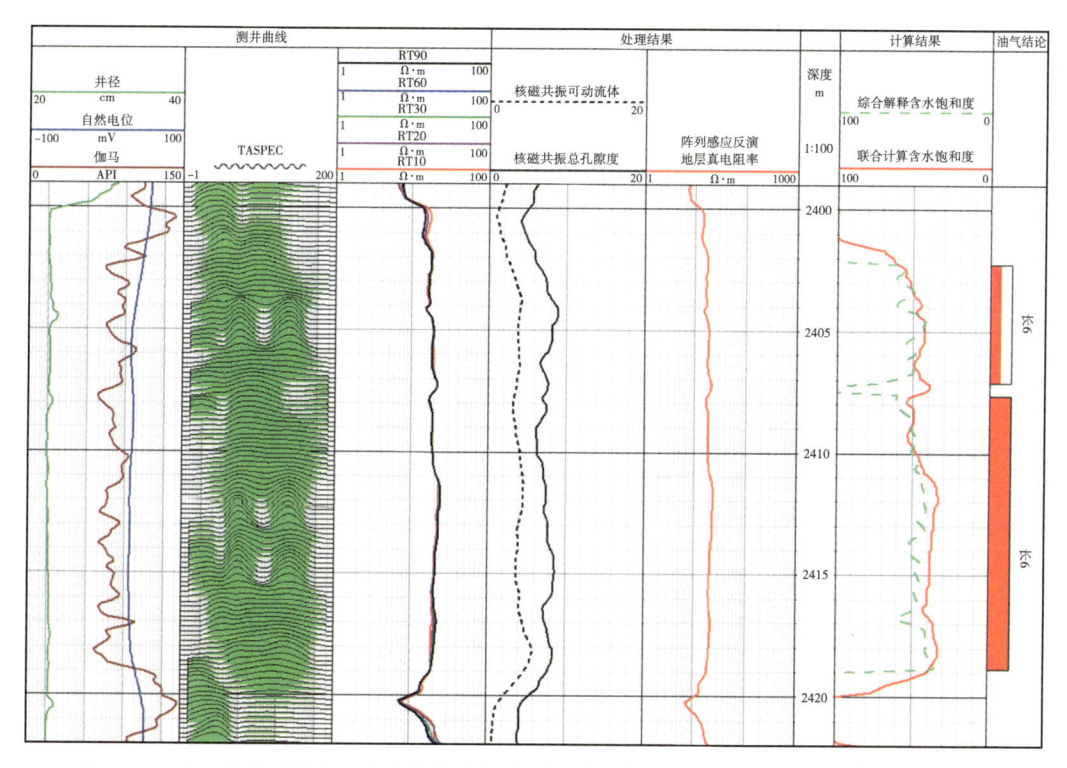

图 6-16　盐×井感应测井和核磁共振测井联合计算含水饱和度、综合解释计算含水饱和度

束×井是位于冀中坳陷的 1 口预探井，地面钻井液电阻率、温度分别为 $1.86\Omega \cdot m$、18℃。计算层段 1856.0~1 878.0m，属古近系东营组，岩性主要为细砂岩，为中低孔—中低渗储层。在 1862.4~1870.0m 层段射孔，第 35 层（1862.4~1865.2m）和第 36 层（1866.4~1870.0m）两层合试，试油日产油 19.2t，累计产油 49.8t。图 6-17 是成像测井联合处理计算成果图，同时给出了综合解释含水饱和度和油气结论，计算中地层水电阻率为 $0.2\Omega \cdot m$。

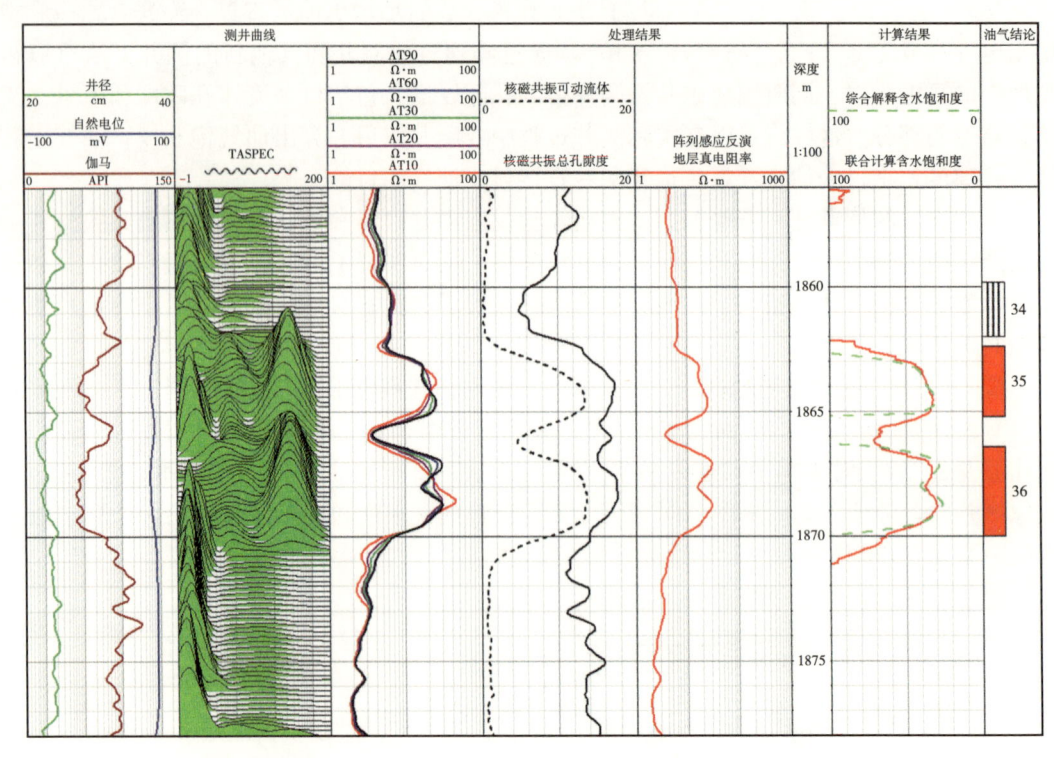

图 6-17 束×井感应测井和核磁共振测井联合计算含水饱和度、综合解释计算含水饱和度

2. 侧向测井和电成像测井联合计算碳酸盐岩地层含水饱和度和油气含量

从式（6-28）可以看出，在碳酸盐岩地层求油气含量，需要 σ_M、σ_c、裂缝及孔隙的相对体积、$\langle \cos^2(m, n) \rangle_i$。通过侧向测井得到的真电导率，电成像测井得到的孔隙度谱。电成像测井资料以往主要是用来研究岩性、构造、沉积，实际上通过谱处理可以得到由基质孔隙度和次生孔隙度组成的孔隙度谱。

这种方法的特点是不需要通过试验或根据经验设定测井解释参数，直接把井壁电阻率成像测井微观孔隙结构测量结果用于含油饱和度计算，从而实现了地层宏观电阻率和孔隙结构微观参数的直接结合，相当于在地层中为地层进行了实验室水平的整体电阻率测量和孔隙结构测量。

苏×井是位于陕西靖边地区的 1 口预探井，地面钻井液电阻率、温度分别为 $0.82\Omega \cdot m$、$28.0\ ℃$，计算层段 $3725.0\sim3750.0m$，为奥陶系马家沟组马 5^5，岩性主要为深灰色灰质云岩，岩心分析孔隙度平均为 3.70%，地层水电阻率在 $0.02\Omega \cdot m$ 左右。在 $3708.5\sim3710.0m$、$3739.5\sim3746.5m$、$3732.5\sim3737.0m$ 层段射孔，日产气 $0.0405\times10^4m^3$，日产水 $1.5m^3$。图 6-18 是成像测井联合处理计算成果图，同时给出了综合解释含水饱和度和油气结论，计算中地层水电阻率为 $0.017\Omega \cdot m$。

桃×井是位于内蒙古乌审旗地区的 1 口预探井，地面钻井液电阻率、温度分别为 $0.76\Omega \cdot m$、$23.5℃$。计算层段 $3102.0\sim3131.0m$，为奥陶系马家沟组马 5^5，岩性主要为深灰色灰质云岩，岩心分析孔隙度平均 4.80%，地层水电阻率在 $0.02\Omega \cdot m$ 左右。在 $3108.0\sim3112.0m$、$3115.0\sim3123.0m$ 层段射孔，试日产气 $12.97\times10^4m^3$，日产水 $13.2m^3$。图 6-19

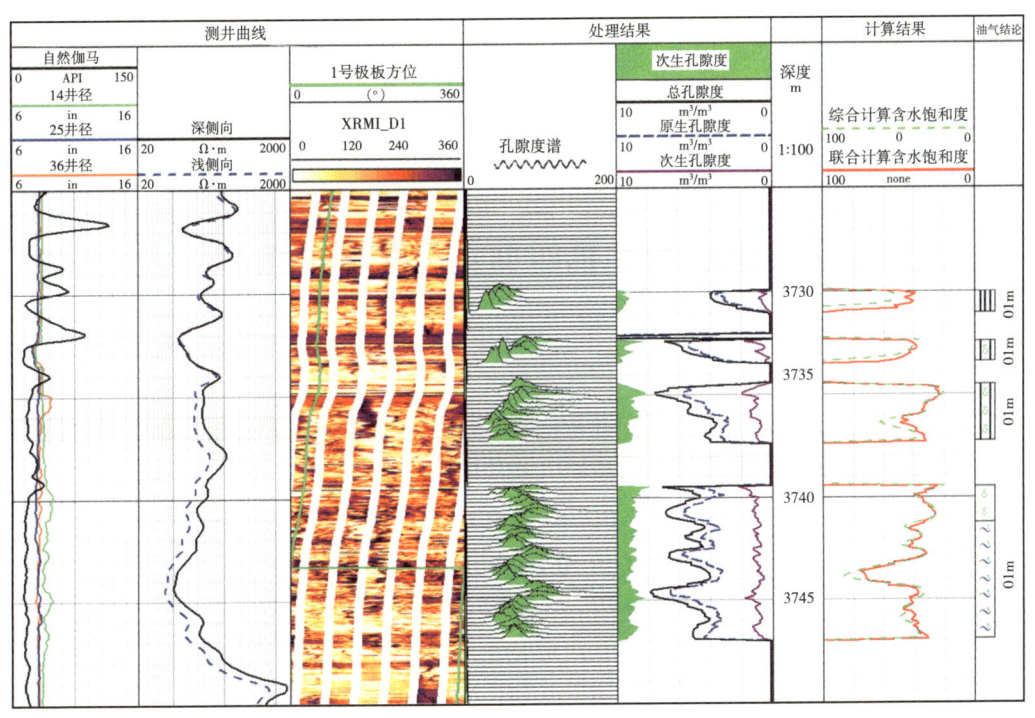

图 6-18 苏×井侧向测井和电成像测井联合计算含水饱和度、综合解释含水饱和度

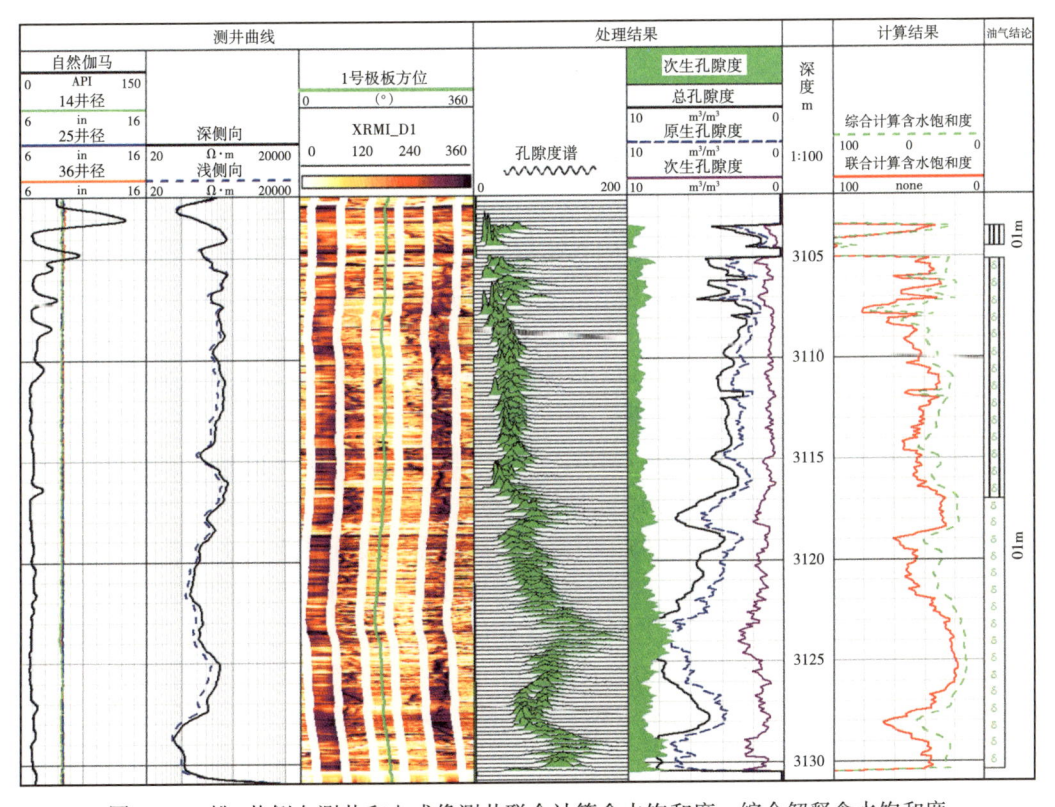

图 6-19 桃×井侧向测井和电成像测井联合计算含水饱和度、综合解释含水饱和度

是成像测井联合处理计算成果图,同时给出了综合解释含水饱和度和油气结论,计算中地层水电阻率为 0.017Ω·m。

在随钻测井过程当中,随钻侧向测井可以直接测出地层的真电导率,随钻电成像测井可以转化为孔隙度谱,用式(6—28)得到地层的油气饱和度。随钻测井仪器如果和旋转地质导向结合,可以进一步发挥随钻测控的作用。

第三节 低孔低渗储层测井评价技术

低孔低渗储层是中国石油"十一五"和"十二五"期间的重要勘探领域,其孔隙结构与岩电关系复杂,给测井油气层识别和饱和度评价带来了很大困难。本节主要从孔隙结构测井评价新技术、岩石力学测井评价新方法、岩电关系分析新手段和饱和度评价新模型等方面介绍近年来中国石油在低孔低渗储层测井评价领域研究的新成果,为今后低孔低渗储层测井综合评价提供借鉴。

一、复杂碎屑岩孔隙结构评价关键技术

1. 基于 CT 扫描图像的孔隙结构分析

随着技术进步,以岩石、食品、材料等为分析对象的 CT 分析技术不断涌现,相应的设备逐渐配套。通过对岩心样本进行 X 射线微 CT 成像和图像分析处理,可以提取并分析复杂碎屑岩储层的内部孔隙结构并进行数值模拟[48,49]。

1) CT 岩心扫描实验原理

Micro-CT 是利用锥形的 X 射线穿透物体,通过不同倍数的物镜放大图像,通过 360°旋转所得到的 X 射线衰减图像重构出三维的立体模型[50,51]。

影响扫描图像分辨率的因素主要包括三种:(1)几何放大,由于在仪器中使用的 X 射线为锥形光,所以放射源、物镜的位置决定了实际的放大倍数(即分辨率的大小);(2)物镜的倍数选择,由于不同倍数的物镜对应不同的放大率所以物镜的选择也直接决定了分辨率的大小;(3)Binning 的选择,仪器内部的 CCD 是由 2048×2048 个像素组成,每个像素对应的实际物理大小即为分辨率的大小,但是在扫描过程当中可以选择 Binning 的大小,例如 Bin2 表示在 CCD 上将会使 2 个像素合并成 1 个像素,分辨率为原来的两倍,扫描时间为原来的 1/4。

影响图像质量的两个重要因素分别为:(1)信噪比,指放大器的输出信号的电压与同时输出的噪声电压的比。Micro-CT 中的噪声主要来自仪器内部的部件热散射及 X 射线反射、衍射等,噪声信号是无可避免的,因此要提高信噪比最重要的是要提高有效信号的强度,在仪器内部主要表现为电压、曝光时间,曝光时间指照相机接收到的数据量,因此理论上讲高电压和较长的曝光时间会产生信噪比好的图像。(2)对比度,指一幅图像中明暗区域最亮的白和最暗的黑之间不同亮度层级的测量,差异范围越大代表对比越大,差异范围越小代表对比越小,在 Micro-CT 中影响对比度的因素主要有电压,高电压会使图像信噪比较好,但是对比度下降。

2) 实验操作及生成图像

原始岩心样本为直径 25mm、长 50mm 的圆柱形岩心栓。首先,通过光学显微镜对样

本进行观测，选取微样本钻取区域并确定微样本扫描分辨率。其次，从该圆柱体岩心栓上所选定的区域中钻取直径为 2mm 至 5mm 的圆柱体微样并放入 X 射线 CT 机进行微样本扫描，扫描分辨率范围为 1.1~2.8μm。

对扫描图像进行重构后，得到微样本三维灰度图像。通过 CT 图像，可以观察到该样本均质性较差，分选性中等。砂岩颗粒尺寸较小，颗粒呈次棱角状，颗粒间为接触式胶结。样本孔隙结构主要呈棱角状与裂隙状，同时可观察到样本内部含有高密度物质。

3）图像处理

利用软件通过对灰度图像进行区域选取、降噪处理、图像分割与后处理，得到二值化图像，其中黑色区域代表样本内的孔隙，白色区域代表颗粒。

4）孔隙网络结构提取

最大球（Maxima-Ball）法是用不同尺寸的内切球将岩石图像孔隙空间填充，提取出由最大球组成的一个骨架结构作为孔隙网络模型。孔隙网络模型中的孔隙与喉道分别通过寻找最大球骨架结构中的局部最大球与局部最小球来定义。真实孔隙的复杂几何特性通过形状系数 G 来体现：

$$G = \frac{A}{\rho^2} \tag{6-29}$$

式中　ρ——单一孔隙空间截面的周长，cm；

A——面积，cm^2。

5）复杂碎屑岩孔隙网络拓扑特征描述

在利用最大球法等方法提取碎屑岩储层孔隙、喉道网络的基础上，通过读取孔隙网络文件并用数学统计的方法对孔隙网络特征进行统计分析，这对于研究孔隙连通性、孔隙尺寸分布特性及孔隙网络结构与渗透率相关特性等方面有着重要的意义。常采用以下几个参数来定量表征孔隙结构属性，它们都在不同程度上与碎屑岩储层的渗透率、电导率有关。

2. 基于核磁共振测井的孔隙结构评价技术

假设储层的横向弛豫以表面弛豫为主，则 T_2 分布反映了储层中不同尺寸孔喉的相对比例变化。核磁共振测井是唯一能够反映孔隙结构变化的测井方法。在低孔低渗储层评价中，传统反映谱几何形态的参数，如 T_2 几何均值 T_{2gm}、T_2 截止值 $T_{2cutoff}$ 等，对于刻画储层品质、求取渗透率等关键参数具有重要意义。此外，"十二五"期间还研究提出了多种刻画孔隙结构的方法和参数模型，其中最常用的是转换伪毛细管曲线方法。

1）线性转换方法

该方法假设在表面弛豫机制起主导作用，并且孔隙半径与喉道半径呈线性比例关系，将 T_2 数据利用线性模型直接转换计算得到毛细管压力 p_c 数据：

$$p_c = C \frac{1}{T_2} \tag{6-30}$$

式中　C——转换系数。

通过实验刻度求取 C，就可以将 T_2 数据转换为压汞毛细管压力数据。

2）幂函数转换方法

该方法利用幂函数关系将 T_2 谱累计曲线转换为伪毛细管压力曲线。当储层物性较差时，转换关系具有连续非线性特点，采用单一幂函数来构造伪毛细管压力曲线；储层物性较好时，转换关系具有分段非线性特点，大孔和小孔处采用不同幂函数来分段构造伪毛细管压力曲线。

$$小孔或短弛豫分量：p_c = m_1(1/T_2)^{n_1} \qquad (6-31)$$

$$大孔或长弛豫分量：p_c = m_2(1/T_2)^{n_2} \qquad (6-32)$$

式中　m_1，m_2，n_1，n_2——转化系数。

相对于线性转换方法，幂函数转换方法可以在更大的弛豫时间范围内确保 T_2 谱与压汞曲线更好地吻合，这对于具有双重孔隙组分的储层而言转换精度更高。

3）二维等面积刻度转换方法

以上两种转换方法存在一个共同问题，就是没有考虑最大进汞饱和度。岩心实验的 T_2 谱是100%饱含水的，而压汞实验只能驱替一部分润湿相流体。转换的伪毛细管压力曲线都是假设100%进汞的情况。二维等面积刻度转换方法具体步骤为：第一步，利用自动搜索技术分别确定 T_2 谱经横向刻度转换后得到的伪毛细管压力曲线与实测毛细管压力微分曲线的拐点；第二步，以拐点为界限，将伪毛细管压力曲线与实测毛细管压力曲线分段为小孔径部分和大孔径部分；第三步，分别计算拐点两侧不同孔径下实测压汞曲线和伪毛细管压力曲线包络面积比值，该比值分别为大孔径、小孔径部分的纵向刻度转换系数：

$$D_1 = \sum_{j=M_1}^{N_1} S_{\mathrm{Hg},j} \bigg/ \sum_{i=1}^{M} A_{\mathrm{m},i} \qquad (6-33)$$

$$D_2 = \sum_{j=1}^{M_1} S_{\mathrm{Hg},j} \bigg/ \sum_{i=M}^{N} A_{\mathrm{m},i} \qquad (6-34)$$

式中　D_1——纵向小孔径部分转换系数；

D_2——纵向大孔径部分转换系数；

$S_{\mathrm{Hg},j}$——压汞曲线第 j 个分量的进汞饱和度增量；

N_1——压汞曲线总分量个数；

N——T_2 谱经横向刻度转换后的伪毛细管压力曲线总分量个数；

$A_{\mathrm{m},i}$——T_2 谱经横向刻度转换后的伪毛细管压力曲线第 i 个分量幅度；

M_1——孔径尺寸分界拐点处对应的压汞分量数；

M——孔径尺寸分界拐点处对应的 T_2 谱经横向刻度转换后的伪毛细管压力曲线分量数。

利用二维等面积刻度转换方法，尽管 T_2 谱测量的小孔径认为100%饱含水，但经过系数刻度之后，对应的伪毛细管曲线是和实际压汞曲线进汞量接近的，从而避免了上述问题。

根据二维等面积刻度转换方法可以很好地将核磁共振测井信息转化为毛细管压力曲线信息，进而可以通过测井方法连续定量地评价孔隙机构，并可以有效地应用于储层产液能力预测。图6-20为 N 井 2670~2700m 井段核磁共振测井储层分类及产能评价成果图。图中第4道为计算的伪毛细管压力曲线，第5~7道为计算得到的部分孔隙结构特征参数，第8道为储层分类综合评价成果。从毛细管压力曲线形态、排驱压力、孔隙喉道均值和储层分类综合评价指数综合分析，24号层储集性能最好，整体上解释为Ⅱ类油层，产液能力预计在10~50t/d。对24号层试油日产油22.5t、气10744m³，与解释结果一致。

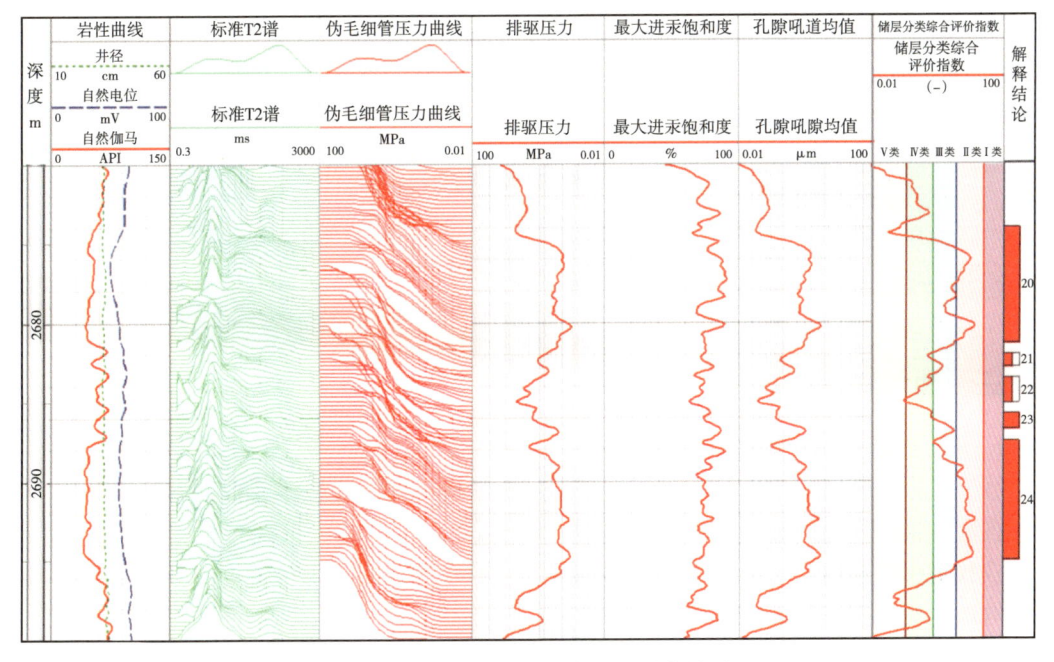

图6-20 N井核磁共振产能预测成果图

二、测井岩石力学评价新方法

1. 动态弹性模量测井计算模型

模量是用于衡量物质的可伸缩性，有四种重要的模量，包括杨氏模量、泊松比、剪切模量、体积模量[52]。

声波测井是测量地层内声波传播速度的测井方法，是一种动态方法，由于声源发射的声波能量较小，作用在岩石上的时间也很短，所以对声波测井来说，岩石可以看作是弹性体，因此可用弹性波在介质中的传播规律来研究声波在岩石中的传播特性。

2. 岩石破裂压力计算及参数转换

根据受力的性质和大小不同，岩石可以发生拉伸、剪切和塑性流动3种破坏。当井眼钻井液比重过大，井眼流体压力超过一定范围之后，会发生张性破裂，井壁岩石发生拉伸破坏，井壁被压开形成裂缝，造成井眼钻井液漏失；而剪切破坏则对应着井壁坍塌，这是由于钻井液密度太小，井眼周围处于高应力状态而引起的剪切破裂[53,54]。

3. 储层压裂高度测井预测方法

在水力压裂中，当油气层很薄或上下隔层为弱应力层时，压开的裂缝往往容易超出生产层而进入隔层。裂缝垂向延伸不但会导致裂缝高度过大，减少裂缝径向延伸长度而影响压裂效果，而且可能会延伸进入邻近水层，严重影响油层的开采。因此，研究裂缝高度的预测技术可以根据压裂施工时的地面记录估算地层中实际裂缝的纵向延伸或裂缝高度，对储层压裂改造效果进行准确评估。

压裂过程中，压裂液产生张力，在纵向压裂情况下，压裂液的压力与地层水平应力相互抵消，但如果裂缝的顶端或底端的应力强度因子超过岩石的断裂韧性时，则裂缝将沿纵向延伸。

从能量角度分析，当缝内流体的净压力在裂缝边缘某一点诱发一个应力强度因子 K_I，如果 K_I 大于该处岩石的断裂韧性 K_{IC}，则裂缝向前扩展，直至这一条件不满足时为止。因此，判断裂缝延伸的准则如下：

$$K_I \geqslant K_{IC} \tag{6-35}$$

实际地层岩石的断裂韧性以及最小水平压力都是随深度变化而变化的，因此裂缝的纵向延伸并不一定对称，而是取决于 K_{IC} 与 K_I 的相互关系，这样就可以依据测井计算的岩石力学参数来预测裂缝的纵向延伸高度。

三、油气层识别与饱和度评价

1. 基于孔隙格架的电阻率响应模拟

数值模拟也是目前用来分析复杂砂岩储层电学性质的重要技术手段，其中基尔霍夫电路节点法、格子气法等是较为成熟的电学特征模拟算法[55]。

在成功提取碎屑岩三维孔隙格架的基础上，利用基尔霍夫定律就可以开展复杂碎屑岩储层电性质模拟（图6-21）。

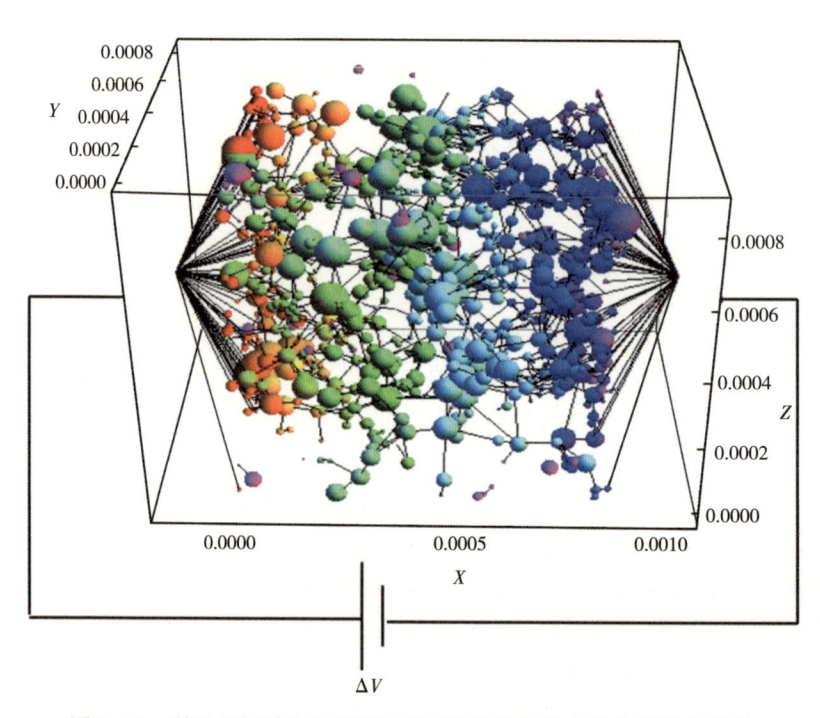

图 6-21 利用基尔霍夫定律开展基于孔隙格架的电阻率模拟示意图

根据图6-21，对于一块砂岩的三维孔隙网络，对任一孔隙节点都可以应用基尔霍夫电流定律。而根据欧姆定律，任一孔隙节点处的电流都可以写成：

$$I_{ij} = \frac{A\sigma_{ij}}{L_{ij}}(V_i - V_j) \qquad (6-36)$$

式中　A——节点的面积；

　　　L_{ij}——长度；

　　　σ_{ij}——某节点的电导率；

　　　V_i，V_j——分别为两端电压。

对于所有节点分别应用基尔霍夫定律就可以得到一个超大矩阵方程组，通过求解该方程组从而计算出基于孔隙格架的电阻率。

上述模拟中，将所有孔隙看成100%饱含水，则模拟的电阻率相当于岩石100%含水的电阻率R_0。如果按照孔隙尺寸从大到小的顺序依次假设孔隙中饱含油，则可以分别模拟得到不同含水饱和度对应的电阻率，最终得到复杂砂岩的I—S_w图版，实例如图6-22所示。

从图6-22可以看出，该方法对中高孔渗型贝雷砂岩而言，能够大致模拟其电阻增大率的变化规律，证明了方法本身的可靠性。但应该强调的是，由于CT图像的分辨率原因，对于以直径小于1μm的微细孔隙为主的复杂碎屑岩而言，CT能够识别的孔隙喉道数量本身就存在误差，所提取的都是分辨率尺寸以上的较大孔喉。这些大尺寸孔喉决定了储层的渗透性，因此基于图像模拟的渗透率与实验值基本一致，但是大量的、CT无法识别的微细孔隙网络对储层导电性有重要贡献，基于此信息模拟的电阻率与实测岩心尚存在误差。图6-23是4块复杂砂岩样品的渗透率和地层因素

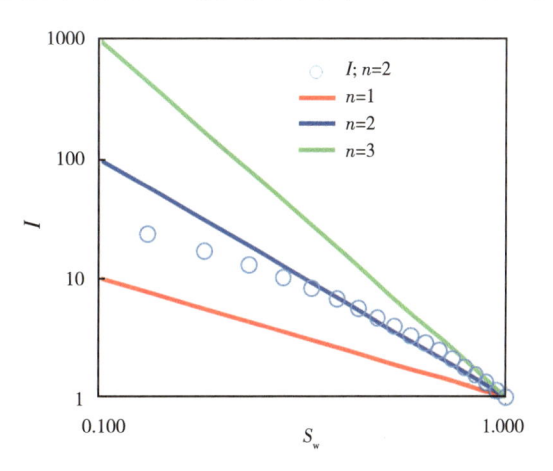

图6-22　基尔霍夫定律模拟贝雷砂岩I—S_w关系实例

模拟结果对比。可以看出，渗透率模拟结果与实测值在数量级上基本接近，但地层因素模拟结果与实测值存在1~3个数量级的误差。这是复杂碎屑岩储层测井岩石物理研究目前

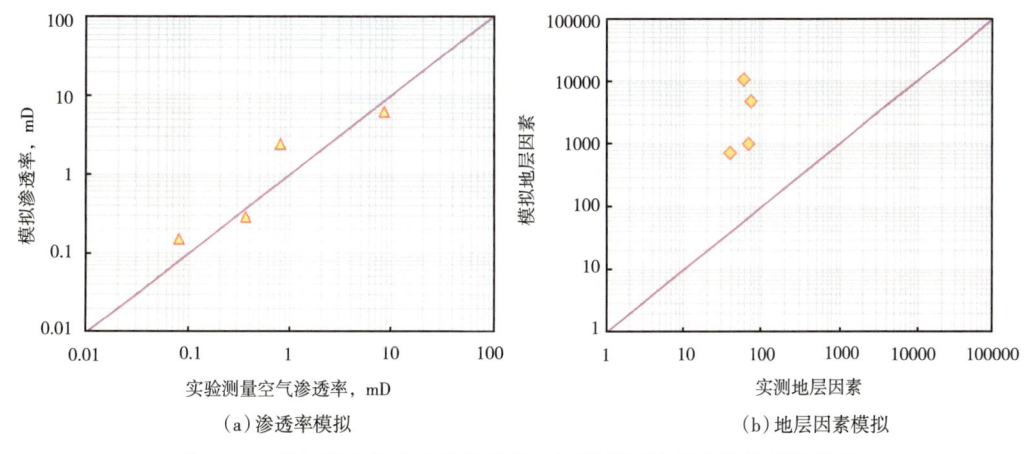

(a) 渗透率模拟

(b) 地层因素模拟

图6-23　基尔霍夫节点法模拟复杂碎屑岩岩石物理参数的精度分析

面临的巨大挑战之一，但该方向仍代表着未来的发展趋势。

2. 低孔低渗储层油气饱和度计算新模型

低孔低渗储层测井评价一直是国内各油田面临的难题。复杂的孔隙结构控制了低孔低渗储层的渗流与导电能力，直接影响了储层的物性参数和油气水层的电性响应特征。对该类储层的实验研究发现其岩电关系存在大量"非阿尔奇"现象，即在双对数坐标下地层因素与孔隙度、电阻率增大率与含水饱和度之间的关系呈现出非线性特征。因此，有必要发展考虑孔隙结构的饱和度新模型，以提高此类储层含油气定量评价精度[56,57]。

1）双孔隙组分饱和度模型

将具有不同导电能力的孔隙分布作为研究新模型的出发点，基于此提出一种新的饱和度模型——双孔隙组分饱和度模型，简称双孔模型（DPM 模型）。该模型的基本假设是岩石孔隙网络包括微孔隙网络和较大尺寸孔隙两部分，微孔隙充满束缚水，大孔隙中含油气和水，这些水是可流动的自由水。微孔隙网络和大孔隙网络并联导电，如图 6-24 所示，其中 V 为岩石总体积，V_{ma} 为骨架体积、V_{sh} 为泥岩体积，ϕ_t 为含烃流体孔隙度，ϕ_b 为束缚流体孔隙度，ϕ_h 为含烃孔隙度，ϕ_f 为自由流体孔隙度。在渗流特性上，微孔隙水不同于自由流体水，在正常的地层压力下无法产出，而在导电特性上，自由水与微孔隙水是一致的（不考虑泥质的附加导电）。之所以把微孔隙水单独考虑，是因为众多的研究表明，它在导电路径中更趋向于单独起作用。

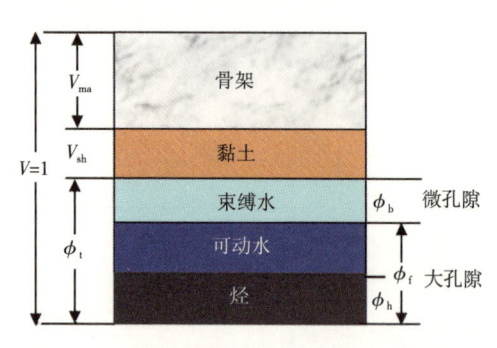

图 6-24 低孔低渗储层双孔隙导电体积模型

如图 6-24 所示的双孔隙导电体积模型，将岩石总的电阻视为可动水和束缚水两部分电阻的并联，其中束缚水包括黏土水和微毛细管孔隙水两部分。则饱含水岩石的电阻可以视为两种孔隙形成的电阻并联而成，完全含水时有：

$$\frac{1}{r_o} = \frac{1}{r_{fo}} + \frac{1}{r_{bo}} \tag{6-37}$$

式中　r_o——饱含水岩石电阻，Ω；

r_{fo}，r_{bo}——分别为饱含水岩石自由流体孔隙电阻和微孔隙电阻，Ω。

根据欧姆定律，对于自由流体孔隙网络有：

$$r_{fo} = R_{fo} \frac{L}{A_f} = R_{wf} \frac{L_{wf}}{A_{wf}} \tag{6-38}$$

式中　R_{fo}——饱含水岩石自由流体孔隙电阻率，$\Omega \cdot m$；

L——饱含水岩石的长度，m；

L_{wf}——自由流体孔隙部分地层水的等效体积的长度，m；

A_f——自由流体孔隙的等效体积的横截面积，m^2；

A_{wf}——自由流体孔隙部分地层水的等效体积的横截面积，m^2。

对于微孔隙网络有：

$$r_{\text{bo}} = R_{\text{bo}}\frac{L}{A_{\text{b}}} = R_{\text{wb}}\frac{L_{\text{wb}}}{A_{\text{wb}}} \tag{6-39}$$

式中 R_{bo}——饱含水岩石微孔隙电阻率，$\Omega \cdot m$；

L_{wb}——束缚流体孔隙部分地层水的等效体积的长度，m；

A_{b}——微孔隙的等效体积的横截面积，m^2。

对整个饱和水岩石有：

$$r_{\text{o}} = R_{\text{o}}\frac{L}{A_{\text{o}}} \tag{6-40}$$

式中 L——饱含水岩石的长度，m；

R_{o}——饱含水岩石的电阻率，$\Omega \cdot m$；

A_{o}——饱含水岩石的等效体积的横截面积，m^2。

将式（6-37）至式（6-39）代入式（6-40）有：

$$\frac{A_{\text{o}}}{R_{\text{o}}L} = \frac{A_{\text{wf}}}{R_{\text{wf}}L_{\text{wf}}} + \frac{A_{\text{wb}}}{R_{\text{wb}}L_{\text{wb}}} \tag{6-41}$$

$$\frac{1}{R_{\text{o}}} = \frac{A_{\text{wf}}}{R_{\text{wf}}L_{\text{wf}}}\frac{L}{A_{\text{o}}} + \frac{A_{\text{wb}}}{R_{\text{wb}}L_{\text{wb}}}\frac{L}{A_{\text{o}}} \tag{6-42}$$

假设大孔隙与微孔隙部分的地层水电阻率相等，只是两部分地层水的导电路径不同，即令 $R_{\text{wf}}=R_{\text{wb}}=R_{\text{w}}$，则式（6-42）可进一步写为：

$$\frac{1}{R_{\text{o}}} = \frac{1}{R_{\text{w}}}\frac{V_{\text{f}}}{V}\left(\frac{L}{L_{\text{wf}}}\right)^2 + \frac{1}{R_{\text{w}}}\frac{V_{\text{b}}}{V}\left(\frac{L}{L_{\text{wb}}}\right)^2 = \frac{1}{R_{\text{w}}}\phi_{\text{f}}\left(\frac{L}{L_{\text{wf}}}\right)^2 + \frac{1}{R_{\text{w}}}\phi_{\text{b}}\left(\frac{L}{L_{\text{wb}}}\right)^2 \tag{6-43}$$

其中：$\phi_{\text{f}} = V_{\text{f}}/V \quad \phi_{\text{b}} = V_{\text{b}}/V$

式中 $\phi_{\text{f}}, \phi_{\text{b}}$——分别为自由流体孔隙度和束缚流体孔隙度，%；

V——岩石总体积，无量纲；

$V_{\text{f}}, V_{\text{b}}$——分别为大孔隙和微孔隙部分的体积，无量纲。

由阿尔公式可知，地层因素 F 可表示为：

$$F = \frac{R_{\text{o}}}{R_{\text{w}}} = \frac{1}{\phi}\left(\frac{L_{\text{w}}}{L}\right)^2 \tag{6-44}$$

假设自由流体孔隙空间和微孔隙空间均遵循阿尔奇定律，则有：

$$\begin{cases} F_{\text{f}} = \dfrac{1}{\phi_{\text{f}}}\left(\dfrac{L_{\text{wf}}}{L}\right)^2 \\ F_{\text{b}} = \dfrac{1}{\phi_{\text{b}}}\left(\dfrac{L_{\text{wb}}}{L}\right)^2 \end{cases} \tag{6-45}$$

将式（6-44）代入式（6-45），有：

$$\frac{1}{R_{\text{o}}} = \frac{1}{F_{\text{f}}R_{\text{w}}} + \frac{1}{F_{\text{b}}R_{\text{wb}}} \tag{6-46}$$

式中　F_f，F_b——分别为大孔隙和微孔隙部分岩石的地层因素，无量纲。

假设两种孔隙组分的胶结指数分别为 m_f 和 m_b，则式（6-46）可以写为：

$$\frac{1}{R_o} = \frac{\phi_f^{m_f}}{R_w} + \frac{\phi_b^{m_b}}{R_w} \tag{6-47}$$

式中　ϕ_f，ϕ_b——分别为自由流体孔隙度和束缚流体孔隙度，%。

当岩石含烃时，由于微孔隙水不能流动，所以烃取代的是自由流体孔隙空间，设自由流体孔隙空间的水占该部分孔隙的比例为 S_{wf}（即可动水饱和度），饱和度指数为 n，假设束缚流体孔隙空间完全含水，油气不能进入，即束缚流体孔隙空间的水占该部分孔隙的比例为1，则式（6-47）可写为：

$$\frac{1}{R_t} = \frac{\phi_f^{m_f} S_{wf}^n}{R_w} + \frac{\phi_b^{m_b}}{R_w} \tag{6-48}$$

式中　R_t——含烃岩石的电阻率，$\Omega \cdot m$；

　　　S_{wf}——可动水饱和度，%；

式（6-48）即为含烃地层的双孔隙导电模型公式。测井解释时总含水饱和度 S_w 与可动水饱和度 S_{wf} 之间有以下换算关系：

$$S_w = \frac{\phi_{fw} + \phi_b}{\phi_f + \phi_b} = \frac{\phi_f S_{wf} + \phi_b}{\phi_t} \tag{6-49}$$

由式（6-49）经推导可以得到地层因素的表达式如下：

$$F = \frac{R_0}{R_w} = \frac{1}{\phi_f^{m_f} + \phi_b^{m_b}} \tag{6-50}$$

由式（6-50）经推导可以得到电阻增大率为：

$$I = \frac{R_t}{R_0} = \frac{\phi_f^{m_f} + \phi_b^{m_b}}{S_{wf}^n \phi_f^{m_f} + \phi_b^{m_b}} = \frac{1}{AS_{wf}^n + B} \tag{6-51}$$

其中：

$$A = \frac{\phi_f^{m_f}}{\phi_f^{m_f} + \phi_b^{m_b}}, \quad B = \frac{\phi_b^{m_b}}{\phi_f^{m_f} + \phi_b^{m_b}}$$

2）双孔隙组分饱和度模型的验证

利用双孔模型对中国东部某油田沙河街组低孔低渗岩心进行模型验证分析，并与阿尔奇模型进行了对比。图 6-25 所示岩心分析孔隙度为 14%，渗透率为 0.111mD，离心束缚水饱和度为 50.55%。岩心铸体薄片［图 6-25（a）］显示其孔隙空间以粒间溶孔隙为主，少量剩余粒间孔，其压汞实验孔喉半径分布［图 6-25（b）］及 T_2 谱［图 6-25（c）］均印证了该岩心孔隙空间以小孔隙分量（微孔隙）为主。

利用双孔模型对该岩心 I—S_w 岩电实验数据进行非线性拟合得到：$m_f = 2$，$m_b = 2.1$，$n = 1.33$，拟合结果如图 6-25（d）所示，图中阿尔奇模型参数采用岩心分析回归值，$b = 1.03$，$n = 1.72$。由图 6-25（a）可以看出，对于小孔隙发育的岩心，当 S_w 较低时，在双对数坐标系下岩心实验数据电阻增大率 I 出现向下弯曲现象，双孔模型可以很好地表征这

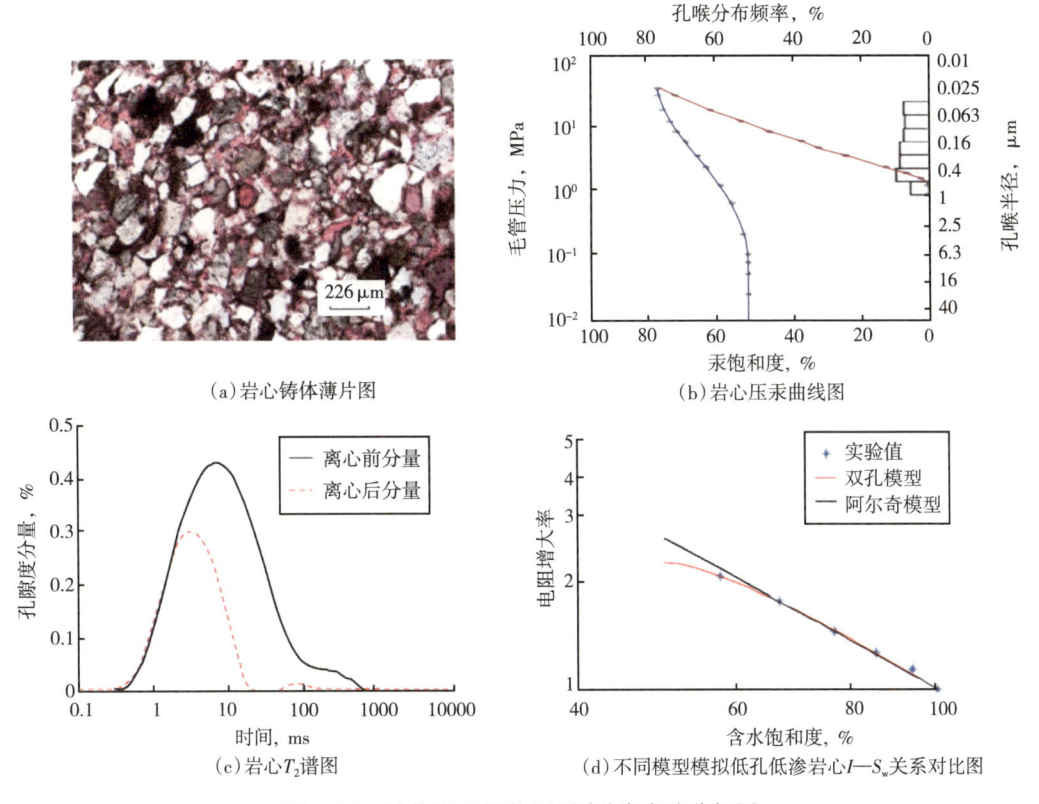

(a) 岩心铸体薄片图
(b) 岩心压汞曲线图
(c) 岩心T_2谱图
(d) 不同模型模拟低孔低渗岩心I—S_w关系对比图

图 6-25 某井沙三段岩心不同种类实验分析图

种变化趋势，而阿尔奇模型在低含水饱和度区域计算的 I 偏大。因此，对于以小孔隙（微孔隙）为主的储层，阿尔奇模型计算的 S_w 往往偏高，造成漏失油层或将储层的含油级别定低。

此外，对孔隙结构相对较好、以大孔隙为主的粒间孔隙砂岩岩心，利用双孔模型进行模拟的结果表明，双孔模型和阿尔奇模型都能较准确地拟合实验数据，两个模型与实验值都基本重合。可见，双孔模型既适用于物性较好的中高孔渗储层、也适用于物性较差的低孔低渗储层饱和度评价。

第四节 非均质复杂缝洞储层测井评价技术

我国缝洞储层岩性和岩相关系复杂，储层类型多且非均质性强，油气水关系复杂，测井岩性组分定量计算和岩相准确划分、储层有效性评价、储层产能预测、流体性质识别和饱和度定量计算等存在系列技术难题。本节介绍了近年来在碳酸盐岩测井评价领域的最新的研究成果，可以为储层有效性评价、参数定量计算、油气综合解释等提供参考。

一、缝洞储层岩性岩相识别技术

岩性岩相分析是进行储层评价的基础，对于碳酸盐岩储层来说，有利储层往往与岩性岩相关系密切，测井技术是岩性及岩相识别最直接、最有效的手段，对于碳酸盐岩储层的勘探开发具有重要指导意义。碳酸盐岩电成像测井岩性岩相研究是以岩心观察为基础，通过岩心-电成像归位及岩心-电成像响应模式研究，建立碳酸盐岩成像测井相分类体系及识别准则，对碳酸盐岩成像测井相与岩相的关系及碳酸盐岩成像测井相与储层的关系进行研究，形成一套成熟的碳酸盐岩电成像测井相解释方法[58,59]。

1. 不同礁滩储层微相的电成像测井特征

礁滩储层已经成为我国目前碳酸盐岩储层领域最主要的油气勘探开发研究对象，因此，准确认识礁滩储层的内部发育规律对于碳酸盐岩的科研生产有着重要的指导意义。塔里木油田奥陶系礁滩储层分为三个亚相七个微相（表6-1）。礁滩储层可以进一步划分为礁丘亚相、粒屑滩亚相和滩间海亚相，各亚相在成像上的反映有着明显的不同[60-62]。

表6-1 塔中奥陶系礁滩储层沉积相划分简表

相	亚 相		微相
陆棚边缘相	礁丘	生物礁	礁核
			礁翼
		灰泥丘	丘核
			丘翼
	粒屑滩		高能滩
			低能滩
	滩间海		—

通过对塔中地区和川东北地区的多口井进行岩心归位，并在1:1的比例下用取心数据刻度电成像资料，进而对礁滩储层各沉积亚相的成像特征进行了系统的观察和描述。

（1）礁丘亚相。礁丘发育于台缘外带的中高能环境，主要由格架岩和障积岩等构成。礁丘亚相在横向上可以分为礁核、礁翼等微相。礁核微相是礁丘的主体，成像一般表现为块状，没有明显的层状或斑状特征。礁翼代表了从礁核到非礁丘的过渡环境，在成像上表现为块状和非块状特征的互层。

（2）灰泥丘亚相。灰泥丘发育于台缘内带的中低能环境，岩性以黏结岩为主。与礁丘相似，灰泥丘亚相在横向上也可以分为丘核、丘翼等微相。丘核是灰泥丘的主体，其典型特征是具有黏结结构和凝块结构，在电阻率成像上常形成密集的细薄暗色纹层状特征，如图6-26所示。丘翼代表了从丘核到非灰泥丘的过渡环境，在成像上表现为纹层状和非纹层状特征的互层。

（3）粒屑滩亚相。根据沉积时的水动力环境，粒屑滩可以进一步分为高能滩和低能滩两个微相。高能滩发育于台缘外带，主要发育亮晶颗粒灰岩，成像上形成均一的亮色背景，表现为块状；也有些地层的粒间孔未被全部充填，或经后期溶蚀作用产生了溶孔，表现为斑状，低能滩发育于台缘内带，主要发育泥晶颗粒灰岩，常伴有泥质条带和条纹，在成像上常表现为条带状。

（4）滩间海亚相。滩间海的水动力条件很弱，岩性以泥晶灰岩和泥质灰岩为主，常伴有密集的泥质条带和纹层。在成像上常形成颜色较暗的背景，并伴有明显的暗色条带。更典型的情况下，由疏密相间的泥质纹层所形成的递变层理会在成像图上表现出由明到暗的递变特征。

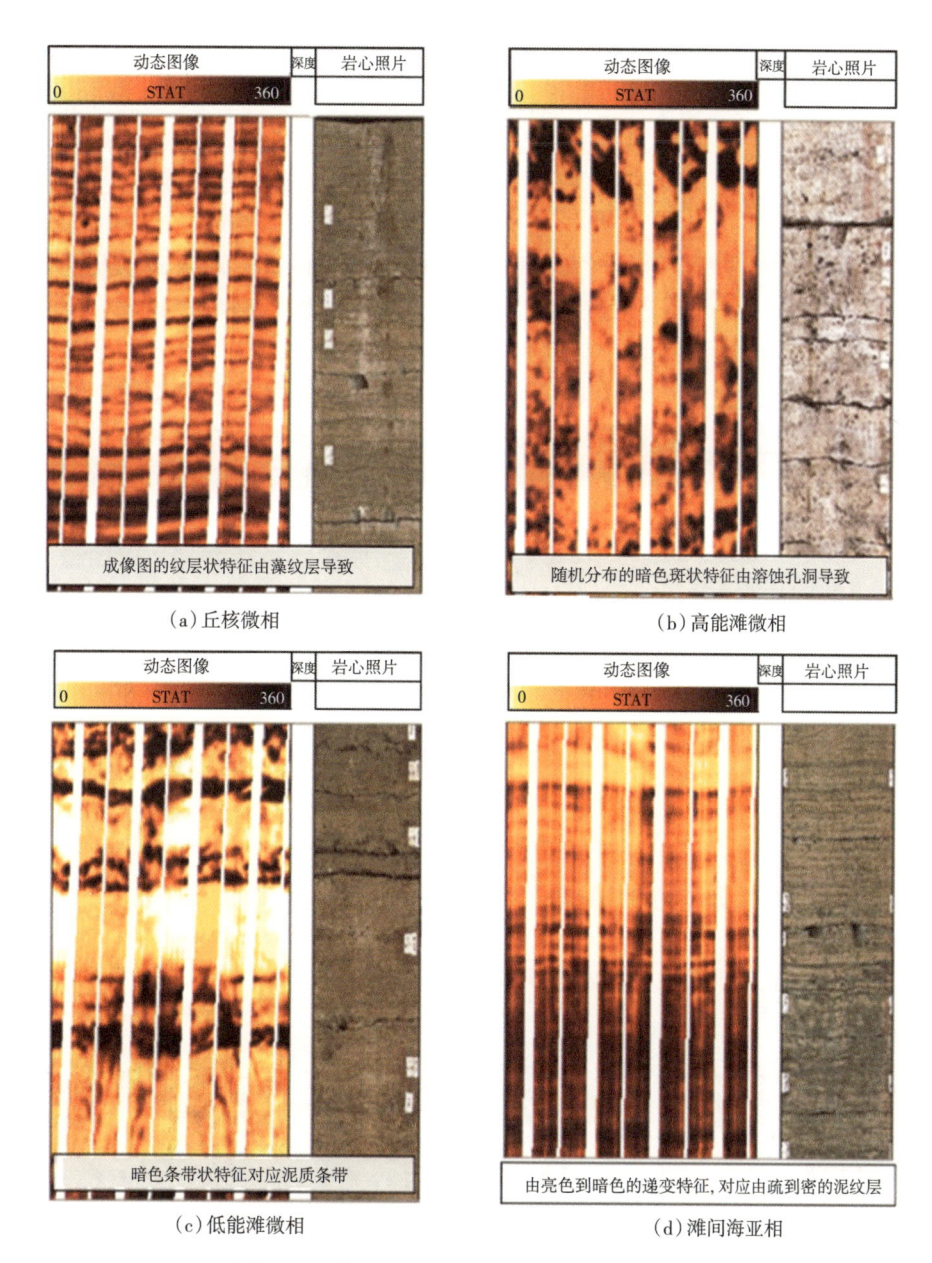

图 6-26 典型礁滩储层微相成像测井图像特征

通过对塔中地区和川东北地区多口井的成像和岩心进行对比观察，可以发现礁滩储层不同沉积亚相的成像特征差异明显，利用成像测井资料可以有效判别礁滩储层的沉积相和岩性。

2. 成像测井沉积相自动判别技术

"十二五"期间，模式识别技术在常规测井曲线的智能解释方面已有一些应用，但效果并不理想。其原因一方面在于常规测井曲线自身信息量的局限性，另一方面在于难以选取有效的分类特征和分类方法。本书设计并实现的成像模式自动识别方法很好地解决了上

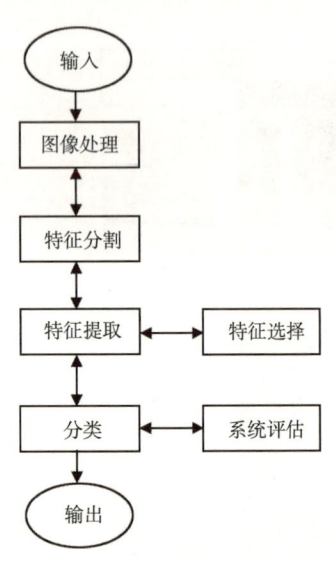

图6-27 成像模式识别步骤

述问题，并在实际应用中取得了良好效果。识别过程如图6-27所示，以原始的成像数据作为输入，依次进行图像处理、特征分割、特征提取、特征选择、分类和系统评估，最后输出分类的结果。其中每个步骤均需根据下一步骤的反馈进行多次回溯，直到达到最佳分类效果。

1) 图像处理

图像处理阶段包括数据校正、图像显示及图像增强等预处理过程。理想情况下仪器保持匀速运动，当仪器在井眼中轻度遇卡时，测井记录的深度与真实的测量深度将出现偏差，因此必须首先进行速度校正。图像显示是把成像测井获取的原始数据映射为彩色或灰度图像的过程。图像增强主要是通过直方图均衡化来突出特征和消除噪声。

2) 图像分割

成像资料能够精细地反映地质特征，而图像分割的目的就是把这些特征从背景中分割出来。特征分割是对成像进行后续分析的基础。首先，对图像进行二值化处理，把特征从背景中分割出来；然后分别标记每个值为1的区域，记录为单独的特征。分水岭算法是目前使用广泛、应用效果好的方法之一。

分水岭算法借鉴了地形学概念，把需要进行二值化的图像数据看作三维地形数据，模拟水从高处下降时分水岭逐渐露出水面的过程，从而得出各个特征的轮廓边界。分水岭代表了灰度的局部最值，分水岭的位置就是各个特征的轮廓边界，如图6-28所示，显然，分水岭算法的分割效果明显优于阈值法。

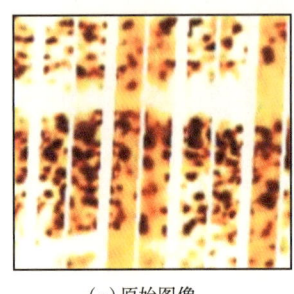

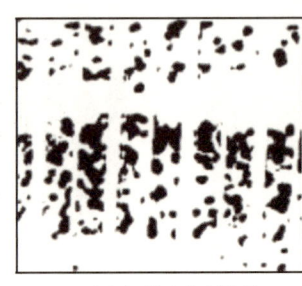

(a) 原始图像　　　　(b) 阈值法分割效果　　　　(c) 分水岭算法分割效果

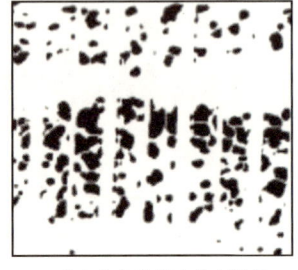

图6-28 阈值法与分水岭算法分割效果比较

3) 特征提取

把成像测井典型特征从背景中分割出来后，需要对这些特征进行量化分析，这个过程称为特征提取。所需要提取的特征包括形状特征和纹理特征两类。

特征提取的关键并不在于各种特征参数的计算，而在于事先把分割出来的特征按照地质意义归类，并以类为单位进行统计。对于不同的特征，各种特征参数的重要性也有所不同。溶孔与泥质团块很难根据单个特征进行判断，必须考虑总体的分布规律。藻纹层和泥质条带形态相似，厚度是区分两者的重要参数，而锯齿状是缝合线的典型特征，可以用曲率加以衡量。对于裂缝，倾向和倾角最重要。此外，用于表征形状特征的描述参数还包括外观比、偏心率、球状性等。

4) 特征选择

进行分类之前需要进行特征选择。通过上一步的特征提取，可得到多种特征参数，其中既包括区分性强的特征，也包括一些几乎没有区分性的特征。过多的特征会大大提高计算的复杂度和分类器的误差概率，降低分类系统的适用性。因此必须进行特征选择来除去不具辨别能力的特征，以尽量提高系统的性能。

5) 分类与识别

根据特征向量自动进行分类的工作由判别函数完成。判别函数 $g(x, \omega_i)$ 根据特征向量 x 估计每个类的概率，若 x 对应的样本属于类 ω_i，则应满足：

$$g(x, \omega_i) > g(x, \omega_j) \tag{6-52}$$

其中，$j=1, 2, \cdots, M$ 且 $j \neq i$。

实际应用中，通过求取最小欧氏距离的方法形成判别函数 $g(x, \omega_i)$。首先用每个类的均值向量来表征该类。ω_i 的均值向量 m_i 定义为：

$$m_i = \frac{1}{N_i} \sum_{x \in \omega_i} x \tag{6-53}$$

式中　N_i——类 ω_i 中训练样本的总数，$i=1, 2, \cdots, M$。

通过欧氏距离来估计 x 与每个类的均值向量 m_i 之间的相似性：

$$D_i(x) = \| x - m_i \| \tag{6-54}$$

由于距离越小相似性越高，因此 x 的样本最终将被判别为具有最小 D_i 值的类 ω_i。

3. 沉积相自动判别软件

软件的设计要包括灵活方便的人机交互功能，以便解释人员对分类结果进行监督和修正。软件完整处理流程包括以下步骤。

(1) 成像处理：加速度校正、均衡化、EMEX 电压校正、增强处理等。

(2) 分层：人工分层、自动分层。

(3) 特征提取：特征观察与定义、特征提取、特征曲线生成。

(4) 沉积相判别：根据成像特征曲线与常规曲线自动判别沉积相。

(5) 交互修正：检查判别结果并人工修正。

"十二五"期间，有中国石油勘探开发研究院测井与遥感技术研究所研发的碳酸盐岩储层沉积相自动/互动判别软件（挂接在 CIFLog 平台）已经投入到中国石油的多个油田的科研生产中，取得了良好的效果。同时该软件增加了对哈里伯顿公司 EMI/XRMI、贝克·阿特拉斯公司 STAR-II 成像数据、中国石油集团测井有限公司 MCI 成像数据的支持。

二、缝洞储层有效性评价技术

碳酸盐岩储层普遍发育孔洞缝等次生孔隙，次生孔隙发育程度的差异导致了评价碳酸盐岩缝洞储层非常困难。通过计算电成像孔隙度谱，可以定量评价井筒附近孔隙度分布特征及储层非均质性。

由于电成像测井本质上是一种电性测井方法,因此可以通过阿尔奇公式将纽扣电极电阻率转换成孔隙度;通过在一定的深度窗口内对每个纽扣电极的孔隙度进行直方图统计,便可以得到电成像孔隙度谱。通过对孔隙谱的研究表明,电成像孔隙谱的均值和方差可以很好地反映储层的储集性能和连通性能[63]。

1. 电成像孔隙谱的物理意义与计算方法

成像测井仪采用纽扣电极系测量,由于采用了点阵式测量方式,具有高分辨率井周扫描特点。高渗透网络区域的电阻率相对较低,成像图颜色深,为暗线、暗斑或暗块组合特征,斑块的外包络线与孔洞缝的结构特征趋势一致;而低渗区电阻率相对较高,成像图颜色浅,为亮块状特征,该电成像图基本能够反映孔洞缝网络体系的井周平面分布特征,其高渗透层段发育溶洞和裂缝。由于成像测井在一次采样后,得到的并非一个数据点,而是沿井周分布的一组数据体,因而,成像测井数据可以在采样窗口里绘制成一个谱。

成像测井计算孔隙谱的关键是要将成像测井的电导率图像转换为孔隙度图像,其转换桥梁为阿尔奇公式。计算每个电极纽扣电导率转换成孔隙度的公式如下:

$$\phi_i = [(aR_{mf}/S_{xo}^n)C_i]^{1/m} = [(aR_{mf}/S_{xo}^nR_{xo})R_{xo}C_i]^{1/m} = (\phi^m R_{xo}C_i)^{1/m} \qquad (6-55)$$

式中,ϕ_i——计算的电导率像素的孔隙度;
a——地层因素系数;
R_{mf}——钻井液滤液电阻率;
S_{xo}——冲洗带含水饱和度;
n——饱和度指数;
C_i——电成像电极电导率;
m——胶结指数;
R_{xo}——冲洗带电阻率。

孔隙度谱计算原理如图 6-29 所示,选取一个图像窗口,常取 1.2in(3.048cm),用

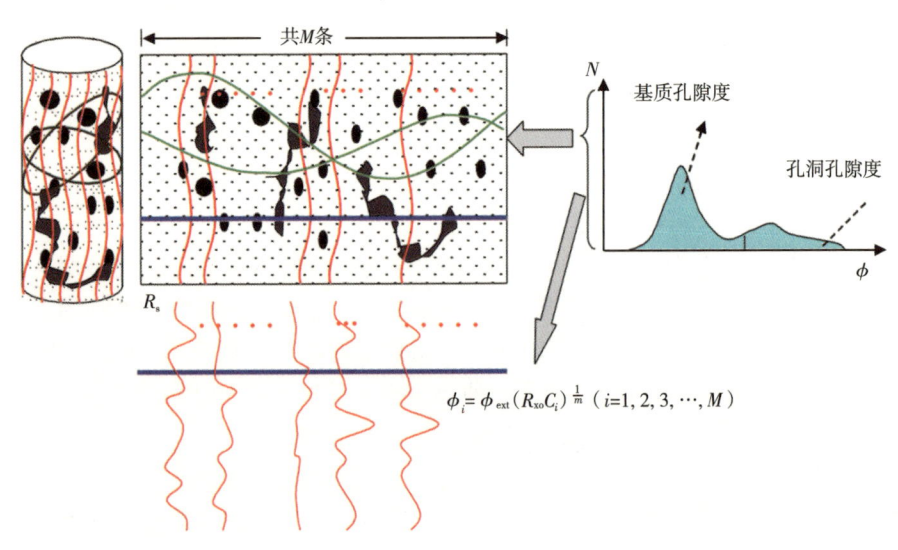

图 6-29 电成像测井资料计算孔隙度分布示意图

式（6-55）计算每个成像测井像素点的孔隙度大小，统计该窗口内不同区间的孔隙度贡献份额（即频数），绘制孔隙度值的统计分布图（孔隙度频率分布曲线），从而了解该窗口对应地层中的孔隙度分布情况。

根据谱的形态，可以知道该窗口对应的地层中孔隙度大小的分布情况。对于大孔隙发育的地层，溶蚀缝洞处的局部电导率值要较其他地方大得多，因而计算的像素孔隙度值较大。于是，若某个像素点计算的孔隙度值较大，表明该像素值所在的井壁位置为次生溶孔或溶蚀裂缝。反之，若某个像素点计算的孔隙度值较小，则表明该像素点处次生溶孔不发育。这样，孔隙度分布图就表征了一幅图像框中孔隙度大小的分布情况。由孔隙度的分布情况就可推测地层中溶蚀孔洞、裂缝视尺度的大小，从而对储层评价提供依据。

2. 电成像孔隙谱与储层有效性关系

如前所述，储层的有效性主要为储层的储集性能和连通性能。在电成像孔隙度谱计算结果的基础上，引入均值表达孔隙度分布谱中主峰偏离基线的程度，用方差（二阶矩）表达孔隙度分布谱的谱形变化（分散性），用孔隙度分布比表示电成像像素孔隙度大于某一孔隙度 ϕ_c 占所有像素孔隙度的份额。一个深度点孔隙度分布谱均值可用式（6-56）进行计算，孔隙度分布谱方差用公式［式（6-57）］进行计算，孔隙度分布比可以用式（6-58）进行计算：

$$\overline{\phi} = \sum_{i=1}^{n} \phi_i P_{\phi_i} / \sum_{i=1}^{n} P_{\phi_i} \tag{6-56}$$

$$\sigma_{\phi} = \sqrt{\sum_{i=1}^{n} P_{\phi_i}(\phi_i - \overline{\phi})^2 / \sum_{i=1}^{n} P_{\phi_i}} \tag{6-57}$$

$$K = \sum_{i=\phi_c}^{n} P_{\phi_i} / \sum_{i=0}^{n} P_{\phi_i} \tag{6-58}$$

式中 $\overline{\phi}$——电成像像素的孔隙度均值；

ϕ_i——据式计算的电成像像素的孔隙度；

ϕ_c——某一固定的像素孔隙度值，不同的碳酸盐岩储层其取值不同（50%≤ϕ_c≤200%）；

P_{ϕ_i}——相应孔隙度的频数（像素点数）；

σ_{ϕ}——孔隙度分布谱方差，无量纲；

$\sum_{i=0}^{n} P_{\phi_i}$——电成像像素的孔隙度 $\phi_i > \phi_c$ 的频数（像素点数）；

n——孔隙度份额，采用千分孔隙度，取值范围为 0~1000；

K——孔隙度分布比，无量纲。

根据上述方法计算结果，提出在由孔隙度谱均值和方差构成的二维平面上进行储层有效性评价，如图 6-30 所示，其中 X 坐标表示孔隙度谱均值，Y 坐标表示孔隙度谱形变化的方差参数，在此基础上提出了 4 区间分类方法。样本点落在 Ⅰ 区表明该储层段孔隙度成分较小或无大孔隙沟通、谱形变化小，储层性质大多为干层，即使采取酸化、压力措施效果也不明显；样本点落在 Ⅱ 区表明该储层段有大的孔隙成分、但连通性不好，因此建议进行酸化措施沟通不同的孔隙空间；样本点落在Ⅲ区表明该储层段不仅有大的孔隙度成分，而且联通效果也比较好，即使不采取酸化压裂措施，也能形成有效的自然产能；样本点落在Ⅳ区，表明虽然该储层段总的孔隙度较小，但含有大的孔隙度成分存在，在采取压裂措施的情况下，可以改善储层的连通性，形成有效产层。

与以往进行储层有效性识别的直接或者间接技术方法相比，上述方法具有两个显著特点：（1）立足现有成熟的测井系列，在技术上易于实现；（2）提出的三参数储层有效性识别技术是将电成像测井计算获得的孔隙度谱信息进行深入挖掘，定量计算出能够表征孔隙谱形变化的均值和方差参数，并与孔隙度分布比信息有机结合在一起，共同实现储层有效性的识别，对于油田开发具有较高的工程应用价值。

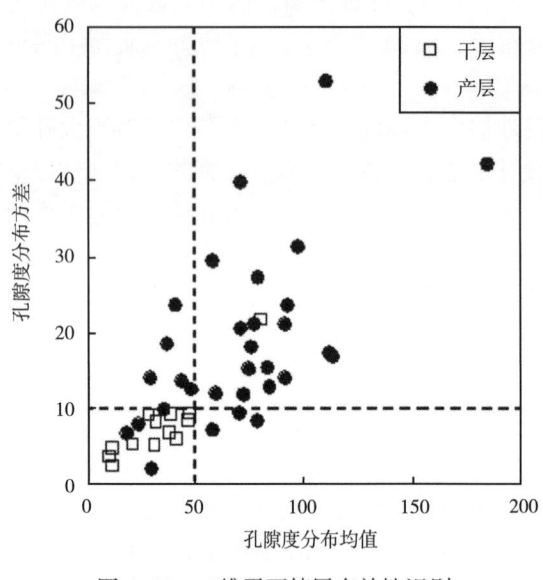

图 6-30　二维平面储层有效性识别

三、缝洞储层产能分级与预测技术

产能预测是油气勘探中储层测井评价的一项基本任务，但要做到准确定量评价非常困难，特别是对孔隙结构复杂、非均质性强的碳酸盐岩储层而言，其定量评价的难度更大。对我国中西部深层碳酸盐岩储层而言，产能预测的重点是产气量预测，它直接决定储层的工业开采价值。针对这一问题，提出了一种应用 CT 分析及核磁共振测井资料预测碳酸盐岩储层产气量的方法，并在西南油气田震旦系灯影组和寒武系龙王庙组的碳酸盐岩储层测井评价中获得了很好的验证。

1. 岩心 CT 基本原理

CT 成像实质上是利用 X 射线穿透检测目标后的衰减特性作为理论依据，其基本原理是建立在被扫描目标具有不同的密度之上的。在进行 CT 扫描时候，X 射线透照处于旋转台上的岩心，探测器将记录穿透过物体的 X 射线的数字信号。当岩心旋转一周之后，探测器就能获得射线从不同角度穿透某一横剖面的衰减系数 μ，有了这些 X 射线投射信息之后，利用计算机层析成像数据重建可以获得岩心的内部孔隙特征，如图 6-31 所示。

2. CT70 孔隙度定义

CT 测量分辨率除了与仪器性能、扫描方式等有关外，还与被测岩样的直径密切相关：岩样直径越小，测量结果的分辨率越高，但保留的非均质储层孔隙结构特征越少；反之，直径越大，测量结果的分辨率越低，但保留的非均质储层孔隙结构特征越多。综合考虑分辨率和保留尽量多的孔隙结构特征，对碳酸盐岩做 CT 测量时采用的是全直径（7.5cm）岩心。由于目前全直径岩心 CT 的分辨率约为 70μm，故本书定义 CT70 孔隙度 ϕ_{CT70} 为 70μm 以上的孔隙占整个岩样体积的百分比，用以客观描述非均质碳酸盐岩的孔隙特性

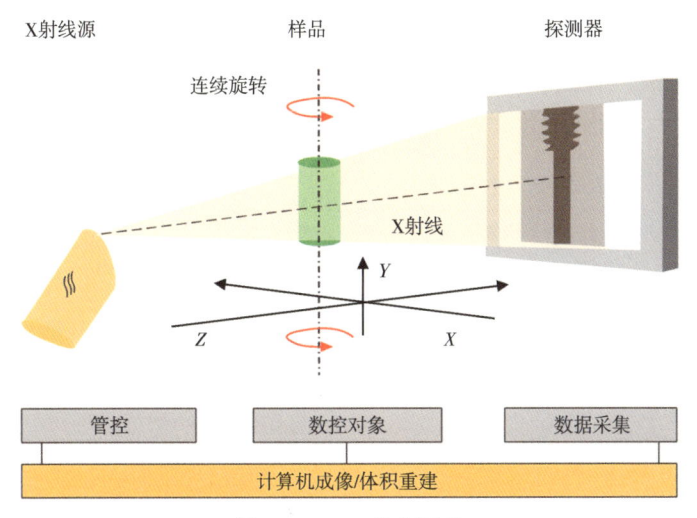

图 6-31　CT 基本原理

（图 6-32，其中 $\phi_{总}$ 为总孔隙度）。需要指出的是，CT70 孔隙度仅反映储层孔隙大小，并不反映孔隙的成因。换句话说，就特定岩心而言，CT70 孔隙度表征的孔隙可能是次生的，也可能是原生的。

3. CT70 孔隙度与产气量关系

碳酸盐岩储层具有粒间和晶间、溶蚀孔洞和裂缝等不同类型的孔隙，结构十分复杂，并且尺寸相对较大的溶蚀孔洞和裂缝对储层孔渗特性影响显著。这就是为什么在研究中采用全直径岩心 CT 扫描分析孔隙结构的原因。

图 6-32　CT70 孔隙度示意图

图 6-33 是四川盆地某区块 3 口井中 3 个不同气层段全直径岩心的 CT 扫描切片。对比分析可以看出：3 个层段的 CT70 孔隙主要反映的是溶蚀孔洞，其中 A3 井岩心的孔洞最发育、A2 井次之、A1 井较差。同时，A3 井岩心 CT70 孔隙的空间延展分布也明显优于 A2 井和 A1 井。

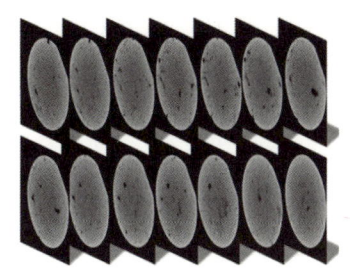

（a）A1井全直径岩心三维CT切片　　（b）A2井全直径岩心三维CT切片　　（c）A3井全直径岩心三维CT切片

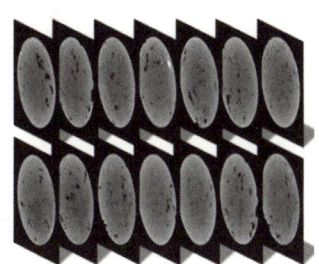

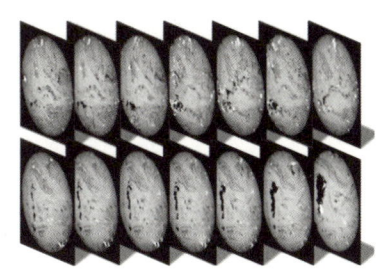

图 6-33　某层位 3 口井的典型 CT 切片

进一步的定量计算表明，A1 井、A2 井和 A3 井的 CT70 孔隙度分别为 0.73%、2.66% 和 4.6%。这 3 个层段解释的有效厚度上的每米试气量分别为日产 $0.12 \times 10^4 \text{m}^3$、$0.29 \times 10^4 \text{m}^3$ 和 $1.25 \times 10^4 \text{m}^3$。显然，有效厚度每米试气量与 CT70 孔隙度有很好的相关性，即随着 CT70 孔隙的增大，有效厚度每米试气量显著增加。基于上述认识，提出了 CT70 孔隙度预测产气量的如下模型：

$$q = a e^{b\phi_{CT70}} \tag{6-59}$$

式中　q——有效厚度每米试气量，$10^4 \text{m}^3/\text{d}$；

　　　a，b——常数。

对本研究区块，a 为 0.06、b 为 0.72。根据式（6-59），A1 井—A3 井 CT70 孔隙度与产气量关系如图 6-34 所示，图中实心圆为实际资料点，黑色实线为建立的产气量定量预测模型。

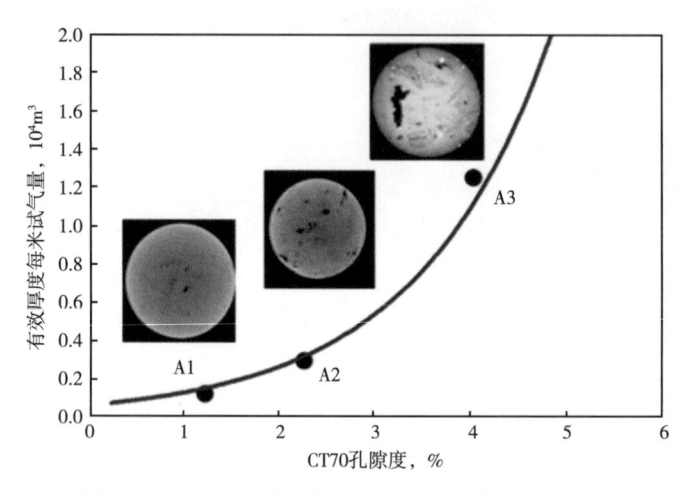

图 6-34　CT70 孔隙度与有效厚度每米产气量的关系

为了考察上述关系的可靠性，进一步分析了该区块已有试气结果的 B1、B2 和 B3 等 3 口井 CT70 孔隙度与有效厚度每米产气量之间的关系，结果如图 6-35 所示。可以看出，上

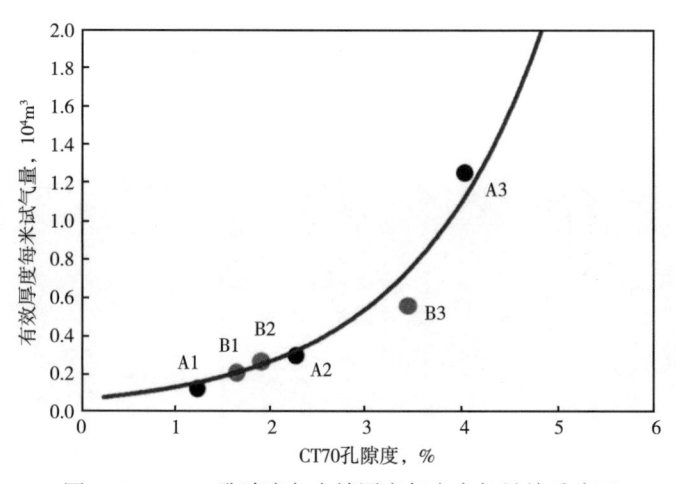

图 6-35　CT70 孔隙度与有效厚度每米产气量关系验证

述 3 个层段的数据点（绿色实心圆）仍分布在预测曲线的两侧，进一步验证了利用 CT70 孔隙度进行产气量预测的可行性。

4. CT70 孔隙度与核磁共振孔隙度同比例转换方法

如上所述，利用 CT70 孔隙度预测储层产气量需对目的层的取心进行 CT 扫描分析，然而实际生产中所有层段都进行全直径取心是不现实的。因此，如何利用测井资料计算 CT70 孔隙度是上述方法现场应用必须考虑的问题。

岩心 CT、T_2 谱均能反映储层的孔隙结构特征，由于测量原理及影响因素的不同，CT、T_2 谱对特定孔隙的表征结果可能会存在差异，但 CT、T_2 谱表征的孔隙分布总体规律应该一致，即：CT 测量的大孔隙对应 T_2 谱的右端（孔隙半径较大），CT 测量的小孔隙对应 T_2 谱的左端（孔隙半径较小）。由于这一现象总是客观存在的，所以以下转换关系成立：

$$\frac{\text{CT70 孔隙度}}{\text{岩心总孔隙度}} = \frac{\text{对应的核磁共振孔隙度}}{\text{核磁共振总孔隙度}} \quad (6-60)$$

式（6-60）为"CT—核磁共振同比例转换"关系式。根据这一转换关系，可以首先计算出与 CT70 孔隙度对应的核磁共振孔隙度，进而确定与 CT70 孔隙度对应的 T_2 特征值，原理如图 6-36 所示。表 6-2 给出了同时具有 CT、核磁共振资料的 4 块碳酸盐岩岩心 CT70 孔隙度及 T_2 特征值计算结果。由表中可见，4 块岩心的 T_2 特征值在 18~30ms，变化范围很小，一般取 20ms 作为与 CT70 孔隙度对应的核磁共振特征值即可。

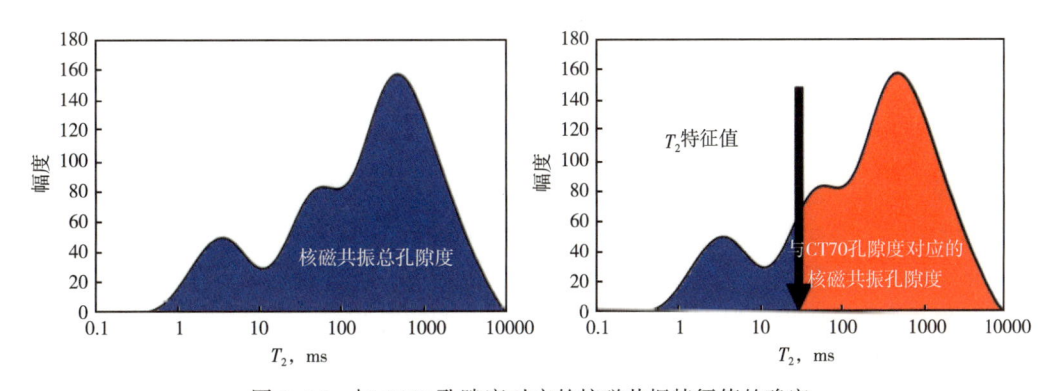

图 6-36 与 CT70 孔隙度对应的核磁共振特征值的确定

表 6-2 4 块岩心 T_2 特征值计算结果

岩心编号	核磁共振总孔隙度,%	CT70 孔隙度,%	T_2 特征值, ms
5-14	5.48	4.56	20.02
5-29	7.55	5.66	30
5-36	5.35	4.41	25
6-10	9.66	8.06	18

在此基础上，建立了利用核磁共振测井资料进行产气量预测的新方法，其具体实现步骤为：（1）根据核磁共振测井仪器的类型确定与 CT70 对应的 T_2 特征值；（2）利用核磁

共振测井资料计算各试油层段的 CT70 孔隙度；(3) 利用预测模型式 (6-59) 进行产气量预测。

四、缝洞储层含气饱和度定量评价技术

储层饱和度定量计算是测井解释的基本任务之一，缝洞储层储集空间类型繁多、结构复杂，从微观到宏观均表现出很强的非均质性，其电性的非阿尔奇特性显著，利用阿尔奇公式计算饱和度的结果精度较低。在"十二五"期间，针对缝洞储层含油气饱和度计算的难点，开展了深入的岩石物理实验、理论及数值模拟研究，形成了以孔隙类型、特征为核心的缝洞储层含油气饱和度定量计算方法。

1. 孔洞型储层饱和度计算

孔洞型储层是一类重要的缝洞型储层。在孔洞型储层中，储集空间主要为未充填的溶蚀孔洞及基质孔隙，孔洞体积在总孔隙（基质孔隙+孔洞）体积中所占百分比的范围较大，随着孔洞占总孔隙比例的增大，储层非均质性总体上变强。为了研究孔洞对碳酸盐岩电阻增大率与含水饱和度关系的影响规律，制作了具有特定孔洞特征的人造岩心并开展了驱替岩电实验研究。为了考察加工工艺是否会对岩电关系造成影响，从同一岩心柱的相邻部位选取了两块岩心，其中一块没有经过任何孔洞加工，另一块岩心先剖开再用可渗透性胶粘合（未造孔洞）。这两块岩心的岩电实验结果重合度为 0.92，说明孔洞制造工艺未对岩电关系造成显著影响。

孔洞在不同位置的岩电实验结果如图 6-37 所示，可以看出，孔洞位置不同，I—S_w 曲线出现小平台的时刻（与含水饱和度对应）不一样。具有相同孔洞孔隙度、不同孔洞数量岩心的实验结果如图 6-38 所示，可看出，随着孔洞数目的增多，其电阻增大率增大的速度变小，反映到岩电关系曲线形态上，即曲线往左下方偏移，变化速度越来越缓。具有不同孔洞孔隙度岩心的实验结果如图 6-39 所示，孔洞孔隙度的大小影响 I—S_w 曲线向下弯曲的程度及"平台"段的展宽，孔洞孔隙度越大，I—S_w 曲线向下弯曲的程度越大、"平台"段延展越宽，反之孔洞孔隙度越小，I—S_w 曲线向下弯曲的程度越小、"平台"段延展越窄。从不同孔洞数量、位置的岩电实验结果可以看出，孔洞岩心 I—S_w 关系变化的总体规律为未充填孔洞使电阻增大率增大的速度减小，在孔洞位置处 I—S_w 曲线出现小的平台。

对所有孔洞模型岩电实验结果相关通用模型进行拟合[64]，得到最佳函数形式为：

$$I = \frac{p_1}{S_w^{n_1}} + \frac{p_2}{S_w^{n_2}} \tag{6-61}$$

式中　I——电阻增大率；

　　　S_w——含水饱和度；

　　　p_1, p_2, n_1, n_2——参数。

利用水电相似理论，孔洞型储层测井饱和度方程中参数 n_1 和 n_2 为与储层基质孔隙大小分布和溶蚀孔洞大小分布有关的物理量[65]，上述参数表征了孔洞型储层中基质孔隙及溶蚀孔洞的发育及分布情况，基于上述实验及理论研究，形成了一种用现有测井方法确定孔洞型储层测井饱和度解释方程待定参数的方法。

如图 6-40 所示，两者变化趋势基本一致且数值接近，该段岩心分析平均含气饱和度

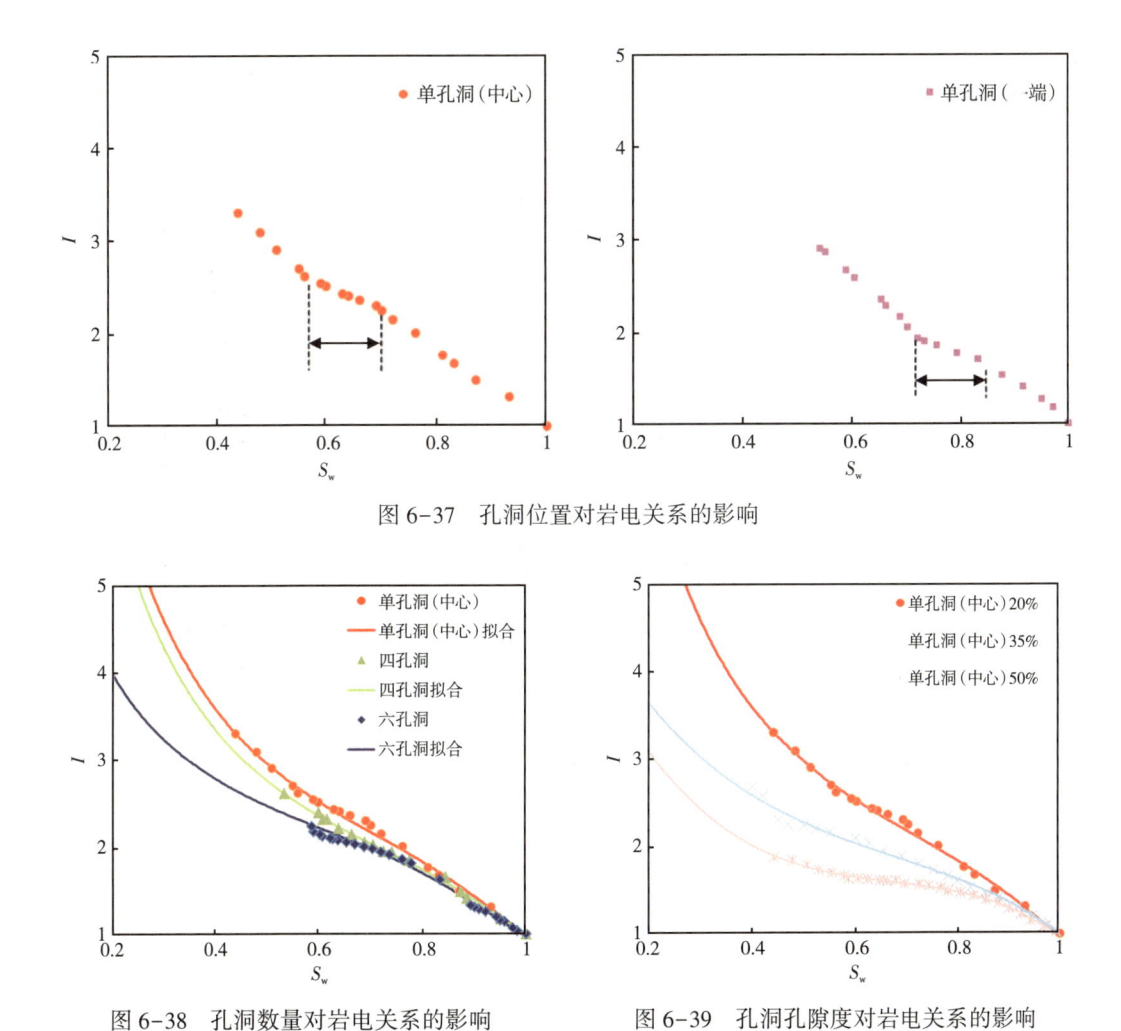

图 6-37 孔洞位置对岩电关系的影响

图 6-38 孔洞数量对岩电关系的影响

图 6-39 孔洞孔隙度对岩电关系的影响

为 88.5%，测井计算该段含气饱和度平均值为 84.1%，平均绝对误差 4.4%，该井在 4640~4669m、4672~4691.5m 日产气 $11.45×10^4m^3$，不产水，证明了采用该套岩电参数计算的含水饱和度是可靠的。

2. 裂缝储层饱和度计算

在缝洞储层中，裂缝对电性的影响更为复杂，一方面，裂缝的迂曲度很小，为电流提供了良好的导电路径；另一方面，裂缝的存在极大提高储层渗透率，使得井眼环境下钻井液的侵入影响更加显著。对于含裂缝储层，沿用确定基质饱和度的方法来确定裂缝饱和度是不现实的，特别是基于柱塞岩样的实验结果更是如此。在"十二五"期间，通过实验及数值模拟研究，形成了基于岩心刻度数值模拟的裂缝饱和度计算方法。

图 6-41 是针对含裂缝储层，在考虑裂缝存在情况下所做的数值模拟实验结果中的一个。该图模拟的是当基质孔隙度为 4.6%，裂缝孔隙度从 0 变化到 0.3% 时的情况。为了使数值模拟结果能够反映真实裂缝储层的特征，采用了全直径岩心实验数据、密闭取心结果对数值模拟左右两个边界进行刻度。图中深黑色曲线是当裂缝孔隙度为 0 时，全直径岩心含水饱和度—电阻增大率实验曲线。图中绿色曲线上的棕色数据点是裂缝层段（裂缝孔隙

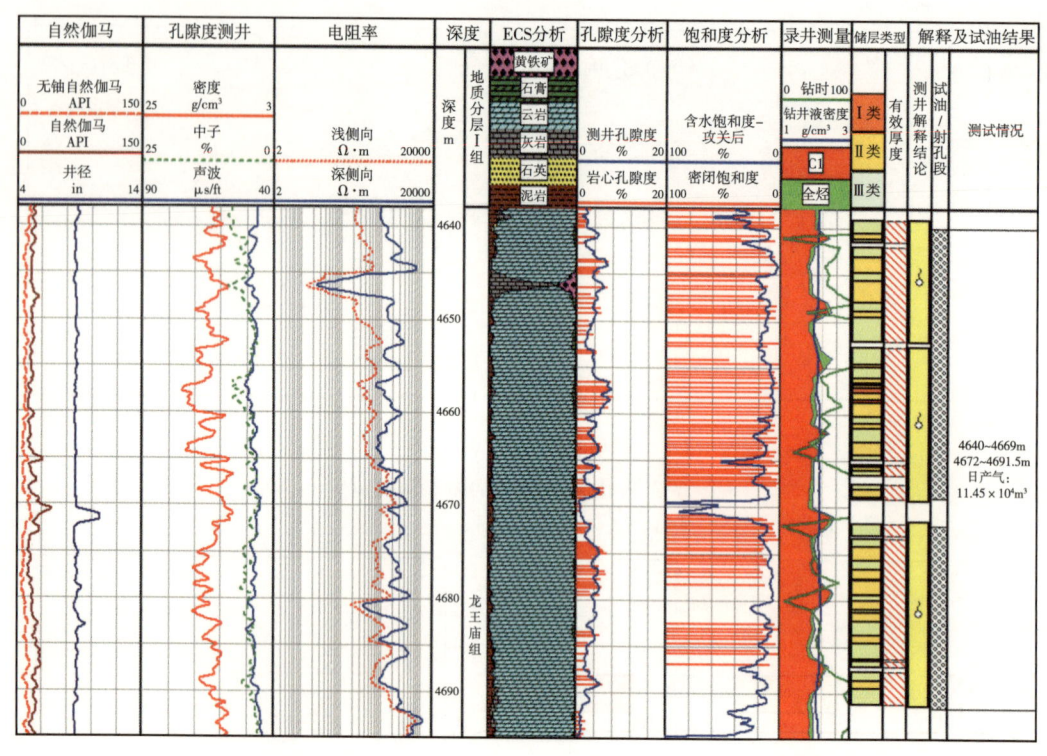

图 6-40 磨溪 19 井龙王海组测井计算饱和度与密闭取心饱和度对比

度为 0.3%）密闭取心饱和度分析结果。红色、蓝色曲线是在全直径岩心资料及密闭取心分析点共同约束下利用数值岩心实验得到的裂缝孔隙度为 0.1%、0.2%时的结果，显然这一结果经过了真实岩心实验和密闭取心分析结果的刻度，可以用于实际资料处理。用图 6-41 计算裂缝饱和度的原理，当电阻增大率为某一数值时，若地层裂缝孔隙度为 0，含水饱和度由最右边的曲线确定（图中最右边的箭头）；若地层含有裂缝，则实际含水饱和度根据裂缝孔隙度由相应的曲线确定（图中中间的箭头）。

如图 6-42 所示，在 5228~5240m 深度段内，考虑裂缝影响后计算的平均含油饱和度在 70%左右，远大于未考虑裂缝影响时计算的含气饱和度。5212~5250m 层段的试油结果为日产油 110m³，证实了考虑裂缝影响后含油饱和度计算结果的合理性。

第五节 致密油气储层测井评价技术

致密油气属于非常规油气资源范畴，指夹在或紧邻优质烃源岩层系的致密储层中、未经大规模长距离运移而形成的油气聚集，一般无自然产能，需通过大规模压裂技术才能形成工业产能[66]。致密油气测井评价的任务：一是发现致密油气层，二是寻找致密油气"甜点"，三是支持钻井、完井和压裂等工程的有效实施。

致密油气与常规油气有很大的不同，如岩性更加复杂、孔隙类型多样、油气赋存状态差异大等。因此，致密油气评价应做到"精耕细作"，具体体现在"七性关系"评价上，即岩性、含油性、物性、电性、烃源岩性、脆性和地应力各向异性等七个方面的评价。在

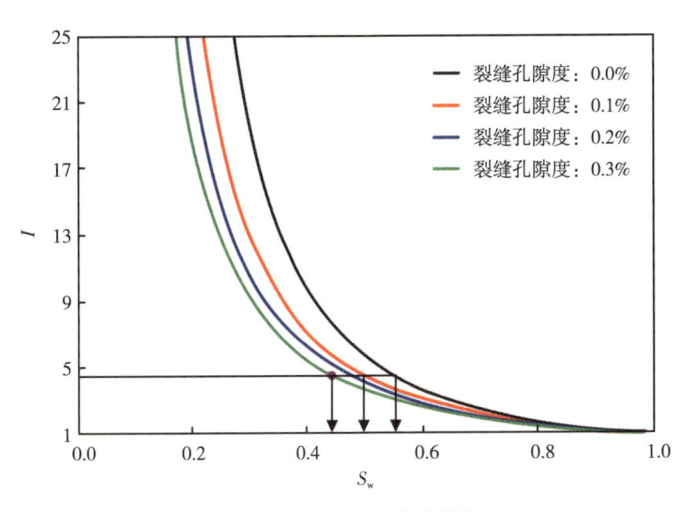

图 6-41 岩心刻度数值模拟

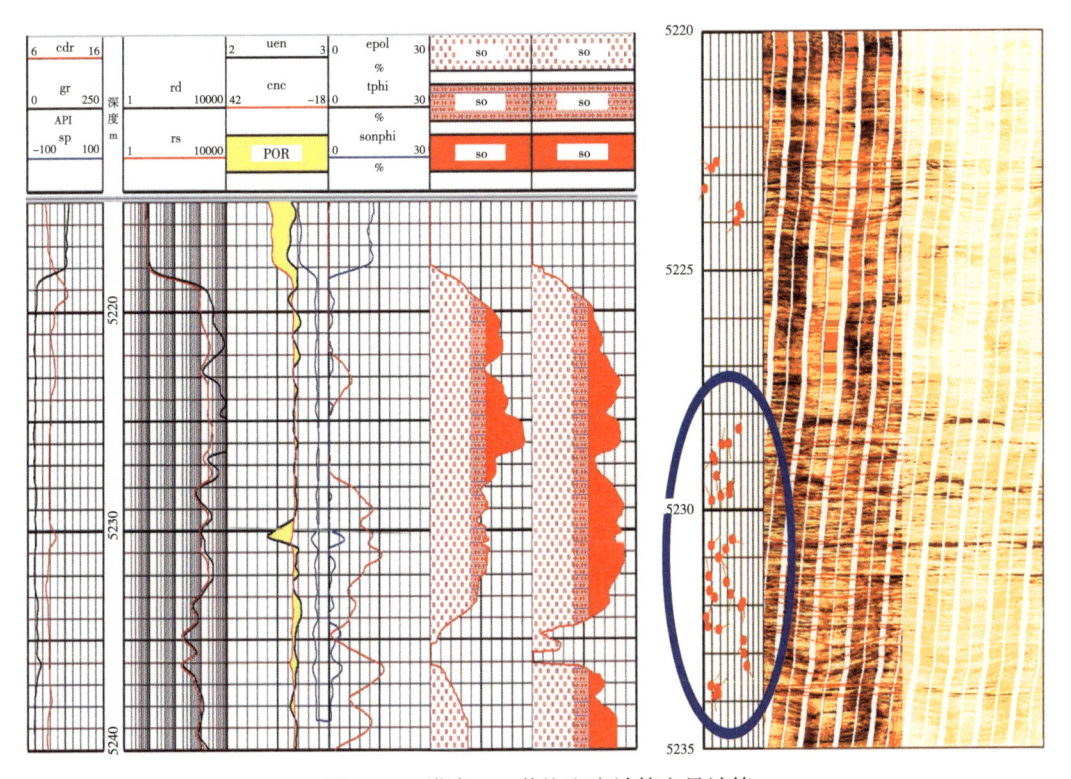

图 6-42 塔中 821 井饱和度计算定量计算

"七性关系"评价基础上,进一步开展致密油气"三品质"评价[66],即烃源岩品质评价、储层品质评价、工程品质评价,通过这三个方面的量化分析及其配置关系研究,评价出致密油气的纵向和横向分布,预测出"甜点"发育区,支撑致密油气高效勘探开发。

一、致密油气"七性关系"评价

"七性关系"评价及其相关关系分析是致密油评价的重点与基础。技术路线是以实验数据为基础，测井数据为桥梁，建立储层属性参数的岩石物理模型，进行储层属性参数的描述与表征。

1. 烃源岩评价

烃源岩特性即评价烃源岩生油能力，以烃源岩的有机质丰度（总有机碳含量TOC）为主，兼顾干酪根类型判断。需要指出的是，致密油储层中常伴干酪根，因此，致密油的烃源岩测井评价不仅针对泥岩而且要开展储层TOC计算，TOC计算方法有以下两种。

1）电阻率与孔隙度曲线重叠方法

电阻率—密度叠合法：

$$\Delta \lg R = \lg \frac{R}{R_{基线}} + K(\rho - \rho_{基线})$$

$$TOC = (\Delta \lg R) \times 10^{2.297-0.1688 LOM} \tag{6-62}$$

电阻率—声波叠合法：

$$\Delta \lg R = \lg \frac{R}{R_{基线}} + K(\Delta t - \Delta t_{基线})$$

$$TOC = (\Delta \lg R) \times 10^{2.297-0.1688 LOM} \tag{6-63}$$

式中　K——互溶刻度的比例系数；

　　　LOM——反映有机质成熟度的指数；

　　　R——烃源岩段实测电阻率值，$\Omega \cdot m$；

　　　$R_{基线}$——基线（非烃源岩层段）对应的电阻率值，$\Omega \cdot m$；

　　　ρ——烃源岩段实测密度值，g/cm^3；

　　　$\rho_{基线}$——基线（非烃源岩层段）对应的密度值，g/cm^3；

　　　Δt——烃源岩段实测声波时差值，$\mu s/ft$；

　　　$\Delta t_{基线}$——基线（非烃源岩层段）对应的声波时差，$\mu s/ft$；

　　　$\Delta \lg R$——在同一坐标下应用不同坐标刻度所计算的补偿密度（或声波时差）和电阻率曲线的幅度差。

2）密度—核磁共振测井交会计算TOC

密度测井计算出的孔隙度（ϕ_{den}）为其探测范围内的岩石总孔隙度，而核磁共振测井计算的孔隙度为探测范围内与岩石骨架无关的孔隙度（ϕ_{nmr}）。因此，当有干酪根存在时，将使ϕ_{den}加大，ϕ_{nmr}基本不变，如图6-43所示。

图6-43　密度—核磁共振测井交会法计算原理示意图

由此，可将干酪根相对体积含量V_k表达为：

$$V_k = \phi_{den} - \phi_{nmr} \tag{6-64}$$

对同类型干酪根，TOC 大小与干酪根含量密切相关，具体可表达为：

$$\text{TOC} = \rho_k V_k / (\rho K_{ch}) \tag{6-65}$$

式中　ρ——烃源岩密度，g/cm^3；

　　　ρ_k——干酪根密度，g/cm^3。

　　　K_{ch}——转换系数，经验值，无量纲，与干酪根类型和成熟度等有关。

当井眼不规则或垮塌严重时，密度测井和核磁共振测井资料受影响较大，其测量值可能失真。此时，密度—核磁共振测井交会计算的 TOC 误差较大。

2. 岩性评价

岩性是储层评价的基础，直接影响到含油性评价以及物性、电性、脆性指数和岩石力学等参数计算的准确性，因此岩性评价至关重要。岩性评价包括岩性识别和岩石矿物组分计算两大方面。

常规测井评价岩性的方法主要为：以自然伽马测井计算泥质含量，以密度、中子和声波孔隙度测井确定岩性骨架类别及其比例大小。如果有自然伽马能谱测井资料，可进一步确定黏土类型。最后，应以岩性实验室分析（如 X 射线衍射）刻度测井计算结果。

对于发育于咸化湖泊环境下的碳酸盐岩或湖河交互过渡部位的致密油储层，其岩石组分十分复杂，砂质、泥质、灰质、云质与黄铁矿等共存。因此，除应用常规测井外，还应增加元素俘获测井或元素全谱测井，并研发出针对性的氧闭合模型，确定出矿物组分，之后计算出岩性组分。

3. 物性评价

致密油储层孔隙度、渗透率极低，准确计算出致密储层的孔隙度、渗透率难度大，因为较小的绝对误差就可产生较大的相对误差。这就要求准骨架参数，但岩性的复杂性对此难以保证；而储层中孔隙类型多样、孔隙结构复杂，为此，可在核磁共振测井孔隙结构评价的基础建立针对性孔隙度和渗透率模型。

对×地区×井的核磁共振测井数据运用小波域自适应滤波方法进行降噪处理，进行核磁测井油气校正，改善了孔隙度渗透率计算精度和 T_2 谱质量。前后反演结果如图 6-44 所示，通过小波域自适应滤波降噪和核磁共振测井油气校正后，计算的孔隙度和渗透率同岩心分析结果有很好的一致性。

4. 含油性评价

致密油的含油性受控于烃源岩品质、储层品质及源储配置关系等要素，因此，在烃源岩和物性评价基础上开展含油性评价。致密储层的储集空间小，测井所能探测到的油气信息弱，含油性评价难度大，而加大应用对油气信息敏感性较强的录井技术并做好测井与录井相结合是一条既现实又有效的技术途径。

为了做好含油性评价，在部分关键井中应进行钻井取心，并在测井资料评价的基础上，优化出若干个深度点，针对性钻取旋转式井壁取心。选取岩样送实验室开展含油性分析，可进一步夯实测井和录井含油性评价工作。

5. 电性评价

致密油气储层电性是岩性、物性、孔隙结构、含油性和地层水电阻率等因素的综合反映，导致不同区块致密油储层电阻率特征差异很大。

致密储层泥质含量高，孔隙结构复杂。地层因素 F 与孔隙度 ϕ 不服从纯砂岩模型的线

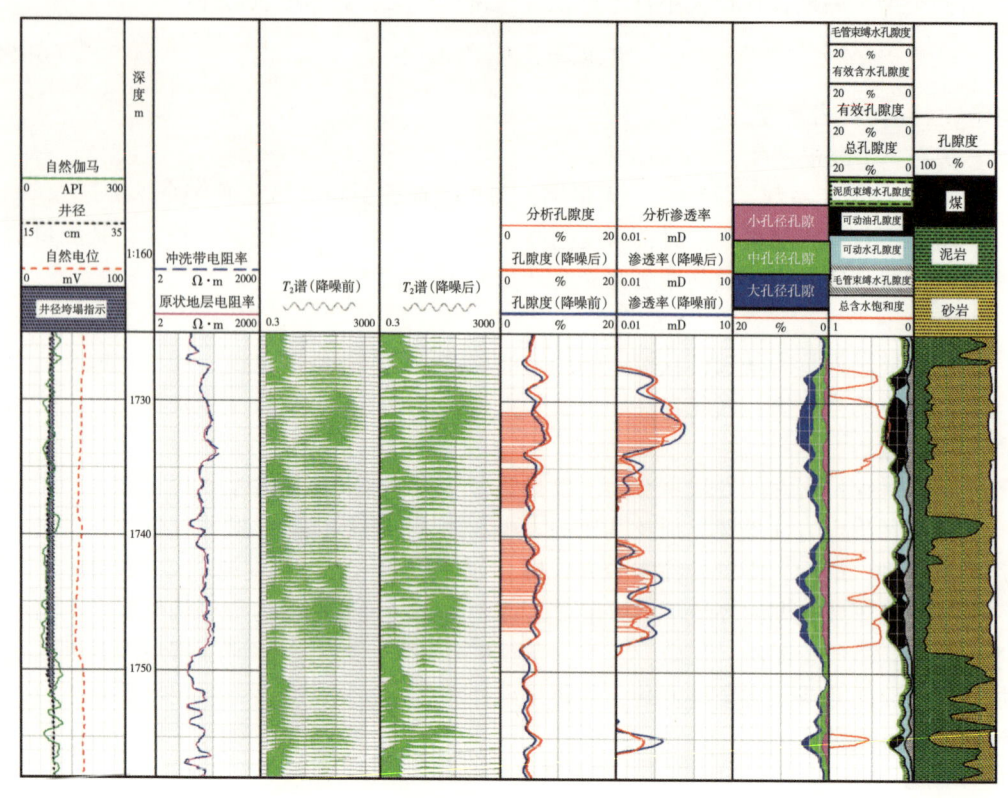

图6-44 ×井核磁共振测井降噪处理结果

性关系，在双对数坐标系下呈非线性关系，呈"非阿尔奇"现象。可采用基于储层分类的变岩电参数法阿尔奇公式计算饱和度。

图6-45为基于气驱法岩电实验获得的 F—ϕ 的关系，可以看出，在 ϕ=10%左右存在一拐点。当 ϕ<10%时，F—ϕ 在双对数坐标中偏离阿尔奇公式线，且 ϕ 越小，F 偏离阿尔奇公式线幅度越大。

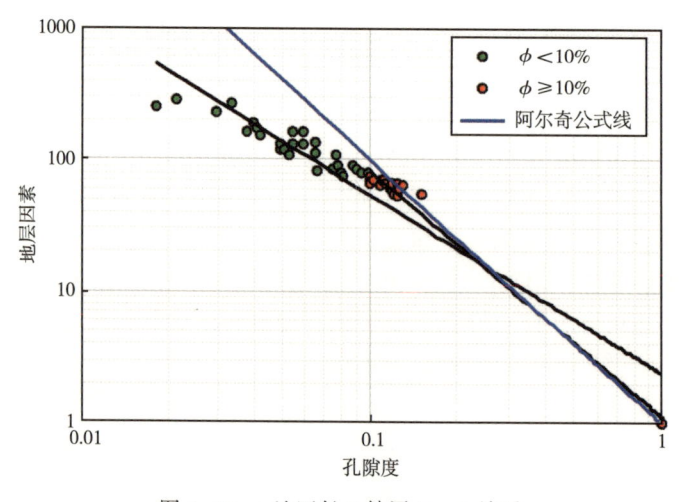

图6-45 ×地区长7储层 F—ϕ 关系

通过对鄂尔多斯盆地×地区延长组长 7 段储层 46 块样品岩电资料的统计，胶结指数 m 与孔隙度 ϕ 的关系具有分段性，呈指数正相关；图 6-46 为延长组储层 $\phi—m$（$a=1$ 时）关系图，可以看出低孔低渗储层具有相对较低的 m，二者呈自然对数关系，相关系数为 0.95，采用分类求取岩电参数方法，当 $\phi \geqslant 10\%$ 时，$a=1.222$，$m=1.868$；当 $\phi<10\%$ 时，$a=2.395$，$m=1.352$（表 6-3）。

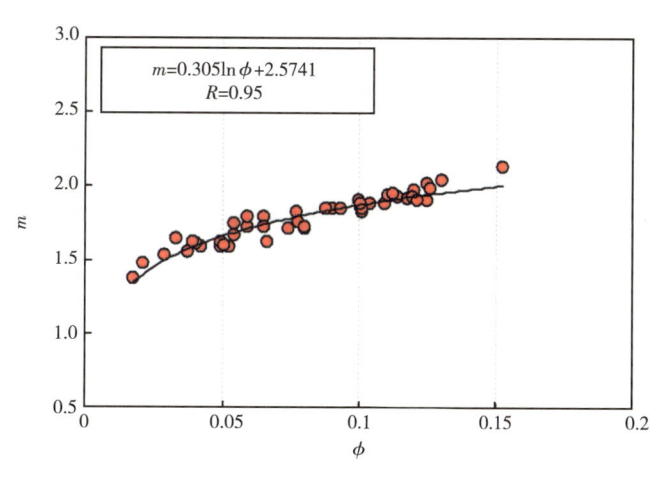

图 6-46　×地区长 7 储层 $m—\phi$ 关系

表 6-3　×地区长 7 储层分类岩电参数表

分类	a	m
$\phi \geqslant 10\%$	1.222	1.868
$\phi<10\%$	2.395	1.352

基于常规气驱水岩电实验分析结果表明，低渗含油储层单样品的 $I—S_w$ 在双对数坐标系下保持线性关系，但不同样品资料点分散，相关性差，少许点群分布在阿尔奇公式线的下方，其余点分布在阿尔奇公式线的上方，图 6-47 所示。

利用流动单元指数（FZI），FZI 在一定程度上反映储层孔隙结构的好坏，在有效储层内 FZI 越大，说明储层孔喉配置关系越好。基于流动单元的划分思想，将×区块长 7 段的 $I—S_w$ 按流动单元指数大小分为三类，分别求取饱和度指数 n 和系数 b（表 6-4），改善了 $I—S_w$ 交会图中数据点散而乱的局面，可提高储层含油性的计算精度（图 6-48）。

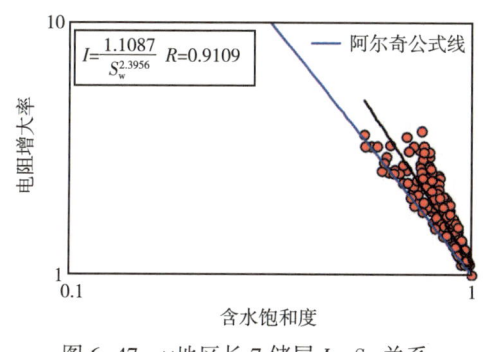

图 6-47　×地区长 7 储层 $I—S_w$ 关系 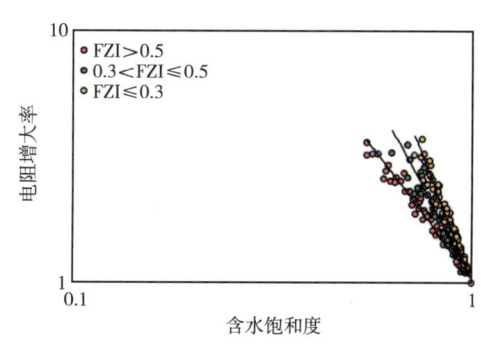　　　　图 6-48　×地区长 7 储层分类 $I—S_w$ 关系

表 6-4　×区块长 7 储层分类岩电参数表

分类	b	n
FZI>0.5	1.049	2.036
0.3<FZI≤0.5	1.044	2.879
FZI≤0.3	1.026	3.895

6. 脆性评价

岩石脆性指其在破裂前未觉察到的塑形变形的性质，也即岩石在外力作用（如压裂）下容易破碎的性质。致密油气的体积压裂设计中，岩石脆性是考虑的重要因素之一。

致密油中，以脆性指数刻画岩石的脆性特征，其计算方法有以下两种，即岩石矿物组分法和弹性模量法。岩石矿物组分法是以测井岩性处理结果为基础，通过提取脆性矿物（常为石英）含量并除以所测全部矿物含量之和来确定；弹性模量法以测井测量的纵波速度、横波速度计算出的杨氏模量和泊松比为基础并经归一化处理确定岩石脆性。

岩石弹性参数的脆性指数计算方法，其计算公式：

$$\mathrm{BI} = \frac{\mathrm{BI}_{\mathrm{YM}} + \mathrm{BI}_{\mathrm{PR}}}{2} \qquad (6-66)$$

式中　$\mathrm{BI}_{\mathrm{YM}}$，$\mathrm{BI}_{\mathrm{PR}}$——分别为归一化处理后并以百分数表示的岩石杨氏模量和泊松比，其取值范围为[0，100]，这主要是考虑到杨氏模量和泊松比的值大小差异太大，为了均衡反映它们在评价岩石脆性中的作用而做出的数据处理。

$\mathrm{BI}_{\mathrm{YM}}$ 和 $\mathrm{BI}_{\mathrm{PR}}$ 具体表示为：

$$\mathrm{BI}_{\mathrm{YM}} = 100 \times \frac{E - E_{\min}}{E_{\max} - E_{\min}} \qquad (6-67)$$

$$\mathrm{BI}_{\mathrm{PR}} = 100 \times \frac{\nu - \nu_{\max}}{\nu_{\min} - \nu_{\max}} \qquad (6-68)$$

式中　E，ν——分别为储层段的杨氏模量和泊松比；

$E_{\min}$，$E_{\max}$——分别为目的层段内的最小和最大杨氏模量，MPa；

$\nu_{\min}$，$\nu_{\max}$——分别为目的层段内的最小和最大的泊松比，无量纲。

7. 地应力各向异性评价

为了获取致密油中的工业油流，必须采用水平井钻井和大型体积压裂，而水平井井眼轨迹优选和压裂方案设计中，地应力方位、大小及各向异性是非常重要的一类参数，也正因为此，地应力及各向异性评价是致密油测井评价的重点内容之一。

地应力包括垂直应力 σ_v 和最大水平应力 σ_H、最小水平应力 σ_h 等 3 种。σ_v 可通过上覆地层的全井眼密度测井值及其对应深度的积分并考虑上覆地层的孔隙压力而确定。地应力评价主要指的是水平地应力（σ_H 和 σ_h）评价，其内容包括方位确定、大小计算以及地应力纵横向各向异性、地应力剖面展布特征等，可借助于电成像测井和阵列（或扫描）声波测井实现。

图 6-49 是鄂尔多斯盆地致密油的"七性关系"评价实例，可以看出，地层物性、含

油性、脆性、地应力在纵向上变化大，各向异性明显，由此可划分出储层品质级别，并优选出压裂层段。

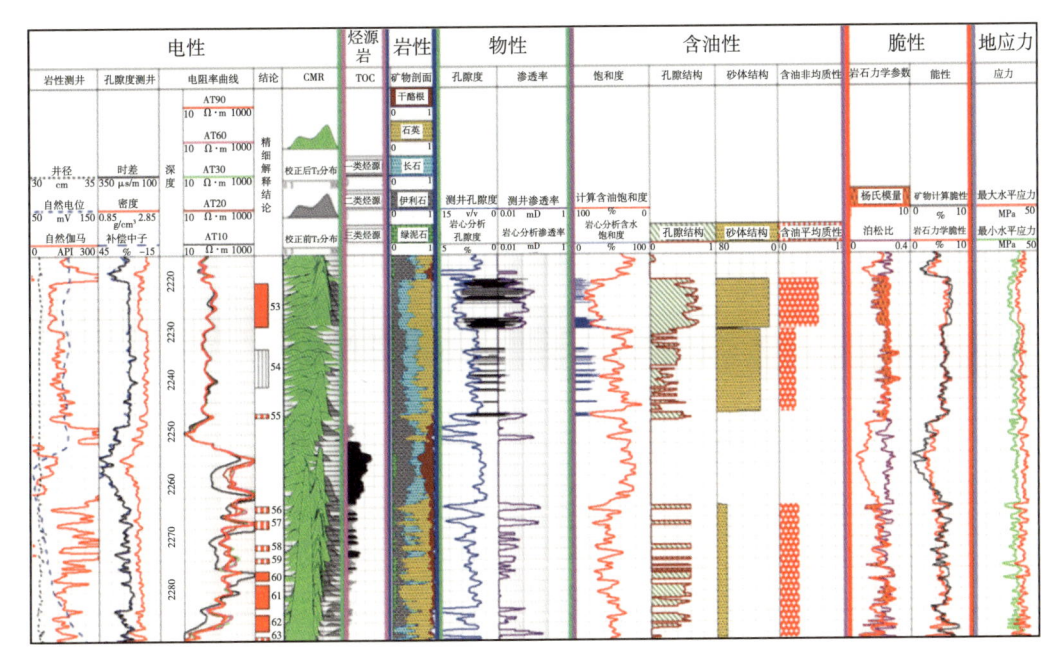

图 6-49　×井致密油"七性关系"综合解释评价图

二、致密油"三品质"评价与"甜点"优选

致密油气"三品质"评价，一是烃源岩品质评价，突出研究总有机碳含量评价方法、烃源岩品质描述参数以及烃源岩的纵向分布规律；二是储层品质评价，强化分析储层品质和相对优质致密油层分布；三是工程品质评价，重点确定地应力方位及各向异性评价、优选有利压力层段。测井致密油"甜点"评价主要立足于"三品质"评价及其这三类品质的配置关系研究，其中"七性关系"评价是其核心基础。

1. 储层品质评价

储层品质主要与岩性、物性（孔隙度、渗透率和裂缝）、含油饱和度、宏观结构与各向异性、微观孔隙结构与非均质性及等效厚度等因素有关[67]。

1) 储层宏观结构评价

我国陆相致密油的储层单层厚度较小，常呈薄互层状分布，宏观各向异性强，微观孔隙结构复杂、非均质性强。因而，陆相致密油的储层品质评价不应仅采用常规储层以孔渗等物性参数衡量其优劣，而应综合考虑储层宏观结构与微观结构而评价其品质。

自然伽马测井对储层岩性各向异性敏感性强，而密度测井对储层物性各向异性敏感性强，因此，可用自然伽马和密度测井曲线分别构建反映砂体的岩性及含油性非均质程度的测井表征参数，实现储层宏观结构分类识别。通过利用测井曲线形态和幅度参数，选择变差方差根 GS 表示，构建砂体结构参数 P_{ss} 和含油性非均质性参数 P_{pa}，对砂体结构进行评价。

2) 储层孔隙结构评价法

表征储层孔隙结构的参数有孔隙度、渗透率、饱和度及描述微观结构的排驱压力、中值半径和孔喉比等，这些参数均能由测井处理解释而求得，综合分析上述参数，可精细评价储层品质并实现分类。

表 6-5 是鄂尔多斯盆地长 7 段致密储层孔隙结构评价标准。构建了反映储层孔隙结构的综合评价指标，即孔喉结构指数 PTI：

$$\mathrm{PTI} = af_1(R_{max}) + bf_2(R_{pt50}) + cf_3(\phi) \tag{6-69}$$

式中　a，b，c——权系数；
　　　f_1，f_2，f_3——分别为最大孔喉半径（R_{max}）、中值半径（R_{pt50}）和孔隙度（ϕ）等参数的归一化函数。

表 6-5　基于孔结构隙结构参数的鄂尔多斯盆地长 7 致密油储层品质评价标准表

分类参数		储层品质分类			
		好	较好	中等	差
单参数	ϕ，%	>12	10~12	8~11	6~8
	K，mD	>0.12	0.08~0.12	0.06~0.08	0.03~0.06
	排驱压力，MPa	<1.5	1.5~2.5	2.5~3.5	>3.5
	中值半径，μm	>0.15	0.05~0.15		<0.05
综合参数	孔喉结构指数	>0.8	0.6~0.8	0.4~0.6	<0.4

采用 PTI 可将储层品质清晰地分为 4 类，参数值不存在重叠区间，规避了处理解释中的多解性。

2. 烃源岩品质评价

烃源岩品质主要与其总有机碳含量、成熟度、有效厚度和生排烃效率等因素有关：

$$Q_{烃源岩} = f(总有机碳含量，成熟度，排烃效率，等效厚度，\cdots) \tag{6-70}$$

总有机碳含量和成熟度是烃源岩品质评价的关键参数，以此为基础，可进一步开展烃源岩品质评价[69]。

确定烃源岩的等效厚度，首先要对烃源岩进行基于测井的分类，在此基础上，计算各类烃源岩的有效厚度，再确定出等效有效厚度。

根据岩性和有机地球化学特征，可将鄂尔多斯盆地长 7 段泥页岩划分为油页岩（优质烃源岩）、黑色泥岩（较好烃源岩）和一般泥岩（非烃源岩）3 种类型。因此，在岩性识别和 TOC 计算的基础上，结合自然伽马和密度等测井曲线特征，建立烃源岩测井分类标准（表 6-6）。

表 6-6　鄂尔多斯盆地长 7 段泥岩测井分类标准

泥岩类型	自然伽马，API	密度，g/cm³	TOC，%	划分类型
油页岩	>180	<2.3	>10	Ⅰ
		2.3~2.4	6~10	Ⅱ
黑色泥岩	120~180	2.3~2.5	2~6	Ⅲ
一般泥岩	<120	>2.5	<2	—

3. 工程品质评价

"七性关系"评价中，与工程品质有关的参数主要为脆性指数，地应力方位与大小，岩石弹性参数等。通过对这些参数的研究，开展工程品质评价，为优选压裂层段、优化压裂参数及水平井眼轨迹设计提供技术支持。以源储品质及配置关系为基础，兼顾工程品质，优选压裂层段，实现以最低压裂成本获得最大产油量，是致密油工程品质评价的主要目的[69]。

脆性指数是衡量储层压裂效果的重要指标，直接关系压后日产量和总产量。一般脆性指数高，压裂求产的产量就高。

根据国内外致密油部分井的压裂情况，"十二五"期间已建立了致密油工程品质评价标准（表6-7），该标准地区经验性较强。

表 6-7 工程品质评价标准

工程品质	分 类 标 准		
	脆性指数（%）	水平最大/最小地应力差（MPa）	剖面地应力梯度差（KPa/m）
好	>45	<3~5	>2
中	35~45	5~8	1~2
差	<35	>8	<1

通过利用高精度数控、微电阻率成像测井、地层元素测井、核磁共振测井及偶极声波测井进行致密油"三品质"定量评价，为致密油资源评价、"甜点"优选、水平井及体积压裂提供了有力的技术支持。

致密油储层品质差，可动用性差，需采用"差中寻优"的思路寻找出相对富集且相对易于动用的油气层，即开展"甜点"评价。

勘探评价阶段，致密油的测井"甜点"评价侧重于单井井眼剖面上的"甜点"分析，开发阶段当井数达到一定规模时，通过多井对比评价，可侧重于油气"甜点"剖面分布规律研究。

致密油"甜点"优选应考虑源储配置关系确定出"甜点"类别。根据评价标准（表6-8），可实现对致密油"甜点"类别的划分。

表 6-8 致密油"甜点"类别评价表

烃源岩品质 \ 致密油"甜点"类别 \ 储层品质	Ⅰ	Ⅱ	Ⅲ
Ⅰ	Ⅰ	Ⅰ	Ⅱ
Ⅱ	Ⅰ	Ⅱ	Ⅲ
Ⅲ	Ⅱ	Ⅲ	Ⅲ

三、低饱和度致密气识别与评价

致密砂岩储层气水关系非常复杂，储层孔喉细小，束缚水饱和度高，常发育有低饱和度致密气层。

由于致密砂岩储层储集空间小，孔隙结构复杂，测井信息中来自流体的贡献少，导致测井对油气的敏感性降低，常规方法很难进行流体识别。

研究表明，采用突出含气性和测井对比度的思路以及非电法测井的方法来识别评价这类致密气层可取得较好效果。

1. 测井标准化参数多因素综合判识

图6-50是标准化参数直观快速识别成果图，其方法是通过以突出含气性和测井对比度、降低参数引入误差为原则，构建了测井标准化表征参数，实现了致密气层快速直观识别。×井通过该方法可直接解释出好的气层段，试气获井口产量4.2337×10^{4}m^3/d，应用效果良好。

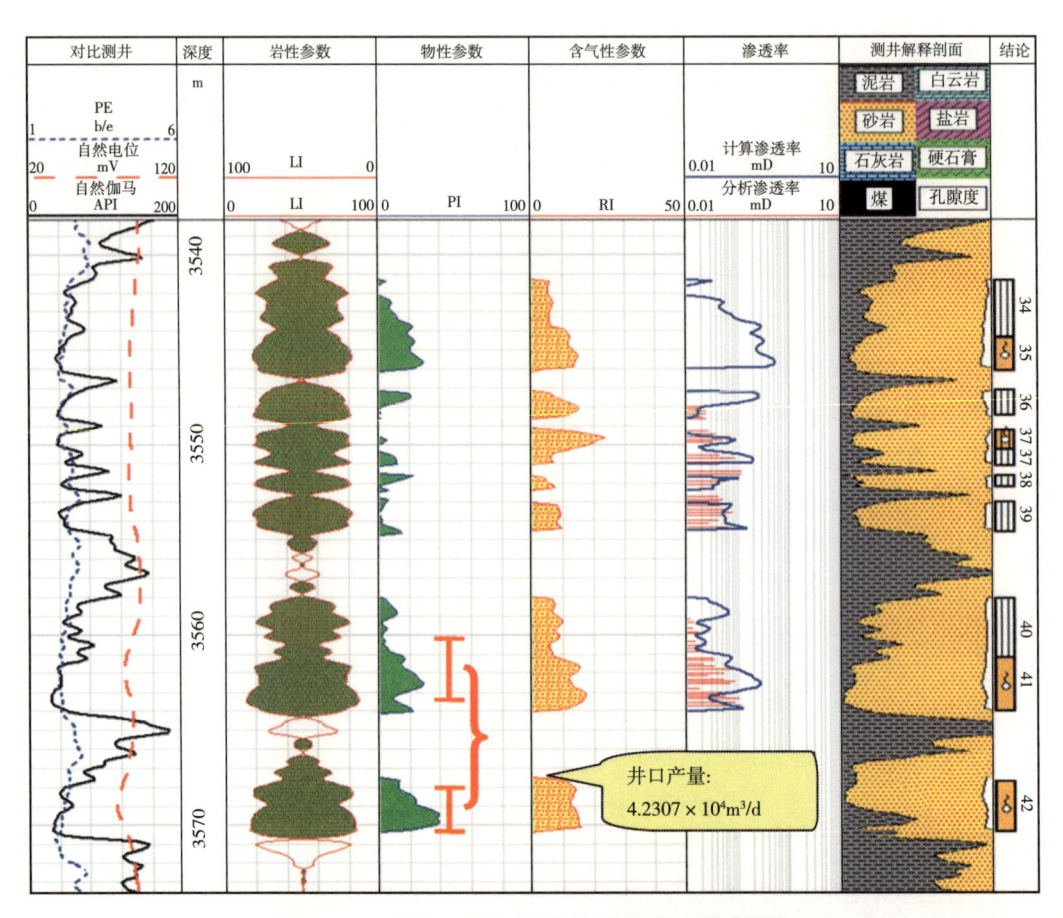

图6-50 ×井山1段致密气层测井快速识别成果图

2. 声学特征参数定量评价

基于不同饱和度岩心声学实验与理论计算，通过对不同岩性、物性、含气性岩心声学特征参数变化规律的综合分析研究，建立半定量计算储层岩性、物性和含气性的综合图版（图6-51），该图版不仅适用于对储层含气性进行了定性识别，同时能够划分不同含气饱和度的分布区域，实现饱和度的定量解释。

图6-52为试气成果在解释图版上的数据投点，可以看出该图版的解释结论与试气资料基本吻合，基于试气结果对工区致密气储层进行分类，由此总结出致密砂岩储层的出气机理为"物性主导，含气丰度辅助控制"，并建立了相应的解释标准（表6-9）。

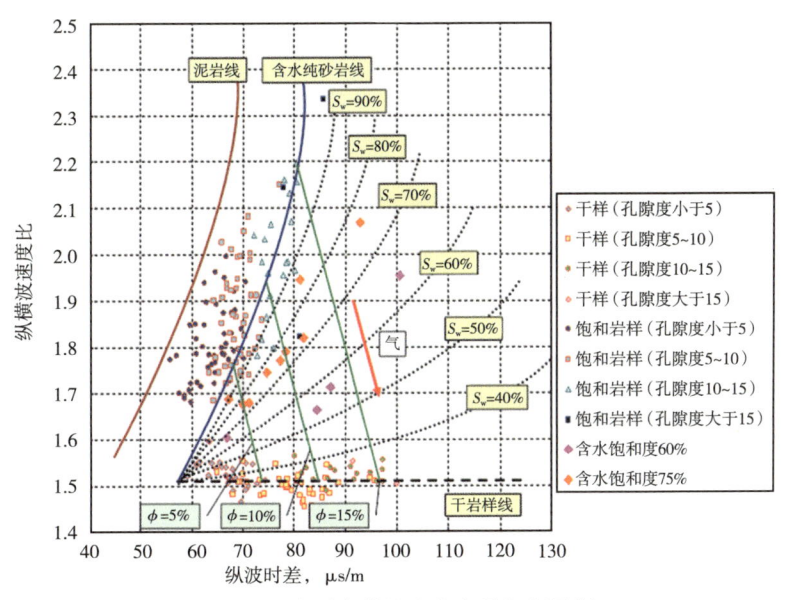

图 6-51 声学参数饱和度定量解释图版

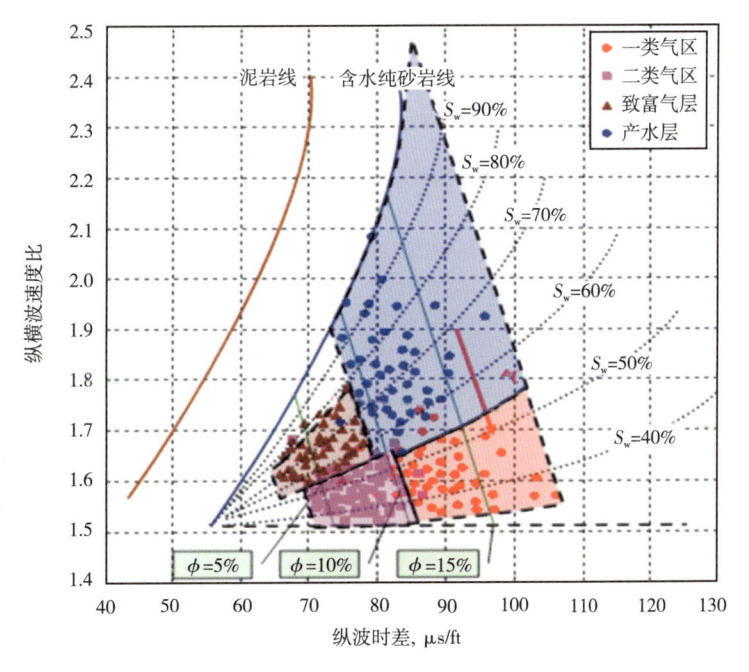

图 6-52 基于试气结果对致密气储层分类

表 6-9 基于声学参数的致密气储层分类标准

储层分类	孔隙度	含气饱和度	产气量
Ⅰ类气层	$\phi>10\%$	$S_g>45\%$	大于 $4\times10^4 m^3/d$
Ⅱ类气层	$4\%<\phi<10\%$	$S_g>45\%$	$2\times10^4\sim4\times10^4 m^3/d$
Ⅲ类气层	$3\%<\phi<9\%$	$26\%<S_g<45\%$	小于 $2\times10^4 m^3/d$
产水层	$\phi>9\%$	$S_g<45\%$	含水率大于90%

第六节　煤层气储层测井评价技术

针对煤层气储层评价难点，开展了煤层气储层测井综合评价技术攻关，形成了考虑破坏作用的煤层含气量评价技术、煤体结构进行测井精细描述技术、煤层及顶底板含水性测井综合评价技术、煤层割理孔隙表征和渗透率评价技术等创新技术，基本形成了一套适用于煤层气储层的测井综合评价技术系列，有效解决了煤层气勘探开发过程中的测井评价关键技术问题，为煤层气储层有利区预测、射孔层位优选和储层改造提供技术支持。

一、煤体结构测井识别与划分

不同结构煤体发育不同的裂隙系统，直接影响煤层渗透率、含气量以及煤粉产出等因素。精细评价煤体结构，对于射孔层位的选取、压裂规模和方式的确定以及后期产气量预测等具有指导意义。

1. 典型煤体结构测井响应特征

依据相关标准，从瓦斯地质角度，煤体宏观和微观结构特征，把煤体结构划分为4种类型[68]，即原生结构煤、碎裂煤、碎粒煤和糜棱煤，见表6-10。

表6-10　煤体结构划分类型

编号	类型	赋存状态和分层特点	光泽和层理	煤体破碎程度	裂隙、揉皱发育程度	手试强度	典型照片
I	原生结构煤	层状、似层状、与上下分层整合接触	煤岩类型界限清晰，原生条带状结构明显	呈现较大的保持棱角的块体，块体间无相对位移	内外生裂隙均可辨认，未见揉皱镜面	捏不动或成厘米级碎块	
II	碎裂煤	层状、似层状、透镜状，与上下分层整合接触	煤岩类型界限清晰，原生条带状结构断续可见	呈现棱角状块体，但块体间已有相对位移	煤体被多组互相交切的裂隙切割，未见揉皱镜面	可捻搓成厘米级、毫米级碎粒	
III	碎粒煤	透镜状、团块状、与上下分层呈构造不整合接触	光泽暗淡，原生结构遭到破坏	煤被揉搓捻碎，主要粒级在1mm以上	构造镜面发育	易捻搓成毫米级碎粒或煤粉	
IV	糜棱煤	透镜状、团块状、与上下分层呈构造不整合接触	光泽暗淡，原生结构遭到破坏	煤被揉搓捻碎得更细小，主要粒级在1mm以下	构造、揉皱镜面发育	极易捻搓成粉末或粉尘	

4种典型煤体结构测井响应如图6-53所示。

原生结构煤井眼完整，基本不扩径，自然伽马值低，电阻率值比较高，普遍超过5000Ω·m，体积密度低，声波时差高，补偿中子高。从取心上来看，煤心呈柱状和块状。

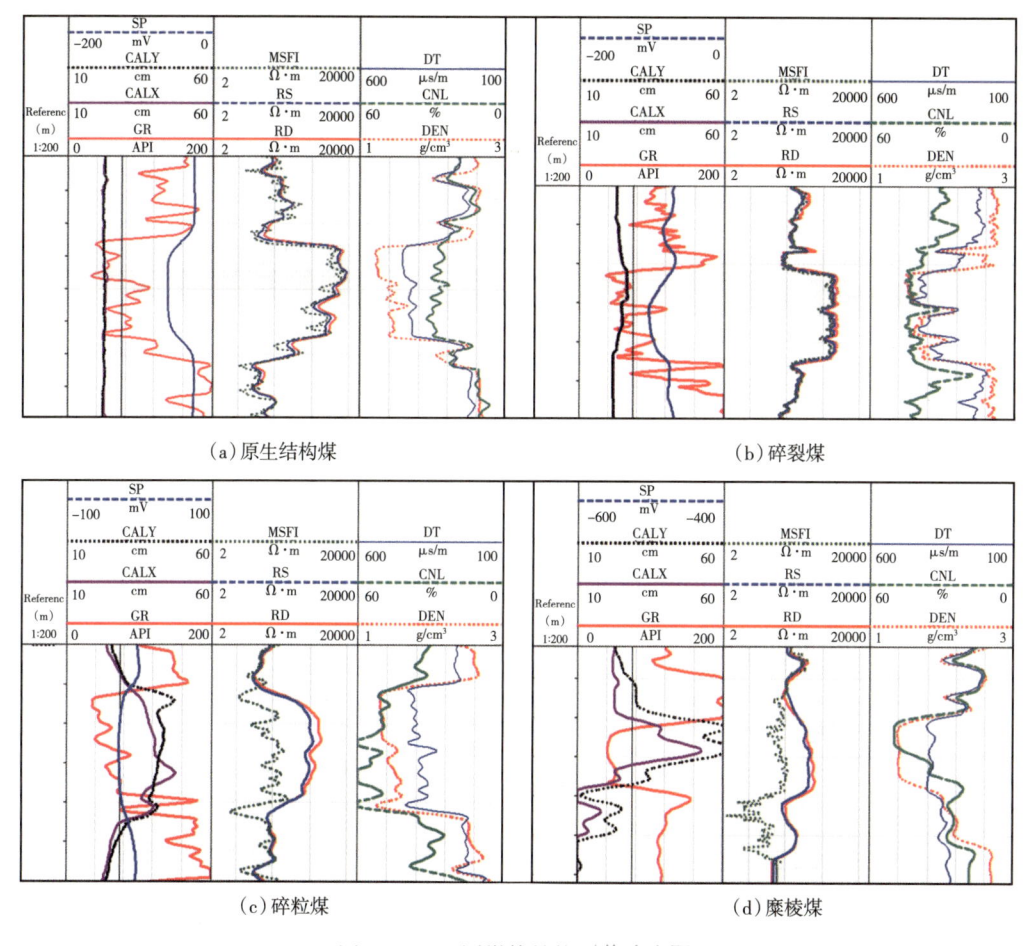

图6-53 不同煤体结构测井响应图

(a) 原生结构煤　(b) 碎裂煤　(c) 碎粒煤　(d) 糜棱煤

碎裂煤井眼基本完整，少量扩径，自然伽马值低，电阻率值大于3000Ω·m，体积密度低，声波时差高，补偿中子高。从取心上来看，煤心呈块状特点。

碎粒煤井眼不完整，存在明显扩径，自然伽马值低，电阻率值中等，三孔隙度曲线受井径扩径影响严重。从取心上来看，煤心破碎严重。

糜棱煤井眼不完整，严重扩径，自然伽马值低，电阻率值普遍低于1000Ω·m，三孔隙度曲线受经验扩径影响严重。从取心上来看，煤呈粉末状。

2. 煤体结构判别因子

由不同煤体结构典型测井响应特征可知，随着煤体结构越破碎，井径扩径越严重，深电阻率逐渐降低。同时，不同煤体结构煤层自然伽马也会有不同响应。综合自然伽马、井径、深电阻率和密度曲线，建立煤体结构判别因子，对煤体结构进行识别和划分。

煤体结构判别因子表达式为：

$$CS = f(GR, CAL, R_t, DEN) \tag{6-71}$$

式中 GR——自然伽马，API；
CAL——井径，cm；
R_t——深电阻率，$\Omega \cdot m$；
DEN——体积密度，g/cm^3。

结合具体区块测井响应，形成煤体结构测井评价标准，见表6-11。以鄂尔多斯盆地韩城区块为例，煤体结构判别因子判别标准为：$CS_1 = 0.54$，$CS_2 = 0.77$，$CS_3 = 1.05$。具体效果如图6-54所示，能够有效判别煤层煤体结构类型。

表6-11 煤体结构判别标准

煤体结构	符号	标准区间
原生结构煤	MJ-Ⅰ	$0 \sim CS_1$
碎裂煤	MJ-Ⅱ	$CS_1 \sim CS_2$
碎粒煤	MJ-Ⅲ	$CS_2 \sim CS_3$
糜棱煤	MJ-Ⅳ	$> CS_3$

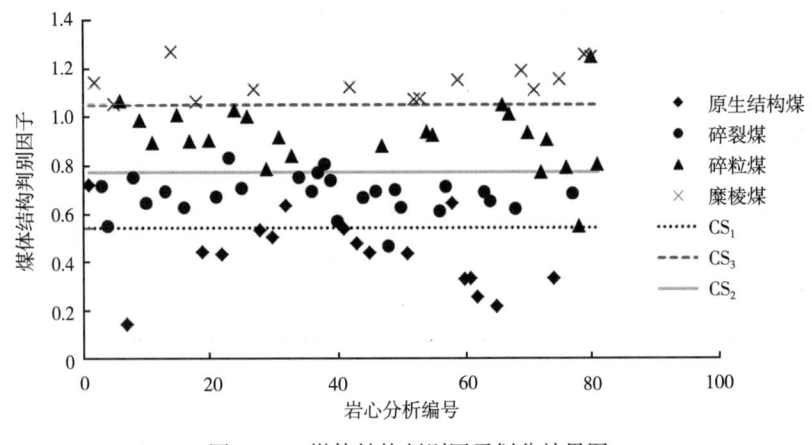

图6-54 煤体结构判别因子划分效果图

3. 识别与划分

通过上述煤体结构判别因子对鄂尔多斯盆地东南缘韩城区块B井进行了识别与划分，如图6-55所示。从图中可知，该煤层主要以原生结构煤和碎裂煤为主，中间夹少量碎粒煤。

二、基于破坏作用的含气量评价

煤层含气量是煤层气储层评价的关键参数之一。国内外诸多学者在煤层含气量评价方面形成了大量成果，包括岩心刻度测井的煤层含气量计算方法，多参数计算的煤层含气量计算方法以及神经网络等智能算法的煤层含气量计算方法。煤层气是一种自生自储的非常规天然气，气体主要以吸附态存在于煤颗粒表面，对测井评价提出了极大挑战。通过深入分析煤层气测井响应特点，结合煤层气自生自储的特点，综合地质、水动力以及构造等因

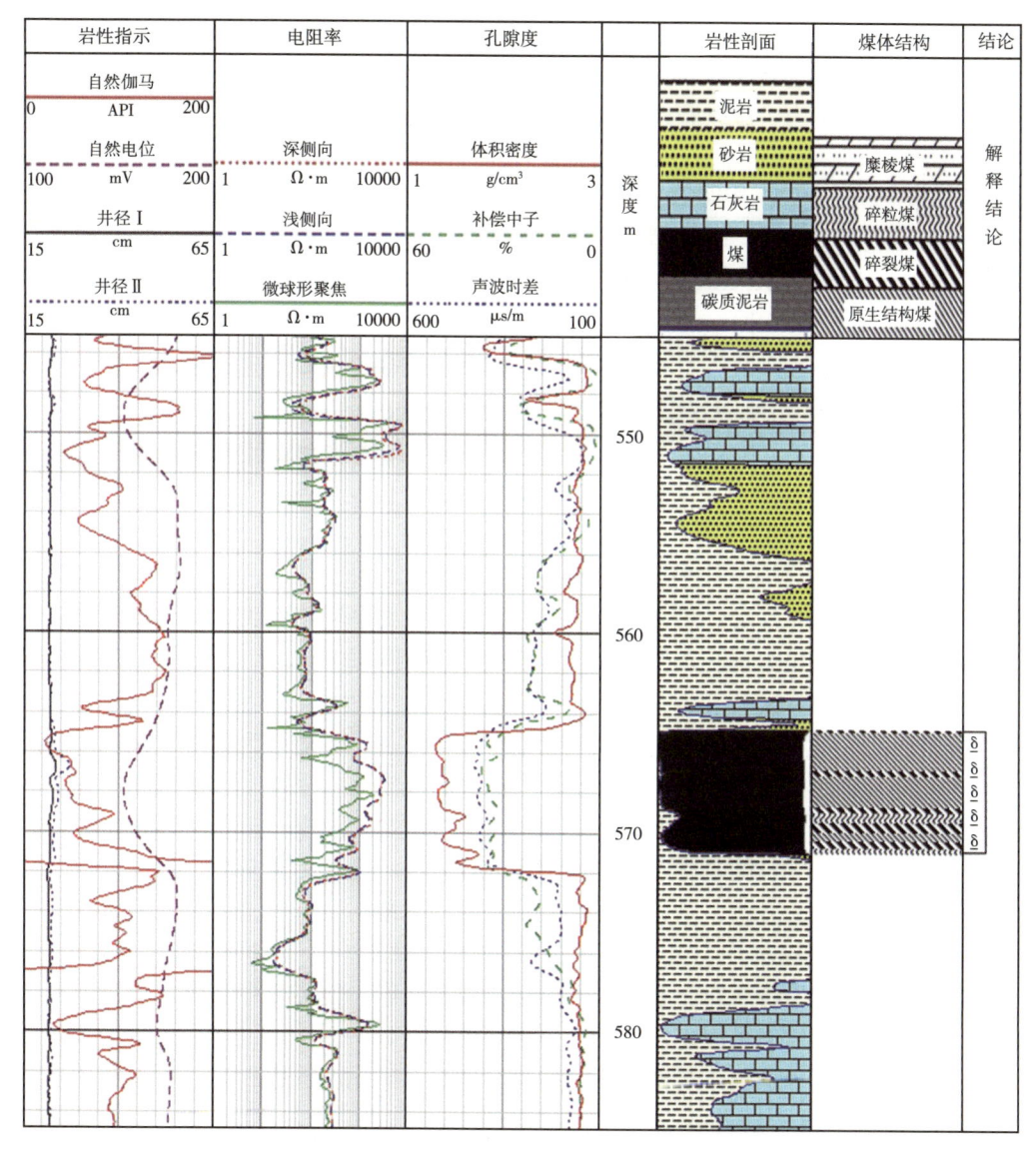

图 6-55　B 井煤体结构识别与划分效果图

素，首次提出了考虑破坏作用的煤层含气量评价方法。

度量煤层中含甲烷多少的指标是"含气量"，用单位重量煤的可燃质所含甲烷在标准状态（1atm，0℃）下的体积来表示[69]，单位为 m^3/t。密度测井作为一种常用测井方法在煤层评价过程中应用广泛，煤层含气量的低丰度对密度测井测量精度提出了挑战。前人在理论上分析了煤层含气在密度测井上的响应[70]，假设煤层气成分为甲烷，甲烷含气量在密度响应上的增量见表 6-12。

表 6-12　不同甲烷含气量在密度响应上的增量

甲烷含气量，m^3/t	5	10	15	20	25	30	35
密度增量，g/cm^3	0.004	0.007	0.011	0.014	0.018	0.021	0.025

国内煤层含气量普遍低于25m³/t，部分煤层甚至低于10m³/t，"十二五"期间国内密度测井仪测量精度普遍为0.03g/cm³，中国石油集团测井有限公司最新研制的高精度岩性密度测井仪器精度可达到0.015g/cm³，从表6-12可知，国内煤田含气量导致密度响应的增量在仪器误差范围内，难以利用现有密度测井仪来准确计算煤层含气量。

煤层现今含气量是其在演化过程中，煤层生气储存、逸散后的剩余量，即指现今在标准温度和标准压力条件下单位重量煤中所含甲烷气体的体积。一般来说，煤层含气量高，则气体富集程度好，越有利于煤层气开发。本书根据测井对煤质的响应加上含气量的测井敏感因素建立煤层理论吸附气量模型，精确得出煤层理论吸附气量，再考虑工区构造、水动力、目的层封盖性得到煤层现今含气量（图6-56）。煤层现今含气量能更准确反映煤层含气量的真实情况，能更好更经济地指导生产开发。

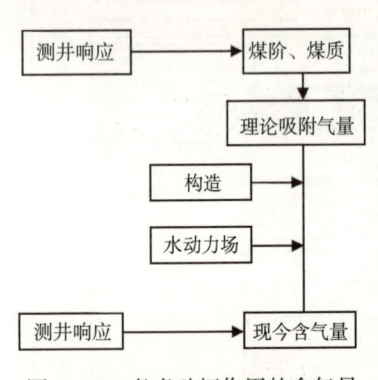

图6-56 考虑破坏作用的含气量评价新思路和流程

1. 理论吸附气量评价

评价主要有两种：一种是统计法，利用煤质参数和测井参数多元拟合计算含气量；另一种是等温吸附法，主要是利用兰氏方程计算含气量[71]。

统计法主要是运用数学统计原理，寻找含气量与测井曲线或者工业组分之间的关系，建立预测含气量的数学模型。

等温吸附法主要利用等温吸附曲线来计算煤层含气量。普遍认为煤对甲烷的吸附属于物理吸附，并且采用等温吸附模型来表征。等温吸附模型通常采用兰氏方程来描述，其中兰氏体积与兰氏压力与工业组分存在一定的关系，在确定工业组分后，可通过压力得到含气量。目前，在兰氏方程的基础上发展了多种改进方法，通过引入灰分、固定碳以及地层温度等因素来修正兰氏方程，使计算结果更加符合实际地层。

2. 破坏作用定量表征

岩层受到构造应力挤压时，必然会发生弯曲或者变形。地层变形程度可以反映构造活动的强弱，其中地层曲率可以定量化表征地层变形程度。

在水动力方面：当地层不受地表水影响时，地层水矿化度普遍较高。可以利用地层水矿化度来定量表征研究区块水动力强度。

3. 现今含气量计算

利用数据分析软件考虑灰分、密度、地层水矿化度、曲率回归建立现今含气量模型。

从新方法计算的煤层含气量与岩心测量对比图可知（图6-57），新方法计算含气量模型准确率达到86%以上，效果显著。对韩城区块×井进行了处理解释，计算结果如图6-58所示，与岩心分

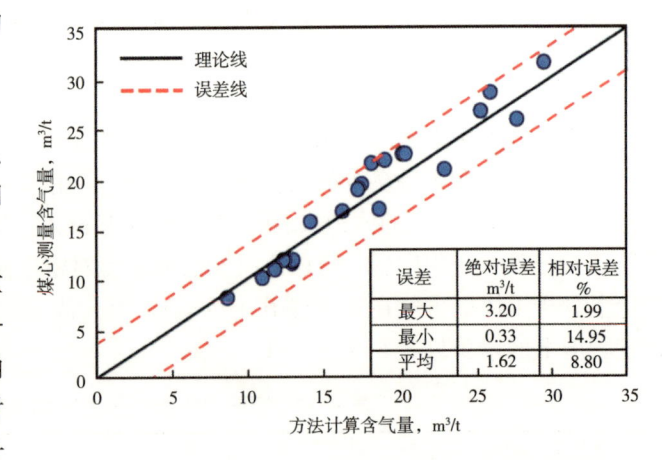

图6-57 测井计算含气量与实验测量含气量对比图

析结果基本一致。

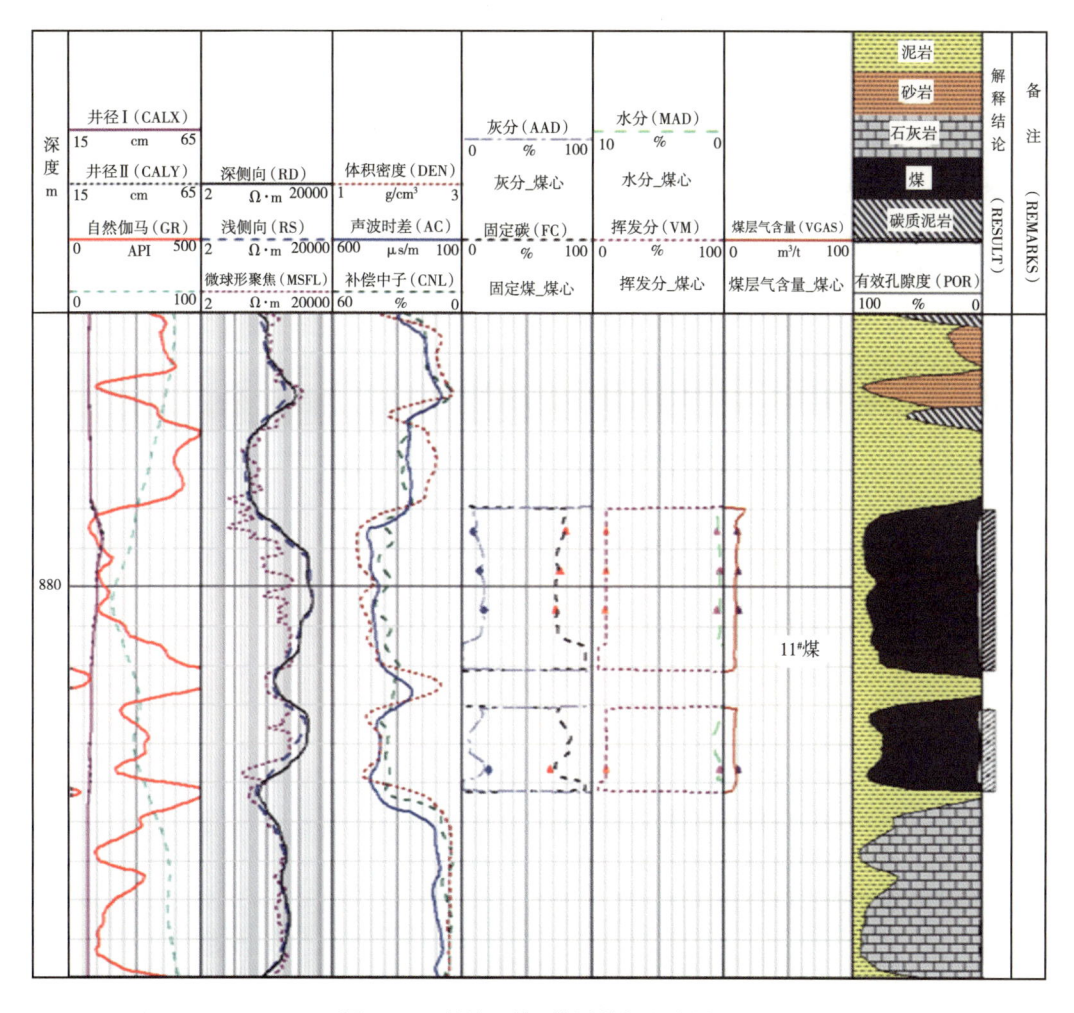

图 6-58　韩城区块×井测井解释成果图

三、煤层割理孔隙表征与渗透率计算

煤层基质孔隙表面主要吸附煤层气，割理孔隙是主要的渗流通道，由于基质渗透率相对割理渗透率可以忽略，因此割理渗透率可以直接代表煤岩渗透率。

1. 煤心 T_2 谱特征分析

岩石核磁共振实验被广泛运用于计算常规砂岩储层渗透率，主要采用 Coates 和 SDR 等两种模型[72]。针对煤岩独特的双重孔隙，充分提取 T_2 谱特征参数，利用 T_2 谱定量表征割理孔隙对应的核磁共振区间孔隙度 ϕ_c、割理宽度 d 等参数来定量表征煤层割理孔隙度。

典型煤储层双重孔隙 T_2 谱如图 6-59 所示。割理孔隙对应的 T_2 谱普遍靠后，存在单独的谱峰。可以通过割理孔隙 T_2 截止值 $T_{2\text{cutoff\_c}}$，通过如下公式计算煤样割理孔隙对应的 ϕ_c：

$$\phi_c = \int_{T_{2\text{cutoff\_c}}}^{T_{2\max}} \phi(T_2) \tag{6-72}$$

式中 $T_{2\max}$——最大横向弛豫时间，ms。

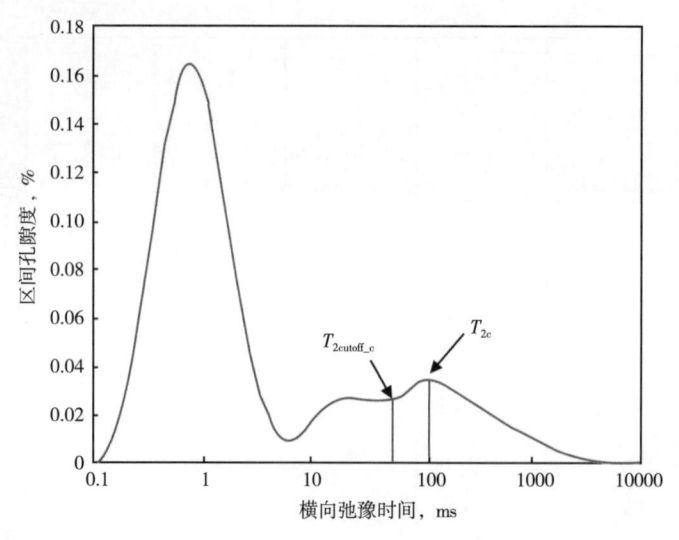

图 6-59 煤心核磁共振 T_2 谱

确定割理孔隙谱峰对应的横向弛豫时间 T_{2c}，计算割理宽度 d：

$$d = 2\rho T_{2c} \tag{6-73}$$

式中 d——割理宽度，mm；

ρ——煤表面弛豫率，取 1.8×10^{-6} mm/ms；

T_{2c}——谱峰对应的横向弛豫时间，ms。

2. 割理孔隙度与渗透率评价方法

割理渗透率 K 即煤层渗透率的计算公式为：

$$K = \frac{a\phi_c d^2}{1 - \phi_c} \tag{6-74}$$

式中 K——割理渗透率，mD；

a——系数，无量纲。

通过对比岩心实验测量结果与计算结果（图 6-60），计算结果与实验测量结果基本一致，误差基本控制在一个数量级，计算精度可靠，可以满足现场应用。

四、煤层及顶底板含水性测井综合评价

针对现场煤层气井产水量过大、见气周期变长的问题，引入煤岩体综合强度因子定量评价单井煤层及顶底板含水性，把煤层以及顶底板作为一个系统来评价，建立单井煤层产水预测模型，服务现场排采。

1. 煤岩体综合强度因子

对于一个井田或者小范围区块，煤储层经历的地质发展史近似，演化史相似，某一阶段煤储层所承受的温度、压力、应力接近，且井田或区块内部没有明显边界，煤层本身含水性在径向上没有较大区别；那么井筒的产水更取决于纵向上顶底板岩体与煤层结构变

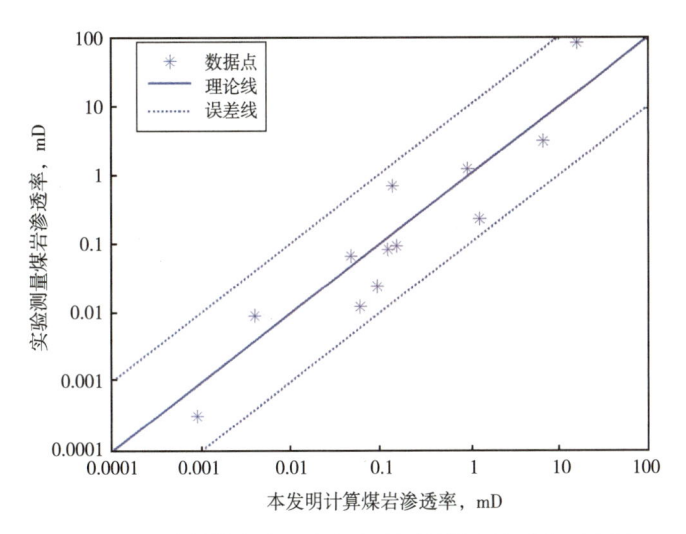

图 6-60 计算煤岩渗透率与实验测量煤岩渗透率对比图

化、连通性等。岩体强度因子反映了统计层段内层状复合岩体的综合强度，可以把它视为煤岩体综合杨氏模量。当煤岩体强度因子 CE 较大时，岩体容易发生脆性断裂，在相同的泵入总液量前提下，压开裂隙延伸长度越大，使得煤岩体的连通性强，在排采过程中存在越流补给现象，所以煤层产水量就大。

煤岩体强度因子[73]：

$$CE = \sum h_i \frac{K_i}{s_i} \tag{6-75}$$

式中 h_i——统计层段内岩层单层厚度，m；
  s_i——岩层中点到煤层中点的距离，m；
  K_i——岩层单层相对强度，无量纲，不同岩性相对强度见表 6-13。

表 6-13 岩层单层相对强度[71]

脆性岩石	相对强度	韧性岩石	相对强度	过渡岩石	相对强度
灰岩	1.5	泥岩	0.5	粉砂岩	0.8
砾岩	1.2	碳质泥岩	0.5	泥灰岩	0.7
粗粒砂岩	1.1	煤层	0.3	铝土岩	0.7
中粒砂岩	1				
细砂岩	0.9				

对于多套煤层可以综合两套煤岩体强度因子综合评价。以一个煤岩体系统作为研究对象，定义煤岩体综合强度因子[73]：

$$TCE = \frac{\sum H_i CE_i}{H} \tag{6-76}$$

式中 H——煤层总厚度，m；

H_i——第i套煤层厚度，m；
CE_i——第i套煤岩体强度因子，无量纲；
TCE——煤岩体综合强度因子，无量纲。

以保德区块 8+9#煤层为例来计算煤岩体强度因子，如图 6-61 所示。不难看出，随着各岩层距目的煤层距离的增大，其单层强度对煤岩体强度因子的影响减弱，当超过一定距离后，其影响将非常有限，参考现场资料压裂裂隙在纵向上延伸 10m 左右，将这一距离设定为 20m。把煤层及顶底板上下 20m 地层按照岩性分别进行划分，根据岩性、地层厚度以及与煤层中点的距离来计算该煤岩强度因子。据钻井录井资料显示该区块煤层顶底板主要是泥岩、细砂岩、粉砂岩和少量碳质泥岩，为了计算方便规定：泥质含量大于 40% 且厚度大于 1m 为泥岩层，泥质含量小于 40% 且厚度大于 1m 为砂岩层，碳质泥岩层按泥岩层处理。各单层厚度、距煤层中点距离以及单层强度数据统计见表 6-14。把相关参数代入公式，即可计算出该煤岩体强度因子。

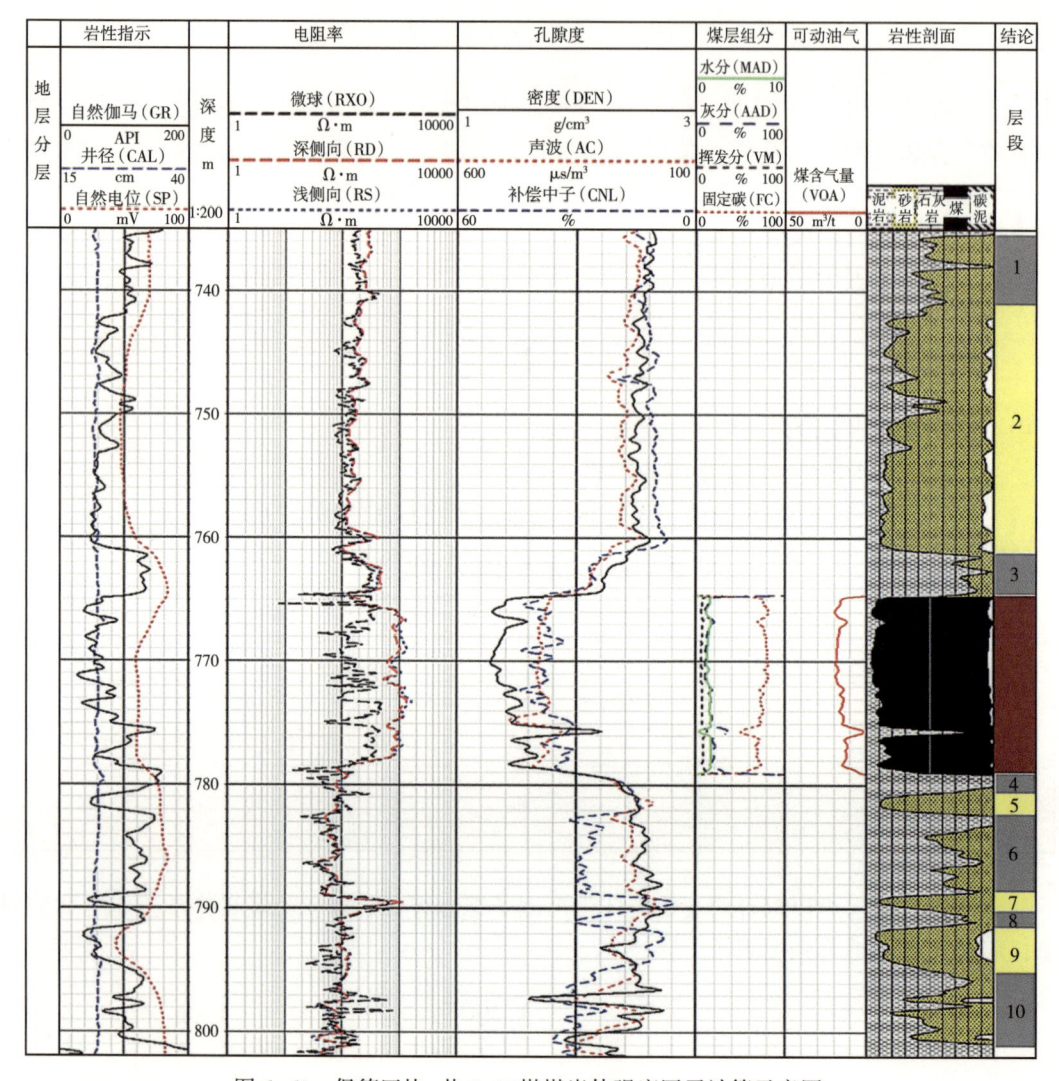

图 6-61 保德区块×井 8+9#煤煤岩体强度因子计算示意图

表 6-14 保×井 8+9#煤岩层单层统计数据

层号	厚度，m	距煤层中点距离，m	单层相对强度
1	5.9	36.55	0.5
2	19.8	30.65	0.8
3	3.7	10.85	0.5
4	1.4	8.55	0.5
5	1.8	10.35	0.8
6	6.5	16.85	0.5
7	1.4	18.25	0.8
8	1.5	19.75	0.5
9	2.8	22.55	0.9
10	5.5	28.05	0.5

2. 产水量预测方法

以鄂尔多斯盆地保德区块为例，该区块横向上煤层与砂体发育比较稳定，也就是说区域水源相似；纵向上井与井之间砂体距煤层距离、砂体厚度、煤层厚度以及砂体与煤层组合关系、力学强度等存在着较大差异，而这种差异性正是导致压裂后井与井之间产水量不同的原因，煤岩体综合强度因子能够很好体现这种差异。

对保德区块 20 口井进行煤岩体综合强度因子计算，建立煤层及顶底板产水量预测模型。具体公式如下：

$$Q_\text{w} = a\text{e}^{b\text{TCE}} \tag{6-77}$$

式中 Q_w——日产水量，m³；

　　　a，b——常数。

图 6-62 为煤岩综合因子与日产水关系图，可以看出井筒日产水量随着煤岩体综合强度因子的增大显现指数增加且相关性好，充分说明压裂对煤层产水起着主导作用。利用井筒产水模型预测了 10 口井的产水情况，图 6-63 为实际日产水与预测日产水对比图，从结果来看模型具有很好的实用性。

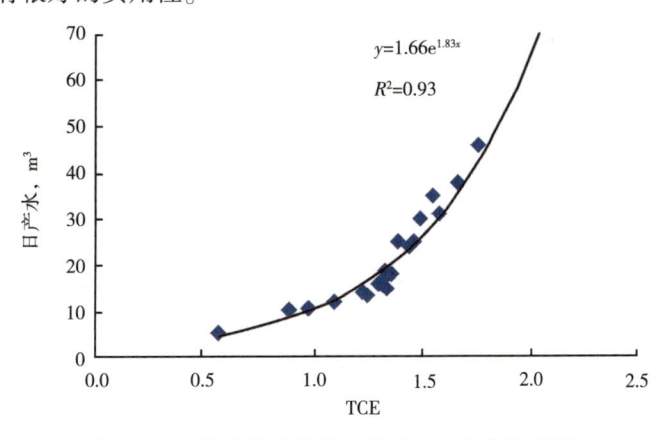

图 6-62 煤岩综合体强度因子与日产水关系图

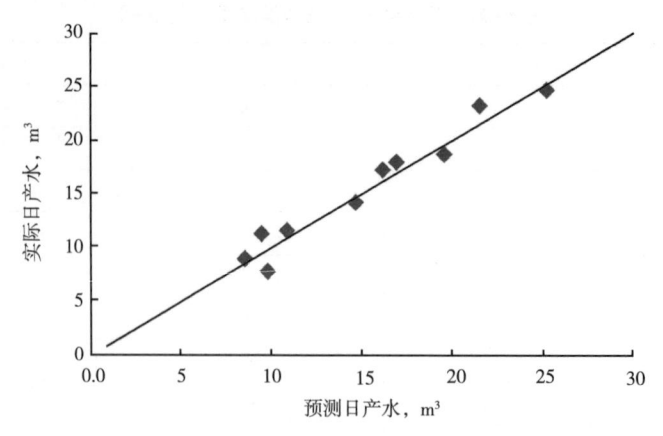

图 6-63 模型计算日产水与实际日产水对比图

参 考 文 献

[1] Barber T D, Rosthal R A. Using a multiarray induction tool to achieve high-resolution logs with mininum environmental effects [C]. Dallas, Texas. The 66th annual technical conference and exhibition of the SPE, 1991: 637-651.

[2] 金建铭. 电磁场有限元方法 [M]. 西安：西安电子科技大学出版社, 2001.

[3] 刘尊年. 斜井中阵列感应测井的软聚焦理论研究 [D]. 东营：中国石油大学（华东）, 2006.

[4] 肖家奇, 张成骥. 水平井和大斜度井的感应测井响应计算 [J]. 地球物理学报, 1995, 38 (3)：396-404.

[5] 孙晓霞. 高分辨率阵列感应测井数值模拟及应用 [D]. 东营：中国石油大学（华东）, 2005.

[6] 牒勇. 阵列感应测井信号自适应井眼校正研究 [D]. 西安：西安石油大学, 2009.

[7] 李虎, 范宜仁, 胡云云, 等. 阵列感应测井五参数反演方法 [J]. 中国石油大学学报（自然科学版）, 2012, 36 (6)：47-52.

[8] 包德州, 周军, 王正, 等. 新型阵列感应成像测井仪的研制与应用 [J]. 测井技术, 2004, 28 (6)：547-550.

[9] 顾纯学, 曹广华. 成像测井技术及应用 [M]. 北京：石油工业出版社, 1992：10-77.

[10] Anikuman Tyagi, 罗景美, 李爱华, 等. 井眼电成像在碳酸盐岩储层孔隙度分析中的作用 [J]. 测井与射孔, 2003, 6 (2)：23-27.

[11] Newberry, et al. Analysis of Carbonate Dual Porosity Systems from Borehole Electrical Images [C]. SPE 35158, presented at the Permian Basin Oil & Gas Recovery Conference in Midland, 1996.

[12] Wang Da Li, et al. Counting Secondary Porosity in Metamorphic Rock with Microresistivity Images: A Land Case Study from China [C]. SPWLA 45th, 2004.

[13] 肖承文, 等. 一种逐点刻度电成像资料计算视地层水电阻率谱及参数的方法：ZL201010522233. X [P]. 2010.

[14] 刘瑞林, 樊政军, 柳建华. 一种校正泥浆侵入影响计算视地层水电阻率与含水饱和度的投影作图方法 [J]. 石油天然气学报, 2009, 31 (6)：104-107.

[15] 史飞洲, 王彦春, 陈剑光. 碳酸盐岩地层电成像测井孔隙度谱截止值计算方法 [J]. 测井技术, 2016 (1)：60-64.

[16] 吴煜宇, 赖强, 谢冰, 等. 成像孔隙度谱在川中地区下二叠统栖霞组储层测井评价中的应用 [J]. 天然气勘探与开发, 2017, 40 (4)：9-16.

[17] 周彦球, 李晓辉, 范晓敏. 成像测井孔隙度频谱技术与岩心孔隙分析资料对比研究 [J]. 测井技术, 2014, 38 (3): 309-314.

[18] 李庆峰, 李晓峰, 刘岩. 白云岩储层电成像视地层水电阻率流体识别技术 [J]. 测井技术, 2017, 41 (4): 412-415.

[19] 肖承文, 张永森, 刘世伟, 等. 塔中寒武系深层白云岩储层测井评价技术 [J]. 天然气地球科学, 2015, 26 (7): 1323-1333.

[20] 唐晓明, 郑传汉. 定量测井声学 [M]. 北京: 石油工业出版社, 2004.

[21] 韩炜, 周军, 马修刚, 等. 一种井旁构造反射波与井壁直达波的分离方法: CN 105298482 B [P]. 2018-6-1.

[22] 车小花, 乔文孝, 阎相祯. 反射声波成像测井的有限元模拟 [J]. 应用声学, 2003, 23 (6): 1-4.

[23] Hornby B E, et al. Imaging of near-borehole structure using full-waveform sonic data [J]. Geophysics, 1989, 54 (6): 747-757.

[24] 陈江浩, 汤天知, 樊琦, 等. MRT核磁共振测井数据处理软件开发及应用 [J]. 测井技术, 2018, 42 (3): 325-330.

[25] 林峰, 王祝文, 刘菁华, 等. 核磁共振T_2谱奇异值反演改进算法 [J]. 吉林大学学报, 2009, 39 (6): 1150-1155.

[26] 肖立志, 等. 核磁共振测井原理与应用 [M]. 北京: 石油工业出版社, 2007.

[27] 袁祖贵, 成晓宁, 孙娟. 地层元素测井 (ECS): 一种全面评价储层的测井新技术 [J]. 原子能科学技术, 2004, 38 (增刊): 208-213.

[28] 袁祖贵. 用地层元素测井 (ECS) 资料研究沉积环境 [J]. 核电子学与探测技术, 2005, 25 (4): 347-357.

[29] Barson D, Christensen R, Decoster E, et al. Spectroscopy: The Key to Rapid, Reliable Petrophysical Answers [J]. Oilfield Review. 2005: 14-33.

[30] Schlumberger. ECS Software User's Guide [Z]. 2003.

[31] James Galford, Jerome Truax, Andy Hrametz, and Carlos Haramboure. A New Neutron-Induced Gamma-Ray Spectroscopy Tool for Geochemical Logging [C] //SPWLA 50th Annual Logging Symposium, 2009.

[32] Xiaogang Han, Richard Pemper, Teresa Tutt, and Fusheng Li. Environmental Corrections and System Calibration for a New Pulsed-Neutron Mineralogy Instrument [C] //SPWLA 50th Annual Logging Symposium, 2009.

[33] R. J. Radtke, Maria Lorente, Bob Adolph, Markus Berheide, Sott Fricke, Jim Grau, Susan Herron, Jack Horkowitz, Bruno Jorion, David Madio, Dale May, Jeffrey Miles, Luke Perkins, Oivier Philip, Brad Roscoe, David Rose, and Chris Stoller. A New Capture and Inelastic Spectroscopy Tool Takes Geochemical Logging to The Next Level [C] //SPWLA 53th Annual Logging Symposium, 2012.

[34] 庞巨丰. 地层元素中子俘获伽马能谱测井解释理论和方法 [J]. 测井技术, 1998, 22 (2): 116-119.

[35] 刘宪伟, 谭廷栋. 碳氧比能谱测井数据预处理技术 [J]. 测井技术, 1998, 22 (1): 1-4.

[36] 庞巨丰. 伽玛能谱数据分析 [M]. 西安: 陕西科学技术出版社, 1990.

[37] 庞巨丰, 李敏. 地层元素测井中子—伽马能谱解析理论和方法 [J]. 同位素, 2006, 19 (2): 70-74.

[38] 庞巨丰, 李敏. 地层元素测井中子伽马谱解析方法的实际应用 [J]. 同位素, 2006, 19 (4): 214-217.

[39] 魏国, 赵佐安. 元素俘获谱 (ECS) 测井在碳酸盐岩中的应用探讨 [J]. 测井技术, 2008, 32 (3): 285-288.

[40] 刘绪纲, 孙建孟, 郭云峰. 元素俘获谱测井在储层综合评价中的应用 [J]. 测井技术, 2005, 29 (3): 236-239.

[41] 谭锋奇, 李洪奇, 姚振华, 等. 元素俘获谱测井在火山岩储层孔隙度计算中的应用 [J]. 国外测井技术, 2008, 168: 27-30.

[42] 楚泽涵, 黄隆基, 高杰, 等. 地球物理测井方法与原理 [M]. 北京: 石油工业出版社, 2008: 154-168.

[43] 严慧娟, 岳爱忠, 赵均, 等. 地层元素测井仪器结构参数的蒙特卡罗数值模拟 [J]. 测井技术, 2012, 36 (4): 282-285.

[44] 岳爱忠, 王树声, 何绪新, 等. FEM 地层元素测井仪研制 [J]. 测井技术, 2013, 37 (4): 411-416.

[45] 岳爱忠, 章海宁, 朱涵斌, 等. FEM 地层元素测井仪及其应用 [C] //第八届中俄测井国际学术交流会论文集, 2014: 140-150.

[46] 李剑浩. 电测井和油气层关系的一个理论公式 [J]. 地球物理学报, 2010, 53 (9): 2222-2226.

[47] 李剑浩. 混合物整体电导率的研究 [J]. 地球物理学报, 2005, 48 (6): 1406-1411.

[48] 刘学锋, 张伟伟, 孙建孟. 三维数字岩心建模方法综述 [J]. 地球物理学进展, 2013 (6): 3066-3072.

[49] Borkar S, Karnik T, Narendra S, et al. Parameter variations and impact on circuits and microarchitecture [C] //Proceedings of the 40th annual Design Automation Conference. ACM, 2003: 338-342.

[50] 冯周, 刘瑞林, 应海玲, 等. 岩心 CT 扫描图像分割计算缝洞孔隙度与测井资料处理结果对比研究 [J]. 石油天然气学报, 2011, 33 (4): 100-104.

[51] 王晨晨, 姚军, 杨永飞, 等. 基于 CT 扫描法构建数字岩心的分辨率选取研究 [J]. 科学技术与工程, 2013 (4): 1049-1052.

[52] 宋连腾, 刘忠华, 李潮流, 等. 基于横向各向同性模型的致密砂岩地应力测井评价方法 [J]. 石油学报, 2015, 36 (6): 707-714.

[53] 张丽华, 潘保芝, 庄华, 等. 低孔隙度低渗透率储层压裂后产能测井预测方法研究 [J]. 测井技术, 2012, 36 (1): 101-105.

[54] 任岚, 赵金洲, 胡永全, 等. 水力压裂时岩石破裂压力数值计算 [J]. 岩石力学与工程学报, 2009, 28 (S2): 3417-3422.

[55] 柯式镇, 祁开德, 孙艳茹. 大岩心电阻率测量响应的数值模拟 [J]. 测井技术, 2008, 32 (1): 13-14.

[56] 姜黎明, 余春昊, 齐宝权, 等. 孔洞型碳酸盐岩储层饱和度建模新方法及应用 [J]. 天然气地球科学, 2017, 28 (8): 1250-1256.

[57] 田瀚, 李昌, 贾鹏. 碳酸盐岩储层含水饱和度解释模型研究 [J]. 地球物理学进展, 2017, 32 (1): 279-286.

[58] 马修刚, 周军, 余春昊, 等. 利用偶极横波反射成像技术评价缝洞储层有效性 [J]. 测井技术, 2018, 42 (1): 85-90.

[59] 李昌, 乔占峰, 邓兴梁, 等. 视岩石结构数技术在测井识别碳酸盐岩岩相中的应用 [J]. 油气地球物理, 2017, 15 (1): 29-35.

[60] 谭秀成, 陈景山, 王振宇, 等. 塔中地区中上奥陶统台地镶边体系分析 [J]. 古地理学报, 1999, 1 (2): 8-17.

[61] 王鹏, 赵澄林. 柴达木盆地北缘地区第三系碎屑岩储层沉积相特征 [J]. 石油大学学报 (自然科学版), 2001, 25 (1): 12-15.

[62] 王招明, 赵宽志, 邬光辉, 等. 塔中Ⅰ号坡折带上奥陶统礁滩型储层发育特征及其主控因素 [J].

石油与天然气地质, 2007, 28 (6): 797-801.

[63] 张晓涛. 鄂尔多斯盆地马家沟组碳酸盐岩台地测井沉积相识别研究 [D]. 北京: 中国石油大学 (北京), 2016.

[64] 李宁. 电阻率—孔隙度、电阻率—含油 (气) 饱和度关系的一般形式及其最佳逼近函数类型的确定 (Ⅰ) [J]. 地球物理学报, 1989, 32 (5): 580-591.

[65] Sun Wenjie, Li Ning, Wu Hongliang, et al. Establishment and application of logging saturation interprtetation equation in vuggy reservoirs [J]. Applied Geophysics, 2014, 11 (3): 257-268.

[66] 赵政璋, 杜金虎, 等. 致密油气 [M]. 北京: 石油工业出版社, 2012.

[67] 杜金虎, 等. 中国陆相致密油 [M]. 北京: 石油工业出版社, 2016.

[68] 中华人民共和国国家质量监督检验检疫总局, 中国国家标准化管理委员会. GB/T 30050—2013 煤体结构分类 [S]. 北京: 中国标准出版社, 2014.

[69] 钱凯, 等. 煤层甲烷气勘探开发理论与实验测试技术 [M]. 北京: 石油工业出版社, 1997.

[70] 高绪晨, 等. 煤层工业分析、吸附等温线和含气量的测井技术 [J]. 测井技术, 1999, 23 (2): 108-111.

[71] 王敦则, 等. 煤层气地球物理测井技术发展综述 [J]. 地球学报, 2003, 24 (4): 385-390.

[72] Coates G R, Xiao L Z, Primmer M G. NMR logging principles and applications [M]. Houston: Gulf Publishing Company, 2000.

[73] 倪小明, 等. 煤层气开发地质学 [M]. 北京: 化学工业出版社, 2009.

第七章 测井技术发展与展望

当前，测井技术服务的对象已经发生了深刻地变化，我国油气勘探正在由国内向海外、由陆上向海域、由常规向非常规、由构造向岩性地层、由中浅层向深层—超深层发展；油气开发面临着资源品质变差、低孔低渗、特高含水、超稠油提高采收率，高含硫、超高压等特殊天然气田开发的挑战。面对油气勘探开发资源品质劣质化、油气层非均质各向异性突出和非常规油气的快速发展，要求测井技术发展能够满足非常规油气、深层油气勘探开发以及老油田稳产增产的需求，要求测井技术更精准、探测更远、更能适应复杂井况、更加安全高效。

进入 21 世纪，国际油田技术服务公司加强技术创新的步伐，测井技术取得了快速发展。在电缆测井方面，推出了三维扫描成像仪器并商业化应用，品种系列更加丰富，技术性能进一步提升，主要特点是测量信息多维化、测量精度与动态范围明显提升、高温高压等复杂井况和油基钻井液等特殊钻井液的适应能力得到增强、存储式测井仪器种类更加齐全。在随钻测井方面，几乎所有的电缆测井技术都实现了随钻化，特别是推出了具有地层测压和流体取样一体化的随钻模块式地层测试器，另外发展了独具特色的具有 30~60m 远探测能力的随钻远探测与前探技术并商业化应用，实现了随钻测井与旋转导向钻井一体化。测井技术的应用逐渐向地质与工程一体化方向发展，与钻井、压裂、油藏工程结合得更加紧密，更好地服务与水平井和体积压裂工程技术需求，从而更好地解决页岩气致密油气等非常规油气等难动用油气藏高效开发的技术难题。信号高速传输技术在突破大数据量实时传输瓶颈取得较好进展，推出新一代的高速电缆传输系统，传输速率高达 4Mbps，具有自诊断和自适应特点，能够根据电缆长度和信号衰减情况自动调节传输速率。同时，国际上大力发展绿色环保的可控源放射性测井新技术，无论是电缆测井和随钻测井，都推出了基于脉冲中子发生器的可控源放射性测井技术与装备，主要有可控源地层元素测井仪，测量元素种类更多，直接测量 TOC，更有效解决复杂岩性精准识别难题；新型脉冲中子全谱测井仪提高了低孔隙度和低矿化度条件下地层剩余油饱和度测量精度；能够测量中子、密度孔隙度、中子寿命和地层元素等多参数一体化的可控源随钻放射性测井仪器，较以前化学源的随钻放射性测井仪器而言，其安全性大大增强，作业效率也大大提高。在测井处理解释软件方面，新的测井软件提供了"井筒一体化"的解决方案，注重多学科综合服务油藏描述，以先进的岩石物理为核心，覆盖钻完井、测井、地质、油藏、生产和地球物理六个专业领域。另外，国际油田服务公司结合人工智能、大数据分析等多个技术领域的优势，正在开发智能软件平台，从不同维度覆盖了油田计划、开发与生产各个环节，借助于数据库资源、科学知识和专业技术，从根本上改变了勘探开发中各个环节的工作模式。

我国测井技术虽然取得了显著的进步，但在随钻地层评价、套后剩余油精准评价、远距离探测、超高温高压环境高性能测量技术与装备方面与国际先进水平整体上仍有较大差距。我国未来测井技术发展面临着新的问题和重大挑战,既要努力缩小与国际先进水平的差距,又要着力解决我国油气勘探开发所面临的生产难题,主要体现在:(1)生产需求方面。包括致密油气在内的非常规油气,由于孔隙结构、流体性质、物性、岩性更加复杂多变,测井信息准确采集、识别和评价具有更大难度,存在更大不确定性;深层超深层油气由于特定的地质条件,地层性质和测量高温高压环境与中浅层相比均有很大不同。特殊井型、特殊井液、复杂井况等,给测井装备和解释评价带来了新的挑战;此外,特高含水、薄层、低孔渗、多样注入水条件下剩余油精细描述难度极大。(2)在测井装备和处理解释方面。国内的基础工业如新型材料、高温芯片和高性能传感器等方面不能满足装备开发要求,一定程度上制约了国产测井装备的研究开发总体水平;装备的测量精度、探测范围、配套技术等方面仍然需要进一步提升,如国内探测距离最远 30~50m,井间探测国外已经早已达到 1000m 距离,但国内还刚开始起步;国外电缆测井技术均实现了随钻化,但国内还仅有少量几种仪器;系统集成化、智能化程度仍有待提高,制约作业质量和效率的提高;数据处理仍然是短板,与地震处理技术相比差距明显。(3)专业融合方面也有明显差距,测—录—导一体化、测井—地震—地质一体化还有很长的路要走。在面临这些问题与挑战的同时,我国测井技术的发展也迎来了新的历史机遇:(1)新技术与新材料广泛应用。量子通信、光纤等新技术发展迅猛,在诸多领域取得突破,纳米、新型电池、石墨烯等新技术、新材料已在石油工业开始应用,展现了良好的前景;(2)智能时代已经到来。物联网、云计算、大数据和人工智能等技术方兴未艾,正深刻地改变的人类生活与生产方式,在未来智能革命的浪潮中,传统测井行业与人工智能技术相结合将会催生测井技术的智能化;(3)国家进入高质量发展时期,实行创新驱动战略,特别是"中国制造 2025"和"互联网+"的战略实施和科技投入的不断加大将为原创性测井方法研究和高端测井装备的研发提供更加雄厚的基础。

展望未来测井技术发展,总体上正向着向着地层探测透明化、测井装备智能化、井下高速传输、作业更加安全高效的方向发展。从国际测井技术发展和专家们的预测中可以比较清晰地得出测井技术的发展趋势:采集数据量急剧增加,一批新技术应用将极大提升井下信息测量的精度、扩展径向和纵向的探测范围;基于大数据和人工智能 AI 的地层扫描成像测井技术将实现作业过程智能化和地层的透明化。测井、钻井、物探、测试等多专业融合与一体化步伐进一步加快,安全环保、过程高效等特征也将得到进一步体现。

未来测井技术重点攻关的方向是:在装备研制方面,致力于高性能传感器技术的研究开发,发展纳米、光纤、量子等新型传感器,实现多样化、小型化、组合化;进一步提高装备的整体性能,微观上探测得更精细、更精准,宏观上探测得更深更远,实现全过程智能化和一趟测等;更加注重装备安全环保,核测井用可控源取代化学源,用激光等取代火药射孔等。在数据处理解释技术与软件方面:利用大数据+互联网+AI 技术,深化井下采集信息处理技术研究,如复杂环境校正、数据融合与图像生成、提高信噪比等技术,开发测井智能化处理解释应用软件平台,实现全方位、多尺度、多属性、高清晰地展示地层。